中国地质大学“十一五”规划教材

海洋底构造导论

AN INTRODUCTION TO OCEAN FLOOR TECTONICS

任建业 主编

中国地质大学出版社
ZHONGGUO DIZHI DAXUE CHUBANSHE

内 容 提 要

本书在介绍海洋岩石圈、板块构造理论和地幔柱构造理论的基础上，分大洋中脊、被动大陆边缘、主动大陆边缘详细介绍了这些大洋底主要构造单元的地质构造特征、分布规律和演化。本书的特点是偏重于基础，并力求反映国内外本领域的新进展，适用于高等学校海洋地质专业本科生和研究生阅读和学习，同时也适合于海洋科学方面研究院所从事海洋地质研究的有关人员参考。

图书在版编目(CIP)数据

海洋底构造导论/任建业主编. —武汉：中国地质大学出版社，2008.7 (2009.11 重印)

ISBN 978-7-5625-2258-4

Ⅰ.海…

Ⅱ.任…

Ⅲ.海底-地质构造-研究

Ⅳ.P736.12

中国版本图书馆 CIP 数据核字(2008)第 102610 号

海洋底构造导论 任建业 主编

责任编辑：赵颖弘 技术编辑：阮一飞 责任校对：张咏梅

出版发行：中国地质大学出版社(武汉市洪山区鲁磨路 388 号) 邮政编码：430074

电话：(027)67883511 传真：67883580 E-mail：cbb @ cug.edu.cn

经 销：全国新华书店 http://www.cugp.cn

开本：787 毫米×1092 毫米 1/16 字数：432 千字 印张：16.875

版次：2008 年 7 月第 1 版 印次：2009 年 11 月第 2 次印刷

印刷：荆州市鸿盛印务有限公司 印数：501—1500 册

ISBN 978-7-5625-2258-4 定价：58.00 元

序 言

海洋占据整个地球面积的71%,由岩石圈、水圈和生物圈三者所组成。海洋岩石圈是海底的主体,海洋底构造地质学即是一门研究海水覆盖的岩石圈的结构构造、基本性质和特征、变化规律与动力过程的学科。

对海洋底构造全面系统的调查研究开始于20世纪50年代"莫霍面计划",之后深海钻探计划(DSDP)和大洋钻探计划(ODP)等综合性大洋研究计划的实施,揭示了由海沟、深海盆地和大洋中脊组成的海洋底岩石圈的三大构造系统,并促使了海底扩张理论、板块构造学说和新全球构造学说的诞生,带来了地球科学的伟大革命,一种全新的、全球性的、活动论的概念,成为当今地球科学的指导思想,其中海洋底构造地质学是新全球构造学中的一个重要的、发展迅速的分支学科,目前已经成为研究海底岩石圈演化及其与海洋各圈层之间相互作用,海底资源与环境的可持续利用,海洋权益、战略和海底开发利用等的重要的、必不可少的基础性学科。

海洋底构造地质学是中国地质大学海洋科学专业的专业主干课程,为了适应专业建设和海洋底构造地质学的发展现状,满足教学需要和本科生及研究生学习的方便,笔者曾在2005年以校内教材的形式印刷。经过3届学生的试用,对存在问题的章节作了详细修改,2008年由中国地质大学出版社正式出版。

本教材分为六章,前三章为基础理论部分,详细介绍了海洋岩石圈的成分、结构构造和演化,阐述和回顾了板块构造理论和地幔柱构造理论的形成历史、主要内容及应用;后三章分大洋中脊、被动大陆边缘、主动大陆边缘详细介绍了这些海洋底主要构造单元的地质构造特征、分布规律和演化。作为一本教材,本书涵盖了海洋底构造的主要内容与发展前景,并力求符合教学规律,着重基本概念、基本知识和基本理论的介绍,适当介绍和引进了一些本学科研究的最新成果,以期学生了解本学科的发展趋势和动态,加深基本概念和基本理论的理解,掌握基本的工作方法。

随着海洋科学调查研究的进展,新的资料、新的认识会不断出现,希望该书的正式出版能对我国海洋底构造地质研究的深化和新一代海洋科学人才的培养起到促进作用。本书第一到第五章由任建业编写,第六章由张青林、任建业编写,最后由任建业修改和定稿。本书编写过程中参考和引用了大量的文献,限于篇幅,在参考文献中未能全部列出,在此谨向有关文献作者表示衷心感谢。研究生祁鹏、佟殿君、吴梅莲、宋鹰、陆金波、李亚哲、欧阳怀忠、艾能平、张翠梅、雷超、宋维宇和任亚平等协助笔者收集资料、清绘图件和校稿工作。

本书的出版得到了中国地质大学(武汉)"十一五"规划教材基金、中国地质大学(武汉)资源学院教材出版基金、湖北省教学研究项目"海洋科学课程体系建设及人才培养模式探索"(20060178)的资助。感谢中国地质大学出版社赵颖弘编审的辛勤劳动和帮助。

限于笔者水平,书中肯定存在一些错误和不足之处,敬希读者批评指正。

笔　者

2008 年 2 月于武汉

目 录

第一章　海洋岩石圈

40 多年来，深海钻探计划(DSDP)和大洋钻探计划(ODP)已经为科学家们提供了大量的关于占地球岩石圈表面积 60%的大洋岩石圈的年龄、地层、结构、演化等方面的直接信息，而在实施 DSDP 计划以前，人类这方面信息的获得是通过各种地球物理方法来间接推断的。

实施 DSDP 计划的“格洛玛挑战者”号钻探船使人类第一次有可能直接从深海钻取岩芯。虽然拖网取样和深潜器也可以分别用来获取洋底表面的岩石样品和观察洋底，但只有钻探才能取得较长的连续柱状样并对钻孔进行测井实验。连续的岩芯柱状样对研究大洋岩石圈的组成及其结构是至关重要的，而测井实验数据则提供了有关岩石物理性质的一些数据。这些数据既可用于与海面地球物理数据之间的比较，也可用于推断介于各段岩芯样之间未钻芯的岩石的成分、类型，此外，它们还可用于横向上的构造或岩浆结构的对比。

研究大洋岩石圈的意义是深远而巨大的，不仅是因为大洋岩石圈占据了地表 60%的面积，厚度较薄，是人类认识地球岩石圈的关键和捷径所在，在全球热循环和地球化学循环的研究中举足轻重，而且还因为大洋岩石圈和生物圈、水圈的相互作用影响着气候和海水化学成分的变化，大洋中脊和汇聚边缘的岩浆和热液作用以及汇聚边缘的形变和物质交换作用为我们认识陆地在地史时期形成的矿床和造山带提供有益的启迪。

本章将在介绍地球基本圈层构造的基础上，着重介绍海洋岩石圈的成分、结构和演化。另外，包括整个地壳和上地幔岩石圈和软流圈的构造和演化，是板块构造学说研究的重点。本章通过阐述和讨论其构造特征和结构的不均一性质，为更好地了解板块构造理论打下良好的基础，同时从中了解海洋板块构造研究的主要的地球物理方法。

第一节　地球的构造层圈

对于地球内部的构造主要是通过地震的方法去认识的。地震波在地球内部传播时，波速常常突然改变，而出现若干地震不连续面或间断面。1909 年莫霍洛维奇(Mohorovicic)根据地震波的走时，算出地下 56km 深处存在一间断面，其上物质的波速为 5. 6km/s，其下为 7. 8km/s，后来称这一间断面为莫霍界面，它在绝大多数地区都存在，这个面以上的圈层称为地壳。

1914 年古登堡根据地震波走时，测定出在 2 900km 深度处存在一间断面，并提出这一间断面就是核-幔界面或核-幔边界(CMB)，其深度至今一直沿用 2 900km(Gutenberg，1959)，其下的部分为地核，其上直至地壳底部的部分为地幔。Lehmann(1936)根据地核的地震纵波走时，提出在地核内部还存在一个间断面，该间断面又将地核分成了内核和外核。后来，古登堡(Gutenberg，1959)和 Jeffreys(1962)相继证实了 Lehmann(1936)的假设，并得出内核的半径在 1 200～1 250km。因此，内、外核边界(ICB)的深度约为 5 100km。进一步观测研究表明，外核不能传播 S 波，而内核可以传播 S 波，并根据地球潮汐和地球自由振荡所得的地球刚性，推断外核为液态，内核为固态。

Bullen(1963,1975)根据地球内部地震波的速度分布,将固体地球分为7层:地壳为A层;地幔为B、C、D3层;外核为E层;内、外核的过渡区为F层;内核为G层。后来他又根据新的资料,把D层分为D′层和D″层(表1-1)。他的这种划分方案,至今仍广为引用。图1-1表示了上述不连续面或间断面划分的地球同心层圈构造。

表1-1 布伦(Bullen,1963,1975)的地球内部分层

区域	深度范围(km)	名称	P波和S波速度的特征
A	0~33	地壳	复杂
B	33~410	上地幔	梯度正常
C	410~1 000	过渡区	梯度较大
D′	1 000~2 700	下地幔	梯度正常
D″	2 700~2 900		梯度近于零
E	2 900~4 980	外核	P波梯度正常
F	4 980~5 120	过渡区	不详
G	5 120~6 370	内核	梯度很小

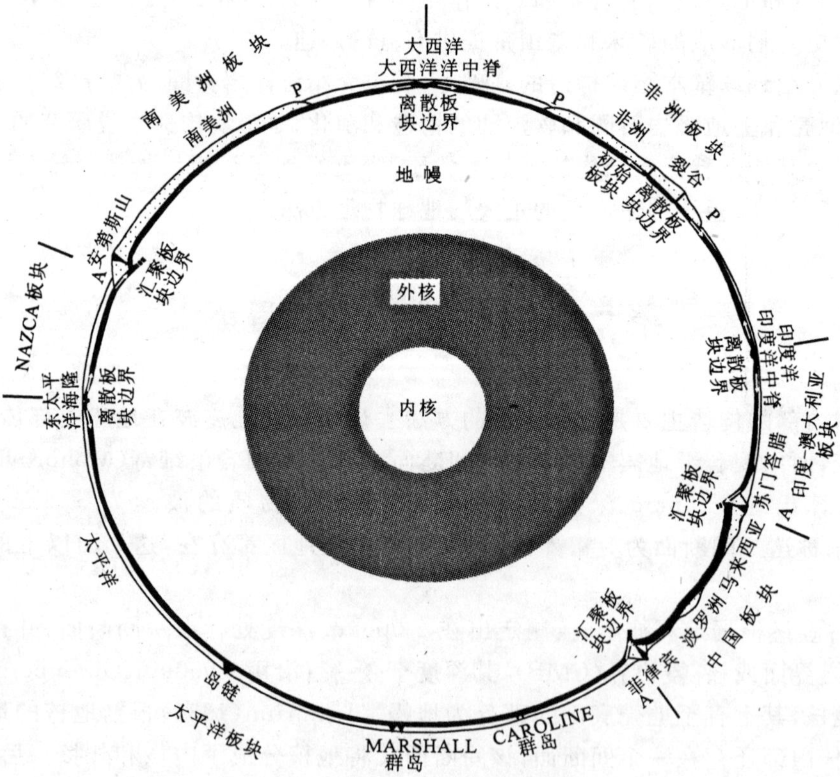

图1-1 通过地球赤道的大圆示意图

(据Bally,1990)

A为主动大陆边缘;P为被动大陆边缘

从动力学的角度出发，根据地球内部物质的力学性质，地球被划分为岩石圈、软流圈、中间圈和地核。岩石圈包括地壳和地幔顶部的盖层，厚 60～150km。它具有极高的粘滞度和较高的切变模量(即较高的刚性和弹性)，地壳与地幔间的莫霍面夹在岩石圈内部(图 1－2)。因此，在地球外部构成一个像刚体一样坚固的薄壳。

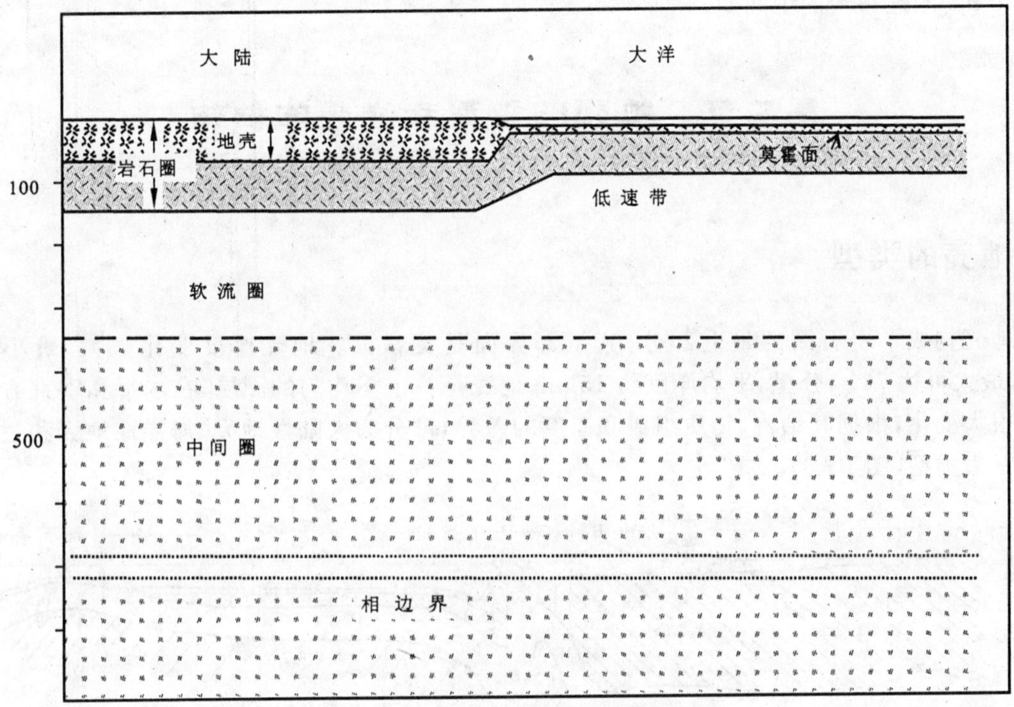

图 1－2 地球成分力学界面示意剖面图

(据 Bally,1994)

岩石圈可用它的地震学、力学和热动力学性质来下不同的定义。在地震学意义上，岩石圈是指上地幔低速层以上的物质；在构造上，它被定义为板块运动时参与移动的外部圈层；在流变学意义上，岩石圈可以看作是某一深度以上的物质，在该深度之下，由于热作用，由蠕变强度和有效粘度控制的塑性特点已变得至关重要。

岩石圈厚度(底界深度)通常认为其范围从大洋中脊之下接近于零或只有几公里，直到大陆年轻造山带超过 150km。连续的地震活动带把岩石圈分割为大小不同的许多板状块体，即现在所说的岩石圈板块。

软流圈为岩石圈之下的软弱层，其顶部是厚约 100km 的上地幔低速层，该层的粘滞度、Q 值(Q 值是一个描述地球物质非弹性性质的参数，是一个周期或一个波长距离内振动所消耗的能量 ΔE 与总能量 E 之比的倒数，即 $1/Q=\Delta E/2\pi E$，意味着 Q 值愈小，介质的非弹性性质愈显著)和切变模量都很低，具有较高的塑性，易于蠕动变形而能缓慢移动。岩石圈板块就是因其存在而能运动的。软流圈的下限有低速层下限 400km、670km 和 1 050km 以及更大深度的划分方案。Bally(1992)认为该界面很可能不超过(350±30)km(图 1－2)，但很多学者认为 670km 是软流圈的下部界限，因为这个界面是地幔内部最重要的界面，波速和密度的增加都高于地幔内的其他界面，并且界面以上的地段各种物理参数都以径向和横向变化不规则而与其下的地幔明显不同，从 150km 到 670km 深度之间的物质，总的 Q 值和粘滞度比较低，而与其上的岩石圈和其下的地幔不同。另外，部分熔融的低速层中含有1%～10%的粒间液体，低速层之下至少到400km的深度还含有0.001%～0.1%的粒间液体，最深的深源地震发生在700km的深度，被认为是软流圈的下限放在670km的重要依据。

上述表明软流圈下界位置仍然未准确确定。从软流圈的底界到地幔的底部，是厚约2 200km的刚性很大的中间圈。

第二节 地壳的类型和洋壳的结构

一、地壳的类型

地壳构成了岩石圈的最上部分，其下部界面是莫霍面。地壳厚度变化很大，最小不足5km，最大可达70余公里，平均厚度约15km；地壳是一个不均匀的圈层，在水平和垂直方向上都有很大变化，根据其结构、物质组成和厚度的差异，可分为大陆性地壳、海洋性地壳和过渡型地壳三大类型(图1-3)。

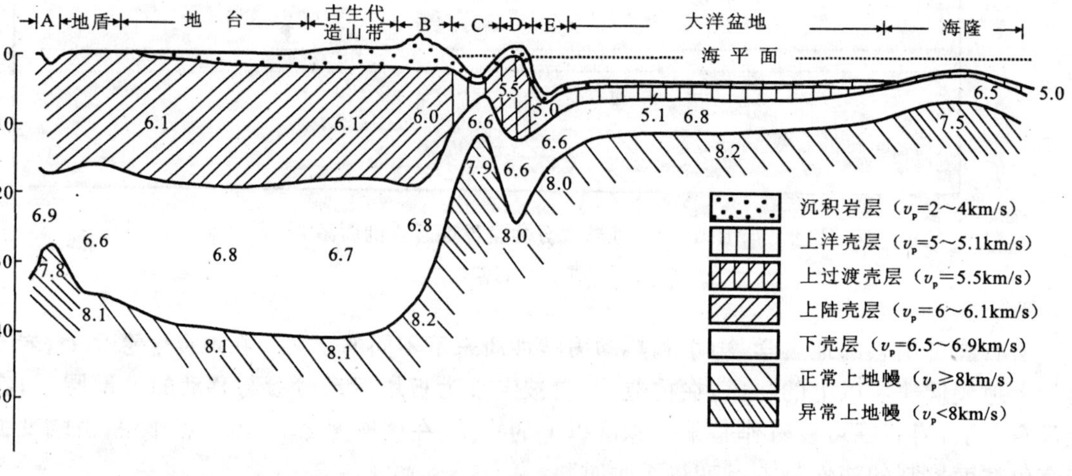

图1-3 地壳的类型

(据Condie,1976)

各单元的水平宽度代表它们占有地壳总面积的百分比。A—B为陆壳；C—D—E为过渡壳；大洋盆地区为洋壳。A为大陆裂谷；B为中-新生代造山带；C为边缘海；D为岛弧；E为海沟

大陆型地壳(或陆壳)，厚度在30～80km之间，包括：覆盖在结晶基底上的沉积层厚0～5km，纵波速2～4km/s；上壳层厚10～20km，纵波速5.5～6.3km/s(平均6.1km/s左右)。上壳层的化学成分大体与中酸性岩相近，习惯上称为“花岗质层”或硅铝层；下壳层厚15～25km，纵波速6.5～7.2km/s(平均6.8km/s左右)。下壳层可能是酸性岩和基性岩各占50%的混合物，或者是酸-中性的麻粒岩，大体与硅质石榴石麻粒岩成分相当，它比上壳层基性程度高，习惯上称为“玄武质层”或硅镁层。

大洋型地壳(洋壳)，厚度在5～15km之间。洋壳在化学成分上基本上是玄武质或硅镁质的，而陆壳的成分是中性火成岩质的，这是两者的一个重要区别。关于大洋型地壳的基本特征

和结构，下文将给予详细介绍。

过渡型地壳，主要分布在大陆边缘，其特征介于洋壳和陆壳之间，厚度在15～30km之间。它的层次与陆壳相似，上壳层是花岗质的，下壳层是玄武质的，但上壳层的纵波速(5.5km/s)介于陆壳和洋壳的上壳层波速之间。

二、标准洋壳结构

根据地震探测法，特别是深地震探测法和深海钻探的研究成果，目前已经确认了洋壳很薄，并具有三层结构这一事实(图1-4)。

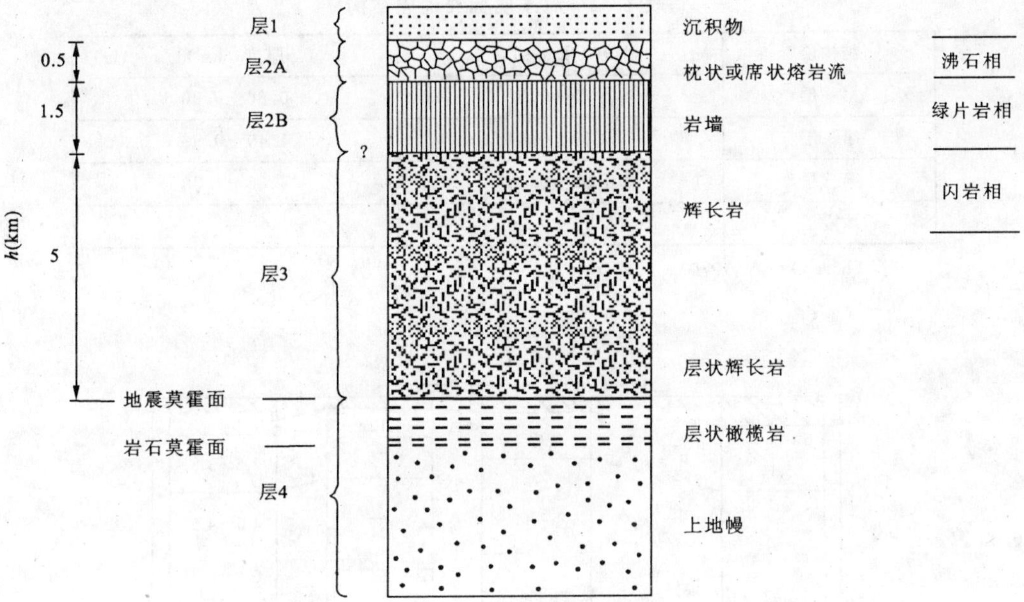

图1-4 大洋地壳的典型剖面

(据Kennett，1982)

第一层为沉积层，速度与厚度的区域性差别相当大，地震纵波速度 v_p 为1.5～3.0km/s，厚度0～2km，平均厚度约0.5km；主要由陆源、生物成因、自生和火山等沉积物组成。沉积厚度通常在大洋中脊轴部缺失或极薄，随远离中脊而逐渐增厚，洋盆边缘最厚可达2km。

第二层为基底层，亦叫火山岩层，是以玄武岩为主，并夹有固结沉积岩的混合层，v_p 多为4.5～5.5km/s。该层表面极不平坦，厚度变化较大，平均约1.5km。该层上部为低钾拉斑玄武岩(即大洋拉斑玄武岩)，主要是夹杂有深海沉积物的枕状熔岩及玻璃质碎屑岩；越往下沉积夹层越少，以至消失。该层下部还有呈岩脉或岩床形式产出的辉绿岩，底部为以岩墙方式侵入质岩石组成。

第三层为大洋层，是海洋型地壳的主体。v_p 为6.7～7.0km/s，由辉长岩组成，它是由与第二层同源的玄武岩浆在深部结晶而成的，结晶较粗。其厚度也有变化，平均厚约4.9km。位于海底以下6～8km处的莫霍面是一个地震波速剧增的界面，在岩石学上则被认为是第三层的辉长岩与上地幔残留橄榄岩之间的界线。

值得注意的是，在洋壳形成中，层状橄榄岩与层状辉长岩一样，均是岩浆房中晶体沉落冷凝的产物，所以图 1-4 中将岩石莫霍面放置在层状橄榄岩层之下。

莫霍面以下的平均 v_p 为 8.0km/s，变化在 7.7～8.3km/s 之间，也叫第四层，即地幔最上部。一般认为海底之下的地幔组分相同，但其上部速度波动很大，可能是由于地幔速度的各向异性（地震波传播方向不同而产生的速度差异性）所致。

表 1-2 为 Shore G G 等（1970）根据美国斯克里普斯海洋研究所在太平洋的观测结果确定的洋底标准地壳结构，而图 1-5 概略地表示了不同学者提出的各种标准洋壳结构模式，其中在（2）、（3）和（4）的模式中，将第二层和第三层进一步划分为两个或 3 个亚层（2A、2B 和 2C 或 3A 和 3B）。

表 1-2　海洋底标准地壳结构

结构层	v_p（km/s）	厚度（km）
第一层	2.20±0.31	0.66±0.90
第二层	5.19±0.64	1.49±0.98
第三层	6.81±0.16	4.62±1.30
地幔层	8.15±0.30	—

（据 Shore G G 等，1970）

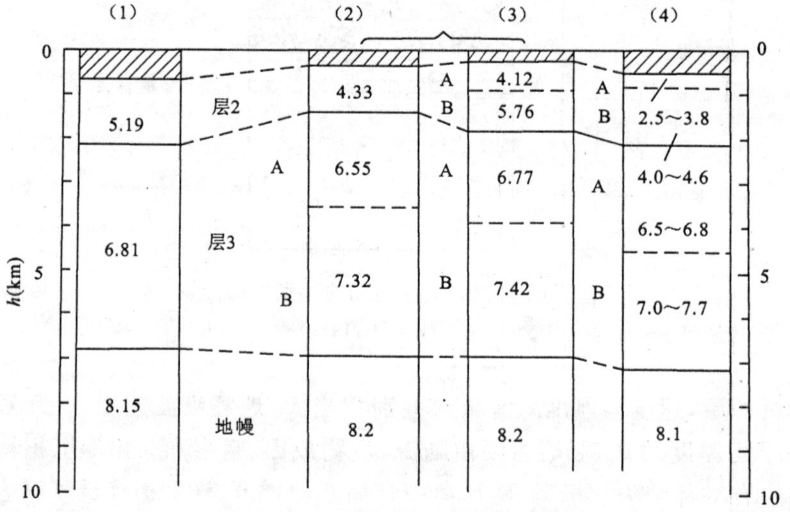

图 1-5　各种标准洋壳结构模式

［（1）据 Shore G G 等，1970；（2）和（3）据 Woollard G P，1975；（4）据 Peterson C G 等，1974］

斜线部分为层 1（沉积层），图中的数字为 v_p（km/s）

三、洋底地壳结构的侧向变化

标准洋壳结构是大量资料基础上综合抽象出来的大洋盆地的基本地壳结构，实际上在不同洋区及同一洋区中不同的构造单元，洋壳的结构有明显的变化。

在大洋中脊部位，地壳厚度显著减小（轴部 2km 或更小），另外，在轴部年轻洋壳中还发育有低速洋壳层和异常的壳幔混合层。低速洋壳层 v_p 约为 5.0km/s,顶面埋深从海底之下数百米至 2.0～4.0km。该层低速度与中脊轴部之下岩浆房局部熔融的高温岩石有关,低速洋壳层一般产出于年龄小于 1.5Ma 的洋底之下。"壳幔混合层"的 v_p 为 7.2～7.8km/s,因其高于洋壳底层而低于上地幔的波速度,故称为异常上地幔。出现异常上地幔的中脊底下,莫霍面不很清楚。P_n 速度(莫霍面处沿地幔顶部传播的纵波称 P_n 波)一般为 7.9～8.1km/s,P_n 速度小于等于 7.8km/s 的上地幔低速层便是异常上地幔。

洋中脊由扩张中心喷出的玄武岩质火山岩套组成(图 1－6),是洋壳层 2 的组成部分。在 100～200m 深的洋壳上部,夹有深海沉积物的枕状熔岩、枕状角砾岩和玻璃质碎屑岩,在数量上大大超过较大的块状岩流。再往下进入深达 2km 左右的层 2 时,开始出现大量玄武岩、辉绿岩床和岩墙,至底部可变成席状岩墙。在层 2 岩石中,风化作用、热液活动和海洋变质作用随地壳深度的加大而增强。在层 2 底部,洋壳变质作用可达到绿片岩相和绿帘石角闪岩相的条件(温度约 350℃)。洋中脊的深成对应部分可构成洋壳第三地震层,层 3A 可能是由标准辉长岩类构成,而大部分标准辉长岩又是由富钛的铁辉长岩组成。由于洋壳中的热水活动,辉长岩带已变质成低级角闪石相矿物组合。层 3B 似乎是由镁铁质堆积岩组成,代表大洋中脊玄武岩分离作用过程的残留部分。

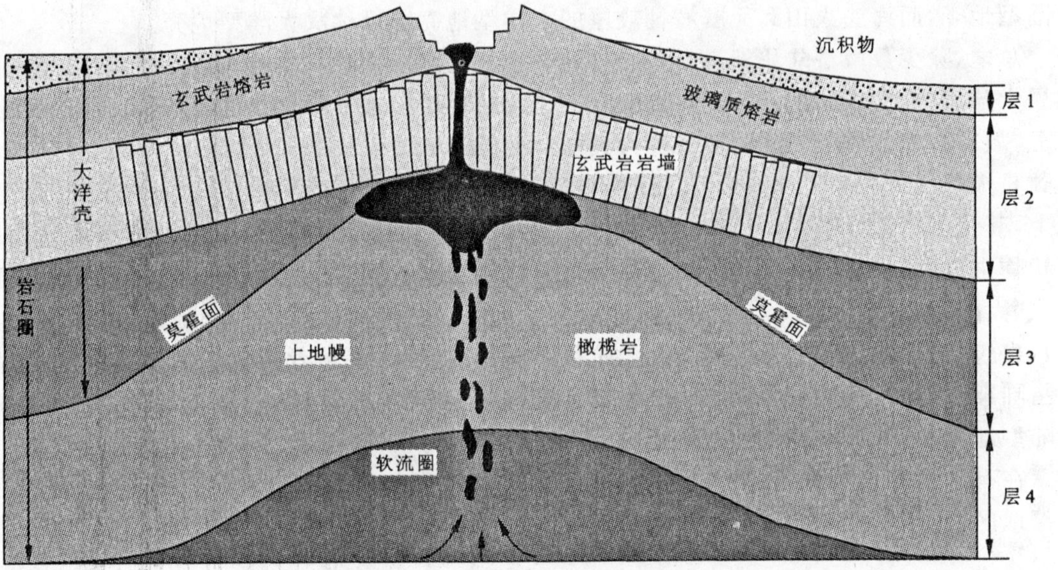

图 1－6　洋中脊洋壳构成示意图

大洋中脊系的地壳结构在各地段也有不同的表现。如大西洋中脊的某些地段,轴部一般缺失层 3,层 2 直接覆于异常地幔之上。有的地方层 2 虽较厚,但因完全缺失层 3,整个地壳厚度明显减薄。东太平洋海隆及其他一些中脊地段,虽有层 3 覆于异常地幔之上,但由于层 3 较薄和层 1(沉积层)的缺失或极薄,故整个地壳厚度还是比较小。

转换断层处的地壳在其构造组成中,可识别出 v_p 为 3.9～5.0km/s,厚 2km 的层 2A,直接覆于 v_p 为 7.6～7.8km/s、密度较小的地幔岩上,其中缺失层 2B、2C 和层 3。不过,它只局限于沿转换断层走向狭窄(约 10km)地带,该带之外的区域重新出现层 3。转换断层处的异常地壳基本上是受强烈破碎和热液蚀变的玄武岩、辉长岩类以及由各种大洋辉长岩类形成的角闪岩组成的薄层(1～3km),在某些地方,下伏地幔的超基性岩遭受强烈蛇纹石化。异常地壳的成因与局部侵入体沿大量断裂侵入,并伴有一些地壳板片的水平位移,这种情况在20°S横切大西洋中脊的转换断层带表现得最明显。

在深海盆地的无震海岭和火山分布区,发育着次大洋型地壳。沉积层之下,层2显著增厚(9～10km),层3厚者达10～12km,总厚度可超过20km,一般莫霍面向下突入地幔,形成山根。这类火山型海岭完整的地壳剖面与洋盆标准洋壳结构没有根本区别。剖面下层与层3类似,中间层类似层2B和层2C,由火山产物堆积起来的上层,与层2A有所区别,火山岩是从拉斑玄武岩到碱性玄武岩的各种类型的玄武岩。地壳总厚度可达13～20km,与洋底隆起的海台成海底高原类似。在物理场上表现为强度达+200mGal的自由空间重力异常及高热流,而且相应地存在明显的失衡现象,莫霍面上弹性波速度偏低。这些特点反映火山型海岭形成于大洋板块内部的热地幔柱涌升区。

在一些洋底隆起区,如海底高原或海台,不但地壳厚度大,而且在有些海台或海隆区的地震学和岩石学资料方面还显示大陆地壳所特有的花岗岩质层。它们可能是大陆破裂、分离漂移过程中遗留下来的碎块,一般称为微大陆,其地壳厚度大于正常洋壳,但小于正常陆壳。它们可能是大陆在裂离漂移过程中遗下来的碎块,往往有平坦的顶部和较陡的斜坡。微型陆块的地壳厚度虽明显大于正常的大洋壳,但一般小于正常的大陆壳。较薄的大陆型地壳也称次大陆型地壳,而海底火山和无震海岭较厚的大洋型地壳则可称次大洋型地壳。

总之,除少数微型陆块外,大洋盆地广泛发育大洋型(或次大洋型)地壳,大陆架和大陆坡则属大陆型(或次大陆型)地壳,它们实际上是大陆地块在水下的自然延伸,是沉没的大陆地块部分,故有人把大陆架和大陆坡合称为大陆台地(continental terrace)。一般来说,大陆坡坡脚大致是大陆型地壳和大洋型地壳之间的分界。大陆坡以下的大陆麓,局部可位于变薄的大陆壳上,其主体则已处于大洋地壳之上,所以大陆麓实际上是“大洋边缘”,但由于组成它的巨厚沉积物来自大陆和大陆台地,它的发育演化与陆架、陆坡息息相关,所以有的学者把大陆麓也列入“大陆边缘”范畴中。广义的大陆边缘实际上既包括大陆地壳的边缘地带(大陆架和大陆坡),也包括大洋地壳的边缘地带(大陆麓和海沟等)。但一些学者所采用的狭义大陆边缘,主要指陆架和陆坡。这样,尽管陆地面积仅占全球总面积的29%,包括大陆架和大陆坡在内的大陆型地壳的总面积却可以占到全球总面积的40%。

在有岛弧发育的地区,地壳虽然具有沉积层和花岗玄武岩层,但厚度上只有19～30km,局部地区甚至缺失硅铝层,可称为过渡型地壳。

四、洋壳与陆壳的基本区别

在成分组成上,洋壳主要由玄武岩质及超镁铁岩石组成,而陆壳则以巨厚花岗岩质层为特点。对洋壳和陆壳岩石标本的化学分析表明,陆壳比洋壳多Si、K,少Fe、Mg和Ca。如SiO_2的含量,洋壳不足50%,而陆壳在60%以上;再如K_2O的含量,洋壳仅为陆壳的1/7。故在地球化学特性上,洋壳比陆壳少硅、碱,多铁、镁。

在岩石组成方面,大陆壳层是由大洋壳层经变形和变质作用而成的岩石组成。它们受到不同程度叠加的化学改造、物理和化学蜕变作用以及从绿片岩到粒变岩成榴辉岩相的进化型(常常是多次)变质作用。岩体大部分由花岗岩和闪长岩成分组成,其中大多数因进化型变质而成,部分为变质分异而成。也有在构造混合地区,即在高热地幔热导作用区内,物质重新活动而成。许多研究确定，所有这些物质以及覆盖它们的火山沉积岩的密度低于上地幔未经变化的岩石，并且处在正浮力状态。

标准洋壳总厚度仅 7km 左右，而大陆型地壳平均厚度约 35km，两者相差 5 倍之多，陆壳不但上覆较厚(15～20km)的花岗岩质层，而且玄武岩质层也比洋壳厚得多。在大陆上通常地势越高，厚度越大，如青藏高原地壳厚度达 70km 以上。但在海底，地壳厚度与地势的关系就复杂得多，如贯穿四大洋的中脊体系，是世界洋底最突出的相对隆起的地形，但其地壳厚度比正常洋盆还小，仅 2～5km；另一类海底山脉——无震海岭（如夏威夷海岭），地壳厚度可达 20km 以上。洋壳虽薄，却以正重力异常值为特点，大洋盆地的布格异常值可达＋500mGal，陆壳虽厚，其重力异常值主要表现为负值，高山地区布格异常值一般为－300～－500mGal。这种情况表明，构成陆壳的岩石密度（比重）较之洋壳为小，这就是通常所说的地壳均衡现象。

洋壳岩石比陆壳年轻。陆壳上发现的最古老的岩石可达 35×10^8～40×10^8a；而洋壳岩石一般都小于 1.6×10^8a，最古老的洋壳也很少超过 2×10^8a。这一发现曾是 20 世纪 60 年代初海底扩张学说的出发点。

从火山岩成分来看，陆壳与洋壳也有很大差别。近大陆侧以安山岩、英安岩和流纹岩等中酸性火山岩为主，而大洋侧则以玄武岩和橄榄玄武岩等基性玄武岩为主，说明两者在物质成分和火山作用过程等方面存在着差异性。

在构造活动上，陆壳的褶皱和断裂构造都很发育，大部分山脉是由变形变质的沉积岩及花岗岩质岩浆岩组成，而洋壳构造除大洋边缘弧沟体系外，广阔洋底以断裂构造为主，特别是沿中脊轴分布的中央裂谷带以及与之垂直的横向大断裂，是地球表面规模最大的两大断裂系统。

五、深海钻探与洋壳研究

(一)洋壳最深钻孔 504B 孔

关于洋壳结构和成分的直接了解对于验证洋壳的层状结构模式（图 1-4），认识地震速度界面的性质，定量地掌握岩石圈和水圈之间的流体和化学通量平衡关系是至关重要的。但是要从岩石学角度来直接验证层状结构模式是非常不易的。钻穿莫霍面的钻孔要 6.8km 深，也超出了目前的钻探能力。迄今为止，DSDP/ODP 在洋壳里所完成的最深一口钻孔(504B)是经过 8 个航次重复钻进才达到 2 111m，只钻至层 2。为了获取代表整个洋壳的连续样品，ODP 采取了两种技术方案：一是选取某一钻孔进行重复钻取（如 504B 孔），最终钻抵莫霍面；二是在有下地壳和地幔物质出露地区，钻取分段剖面，最后连成一条完整的地壳剖面。

504B 孔是迄今为止人类钻进大洋岩石圈最深的一个钻孔，该孔的井下测量工作是验证洋壳层状结构的一个有效手段。504B 孔位于东赤道太平洋、哥斯达黎加裂谷的南翼，钻孔水深 3 475m。自 1978 年 DSDP 第 69 航次在该孔打钻以来，迄今已有 8 个航次(DSDP69、70、83、92，ODP111、137、140、148 航次）重复钻进该孔，使得该孔钻进到海底以下 2 111m。

504B 孔最上部的 275m 为远洋软泥和燧石，其下的玄武质基底厚达 1 836m（岩芯回收率少于 20%)，上部的 571m 为枕状玄武岩，它与下伏约 1 100m 厚的陡倾席状岩墙之间，是一层厚约 200m 的玄武岩角砾，它们于 5.9Ma 前在海底裂谷扩张中心喷发形成。由于岩芯回收率较低，故对整个基底剖面做了大量的井下测量工作。尽管从钻孔最底部所取得的岩芯已显示层 3 的地震波速特征，但是岩墙与辉长岩的界线还未抵达。

上述发现基本证实了洋壳的层状结构模式，而且表明钻孔已接近层 3 的顶部。除了 504B

孔以外，ODP 还在大西洋的 418A、395A 孔，太平洋和印度洋的 801C、765C 孔（侏罗纪洋壳）进行了类似的井下测量工作。

（二）洋壳剖面的分段取样

504B 孔处于快速扩张洋盆，但是，在 20 世纪 70 年代，当一系列航次（第 37、45、82 航次）在低速扩张的大西洋中脊附近钻探时，人们已注意到层状结构模式并不能完全解释钻遇的洋壳的成分。当这些井深数百米的钻孔中的大多数钻进正常洋壳的一部分——枕状熔岩时，一些钻孔却在沉积岩之下或在熔岩内部钻遇橄榄岩或辉长岩。按照层状结构模式，辉长岩只能出现于层 3，而橄榄岩则出现于莫霍面之下，当时科学家们却在洋壳的最上部找到了这些岩石。显然，这与传统的洋壳层状结构模式不一致。

到 20 世纪 80 年代晚期，随着大西洋中脊精细的等深图和重力图的问世，人们发现慢速扩张的大西洋中脊的岩浆供应在时空上的变化使大洋岩石圈被分解成富岩浆和贫岩浆的区段（见后文）。按受大量岩浆供应的洋脊区段具有厚的岩浆型地壳，其下部可能存在一岩浆房透镜体，其地壳结构类似于快速扩张形成的洋壳层状结构。相反，位于贫岩浆区段的大洋中脊，由于其下缺失岩浆房透镜体，扩张主要由构造拉张作用引起，下地壳辉长岩和地幔橄榄岩也因此被带到海底，这里的洋壳就不具层状结构。

ODP 第 118 航次的 735B 孔的钻探结果支持了这种解释。735B 孔位于西南印度洋脊的一个海底山上，西距 Atlantis Ⅱ 转换断层 18km。该洋脊自中生代冈瓦纳大陆裂离以来即已存在，在过去的 34Ma 间保持一较为稳定的扩张速度（0.8cm/a，现代快速扩张脊的扩张速率达 7～9cm/a），具有慢速扩张大洋中脊的特征：地形起伏较大、深裂谷、火成岩和地幔岩石的普遍裸露等等。735B 孔是连续 500m 的辉长岩取样，取得的辉长岩样品构成了第一条代表洋壳层 3 的实地连续剖面。井下测量和井下实验也第一次提供了实地的有关层 3 的物性参数（孔隙率、震波速度、磁性等）。对辉长岩岩芯的详细研究表明它们不是形成于一个规模大而稳定的位于大洋中脊下侧的岩浆房，而是由一系列小型、快速结晶的岩体的连续侵入作用而形成的；洋壳的层状结构模式所要求的岩浆堆积作用在这里亦不存在。所取得的岩芯包括了橄长岩、橄榄辉长岩、辉长苏长岩等。清晰的岩性界线表明含氧化物的辉长岩侵入到橄榄辉长岩之中，而且这种侵入作用是发生在近于固结的橄榄辉长岩体内的一些剪切带中。橄长岩则侵入到橄榄辉长岩和含氧化物的辉长岩中，代表了第二期侵入作用。这些结果反映慢速扩张脊的下地壳的形成是通过一些小规模的、不连续的岩浆侵入作用来实现的。对岩芯的研究还表明岩浆作用和构造作用相互强烈地交织在一起。在岩浆充分冷却以前，岩石即开始变形，且大体沿一定的优选方位排列，构成岩浆叶理。剪切带的形成有利于早期的海水渗入深部地壳，发生高温变质作用，远离这些热流通道的地壳则基本不受改造。735B 孔还钻遇了数层低角度张性剪切带，它们被解释为是岩石圈拉张作用的结果，后者同样也造成了下地壳和地幔岩石在海底的出露。

ODP 第 109 航次 670 站位在中大西洋脊轴部的钻探亦揭露了地幔橄榄岩的存在，这些橄榄岩（方辉橄榄岩）显示出高温韧性变形作用的特征，它们亦曾与海水相互作用，重结晶形成蛇纹岩，然而，岩石的结构特征表明重结晶作用与构造形变作用无关，而是发生在岩石的侵位之后。

ODP 第 147 航次对快速扩张的东太平洋海隆的赫斯海渊（Hess Deep）的钻探是进行分段钻取下地壳和上地幔的又一个实例。赫斯海渊位于一个向西扩展的大洋裂谷（Cocos－Nazca 脊）的最深部。该裂谷正在拉开赤道东太平洋海隆的东翼。147 航次共设两个站位，894 号和

895 号，它们分别钻取下地壳和上地幔岩石。894G 孔获取了 150m 厚的辉长岩，相当于蛇绿岩套剖面中的辉长岩层的 E 部，其岩性特征基本上可与 735B 孔的岩芯相比较，所不同的是 894 站位缺失初始的橄长岩、橄榄辉长岩。894 站的 7 个孔所揭露的岩石类型在 735B 孔中均可找到。894 站位与 735B 孔之间的另一个显著差异是辉长岩中缺乏韧性(或高温剪切)形变作用的痕迹。147 航次的另一个站位 895 号有 6 个孔钻取了典型的地幔橄榄岩-方辉橄榄岩，此类岩石具碎斑状结构，主要矿物成分为橄榄石，次为斜方辉石，另含少量的单斜辉石(<1%)和尖晶石。从大西洋和印度洋的洋底裂谷两壁和断裂带中拖网所获的橄榄岩样品一般含有 3.5% 的透辉石。相比之下，赫斯海渊的橄榄岩的上述矿物组合特征表明它们是地幔的耐熔残留橄榄岩。此外，895 站位还揭露了大量的纯橄榄岩，这些纯橄榄岩既可能是熔浆和地幔岩石相互作用的结果，也可能是熔浆结晶的堆积产物。纯橄榄岩的大量出现以及它与辉长质岩石的关系，表明 895 站位已接近壳幔边界。895 站位相距仅仅数百米的 3 个钻孔揭露的岩芯具有不同比例的方辉橄榄岩、纯橄榄岩和辉长质岩石，表明东太平洋海隆下面的地幔具较大的横向不均一性。

由上可知，ODP 针对下地壳和上地幔实施的分段钻探计划已取得了不少成果，但离全面了解大洋岩石圈的结构、组成尚有一段距离，连续钻探洋壳剖面仍将是 ODP 今后努力的目标之一，分段钻探将提供更多的关于下地壳和地幔的结构及组成的重要信息。

(三)深海钻探与洋壳年龄

海底扩张学说的一个基本观点就是认为大洋盆地是一种年轻的地质形态(Hess H H，1962；Dietz R S，1961)，当时许多人曾持怀疑态度。深海钻探的成果确定了大洋地壳的年龄不但非常年轻(<160Ma)，而且对称于中脊轴分布。DSDP 第 3 航次在南大西洋横穿中脊，平行于 30°S 线钻了 7 个孔。按照海底扩张理论的预测，洋底年龄应随距中脊轴部距离的增加而成比例地增大，所获最老沉积物的年代与预测完全相符。后来在太平洋的深钻也证实，东太平洋扩张轴附近洋壳很新，向西坡逐渐变老，至西太平洋海沟附近则是白垩纪和侏罗纪的洋壳。深海钻探所揭示的洋底最老沉积物与磁异常条带确定的年龄进行对比后发现，两者具有惊人的一致性。

由深海钻探所获得的洋壳层 1 的沉积厚度与层序，在中脊两侧亦具对称性。中脊轴部，沉积层缺失或极薄，随着远离中脊逐渐增厚，至大洋边缘可增至 1.3～1.5km。这是因为越接近轴部洋壳越新，其上接受沉积作用的时间越短，向两侧随其年龄增加，沉积作用时间长，沉积物便不断增厚。沉积层序的对称性表现在某一钻孔与中脊另一侧相对应点的层序极为相似，而与同侧某些钻孔的层序差别较大，这些都与海底扩张概念吻合。

六、大洋中脊的岩浆作用和洋壳的形成

深海钻探已揭示出洋壳层 2 的火山岩主要是拉斑玄武岩，以枕状熔岩或火山角砾岩的形式产出。在接近断层破碎带的钻孔中，也遇到少量侵入岩，如辉长岩和蛇纹岩。这些玄武岩不论来自何处，其化学性质几乎都落入由中脊玄武岩(MORB)所限定的范围内，说明形成洋壳的岩浆源于非常均匀的地幔，即洋壳都是在中脊轴部裂谷带形成的。这种结论最初主要是根据大西洋中脊归纳出来的，后来被太平洋的深海钻探所证实。绵延 80 000km 长的全球大洋中脊每年大约形成 $20km^3$ 的新洋壳。

洋壳岩浆源一般位于岩石圈之下的软流圈中，中脊轴裂谷在张应力控制下张开，导致其下

压力降低，软流圈物质部分熔融，玄武岩岩浆在压力梯度驱动下沿裂隙上涌，溢出海底的部分形成枕状熔岩，构成层2上部，还有部分岩浆向上侵入，冷凝成辉绿岩和辉长岩，构成层2下部和层3。玄武岩浆分熔出去后残留下的难熔地幔物质主要是橄榄岩类，可以底辟方式上侵，在冷凝过程中与渗入的海水反应被蛇纹石化，也可成为层3的组成部分。

根据对蛇绿岩套层状构造与洋壳层状构造的对比研究，推测中脊之下可能存在着岩浆房(magma chamber)，蛇绿岩套与边扩张边冷却的中脊之下岩浆房的产物很一致。现在一般认为，形成洋壳的岩石由导源于地幔的母岩浆在中脊轴部浅岩浆房中分异而成的可能性远远大于岩浆直接从地幔深处的贯入和喷发，岩浆房模式得到岩石学、热模式、地震探测等项研究成果的强有力支持。1975年在东太平洋海隆轴部(9°N)应用洋底地震仪进行折射研究，发现一个始自15km深处的震波微弱带，波幅明显变小，波速度慢，表明之下具有壳内岩浆房。以后陆续在21°N、10°S、22°N、15°N、12°N等处的东太平洋海隆下部以及加拉帕戈斯脊(86°W)下方发现存在有岩浆房。根据Sleep N H(1975)、Kusznir N J等(1976)进行的模式计算，扩张速度小于0.5cm/a时，侵入岩浆的水平方向急剧冷却，不能形成岩浆房而以岩脉或岩墙形式凝固，当扩张速度大于0.5cm/a时，在地壳中可形成岩浆房，岩浆房向水平方向上的扩张与海底扩张速度大致成比例。

地震研究表明，单个岩浆房可能只有宽2km左右，当扩张速率超过5cm/a时，岩浆房就会更大，升得更高。通常快速扩张中心之下的岩浆房是准稳定的，可存在一个相当长的时期(约10Ma)，但由于自下部软流圈对岩浆房的补给和来自上方的热液渗入，有时宽度会缩小到不足1km(Cann J R等，1982)。岩浆房的形状与大小，对其中结晶沉淀在内的对流影响很大。岩浆一旦冷却，析出的晶质体便下沉。如果这种结晶的重力分异完全，纯岩浆只出现在上部一定部位，下部几乎全为晶质体，晶质体中可能有少量液体呈粥状。由于重力分异程度不同，岩浆房凝固生成的层状构造也会有变化。一般，岩浆房下部为重矿物沉淀生成的橄榄岩和辉岩，上部为岩浆析出矿物就地集合而成的辉长岩。当岩浆房中进行结晶分异作用时，岩浆房与岩石圈板块同步向左右扩张运动，故岩浆房中的化学成分，中央为未分异的中脊玄武岩，向两翼方向结晶分异作用逐渐明显。与海水接触处因急剧冷却而不能形成岩浆房。在浅部，岩浆从其下方岩浆房以岩脉或岩床形式侵入而形成岩脉层，最上部因海水循环强烈，岩浆迅速冷却而生成枕状熔岩层。

图1-7为洋中脊岩浆作用和洋壳发育示意图。图中显示岩浆从地幔上升到地壳，并进入到晶粥带(由86%的晶体和15%的熔浆组成)和位于席状岩墙底部的岩浆透镜体组成的岩浆体系中。岩浆也可以通过岩墙进入洋底。位于晶粥带两侧的是早期岩浆体系的残留物——辉长岩堆积体。辉长岩可分为不具有显著的层状晶体结构的上层辉长岩和发育良好的层状晶体结构的层状辉长岩(图中的虚线所示)。上层辉长岩中出现一系列与高角度正断层平行的剪切带，它们构成了晚期熔浆的运移通道。由玄武质岩石组成的席状岩墙和枕状熔岩则分别由岩浆在临近洋底处的快速冷却和在洋底的淬火作用所形成。

3种主要的洋壳组分：残留岩浆房、席状岩墙和枕状熔岩是洋中脊部位的岩浆连续不断地从地幔往上运动过程中，经过岩浆不同的冷却和结晶速率而形成的。

残留岩浆房由晶体粗大(直径1～10mm)的辉长质岩石组成，它们由岩浆的缓慢冷却作用形成。席状岩墙是一些已固结的岩浆通道，岩浆曾经过这些通道向上流进入到海底。当经过这些通道的岩浆停止流动时，岩浆快速冷却(也许在几小时之内)，形成晶体较小(通常小于1mm)的玄武岩。枕状熔岩则由岩浆喷发至海底发生淬火作用而形成，由于冷却速度极快，通

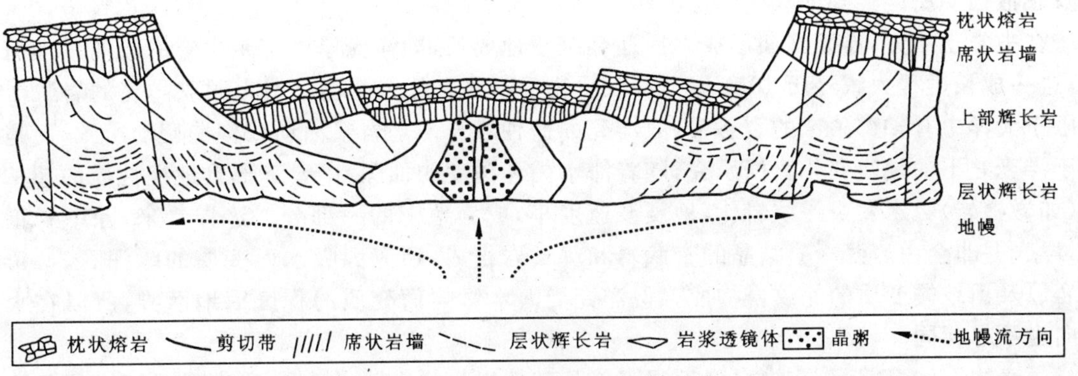

图 1-7 洋中脊岩浆作用和洋壳发育示意图

(据 Meyer P 等,1994)

常在枕状的外围形成一些火山玻璃的圈层,枕内相对慢速的冷却则形成结晶质的玄武岩。

沿着大洋中脊方向不同地段的岩浆数量及其喷发比例是不同的[所谓大洋中脊的岩浆分段现象(magmatic segmentation)],相应地导致了不同段落的大洋中脊存在不同的洋壳厚度和辉长岩、席状岩墙、枕状熔岩三者之间的不同比例。快速扩张脊以大量的岩浆供应、快速的喷发和厚的洋壳为特征,如东太平洋海隆。与此对应,慢速扩张脊则以少量的岩浆供应、慢速的喷发和薄的洋壳为特征,如西南印度洋洋脊。

岩浆供应数量在各个大洋中脊和大洋中脊各段的变化意味着地幔中存在着不同的熔融程度,相应地造成源自地幔的初始岩浆成分和洋壳成分的不同。低的岩浆供应速率使岩浆侵入地壳的频率降低,形成岩墙的玄武岩的成分几乎类似于地幔熔浆的成分。随着岩浆供应的增加,更多的岩浆侵入地壳,其冷却速率亦相应降低,这就为岩浆在固结前的结晶分异作用提供了条件。岩浆的结晶分异作用将导致部分元素先结晶,而另外一些元素则在残余岩浆中相对集中。经过结晶分异作用以后形成的岩墙和熔岩在成分上与地幔中形成的初始熔浆的成分之间存在显著的差异。这是由于岩浆中最先结晶的橄榄石和斜长石具有不同于初始岩浆的化学成分、残余岩浆则由于 Fe、Ti 氧化物的加入而更加富 Si。

随着岩浆冷却作用的进行,晶体先在岩浆房的底部、壁部和顶部形成,当含晶体的熔浆中熔浆的成分只占 40%时,该岩浆体就被称为晶粥。在晶粥最终固结前熔浆的比例将少于15%,对流作用、压实作用和形变作用可驱使熔浆离开晶粥。晶粥的固结作用产生堆积辉长岩,其成分明显不同于玄武岩浆的成分。橄长岩作为初始堆积岩,其矿物组成主要是橄榄石和斜长石,含 Fe、Ti 氧化物的辉长岩则是大洋中脊的岩浆在经过广泛的结晶作用后堆积形成的。

根据上述结晶模式和陆地侵入岩体的观察结果,人们提出了一个简单的下洋壳结构模式:底部为晶体成层发育良好的初始辉长岩,上部的后来结晶的辉长岩则不具有晶体的成层分布现象。迄今为止,ODP 仍未钻探到底部的初始辉长岩。

在中脊之下不能形成岩浆房的海底,地幔部分熔融的玄武岩质熔体分期通过岩墙裂隙到达表层而形成熔岩流和枕状玄武岩。熔岩体数量与地幔的初始温度以及由扩张速率决定的致冷作用有关。由于裂隙延伸,热液循环使岩体迅速冷却,直达 5～7km 深处裂隙不再张裂。该深度决定于岩石的物理特性,而与扩张速率或地幔温度无关。扩张板块连续的应变促使超镁铁质岩石更易于向低密度和低速度热液蚀变方向发展。机械强度可能是限制蚀变量的因素,蚀变使岩石的强度变低,改变裂隙不能继续存在。这种看法认为,莫霍面代表断裂、水的渗透以及热液蚀变所能达到的深度。

在中脊正下方，洋壳格架形成之后还会缓慢地成长，即洋壳厚度随距中脊的距离增加而增厚，这一成长过程大致经历 10Ma 左右，以后几乎不再有什么变化。因为形成洋壳的岩浆活动只限于大洋中脊轴部狭窄的裂谷带，故洋壳的这种成长不是岩浆活动或构造变动所致，而是导因于洋壳之下的地幔变化。据研究，随着海水循环深度的加深，中脊下部具地幔性质的超基性岩(如橄榄岩)吸水发生蛇纹岩化，地震波速度小，成为地壳的一部分。这样看来，除中脊正下方，洋壳并非全由岩浆冷凝结晶的玄武岩和辉长岩组成，还有因吸水而变质的绿泥石岩、角闪石岩以及由地幔变质的蛇纹岩构成。但洋壳受海水影响而变质的程度因地而异，所以在水平方向也不尽相同。

洋壳之下的莫霍面，在中脊附近很可能是基性岩与超基性岩的界面，其他地区可能是蛇纹岩与超基性岩的界面。根据地球热性质推断，莫霍面的温度比蛇纹岩化的平均温度(约 500℃)低得多。所以，只要有水，蛇纹岩化还会向更深处进行。但是，蛇纹岩化会导致体积膨胀，再加上碳酸盐矿物沉淀，都会造成循环通道堵塞，而停止海水循环作用。因此，洋壳从中脊裂谷带形成之后的缓慢加厚(即成长过程)不会无限制地进行下去，只能持续 10Ma 左右。所以，洋壳不会无限增厚，一般不超过 6km。

大洋中脊为人类提供了一个研究深部地球——地幔的极佳场所，地幔物质活动过程通过地质的和生物的形式在这里表现出来。虽然与大陆相比，海底的这些现象更为直观、单一，但人类对地幔以及洋壳的形成过程仍所知甚少。上述介绍的关于大洋中脊的岩浆作用和洋壳发育，只是人类对大洋中脊所进行的一系列初步的研究认识。岩浆在地幔中是如何形成的，它又是如何结晶形成洋壳的，而后者又是如何被加热的海水循环所改造的，仍然是大洋中脊的岩浆作用研究的主要学术目标。扩张大洋中脊岩浆供给系统的三维特征、扩张大洋中脊地幔上涌与岩石圈的增生和变形耦合作用，以及大洋中脊分段作用的本质原因和控制扩张脊演化的因素等已经成为 IODP(综合大洋钻探)和 InterRidge(国际大洋中脊跨学科全球实验组织)等国际学术计划组织拟定解决的关键学术问题。

第三节 岩石圈和软流圈

岩石圈(层)和软流圈(层)的概念最早由美国地质学家 Barrell J(1914 年)提出，他根据地壳均衡理论推测在地球深处存在塑性层，因而，首先提出把地球上部刚性部分叫岩石圈(层)，其下塑性较大的部分叫软流圈(层)。1926 年古登堡发现，当地震波通过 100～200km 深度时，P 波速度由 8.1～8.5km/s 减慢到 7.2～7.8km/s(图 1-8)，后来，其他学者也发现过类似现象。1960 年 5 月的智利大地震，提供了上地幔内的低速层(LVZ)可能具有全球性质的证据。这样，在固体地球最外部存在着物理性质截然不同的两个圈层——刚性的岩石圈和塑性的软流圈；岩石圈是地球的最外缘圈层，包括地壳和上地幔最顶部坚硬的刚性部分；岩石圈处于软流圈之上，被大气圈和水圈所覆盖；地壳与地幔间的莫霍面夹在岩石圈内部；此构造分层概念得到普遍承认，并成为板块构造学说的立论基础之一。

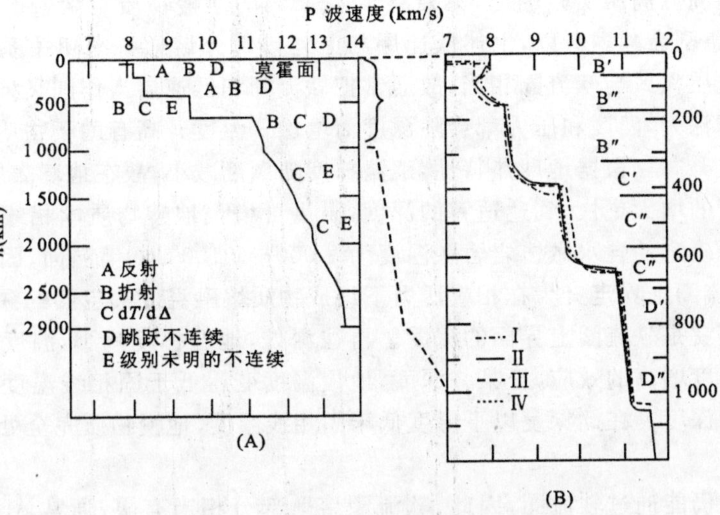

图 1-8　地幔中 P 波速度的分布模式

(据 Wyllie P J，1971)

(A)克诺波夫 1967 年示意图；(B)美国 4 个构造省的模式

Ⅰ为东部盆岭省和北部落基山；Ⅱ为科罗拉多高原和落基山；Ⅲ为盆岭省；Ⅳ为蛇河平原和西部落基山

一、软流圈的性质和特征

图 1-9 为上地幔地震、地电和地磁观测结果。可以看出：在深 60～70km 左右，面波解释得出的 S 波速度分布，开始急剧减慢；由面波解释所得的 Q 值以及由海底磁力仪和海底电流计推断的电阻值，几乎都在同一深度开始变小；人工地震获得的 P 波速度虽然还不太清楚，但也可看出从 70～90km 深处电阻开始减小。

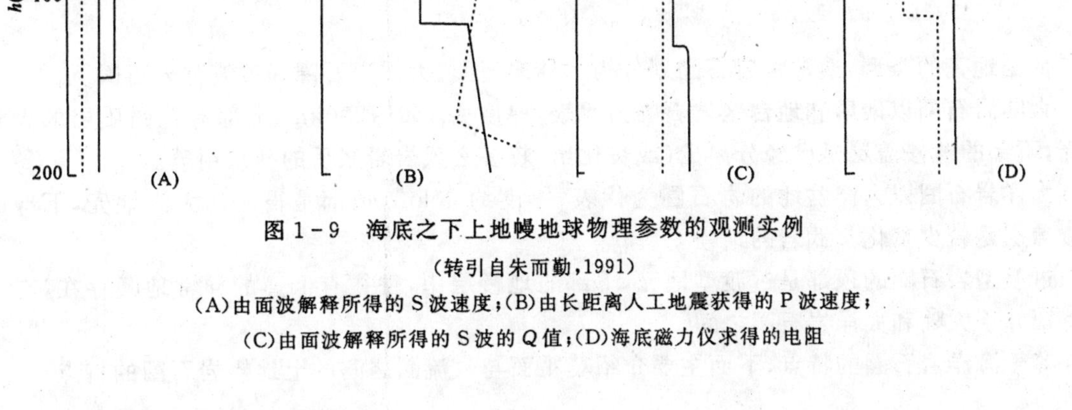

图 1-9　海底之下上地幔地球物理参数的观测实例

(转引自朱而勤，1991)

(A)由面波解释所得的 S 波速度；(B)由长距离人工地震获得的 P 波速度；

(C)由面波解释所得的 S 波的 Q 值；(D)海底磁力仪求得的电阻

根据实验室内高温高压实验确证，只要有1%～3%的地幔物质是熔融的，就能引起波速度、Q值和电阻的急剧衰减。所以，上述低速层与上地幔部分熔融有密切关系。研究表明，上地幔中出现的低速层大致与软流圈相当，故通常把软流圈和低速层当作同义词。

从地表向地球深处，温度和压力都会随深度而增加。温度升高有助于物质熔融，但压力的增大则使物质熔点升高。根据地球热特性，地温梯度随深度减小，故在地球表层温度随深度的增加比压力随深度的增大更快，到达适宜的深度，温度可增至地幔物质固相线的温度，地幔物质开始熔化。实验确定的含水橄榄岩熔融温度为1 000～1 100℃的等温面，因此，可以从物理化学的角度，把软流圈上界定义为在相应压力下组成物质熔融温度等温面的深度，即上地幔物质初始熔融的深度就是软流圈上界面的深度。再往深处，地温梯度减小，温度升高很慢，压力增加的效应超过温度增高的效应，至某一深度，地幔温度变得低于固相线温度，这一深度确定为软流圈下界面的深度。在此深度以下温度低于固相线温度，地幔物质完全处于固态，变得十分刚硬(图1-8)。

由于地震横波仍能通过软流圈，因此，软流圈熔融部分相当有限，通常认为在1%～10%范围之内。非常局限的熔浆充填在难熔橄榄岩晶粒之间，橄榄岩则构成软流圈具有弹性的岩石格架。对于某种短促的作用，如地震波，这些岩石格架起着弹性面体的功能，所以地震波可以通过软流圈。另一方面，在构成岩石格架的晶体颗粒表面和晶粒之间，覆盖或充填着熔浆薄膜，在缓慢而长期的作用力下，晶体颗粒会沿着被熔浆润滑的颗粒表面相互滑动或蠕动，从而导致软流圈物质具有塑性变形或缓慢流动的性质。因此，这一层在力学性质上较其之上层位软弱，始终呈软化的塑性状态，一般不具有抗剪应力的性能，在该层不可能发生地震。

综上所述，可以将软流圈的性质和特点总结如下：

(1)深度一般为60～250km，各地厚薄不一，其顶、底面一般不是一个平整的界面，而是逐渐过渡的层带。

(2)岩石处于熔融或塑性状态，很小的应力作用就可以引起物质的流动，而软流圈物质的流动或对流，会带动岩石圈的运动。

(3)洋壳下的软流圈底板深度为400km，厚度约350km，陆壳下的软流圈顶板深度为100km，底板为200～250km，厚度约100～150km。显然，洋壳下的软流圈比陆壳下的软流圈厚。

(4)软流圈的物质的密度比周围地幔的密度小，因此，软流圈可能在岩石圈的薄弱之处上涌，引起岩石圈的各种岩浆作用和构造活动。

二、岩石圈的性质和特点

依据地壳的类型，通常将岩石圈划分为大陆岩石圈、大洋岩石圈和过渡型岩石圈。

大陆岩石圈以地盾和地台区岩石圈为代表，厚度为150～200km，上部有花岗质层的大陆地壳，下部的地幔盖层是已经分离出(或贫化出)较多玄武岩岩浆后的残余组分。

大洋岩石圈以大洋盆地的岩石圈为代表，厚度约80km，顶部是很薄的大洋地壳，下部的地幔盖层是较少贫化玄武岩的地幔。

过渡型岩石圈的顶部是过渡型地壳，下部的地幔层中，往往有低速的异常地幔存在，有很多特征介于大陆和大洋岩石圈之间。

鉴于海洋岩石圈的特点，下面主要介绍莫霍面与软流圈之间的上地幔岩石圈的特点。

地幔最上部与莫霍面最下面的岩石，其平均 v_p 为 8.1km/s，并具有各向异性。各向异性是指地震波沿地幔顶面传播的速度 P_n 在与海底扩张方向正交方向上显示高值，平行方向上显示低值的现象，是根据测线方向与磁异常条带构成的角度研究 P_n 变化获得的成果。

地幔物质形成岩石圈时，中脊正下方喷发点愈浅，熔融愈易发生。因此最上部可为完全没有地壳成分的纯橄榄岩，其下部可能为残留有地壳组分的橄岩。在海洋岩石圈的温度压力条件下，其上部为纯橄榄岩或斜方辉橄榄岩，中部为尖晶石橄榄岩，下部为石榴石橄榄岩，构成具层状结构的岩石圈模式（图 1－10），该模式与岩石圈非分异结晶成长机理有关。由于软流圈物质部分熔融程度低，液态物质可能只弥散于结晶颗粒之间，当柔软的软流图向坚硬的岩石圈转化时，弥散于结晶颗粒间的溶液经凝固而与结晶相结合在一起。

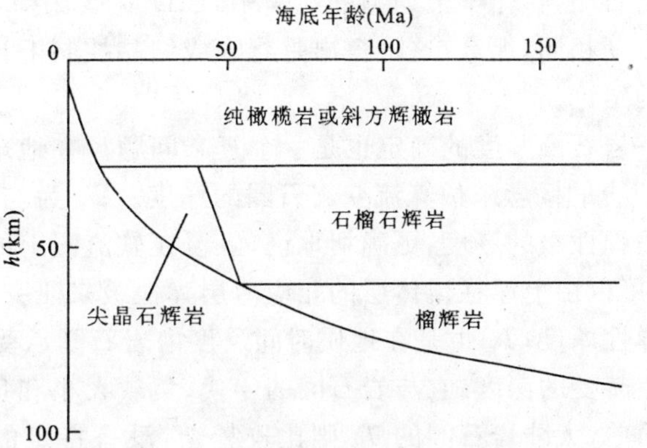

图 1－10 根据非分异结晶模式得到的海洋岩石圈层状构造

（据 Yoshii T，1976）

关于岩石圈成长机理，还有其他一些模式，如液体侵入成长和分异结晶成长等。前者是指软流圈中部分熔融液体向岩石圈底部侵入，本身结晶而生成榴辉岩，并使岩石圈增厚；后者是指软流圈中的熔融液体不是向岩石圈侵入，而是在岩石圈底部缓慢冷却，析出的晶体附着在岩石圈底部使其变厚的过程。图 1－11 表示理想的分异结晶所产生的岩石圈层状构造。不过，由于软流圈所处的深度不同，其压力、部分熔融程度以及液体中水与 CO_2 含量的差异，其分异结晶过程会有所变化。

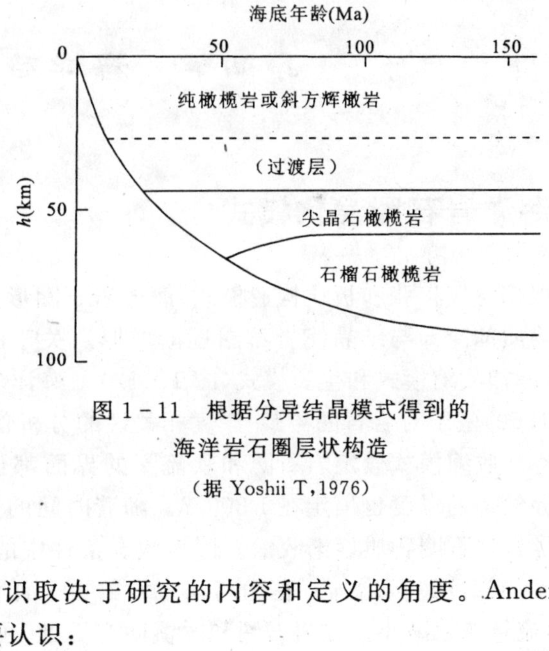

图 1－11 根据分异结晶模式得到的海洋岩石圈层状构造

（据 Yoshii T，1976）

从目前学术界关于岩石圈的研究来看，岩石圈的概念含义复杂，对岩石圈的认识取决于研究的内容和定义的角度。Anderson（1995）总结了目前人们对岩石圈（层）的主要认识：

（1）弹性、挠曲或流变的岩石圈。在给定时期可弹性地承受应力的部分地壳和上地幔，这种岩石圈的厚度依应力和时间而定，板块常常被近似看作弹性岩石圈。

（2）化学岩石圈。岩石圈的密度和力学性质受化学成分、晶体结构以及温度的控制。如果化学和矿物成分的影响占主导，那么弹性岩石圈可能与地震岩石圈等同；如果地壳下方的岩石圈主要是残余的橄榄岩或斜方辉橄榄岩，那么相对下伏地幔它是漂浮的。

（3）边界层或传导层。在对流的地幔中存在一必经其传热的热边界层。热边界层的厚度受热导率和热流量等参数的控制，并且只简单地与弹性层的厚度有关。因此，不应该把这一层称作岩石圈，因为岩石圈是力学概念。但是，如果岩石圈的厚度受热控制，那么岩石圈的厚度应该正比于热边界层的厚度。

(4)地震岩石圈(LID)。这是上覆于上地幔低速带(LVZ)的地震高速区。LID也常常称为岩石圈，在化学上均匀的地幔中，LID应该比弹性岩石圈厚得多。如果LID与弹性岩石圈的厚度相同，那么，这将得出是化学或结晶控制上地幔力学性质，而不是热控制上地幔力学性质的结论。

岩石圈厚度的确定也是一个复杂问题。在地球动力学研究中，引入了岩石圈有效弹性厚度(T_e)的概念来估算流变岩石圈的厚度。T_e为与岩石圈实际应力所产生的弯距对应的理论弯曲弹性板的厚度，更确切地说，上覆在软流圈上的岩石圈对地质时间尺度的负载所作出的响应，可以由上浮在流体层的相应薄层弹性板来研究，此薄层弹性板的厚度即为实际岩石圈的有效弹性厚度；T_e也是在地质时间尺度内岩石圈承受超过100MPa压力时弹性行为和流体行为发生转变的深度，它与岩石圈的年代、负载大小和负载的持续时间有关。大洋岩石圈的T_e比较简单，大陆岩石圈的T_e则比较复杂，没有特定的地质或地球物理面与之对应，只是岩石圈综合强度的一种表征。

岩石圈和软流圈的概念是活动论或以板块构造为核心的新全球构造学说必要的前提和基础，是与经典的大陆漂移方式(Wagener A，1915)的根本区别之所在，因此，它比地壳和莫霍面的概念更有意义。

第四节　海洋岩石圈的演化

一、海洋岩石圈演化模式

根据海底扩张和板块构造模式，海洋岩石圈形成于洋中脊，随远离中脊裂谷带，年龄增大，地幔物质的冷却与结晶使岩石圈逐渐增厚。关于海底岩石圈的演化人们提出了两种演化模式，即冷却收缩模式和生长模式(图1-12)。海洋岩石圈演化的冷却收缩模式是由Mckenzie D P(1969)基于对岩石圈年龄-厚度相关性的分析首先提出的。

冷却收缩模式假定岩石圈和软流圈的界面都位于距海面相同的深度(比如75km)，而且这个界面上的温度也恒定在1 300℃。随着时间的推移，岩石圈自表面逐渐冷却，等温面下降，由此导致岩石圈物质逐渐收缩。因为假定条件中的底面深度一定，所以表面逐渐下降即表现为海底的深度逐渐增加。在远离洋中脊的古老洋区，由于等温面下降，使近地表温度梯度变小，热流量随之减小。在岩石圈和软流圈交界处，由于完全不考虑物质的输出和补偿，故这个面就成为均衡补偿面，因年龄变大而厚度减小的部分，可由组成物质密度的增加来弥补。该模式的主要问题是：岩石圈与软流圈界面的深度无论在任何地方都不变的假定与迄今所获实际资料不相符。

Parker R L和Oldenburg D W(1973)以及Yoshii T(1973)把岩石圈和软流圈的界面假定为等于上地幔物质熔融温度的等温面，在此基础上提出了海洋岩石圈的生长模式(图1-12)。在大洋中脊，海洋岩石圈则由熔浆固结而成，整个温度是很高的，无疑熔融温度的等温面就非常接近海底。随着时间的推移，远离中脊轴的岩石圈，因热量垂直向上传导而自海底逸散，等

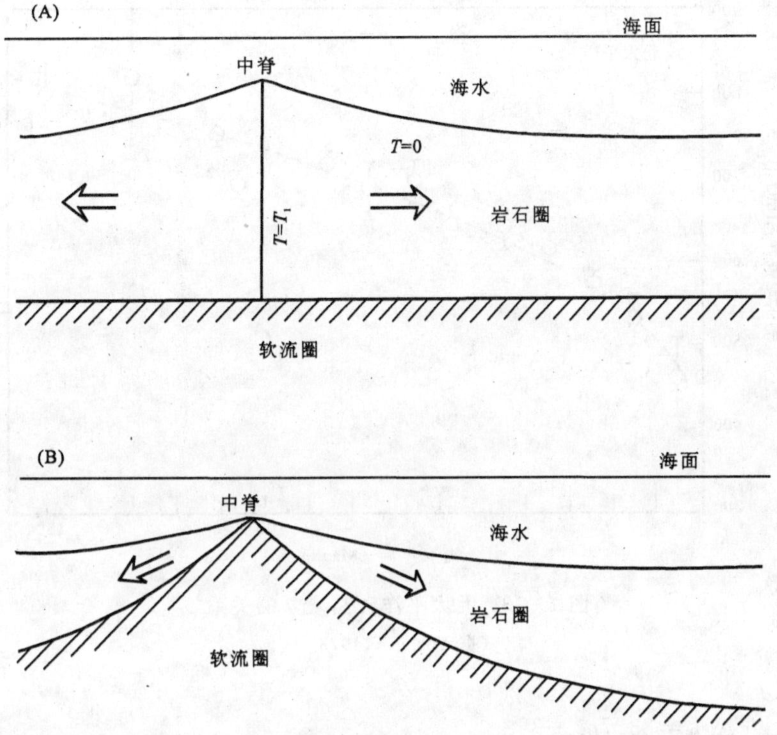

图 1-12 海洋岩石圈演化的冷却收缩模式(A)和生长模式(B)

温面逐渐下降；在岩石圈底面，软流圈内熔融物质的一部分因凝固而附着在岩石圈下部，这样岩石圈便随时间推移而增厚。

海洋岩石圈的冷却收缩模式和成长模式尽管不同，但两者都以热为力源表现出一种共同趋势，作为扩张中心的中脊轴裂谷是热地幔物质的出口。自地下深处涌出的高温岩浆冷却凝固后，形成新岩石圈，并推动先期形成的岩石圈向两侧运动；随着时间推移，持续不断地扩张驱动岩石圈逐渐远离中脊轴，同时伴随着不断的冷却收缩作用，等温面下降，热流值依次递减；由于等温面下降，软流圈上部接近熔融的地幔物质冷却凝固，附着在岩石圈下部，使得岩石圈愈益加厚；另外，岩石圈本身在冷却过程中逐渐收缩，从而导致水深逐渐加大。

二、海洋岩石圈厚度的定量计算

在确立海洋岩石圈厚度随其年龄增厚模式时，地幔剩余重力异常是其重要依据。所谓地幔剩余重力异常，是从实测重力异常值中减去由人工地震求得的地壳密度分布所确定的重力计算值而获得的。假定岩石圈物质在水平方向上大致均一，其密度仅比软流圈大 $0.1\mathrm{g/cm^3}$，作为第一近似值的地幔剩余重力异常 Δg_M(mGal)与岩石圈的厚度 H_1(km)成正比，Yoshii T (1973)由此得出关系式：

$$H_1=\Delta g_M/4.5+\text{常数} \quad (1-1)$$

根据在北太平洋由磁异常推断的海底年龄 t（用 Ma 作单位）与 Δg_M的关系（图 1-13），在 5～150Ma 期间可得出下述关系式：

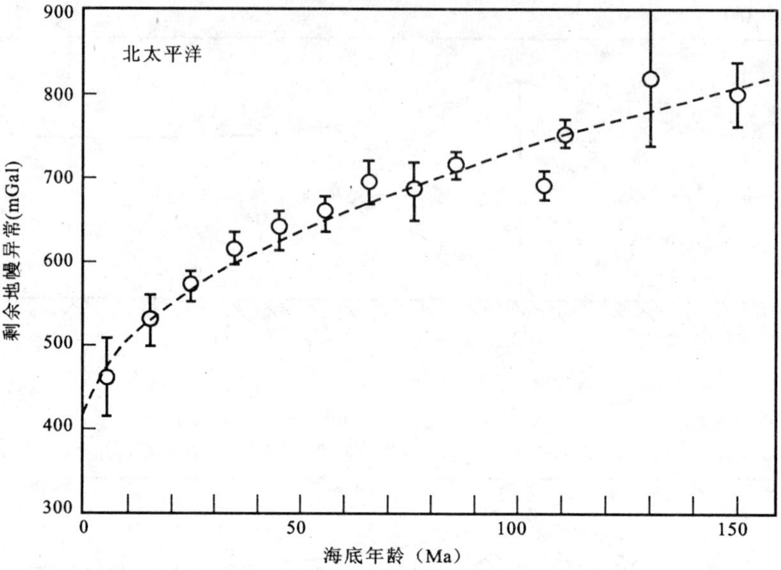

图 1-13 北太平洋 Δg_M 与 t 的关系

（据 Yoshii T,1973）

$$\Delta g_M = 33.7t^{\frac{1}{2}} + 398 \quad (1-2)$$

假定在中脊轴部当 $t=0$ 时，从 $H_1=0$ 的话，由(1-1)式和(1-2)式可得出下列式：

$$H_h = 7.5t^{\frac{1}{2}} \quad (1-3)$$

$$H_h = (\Delta g_M - 398)/4.5 \quad (1-4)$$

之后，Yoshii T(1975)根据地震探测和大地电磁测深资料所确定的海洋岩石圈厚度，得出经验关系式如下：

$$H_h = 7.49t^{\frac{1}{2}} \quad (1-5)$$

与(1-3)式极为接近。

由海洋岩石圈厚度-年龄的经验关系式可看出，海洋岩石圈的增厚与其年龄的平方根成正相关，这一关系已为实际资料所证实。

海洋岩石圈随其年龄增长而变厚的现象，还可以根据体波、面波及电导率求得。其结果与根据地幔剩余重力异常所得岩石圈厚度-年龄关系曲线相吻合(图 1-14)，都显示出海底越古老，岩石圈越厚。

图 1-15 是全球海洋岩石圈厚度图。图中显示，在中脊轴部海洋岩石圈最薄，一般小于10～15km，向深海盆则增至 70～80km，厚度最大(80～90km)的岩石圈出现在最古老的洋底，如西太平洋和大西洋两侧的深海盆边缘。

三、海洋岩石圈演化与海底沉降

海洋岩石图形成之初，在中脊轴部的水深一般为 2 400～2 700m，该处热流值高，岩石密度较低，当岩石圈离开脊轴向两侧运动时便被逐渐冷却，这一过程往往伴随着岩石物质密度的增加和体积的缩小，导致岩石圈表层逐渐下陷，表现为海底沉降。Sclater J G(1971)根据 9 个

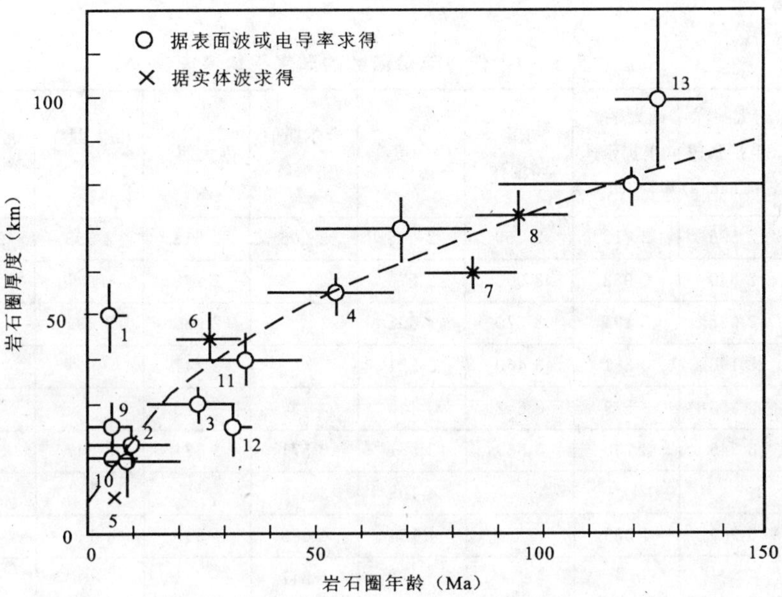

图 1-14　由各种方式求取的岩石圈厚度

（据 Yoshii T,1973）

虚线是根据 Δg_M 求取的 H_h-t 关系曲线

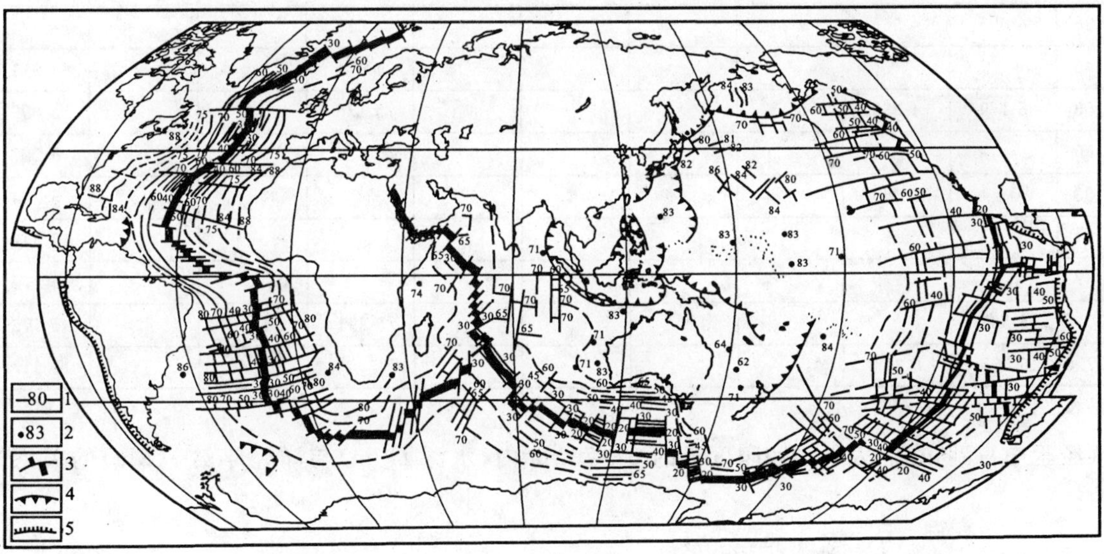

图 1-15　全球海洋岩石圈厚度图

1 为等厚线(km)；2 为厚度测定值(km)；3 为岩石圈小于 10～15 km 的裂谷带及转换断层；4 为岛弧俯冲带；5 为活动大陆边缘俯冲带

海区各年龄的平均水深(扣除上覆沉积物后的基岩至海平面的深度)随洋底年龄而增大的规律(表 1-3)推断，水深与洋壳年龄的平方根呈线性关系，从而提出著名的"Sclater 曲线"模式(图 1-16)，后来已被深海钻探成果证实。目前 Sclater 曲线通常被作为水深-年龄理论曲线，用来推算洋底水深。Sclater 理论曲线表明，当洋壳年龄逐渐增大时，水深增加速率随年龄而衰减，并逐渐趋近一个常数值。这种衰减现象是由于剪切生热对洋底深度引起的补偿作用。有学者

表 1 - 3　作为年龄函数的洋底平均深度　　　　(单位：m)

年龄(Ma)	北太平洋	南太平洋(半扩张速率＜3cm/a)	南太平洋(半扩张速率＞3cm/a)	东南印度洋	中印度洋	卡尔斯伯格海岭	南大西洋	北大西洋(＜40°N)	北大西洋(＞40°N)	总平均值
0	2 783	2 596	2 712	2 700	2 606	2 606	2 518	2 683	2 370	2 619
2	3 091	2 840	2 982	3 003	2 870		2 788			2 929
4	3 306	3 068	3 191	3 270	3 096		2 989	3 291		3 173
6		3 196	3 381	3 460	3 221		3 247			3 303
8		3 353	3 579	3 642	3 400		3 472			3 481
10	3 554	3 546	3 730	3 889	3 581	3 571	3 571	3 847	3 149	3 604
15					4 103	3 848				3 975
21	4 092	3 969	4 089		4 184	4 093	4 046	4 111		4 083
25						4 241				4 241
29	4 343	4 261	4 338							4 314
32										
33.5	4 507									4 507
35		4 636								4 636
38	4 695	4 565					4 612			4 624
46							4 911			4 911
53	5 179	4 983					5 136			5 099
60							5 227			5 227
63		5 060								5 224
64	5 342									5 342
67		5 270								5 270
70.5	5 562						5 591			5 576
77.5	5 638	5 397								5 517

从经验中得到，在北太平洋和印度洋的 0～70Ma 内，水深 D(m)与洋壳年龄 t(Ma)的关系式为：

$$D=2\,500+350t^{\frac{1}{2}} \tag{1-6}$$

Anderson 等(1981)根据对印度洋的研究，得出的海底年龄-深度关系式为：

$$D=2\,420+354t^{\frac{1}{2}} \tag{1-7}$$

据观测，不论世界大洋的哪一部分，相同年龄的海底深度都极为接近，如表 1 - 3 中所列年龄为 21Ma 的洋底，各处水深与全世界海洋同年龄组水深平均值相差不足 100m。

(1 - 6)式和(1 - 7)式所表示的水深-年龄关系实际上是岩石圈随年龄增加的冷却收缩作用而导致海底发生沉降的结果，这两个公式中假定洋中脊形成之初的平均水深分别为 2 500m 和2 420m。关于海底沉降的幅度 ΔH(m)可由(1 - 6)式和(1 - 7)式得出：

$$\Delta H=350t^{\frac{1}{2}} \tag{1-8}$$

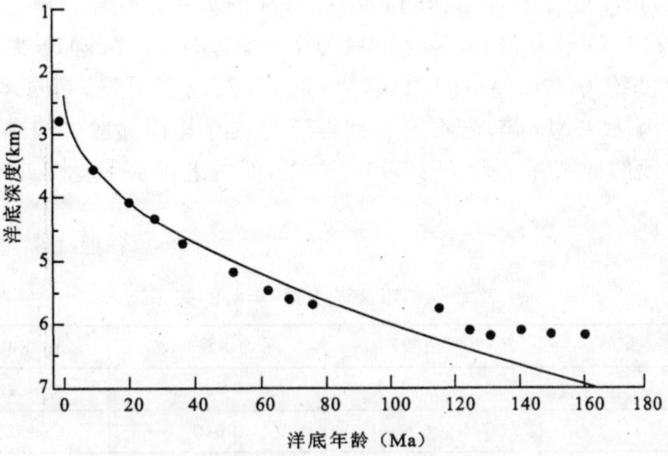

图 1-16 洋底深度与年龄的关系

(据 Sclater J G,1971)

黑点表示实际水深平均值,曲线表示深度-年龄关系理论曲线

或

$$\Delta H=354t^{\frac{1}{2}} \tag{1-9}$$

一般认为,洋中脊的均衡异常接近零,洋壳基本上处在均衡状态,在这种情况下,如图 1-17 所示,虚线所代表的平面之上单位面积承受的压力则处处相等,于是下式成立:

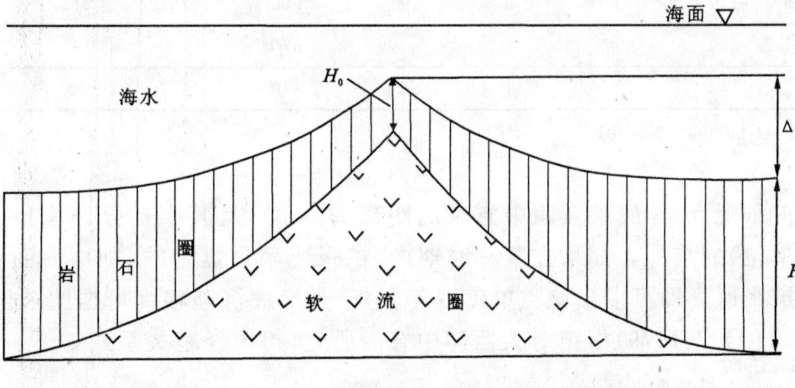

图 1-17 海洋岩石圈演化与海底沉降的关系

$$\Delta H\rho_{W_w}+H_1\rho_1=H_0\rho_1+(\Delta H+H_1-H_0)\rho_a \tag{1-10}$$

式中,ΔH 为洋底沉降幅度,H_0 和 H_1 分别为中脊顶部和洋底任一点的岩石圈厚度,ρ_{W_w}、ρ_1、ρ_a 分别为海水、岩石圈和软流圈的密度。如果取 ρ_{W_w}、ρ_1 和 ρ_a 平均密度分别为 1g/cm³、3.31g/cm³ 和 3.20g/cm³,上式则可化简为:

$$\Delta H\approx1/20(H_1-H_0) \tag{1-11}$$

在上面提到的岩石圈厚度-年龄关系式(1-5)中,未考虑洋中脊顶部刚形成时的岩石圈初始厚度 H_0,若将 H_0 引入(1-8)式,则可近似化简为:

$$H_1-H_0\approx7t^{\frac{1}{2}} \tag{1-12}$$

这样,由(1-11)式和(1-12)式也可得到与(1-8)式相同的关系式,即 $\Delta H\approx350t^{\frac{1}{2}}$。

表 1 - 4 给出的是印度洋平均水深随其年龄加深的关系。由表 1 - 4 可知，在洋壳诞生后的 10Ma 中，沉降较快，速率为 90m/Ma；年龄为 10～40Ma 间，沉降速度减至 33m/Ma；在 40～70Ma 间，沉降速度约为 20m/Ma；大于 70Ma 时，沉降速度更慢；超过 80Ma，则沉降幅度已很难观测。这是因为从 80Ma 起，岩石圈底部得到的热与其顶部散失的热几乎相当，岩石圈厚度趋于稳定。中脊顶部的水深平均为 2 500m 左右，而古老洋底可达 5 500m。在 100Ma 内大约沉降了 3 000m。

表 1 - 4 印度洋水深-年龄的关系

年龄(Ma)	测值数	平均水深(m)	标准偏差(m)
0	8	2 630	187
10	16	2 540	239
20	16	4 080	142
30	17	4 230	228
40	6	4 650	161
50	10	4 970	169
60	13	5 200	188
70	8	5 250	156
80	6	5 300	110
90	2	5 430	177
100	2	6 000	212
120	5	5 670	104
150	4	5 810	48

(据 Anderson R N，1981)

按照海底扩张观点，洋底某点距中脊轴的距离 L(km)，是其半扩张速率 v(cm/a)与海底年龄 t(以 a 为单位)的乘积。如果在某一时期内，扩张速率是恒定的，则由海底任一点距中脊轴的距离及其扩张速度即可求出该点的海底年龄，于是海底沉陷幅度可据此求得。

COPOXTиH O Г(1979)根据对大西洋中脊的研究，得出经验关系式如下：

$$\Delta H \approx 0.11(L/v)^{\frac{1}{2}} \tag{1-13}$$

由(1 - 13)式可知，如果扩张速率一定，距中脊轴越远的海底，沉降幅度就越大；在距中脊轴距离相等的情况下，扩张速度越大，沉降幅度越小。由于东太平洋海隆扩张速度比大西洋中脊快，所以东太平洋海隆两翼坡度比较平缓，而大西洋中脊则较陡。印度洋中脊的西南分支和东南分支边坡陡度不同，反映了各段扩张速度存在着较大差异。

在分析洋底水深与年龄(或岩石圈厚度)的关系时，应注意的是一定区域的平均水深，且应对沉积层荷载引起的均衡调整作用予以矫正。实际的检验表明，在年龄小于 70～80Ma 的洋底区域，实测的地形剖面与上式所表示的深度-年龄关系比较符合；但是在年龄大于 70～80Ma 的洋底区域，计算得出的水深往往大于实际的水深(图 1 - 16)。此外，海底火山和高低、断裂带、巨厚的沉积区、岛弧-海沟系等属于异常区，也不符合上述深度-年龄关系。

第二章　板块构造理论

板块构造理论起源于大陆漂移学说，得益于一系列新科学探测手段在全球范围内获得的丰富资料以及海洋地质、地震地质、古地磁等学科研究成果，特别是地幔对流说和海底扩张说等理论的支持。板块构造作为固体地球的一个重要理论深刻解释了许多全球性地质现象和作用，阐明了全球性中脊系和裂谷系、岛弧-海沟系以及环太平洋和地中海构造带，解释了大陆和洋盆、陆壳和洋壳的形成和演化，解释了地震和火山活动、地磁和地热现象、岩浆和变质作用、生物演化和矿产分布，为一系列地质现象和作用提供了全球统一的、有规律可循的、协调而精致的解释图像。

第一节　板块构造理论创立的历史背景

板块构造学说是一种全新的地壳运动模式，是当今地学界举世公认最权威的大地构造学说，该学说的形成有其深刻的历史渊源。早在 1910 年德国地球物理学家、气象学家阿尔弗莱德·魏格纳(Wegener A L,1880—1930)(图 2-1)根据大西洋两岸海岸线吻合和前中生代地质古生物相似的特点，提出了“大陆漂移说”，认为现代南北美洲和欧、亚、非洲及澳洲、南极洲等，在 2～3 亿年前原是连在一起的“泛大陆”，大陆外围为太平洋。到了中生代，泛大陆分裂成若干陆块，各自向外漂移，最终形成现代地球景观。根据当时掌握的有限重力、地震波速度资料和陆高、海深曲线的双峰态分布，魏格纳提出洋底和大陆分别由硅镁质(平均密度 2.95g/cm)和硅铝质(平均密度 2.79g/cm^3)层组成。由于密度及其他物理性质的差异，大陆可以像冰山一样在易变形的硅镁层上漂移。漂移的原因是地球自转和日、月引力对地球自转影响所产生的向西运动和离极运动。美洲大陆西缘的山系代表大陆前进受阻而在前缘生成的褶皱；西太平洋的岛弧则代表亚洲大陆西移所留下的残余。由于这一假说简单明了地解释了人所共知的地理现象，在科学界引起了轰动。1926 年由美国石油地质协会(AAPG)主持召开了第一次大陆漂移会议，《海陆的起源》也被译成包括中文在内的多种文字广为传播。

但是，这个假说的失败之处是对大陆漂移机制的解释。1924 年杰弗里斯等地球物理学家

图 2-1　提出大陆漂移假说的德国气象学家阿尔弗莱德·魏格纳

(据 Wegener A L，1880—1930)

证明，大陆在洋底或硅镁层上移动在力学上是不可能的。离极力和潮汐引力对于推动大陆运动来说也显得太小。更重要的是魏格纳假说所暗含的活动论思想与当时正处在上升阶段的地槽理论在思想体系上是冲突的。因而随着魏格纳1930年在格陵兰逝世，这一假说也就销声匿迹。尽管大陆漂移理论未被当时的地质界所接受，但是它在生物地理学界仍一直占指导地位。

此后，针对大陆漂移驱动力问题，科学家们继续研究。其中曾有人提出“热循环说”和“大陆船说”。影响较大的是1928年英国爱丁堡大学地质学家霍姆斯(Holmes A，1890—1965)提出的“地幔对流说”，他认为地壳下面的地幔可以发生热对流，地幔上升遇陆壳屏障而向两边流去，其引张力将陆块扯开、分裂，然后随地幔漂移，并形成裂谷。该学说在解释大陆漂移驱动力方面前进了一步，但因缺乏可靠证据，仍未得到认可。

触发这新一轮研究热潮的是古地磁学的新发现和20世纪60年代用计算机对南大西洋两岸大陆按约1 000m等深线所作的拟合，结果导致大陆漂移假说以更完善的形式出现。

一些火成岩在冷凝形成过程中，当它冷却经过居里温度时，就会在当时的地磁场中被磁化而带上磁性，这种磁性叫做热剩余磁性。某些沉积岩在沉积和固结的过程中，由于一些磁性矿物颗粒受当时地磁场作用呈定向排列，也会取得较弱的剩余磁性。不管是火成岩还是沉积岩的剩余磁性，都反映了岩石形成时地磁场的方向。岩石的剩余磁性一般具有较高的稳定性，可一直保存到今天。在测定岩样的剩余磁性之前，需先作退磁处理。例如，将样品置于一弱交变磁场中或加温至适当的温度，以便将岩石形成以后获得的一些磁性(称粘滞磁性)消除掉。通过岩石剩余磁性的研究，追溯古时候地球磁场的特征和变化历史是古地磁学的研究目的。根据岩石标本的磁性方向，可以得出当时的古经线方向(指向当时的磁极)；根据岩石标本的磁倾角，则可以算出标本产地在当时的古地磁纬度(图2-2)，从而又可以得出那个时代的古地磁极的位置。根据岩石标本的磁倾角(I)求古地磁纬度(φ)的关系式是：

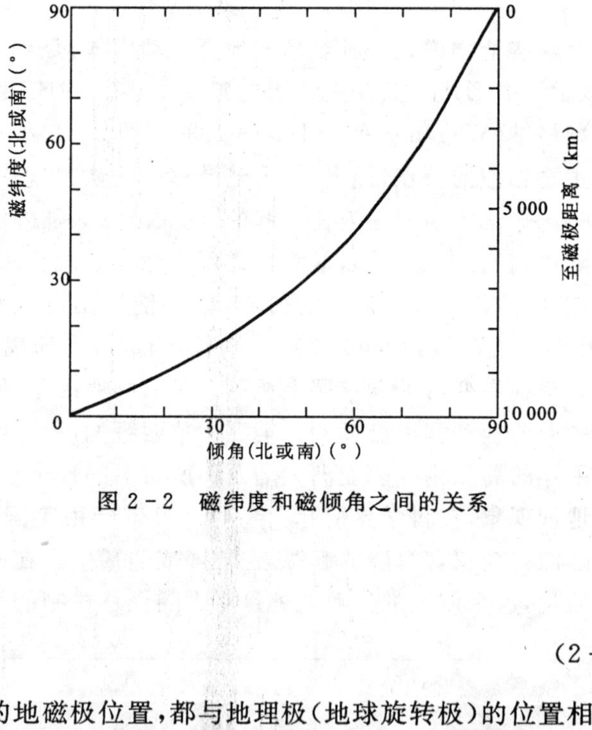

图2-2 磁纬度和磁倾角之间的关系

$$\mathrm{tg}\varphi=\frac{1}{2}\mathrm{tg}I \tag{2-1}$$

根据这种方法求出的近两千万年来的地磁极位置，都与地理极(地球旋转极)的位置相近。若取数千年的地磁极位置加以平均，其位置与地理极几乎重合。据此，人们推测古地磁场在几千年内的平均地磁极位置也应与地理极一致。又根据同一陆块中不同地区岩石标本测出的古地磁极位置在同一地质时期一般是一致的，说明地质时期的古地磁场确实像现代一样，也是一个偶极场。古地磁场在数千年内的平均值应相当于一个磁轴与地球自转轴平行的、位于地球中心的偶极子所产生的磁场。这条古地磁学定理是研究古地磁场的基本出发点。

20世纪50年代，英国学者布莱克特(Blackett M S P)等极大地推进了剩余磁性的研究工作。他们发现，测得的古地磁纬度与测点目前所处的纬度常有很大的差别，这实际上就是大陆漂移的结果。例如，测定英国一种三叠纪红色砂岩的剩余磁性，得出的磁倾角为30°，远小于测点目前的磁倾角(65°)。这表明英国在三叠纪时曾处于较低的纬度，三叠纪以来，已经向北漂移了相当的距离。最典型的是印度的孟买城，目前它位于北纬19°，但是，测定那里玄武岩的剩余磁性，得出新生代初孟买城远在南半球的南纬32°处，这就是说，印度大约在60Ma以来向北漂了6 000km。

英国地球物理学家朗科恩(Runcorn S K)等则把注意力集中在古地磁极位置的变化上。把岩石剩余磁性得出的各个地质时代的磁极位置都标在地图上，发现地质时代越古老，古地磁极的位置偏离现代磁极的位置就越远。把各时代的古地磁极连起来即可得出古地磁极的迁移轨迹。由于不同大陆岩石测出的古地磁极位置颇有差别，结果是不同大陆所得出的古地磁极迁移轨迹都不相重合。曾有人认为，古地磁极的位置及古地磁纬度与今天的地极位置及纬度有所差别，可能是地磁极本身游移的结果。但是，即使地极在不断游移，这样所引起的极移轨迹只能有一条；不同大陆岩石测出了不同的极移轨迹，表明这些大陆之间必定发生过相对位移，所以古地磁极的迁移是大陆漂移的结果。由于大陆不断漂移，岩石的位置移动过了，根据这些岩石测出的相应古地磁极的位置也就跟着发生了位移。因此，所谓古地磁极迁移轨迹是相对于移动着的大陆(或它上面的岩石标本产地)而言，而不是磁极真正在迁移。所谓磁极迁移轨迹确切地说是视磁极迁移轨迹(或称表相磁极迁移轨迹，简称APW)。它的含义是，假设大陆固定于目前的位置上，磁极与大陆之间的相对位置随时间而变化。根据欧亚大陆的视磁极迁移轨迹，可知它在大约5亿年来移动了90°，平均移动速度为2cm/a。

图2-3是分别根据欧洲大陆和北美大陆岩石测出的两条视磁极迁移轨迹。这两条轨迹在现代相交于一点，随着时代变老，两线偏离加大。为了要把北美的极移轨迹移到欧洲那条轨

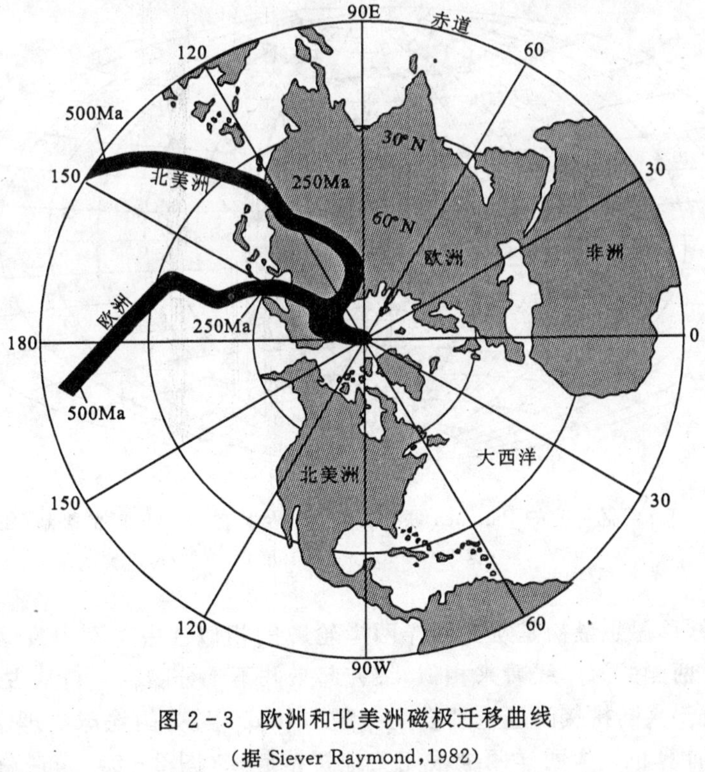

图2-3　欧洲和北美洲磁极迁移曲线

(据Siever Raymond,1982)

迹上去，使两线重合在一起，就须将北美大陆向东退回 20 多个经度。这时，大西洋消失，北美大陆与欧洲大陆贴合在一起，这就恰好恢复了魏格纳漂移说所提出的联合古陆这一情况。不同大陆测得的古生代末的古地磁极位置各不相同，而且都偏离现代的地理极。若要把当时各大陆的古地磁极都挪移到现代地理极附近，就得移动各大陆的位置，结果正好是把各大陆向南搬移，相互结合成为统一的联合古陆(图 2-4)。根据剩余磁性得出的各大陆在当时的古地磁纬度，与魏格纳当年根据古气候资料推出的联合古陆的古纬度也相当一致。根据各大陆视磁极迁移的情况还可以得出联合古陆破裂分离的年代，与魏格纳根据地质资料得出的分离时代也是惊人的一致。因此可以说，古地磁资料从定量方面有力地证实了大陆漂移。

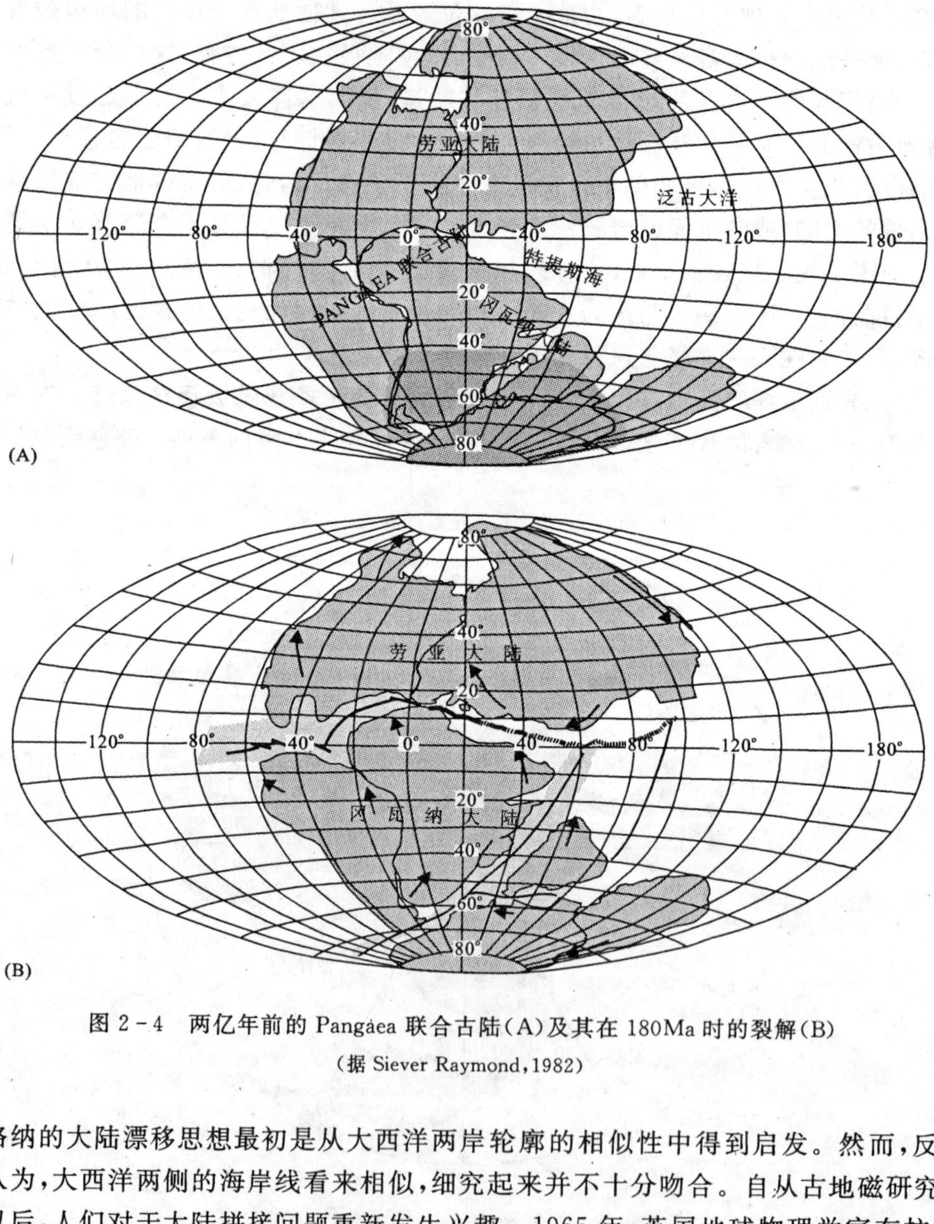

图 2-4 两亿年前的 Pangaea 联合古陆(A)及其在 180Ma 时的裂解(B)
(据 Siever Raymond，1982)

魏格纳的大陆漂移思想最初是从大西洋两岸轮廓的相似性中得到启发。然而，反对漂移说的人认为，大西洋两侧的海岸线看来相似，细究起来并不十分吻合。自从古地磁研究使漂移说复苏以后，人们对于大陆拼接问题重新发生兴趣。1965 年，英国地球物理学家布拉德(Bullard E)等借助电子计算机把大西洋两缘很完美地拼接起来(图 2-5)。布拉德的拼接并不是按照海岸线，而是沿约 1 000m 的等深线，后者落在大陆坡的范围。事实上，海岸线并不是真正的大陆边缘，它在地质历史中随着海面升降和侵蚀堆积作用发生过很大的变迁。陡峭的大陆坡是大陆地块面向大洋的前缘和边壁，它才是真正的大陆边缘。大西洋两缘的大陆坡，在某种程度上可以代表当年大陆裂开时所产生的崖壁，因而理所当然地应按照大陆坡来拼合大陆。布拉德作出的拼接相当理想，剩下的空隙和重叠部分十分有限。但有两处例外，在巴哈马群岛和尼日尔三角洲处发生较明显的重叠。应当指出的是，巴哈马群岛是较年轻的生物建造，尼日尔三角洲近期在向海推展，所以这两处重叠都是后期外动力改造的结果。另外，墨西哥湾区域也吻合得不好，可能是因为该海湾生成较早，或是它具有较复杂的形成方式之故。从概率论分析，图 2-5 如此完美的大陆拼合，不可能是偶然的。在布拉德的拼接图上，南美洲和非洲老于 20 亿年和 6 亿年左右的岩石区及其分界线也衔接得很好(图 2-5)。约形成于 10 亿年前的北美格林维尔地带直延至不列颠和斯堪的纳维亚地区。同样，当印度洋闭合时，东非、马达加斯加、印度、澳大利亚西部和南极洲的麻粒岩地带也可以相互衔接起来。有关前寒武纪不同年龄岩石区的资料，在魏格纳时代是完全没有掌握的。

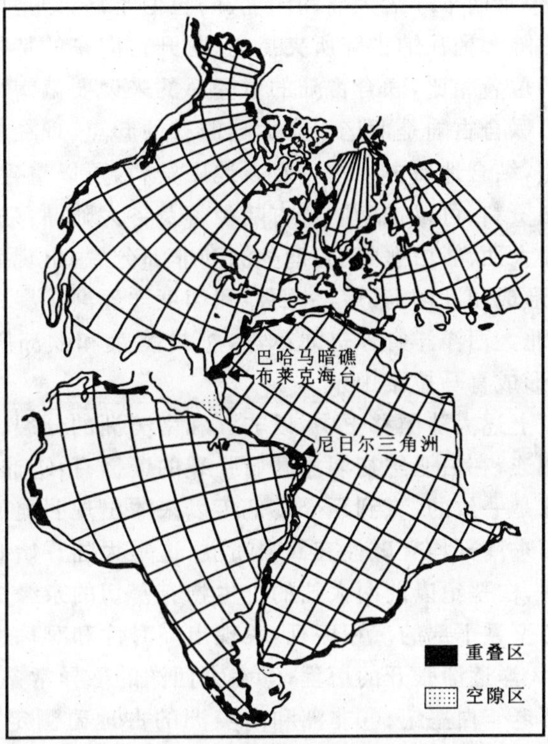

图 2-5 非洲与南美洲之间的拼合

(据 Bullard 等，1965；Hurley P M，1968)

灰影部分为 20 亿年前的古老岩石区

在魏格纳提出漂移说时，南极洲还是地质上的空白区，当时还只是从它的位置，推测它应隶属于冈瓦纳古陆，在地质古生物上应与冈瓦纳其他部分相似。到了 20 世纪 60 年代，这一推断完全被证实了。在南极洲找到了晚古生代冰川的显著遗迹，还找到了典型的冈瓦纳相舌羊齿植物群以及三叠纪的冈瓦纳两栖类和爬行类。值得一提的是，在南北方向上相距万里之遥的印度和南极洲，二叠纪的植物群落非常相似；被大洋隔开的南极洲、南非和印度的水龙兽类和迷齿类动物群，亦具有惊人的相似性，这些动物群也见于劳亚古陆，特别是我国；南极洲的褶皱山系与非洲、澳大利亚、南美洲的相应褶皱山系，具有类似的结晶基底结构；在冈瓦纳古陆复原图中，显生宙造山带相互衔接得很好。

随着布拉德等人对大西洋两缘所作拼接获得成功，促使人们进而考虑印度洋周缘冈瓦纳古陆的拼接问题。澳大利亚南缘与相对的南极洲一缘可以很完美地拼合起来。可是，非洲、澳大利亚和南极洲之间的拼接还不十分确切，因为在这中间不但要考虑到印度的位置，而且还得考虑马达加斯加、塞舌尔等微型陆块的位置。图 2-4 是两亿年前联合古陆拼合图案，从图中看出，整个联合古陆略呈马蹄形，或者说好似一个开口向东的横卧的“V”字形。其中，北面一列大陆，包括北美、欧洲和亚洲(阿拉伯半岛和印度半岛不在其内)，叫劳亚古陆；南面一列大陆，包括南半球诸大陆和印度、阿拉伯半岛，即是冈瓦纳古陆。在这个马蹄形大陆的中间，被劳亚古陆和冈瓦纳古陆所夹持的，是开口向东的特提斯洋(Tethys)，也叫古地中海。与现代各大陆的位置相比，联合古陆的位置总的来说要偏南得多，当时南、北半球陆地的面积近于相等。

联合古陆是两亿年来大陆漂移的起点，现在各大陆的分布位置则是这一阶段大陆漂移的终点，结合地质古生物以及古地磁资料，可以重建大陆漂移的历史。利用地质、古生物以及古地磁资料，可以推断联合古陆裂解及各大陆漂移的历史为：侏罗纪，非洲和北美洲最先破裂，形成北大西洋；白垩纪初，南美洲和非洲分裂，出现南大西洋，同时，印度与澳大利亚和南极洲分离，形成印度洋，其后，大西洋和印度洋逐渐扩展；大约 50Ma 前，澳大利亚裂离南极洲，向北漂移，北大西洋洋脊伸进北冰洋，把格陵兰和欧洲隔开；约 40Ma 前，北移的印度与亚洲大陆相撞，形成喜马拉雅山系。

上述大陆漂移史中，以非洲和南美洲的分裂、漂移研究得最为翔实。证明非洲和南美洲一度相连，在白垩纪初期才开始张裂的证据有：①非洲西南部与巴西东南部的地质历史在白垩纪以前是一致的，直到距今 1 亿年以来才出现明显的差异；②侏罗纪末白垩纪初，非洲西南部和巴西东南部均有碱性玄武岩喷溢，这是大陆开始破裂的反映；③非洲和南美洲的古物资料对比表明，白垩纪以前两大陆的古生物有密切的亲缘关系，白垩纪以后才显现出差异；④西非与巴西白垩系下部的沉积序列，表现出同时性和对称性，反映了白垩纪早期大陆裂解、海水逐渐侵进、大洋逐渐张开的历程；⑤南大西洋的磁异常条带和深海钻探资料表明，南大西洋的洋底年龄不老于白垩纪；⑥非洲和南美洲的古地磁测定，得出中生代以前两大陆的极移轨迹协调一致，至白垩纪后才发生明显分歧，显示两大陆之间的相对位移始于白垩纪(金性春，1984)。

联合古陆裂解及其后各大陆漂移的各项证据，使得大陆漂移成为不容置疑的事实。然而，大陆漂移的机制问题，依然悬而未决。第二次世界大战以来，海底地质地球物理调查进展十分迅速。正是通过海底的研究，才为活动论提供了新的机制和决定性的证据。

第二次世界大战结束后，各种对地探测技术，特别是“古地磁学”、“地震学”、“海洋地质和地貌”等学科迅速发展。与此同时，进行了大规模国际科技合作，通过古地磁研究，发现各大陆位置在地史时期不断变化，全球地震探测又发现了横穿各大洋的海底山脉和大裂谷，这一切为大陆移动提供了确凿证据。在此情况下，美国普林斯顿大学地质学家赫斯(Hess H H，1906—1969)和美国海军电子实验室迪茨(Dietz R)于 1960 年和 1961 年相继提出“海底扩张说”，认为大洋中脊是地幔上升流的顶点，大洋壳就是地幔的水合物——蛇纹岩的地面表现，它在中脊连续产生而把大陆向两侧推开。为了容纳新地壳的增添，地球或者膨胀，或者一部分洋壳在地表的另一部分等速地销毁。依据当时所掌握的资料，赫斯认为岛弧-海沟地区的地震活动带应代表地幔下降流的所在地，大洋壳在那里重新进入地幔。根据原来大陆漂流说中的证据，赫斯认为地幔对流速度大概是 1cm/a，即海底扩展速度为 2cm/a(两侧对称拉开)。按此速度计算，所有现存的大洋底都是在最近两亿年期间生成的，即 2/3 的地球表面是在地球历史的最近 5%时间内生成的。即大洋是年轻而短命的，或者说在古老的大洋水下面却是一个年轻的大洋底。但是另一方面大陆尽管永存，但却只是被动地被拉开、合拢或彼此滑移。这一学说使地幔对流说更加圆满，也解决了大陆漂移说难以解释的驱动力问题，随后科学家继续发现洋底磁异常带和转换断层等，进一步证明海底扩张说的正确性。

海底扩张说的提出及其一系列证据的发现，说明大陆漂移的确是正在发生的事实，至此，板块构造学说这一革命性地学理论便应运而生了。1967 年 4 月 17 日，在美国地球物理联合会年会上，美国普林斯顿大学地质学家摩根(Morgan J，1967)在其以《洋脊、海沟、大断层和地壳板块》为题的论文口头报告中，提出地球表面是由若干称作板块的刚性球冠构成的，板块之间以洋脊、海沟和大断层为界。这是世界上第一次在公开场合，以口头方式提出"板块构造"。遗憾的是，他以此报告写就的论文却因故推迟到 1968 年 3 月，才在美国《地球物理研究杂志》上发表。大约同时，即 1967 年 11 月出版的英国《自然》杂志上，发表了英国剑桥大学丹·麦肯齐(McKenzie D P,1967)的论文，该文以太平洋地震资料为依据，阐述了"球面构造运动学"的理论。其观点和摩根口头报告惊人地一致，考虑到麦肯齐曾参加摩根作报告的专题讨论会，有人质疑其观点是否来自摩根的报告，对此麦肯齐予以否认。然而法国海洋地质学家格扎维埃勒·皮雄(Pichon X Le)却认真听取了摩根的口头报告，并被深深吸引。事后，他在摩根报告的启发下，结合自己的资料和研究心得，于 1968 年 6 月在《地球物理研究杂志》上，发表了震惊国际地学界的论文《全球板块运动模式》。文中把整个地球岩石圈划分为欧亚板块、非洲板块、印度洋板块、南极板块、美洲板块和太平洋板块六大板块，并详细论述了板块运动特征。关于板块构造学说的发明权，学术界一般认为是摩根最先提出，麦肯齐最先发表，但因勒皮雄文章影响最大，所以也有人把板块构造学说正式问世和确立的功劳归于勒皮雄。

板块构造学说问世后，立刻在地学界引起强烈反响，各国地质学者纷纷参与研究，使该学说内容更加丰富和完善。板块构造的提出，对传统的固定论者产生很大的冲击。它基于水平运动的前提给出了一系列块体拼贴与运移的格局。不过，尽管 20 世纪诞生的板块构造理论为统一全球构造格局做出了革命性的贡献，但是从经历了 40 多年的地球科学实践来看，板块构造基本上还是一种运动学理论，它主要描绘了地球表面水平运动的主要特征，而没有确定驱动或承受板块运动的力源。板块构造革命之后，地球物理学家、地质学家和地球化学家已经注意到板块构造的动力学和地幔对流问题。例如，大量火山热点(夏威夷、冰岛和黄石公园)，并不是与板块构造理论所确定的边界一致，而主要来自地幔深部底辟柱；虽然在太阳系中，板块构造是地球所特有的构造，然而，与地幔柱有关的火山作用几乎也出现在金星、火星和月亮上；大洋岩石圈与大陆岩石圈物质组成、厚度和流变学强度有明显差异，板内构造和陆内俯冲又不能照搬海洋板块构造的已有定则和演化形态；此外，地幔对流尚为"猜想"，理想边界条件下的数值模拟尚难令人信服，同时至今尚提不出一个定量的或半定量的地球物质的运动学和动力学模型等等；显然，这些难题尚有待更多的观测和可靠信息取得，新力源的发现和板块运动力源机制的探索。

第二节　海底扩张

一、洋底地形

海洋底地形资料对于了解海洋底地质构造极其重要，甚至比陆地地形与陆地构造的关系更为密切。这是因为在陆地上存在着一个全球普遍的极限侵蚀基准面——海平面，所以由地壳变动所造成的地形起伏，最终会因为大陆剥蚀作用而夷平消失，或至少经过比较大的改变，而难以作为判断构造活动的充分依据。然而在海底之下，情况有所不同，海洋底下不再存在侵蚀基面，即使海底会因为波浪、海流(特别是底层流)和海底风化作用而形成侵蚀地形和堆积地形，其规模也是很小的，它们叠加在构造地形上的起伏，在处理海底地形剖面时通常可以用各级滤波法消去。特别是在大陆架以外的广大深海底部，一般只有波长极大的海啸波和浊流能产生较大的侵蚀作用，而前者发生的概率很小，后者则由于浊流和周围介质的密度差比较小或边界不明显，以及和海水逐渐发生涡动混合，以至其侵蚀强度远不能和陆地上的水流相比。另外，海洋水圈对于外力作用具有“弹性”，能延缓外力的作用并减弱其强度，对海底起着一种保护效应，这也极大地减少了海底风化作用或“海解作用”的强度。总的说来，大陆剥蚀作用在海底下是不存在的，一旦海底发生某种构造运动时，它在海底上反映出来的形迹能够较长期地保存下来，基本不受到破坏，至多受到比较均匀的海底沉积层的披覆和接受局部堆积。因此海底地形对于了解地壳构造活动所具有的意义，要比陆地地形大得多，这使得海上测深工作成为研究海底构造时必不可少的手段之一。

综上所述，洋底的地形直接反映了地球的内动力作用，因而，了解洋底地形的主要特征，对于海底扩张和板块构造的研究是十分必要的。整个洋底地形大致可分为大洋中脊、洋盆底部和大陆边缘3个巨型单元。大洋中脊一般绵延于大洋的中部；洋盆底部位于大洋中脊与两侧大陆边缘之间；大陆边缘是陆地与大洋区之间的过渡地带(图2-6)。大洋中脊与洋盆底部构成了大洋区(大洋盆地)的主体。

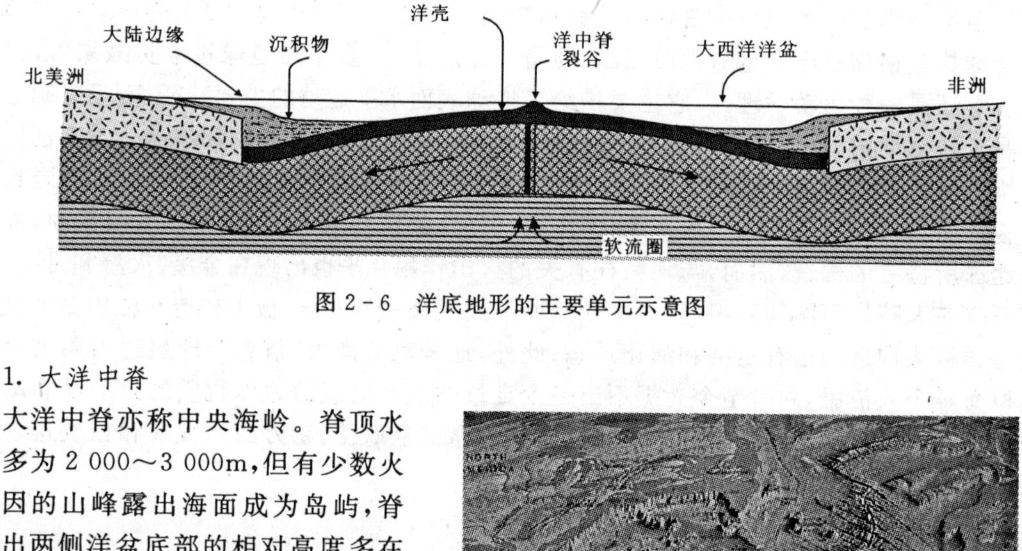

图2-6 洋底地形的主要单元示意图

1. 大洋中脊

大洋中脊亦称中央海岭。脊顶水深大多为2 000～3 000m，但有少数火山成因的山峰露出海面成为岛屿，脊顶高出两侧洋盆底部的相对高度多在2～3km左右。中脊宽度一般可达1～2km，但宽度变化很大，最宽的可达3～4km，窄者不过数百公里。中脊的地形相当复杂，在纵向上呈波状起伏的形态。大致平行于中脊走向，有一系列岭脊和谷地相间排列。有的谷底可被沉积物(如浊流沉积)填平成小块台地。岭谷起伏的幅度，一般在中脊顶部附近较大，随着远离脊轴幅度渐减，这主要是沉积物充填程度增大的缘故。在中脊顶部，沉积层极薄甚至缺失，顶部的地形异常崎岖；向两翼，沉积层厚度逐渐增大，地形渐见平缓；延至洋盆底部，可出现深海平原地形(图2-7)。在大西洋和印度洋中脊的轴部，一般有裂谷从中

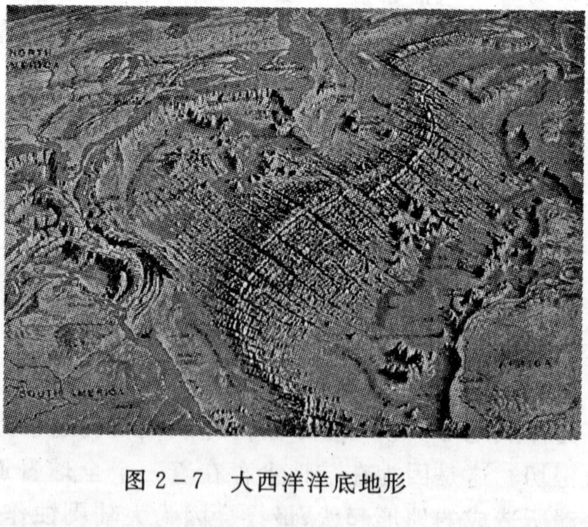

图2-7 大西洋洋底地形

脊顶部切入(图 2-8)。裂谷顺着中脊走向展布,两侧为裂谷山脊,从后者至裂谷底发育深约 1～2km 的倾向谷内的崖壁。裂谷宽数十至百余公里,窄的谷底宽度不过几公里。这种张性断裂作用造成的谷地,显示洋底地壳遭受巨大的张力作用。

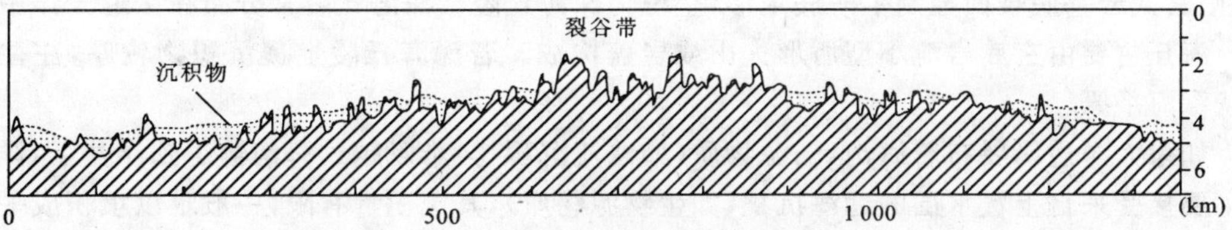

图 2-8　大西洋中脊横剖面

(引自金性春,1983)

洋中脊带在构造上并非连续不断,它被一系列与轴线相垂直或斜交的大断裂带所切截。断裂带在地形表现上往往一侧是狭长的海脊,另一侧是深陷的槽谷,由脊至槽为陡峭的崖壁,或者有一系列脊槽沿断裂带呈雁行状排列。沿断裂带发育的槽谷经常超过毗邻裂谷的深度,例如赤道大西洋罗曼奇断裂带上的罗曼奇深渊,深 7 856m,是大西洋中除波多黎各海沟和南桑德韦奇海沟外的最深点。这种横向断裂带把中脊和裂谷平错开来,错移幅度可达数十到数百公里。在太平洋和赤道大西洋的中脊上,这种平错最为显著,幅度大者可达千公里以上。

大洋中脊在太平洋、大西洋和印度洋中的分布各有特点。太平洋内,它的主体偏居大洋东南部,两坡平缓,相对高度较小,常称为东太平洋海隆。大西洋内,海岭纵贯大洋中部,与大西洋两岸轮廓平行,也是“S”形弯曲(图 2-7),其两坡较陡,称为大西洋中脊。印度洋中脊也大体位于大洋中部,整个洋中脊形状歧分三支,成为倒置的“Y”形(图 2-9)。

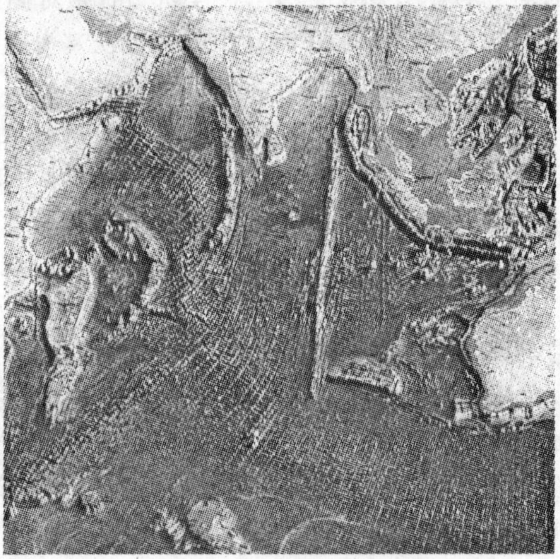

图 2-9　印度洋底地形

(据 Bruce C Heezen and Marie Tharp,1977)

三大洋中脊的南端相互串连,北端则伸进岛屿或大陆。东太平洋海隆南部向西南绕行,至澳大利亚以南与印度洋中脊的东南支相接;印度洋中脊的西南支绕行于非洲以南与大西洋中脊南端相接。至于北端,东太平洋海隆向北伸进加利福尼亚湾,潜没于北美洲大陆西部之下。印度洋中脊北支展入亚丁湾、红海,并与东非大陆裂谷相接。大西洋中脊则向北穿过冰岛,延入北冰洋,并在勒拿河河口附近伸向西伯利亚。

2. 洋盆底部

洋盆底部的一侧与中脊平缓的坡麓相接,另一侧与大陆麓或海沟相邻。太平洋和大西洋的大洋盆地被中脊分隔成两大部分,印度洋的大洋盆地则被三叉形的中脊分为三部分。洋盆底部还展布着许多海岭或火山链,把洋盆分割成许多次一级的深海盆地。在世界大洋中,这样的深海盆地大约有 50 个,其一般深度为 4～6km。

深海盆地底部可有深海平原发育，它的坡度只有1/1 000～1/10 000度，是地球上最平坦的区域。深海平原的基底实际上并不平坦，但由于较厚深海沉积物的披覆把起伏的基底盖平，所以，深海平原多分布在距大陆边缘不远的沉积较厚的深海区。如果海盆底部沉积物无或极薄，则玄武岩基底表面控制了海底地形，呈现为深海丘陵。深海丘陵常分布在接近大洋中脊一带。海丘主要由玄武岩流小型盾形火山或岩盖构成。若深海丘陵上覆沉积物较厚，往往构成波状深海平原。

如果大洋边缘展布着海沟，陆源物质（如浊流沉积物）难以越过海沟输送到洋盆区，洋盆底部主要接受来自上覆水层的远海沉积（如生物源物质），其沉积量有限，一般难以填积成平坦的深海平原。因此，周缘广布海沟的太平洋很少有深海平原发育，深海丘陵约占整个洋底面积的85%。东北太平洋海盆发育了太平洋中最大的深海平原，因为其东面濒邻加拿大一缘并无海沟。大西洋周缘缺少海沟，深海平原十分发育。

各深海盆地之间被一些正向海底地形分隔开。长条状的正向海底地形，一般叫做海岭。许多海岭往往有一隆起的基座，上叠着链状延伸的海底火山，属于火山型海岭，如北太平洋的夏威夷海岭、天皇海岭等；有少数海岭可能属断块成因。这些海岭很多是地幔中的热点在岩石圈表面形成的火山，这类火山活动时，熔浆向外溢出，无地震发生，或仅有火山活动引起的地震，因而也被称作无震海岭。它与多地震的中央海岭（大洋中脊）在构造含义上迥然不同。有的海岭局部露出水面构成群岛，它与相邻深海盆地高差悬殊，如夏威夷群岛周围海盆深逾5km，岛上的冒纳罗亚火山海拔4 200m，相对高差将近万米。海盆中还有一些近等轴状的海底隆起区，如西北太平洋海盆中部的沙茨基海隆。中太平洋海盆中的马尼希基海底高原在平面上颇似一个菱形，大西洋西部北美海盆中的百慕大海隆则略呈卵圆形。

洋底地形中还有星罗棋布的海山，它具有较陡峭的斜坡和较小的峰顶区，相对高度在500～1 000m以上（相对高度在500～1 000m以下的叫海丘）。海山多属火山成因。经过详细研究，在世界大洋中至少已有数百个海山肯定属于火山，少数海山呈块状隆起，往往由变质岩和沉积岩组成，可能属断块成因。太平洋中海山数量最多，至少有10 000座以上。

有的海山顶部平坦，叫做平顶海山，也主要分布在太平洋中（约有220座）。平顶海山是赫斯在1946年首先提出的，为了纪念普林斯顿大学第一位地学教授Guyot A，他将平顶的海底山称为盖奥特（Guyot）。平顶海山的平顶被认为是古代岛屿受波浪削平的结果，因为在有些海山顶部采集到有一定磨圆度的火山岩砾石及浅海环境化石（如珊瑚化石）。可是，目前海山的平顶却已淹没于海面以下数百乃至1～2km以上，所以平顶海山暗示那里的海底曾发生过大幅度下沉。

3. 大陆边缘

地球表面存在着两个基本的地形面：一是大陆地块，主要在海平面以上；另一个是大洋盆地，大多处在水深4 000～5 000m的地方。大陆和洋盆这两个地形面之间广阔的过渡地带，叫做大陆边缘（continental margins）。大陆边缘在纵向上绵延约35万公里，总面积8 000多万平方公里，占大洋总面积22%左右。

大陆边缘可划分为大陆架、大陆坡和大陆麓3个组成部分（图2-10）。大陆架是濒临海岸的浅水地域，宽度变化在0～1 300km之间，平均宽75km。大陆架向海微缓倾斜，平均坡度仅1/1 000度。陆架外缘的平均水深为130m，深者可达550m。从大陆架向洋侧，坡度陡增，便进入大陆坡地区。陆坡的宽度在数十至数百公里之间，坡度约1/40至1/6度，它是环抱全球、高约3km的显著崖壁，代表大陆地块面向大洋的前沿部分。大陆麓是陆坡坡脚以下，由沉积物堆积成的和缓平坦坡。它的宽度达数百以至上千公里，平均坡度只有 1/300 度(变化在 1/700～1/50 度之间)，常从 2 500～3 000m 左右的水深处开始，平缓地过渡到深约 5 000m 的大洋盆地。大陆边缘濒临大陆这个物源地，是地球上最重要的沉积区。大陆架和大陆坡上的沉积层，厚的可达数公里，但也有沉积较薄甚至缺失的地方。大陆麓上的沉积物，最厚者可达 10 多公里，其沉积总量超过了大陆架。许多大陆边缘地带由于沉积作用逐渐向海洋方向推展。

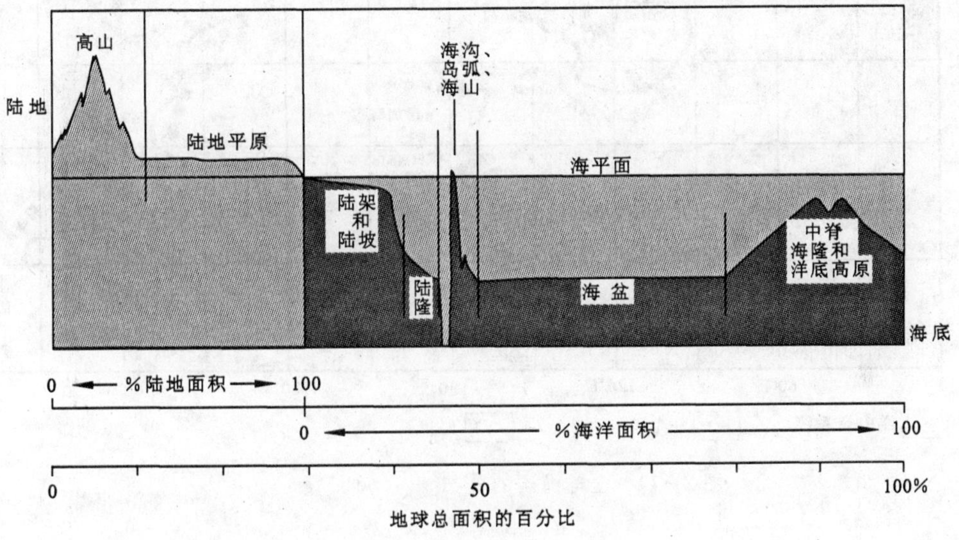

图 2-10　地球的主要地貌单元

(据 Siever Raymond，1982)

有的大陆边缘地带地形复杂，简单的陆架、陆坡和陆麓的三分法不足以表征它的特点，又出现了大陆边缘地(continental border land)、边缘海台(marginal plateau)等术语。在海岸外陆架、陆坡的深度范围内，代之以海盆和海脊交替出现的复杂地带，这叫大陆边缘地，如南加利福尼亚岸外。大陆架以外水深较大的台阶，叫做边缘海台，如美国东南岸外的布莱克海台。边缘海台或是沉没的陆块或陆架部分，或为海底隆起(堤坝)内侧被填平的盆地。大陆架、大陆坡和大陆麓这种经典的大陆边缘划分，仅适用于大西洋、印度洋、北冰洋周缘缺失海沟的大陆边缘。

通常将大陆边缘划分为两种基本类型，即大西洋型大陆边缘和太平洋型大陆边缘。大西洋型大陆边缘也称被动大陆边缘，由上述大陆架、大陆坡、大陆麓 3 个单元组成，地形比较宽缓(图 2-10)。太平洋型大陆边缘也称活动大陆边缘，大陆坡以下缺失大陆麓，而被海沟所取代，其地形陡而深，陡峭的大陆坡直落至深邃的海沟。太平洋型大陆边缘包括岛弧-海沟系和安第斯型大陆边缘，前者海沟与岛弧相伴随，后者海沟直接濒临大陆地块。

安第斯型大陆边缘主要分布在太平洋东缘，那里中美海沟、秘鲁-智利海沟直逼中美洲、南美洲西海岸，阿拉斯加南缘也属于这种大陆边缘。岛弧-海沟系分布较广，主要发育于西太平洋地区。自北而南，有阿留申海沟、千岛海沟、日本海沟，在日本本州附近海沟系分支叉开：一列向南，为伊豆-小笠原海沟、马里亚纳海沟等；另一列向西南，为西南日本海沟、琉球海沟、马尼拉海沟、菲律宾海沟；再向南，有新不列颠海沟、新赫布里底海沟和汤加-克马德克海沟等。大西洋中只有两条短小的海沟：波多黎各海沟和南桑德韦奇海沟。印度洋中唯一的一条海沟是东北缘的爪哇海沟(或称巽他海沟)。海沟的分布如图 2-11 所示。

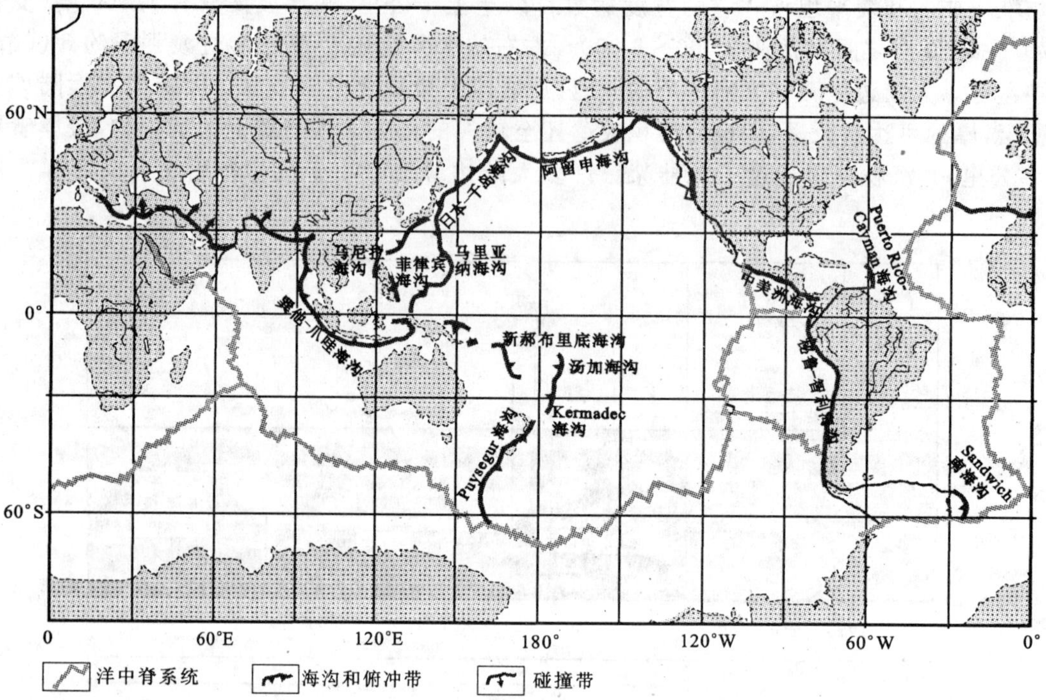

图 2-11 全球海沟的分布

二、海底扩张的概念

20 世纪 60 年代初期，美国地质学家赫斯（Hess，1962）和迪茨（Dietz，1961）在地幔对流说的基础上提出了海底扩张的概念，认为大洋中脊顶部乃是地幔物质上升的涌出口，上涌的地幔物质冷凝形成新的洋底，并推动先形成的洋底逐渐向两侧对称地扩张。随着热地幔物质源源不绝地上升并形成新的洋底，先成的老洋底不停地向大洋两缘扩张推移，洋底移动扩展的速度大约是每年几个厘米。

在不同的海区，海底扩张可以有两种情况（图 2-12）：一种是扩张着的洋底同时把邻接的大陆向两侧推开，大陆仿佛冻结在相邻的洋底上，与洋底一起向同一方向移动。这样，随着新洋底不断地生成和向两侧扩展，新生的大洋不断张开，两侧大陆逐渐远离漂开。像大西洋这样宽的大洋，在速度为每年数厘米的海底扩张作用下，大约一二亿年便可以形成。所以，大西洋中脊和印度洋中脊的裂谷系不但是生长新洋底的场所，也是大陆漂移的发源地。魏格纳认为坚硬的大陆是独立地沿着柔软的洋底上漂移；海底扩张说则认为，大陆不是独立地主动地漂移，而是与相邻的坚硬的洋底焊接在一起，被动地驮在下伏的地幔对流体上，被运载着缓缓地漂移。因此，大陆漂移与海底扩张作用相辅相成，海底扩张是大陆漂移的一种新形式。另一种情况是当洋底扩展移动至洋缘的海沟处，向下俯冲潜没，重新返回到地幔中去，这时，洋底并不推动相邻大陆向两侧漂开，相反，大陆逆冲于洋底俯冲带上。太平洋是一个古老辽阔的大洋，它的洋底处在不断新生、扩展和潜没的过程中，好似一条运动不息的传送带，大约两亿年左右洋底就可以更新一次。其中，大洋中脊相应于地幔对流的上涌和发散区，海沟则相当于对流的下降汇聚区。在热地幔物质上升的中脊顶部，出现高热流值；而在冷的洋底向下俯冲的海沟地

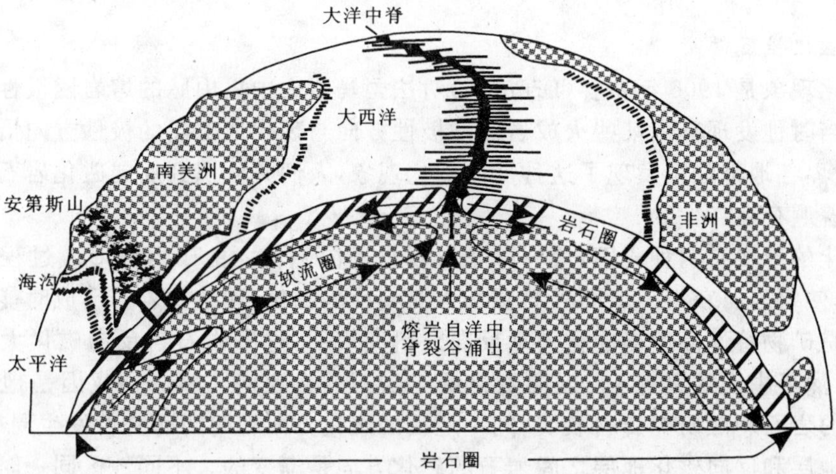

图 2-12　海底扩张示意图

区，出现低热流值。

由于洋底一直在生长和更新，因此，不管是新生的大西洋和印度洋，还是古老的太平洋，它们的洋底地壳都相当年轻，不老于中生代，从而接受的海洋沉积层就比较薄。海底扩张说圆满地解释了大洋的主要地壳层“大洋层 3”的厚度均一性、洋底年龄及洋脊上沉积物超覆等当时难以理解的地质问题。赫斯认为，“大洋层 3”底部代表现代的或过去的 500℃等温面。在洋中脊处，随地幔对流涌出的橄榄岩和水通过这个等温面时发生作用产生蛇纹岩，形成新洋壳；在远离洋中脊的地方，500℃等温面已下降到较深位置，已有的蛇纹岩不会转变成橄榄岩；由于缺乏水，未蛇纹岩化的橄榄岩也不会转变成蛇纹岩。这样，“大洋层 3”就基本保持了它们在洋中脊处形成时的厚度。

迪茨将地球表面至 70km 深处的层位叫坚硬的岩石圈，试图把它作为一个重要的力学单元，并认为，在岩石圈的下面有一个软层，岩石圈在它上面能够比较自由地活动。实际上，后来的板块构造设想就是由此萌发的。

综合上述，从板块构造角度，海底扩张学说可概括为：地幔物质在大洋中脊随地幔上升流上涌形成新的大洋岩石圈，新生的岩石圈随着软流圈的侧向流动推挤着原有的岩石圈从洋中脊向两侧扩张移动，在海沟处大洋岩石圈随着地幔下降流而俯冲消亡于地幔之中。大洋岩石圈一边生长，一边消亡，不断更新。洋中脊是大洋岩石圈的生长带，海沟是大洋岩石圈的消亡带。

海底扩张说刚诞生时，只有少数学者知道，影响不大。同时也由于固定论观念在学术界仍然根深蒂固，所以，不少学者对此持否定的态度。直到 20 世纪 60 年代中期，由于海底磁异常等方面卓有成效的进展，才使海底扩张说获得了强大的生命力。

三、地磁场倒转与海底磁异常

20 世纪 50 年代，古地磁学研究方面有三大发现，即地磁极移、海底条带状磁异常和地球磁场倒转，将海上磁测所得的海底磁场强度值减去正常磁场强度值便可得出该区的磁异常。下面主要讨论海底条带状磁异常和地球磁场倒转，在此基础上介绍海洋地质研究中极为重要的极性年表。

(一)地磁极性反转

反向磁化现象是1906年布容(Brunhes)对法国马西夫中央山脉的熔岩磁极性方向的研究中发现的。当时他发现其中某些火成岩的磁极性方向与现代地磁场的极性方向恰好相反。此后,几乎在世界各地都陆续发现了这种反向磁化现象,人们并认识到反向磁化岩石和正向磁化岩石都同样普遍存在。

反向磁化的形成有两种成因:第一种是岩石自反向磁化。由于岩石形成过程中的某种物理化学作用,使得岩石获得一个同外界磁场方向相反的磁化,即某些岩石形成时能够由于某种化学的或者是矿物特性而使得磁化自动反向。研究表明,这种岩石自反向磁化大都是孤立的罕见现象,自然界中大约只有1%反向磁化属于岩石的自反向。第二种成因是地磁场的极性反转。大量的岩石剩磁研究资料表明:同一地区的磁化方向随时间而交替发生周期性变化,并且正向磁化地层和反向磁化地层之间岩石的磁化方向是渐变的。不同地区同一时代的不同类型岩石的磁化方向彼此相同,例如太平洋深海沉积物和北美加利福尼亚的熔岩,显然是极为不同的物理-化学条件下磁化的,但是同时代的这两种物质却具有相同的磁化方向。这表明磁化方向的改变是全球同时发生的,这种改变与磁化的物理-化学条件无关,而是由对所有物质的磁化起控制作用的地磁场极性的反转造成的。再譬如,在很多与火成岩接触且被火成岩烘烤的接触带岩石中,其磁化方向与火成岩的磁化方向一致,但与围岩的磁化方向却完全不同。这种现象的合理解释是:围岩形成时,其磁化方向与相应时期地磁场的方向相一致;其后,地磁场的方向发生了变化或倒转,此时,火成岩侵入,使火成岩附近的岩石受炽热岩浆的烘烤,温度上升到居里点以上,所以它失去了原有的磁性;再其后,接触带上的岩石与火成岩同时冷却,并同时获得了与冷却地磁场同向的新的剩磁。松山(Matuyama,1929)发现,地磁场的最近一次倒转发生在早更新世(大冰期)。

反向磁化主要是由地磁场极性反转造成的,而地核作为一个自激发电机,随着核内电流运动方向的改变,完全有可能引起地磁场极性的改变。核内物质运动方向的改变,可由于地核以外的变化所引起,也可由于地核半径的渐变,以及推动地核物质运动机制的强度发生改变而产生。只要核-幔边界上仅几度的温度的变化和几公里的“隆起”,就可以引起地磁场极性的反转。

(二)条带状海底磁异常

在20世纪50年代后半期,随着核子旋进磁力仪的出现,海上磁测工作快速发展,美国先锋号海岸和大地测量船从美国西海岸出发进行了详细的海上磁测。这次测量中,Mason R G et al.(1961)首先发现了美国西部海域海底地磁条带异常及其错动,并以黑色表示正磁极性、白色表示负磁极性编制了海底磁异常图。磁异常图最显著的特征呈现为黑白相间的“斑马条带”,这种独特的条带状磁异常与陆上不大规则的磁异常有着显著的区别。之后,在三大洋的洋底相继发现具有共同特征,即平行洋中脊两侧均有明显对称的正向、反向相间排列的地磁异常条带。

海底条带状磁异常的强度一般是数百伽玛,在中脊轴部强度较大,向两翼强度减小(图2-13)。它们大体上平行于大洋中脊的轴线延伸,正异常和负异常相间排列,常对称地分布于大洋中脊轴的两侧。单一个磁异常条带的宽度约数公里到数十公里,纵向上绵延数百公里以上,在遇到洋底断裂带时被整体错开。虽然磁异常条带被切断错开了,但断裂带两侧地磁异常剖面的起伏情况仍可以追索对比。

大洋线性磁异常格局一般不延伸到陆壳结构的大陆台阶和陆上，在大陆地壳和洋壳的边界部位，磁异常格局发生急剧变化。大陆地区的磁异常比较复杂，可能与其下的花岗岩层有关。大洋边缘的海沟，有的显示正或负的磁异常。日本海沟和巽他海沟发现有线性磁异常，可越过海沟，延伸进入海沟内壁下相当的距离，这是大洋板块向大陆一侧俯冲的反映。

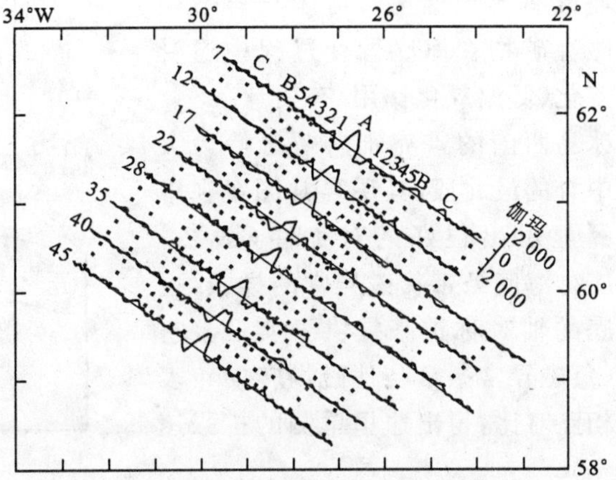

图 2-13　北大西洋雷克雅内斯洋中脊的海底磁异常剖面图

（据 Siever Raymond，1982）

剖面是投影在洋脊的垂直线上，A 表示洋脊轴，B 和 C 表示磁异常

（三）瓦因-马修斯假说

对于洋底的条带状磁异常，曾提出种种解释：有人认为这是洋底岩石磁性强弱不同所引起，强磁性的岩石引起了正异常，相邻弱磁性的岩石则引起了负异常；还有人提出正异常与充填于一系列平行延伸的海底谷地中的磁化熔岩流有关；有的学者提出太平洋东北部的线性磁异常是高磁性岩石沿裂隙充填的结果。

事实上，正负相间的磁异常条带出现在相同岩性的洋底上，它们的展布与海底地形也无对应关系。上述解释都无法说明洋底磁异常条带全球性分布的格局。规律性很强的磁异常条带在世界大洋洋底的分布十分普遍，暗示它必定源于某种简单的全球性的作用过程。把海底扩张与地磁场倒转结合起来的瓦因-马修斯假说（Vine and Matthews，1963），为此提供了最圆满的解释。

剩余磁性是岩石形成时古地磁场的记录，有许多岩石的剩余磁性方向正好与现代地磁场的方向相反，而且岩石剩余磁性方向的正反都取决于岩石形成的时代。地磁场的倒转历史可以通过研究不同时代岩石所受的不同方向磁化得出。所以，地球磁场的极向并不是固定不变的，每隔几万年或几十万年以后，地磁场的极向会发生倒转，即地磁北极和地磁南极会发生周期性的倒转。

瓦因-马修斯假说（Vine and Matthews，1963）认为，海底磁异常条带不是由海底岩石磁性强弱不同所致，而是在地球磁场不断倒转的背景下海底不断新生和扩张的结果（图 2-14）。高温的地幔物质不断沿大洋中脊轴部上涌冷凝形成新的海底，当它冷却经过居里温度时，新生的海底玄武岩层便会沿当时地球磁场的方向被磁化。随着海底扩张，先形成的海底向两侧推移，在中脊顶部继续不断地形成新的海底。如果某个时候地磁场发生转向，则这时形成的海底玄武岩层便在相反的方向上被磁化。这样，只要地磁场在反复地转向，海底又不断地沿中脊轴新生和扩张，那就必然会形成一条条正向磁化和反向磁化相间排列的海底条带，这些磁化方向正反交替的海底岩石地块应平行于中脊顶峰延伸，并由中脊轴部向两侧推移。每次地磁场转向都在同时形成的海底上打下了标记，扩张着的海底像录音磁带那样记录了地磁场转向的历史。正向磁化的海底地块加强了那里的地磁场强度，形成了正异常；反向磁化的海底地块则抵消了一部分地磁场强度，形成了负异常。所以，正负交替的磁异常条带实际上是由磁化方向正反交替的玄武岩质海底地块所引起。至于磁异常强度在远离中脊轴部后有所减小（有时从数百伽玛减至数十伽玛），可能与岩石中的铁磁性矿物在海底蚀变过程中遭受化学变化（低温氧化作用）有关。

冰岛西南的雷克雅内斯海岭为大西洋中脊的最北段，其磁异常图案在中脊两翼显示出很好的对称性（图 2-13），堪称海底条带状磁异常的样板，也为海底的轴对称扩张提供了实证。它的正、负磁异常条带与地磁场转向年表可以相互对比，得出这里单侧的扩张速率为 1cm/a。

深海沉积物磁化的研究，也证明了瓦因-马修斯关于海底磁异常形成的假说。沉积物在海底缓缓堆积的过程中，必定遭受磁化，它的磁化方向将随地球磁场极性的反转而反转，结果如图 2-15 形成交替磁化的沉积层，每层厚度以厘米或者毫米计，并且每层的磁化极性与洋底岩石磁极性相一致。同时发现，许多深海沉积岩芯中正向、反向磁化段的厚度可以与地磁场转向年表中正极性期和反极性期的时间长短一一对比，从而也可以与海底正、负磁异常条带相对比。

上述 3 种磁性测量数据，即首先是从陆上熔岩测得的地磁场转向年表中的时间间隔，涉及到几万年或几十万年的时间；二是洋底磁异常条带的宽度，涉及到几公里或几十公里的水平距离；三是深海沉积岩芯中正、反磁化段的厚度，涉及到几厘米到几米的垂直长度。这 3 种相互独立进行的磁性测量数据以完全相同的比例而变化，有力地证明了瓦因-马修斯假说和海底扩张说的正确性。

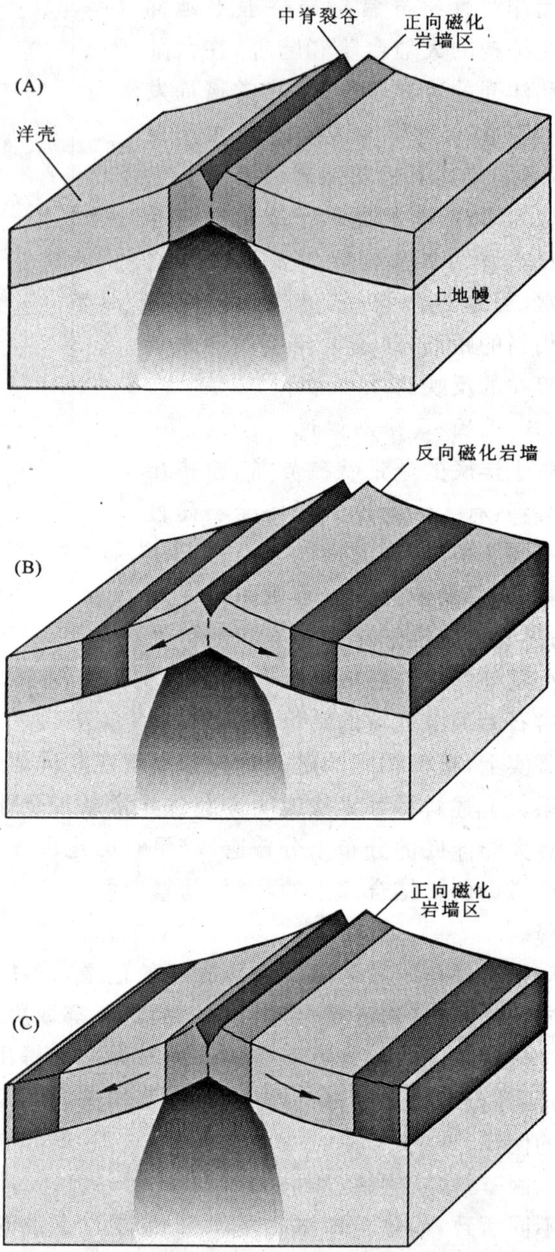

图 2-14　瓦因-马修斯关于海底磁异常形成的假说

（据 Marshak S, 2003）

(A)正向磁化阶段；(B)反向磁化阶段；(C)正向磁化阶段

（四）地磁极性年表

地磁场倒转是全球范围的现象，所以海底岩石和沉积物同陆上岩石和沉积物一样都记录了过去地质时期中地磁场的方向。而同一时代的岩石和海洋沉积物应有同一极性，准确测定岩石和沉积物的绝对年龄能得知地磁场正反向的时间序列，将地质历史上正向磁化和反向磁化占有时的时间间隔，按时间顺序排列起来，就可以建立起地磁极性年表，以便于全球的地磁异常对比，了解地球形成以来地磁场的形成和演化规律。

通常按照极性时间间隔持续的时间尺度，划分成极性时间（1～10 万年）、极性时期（10～100 万年）、极性纪（100～1 000 万年）和极性代（1 000～10 000 万年）。极性时间以最早发现该事件的地名来命名，如亚拉米洛时间等，极性时期以对古地磁学研究有贡献的学者命名，如布容纳斯正向期、松山反向期等。一个极性时期可以包含若干极性事件，通常是在正向（反向）期中分出若干反向（正向）事件。

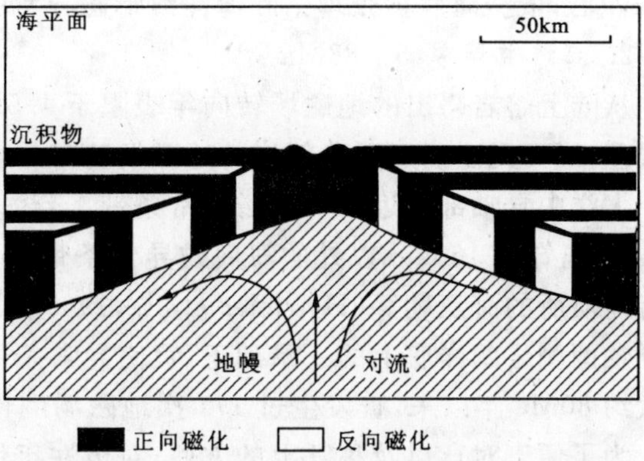

图 2-15　极性反转对深海沉积物磁化的影响

（据怀利，1980）

每一沉积层与同时代的洋底岩石的极性相一致

1. 最近 4.5Ma 的极性年表

根据对世界各地陆上熔岩的古地磁和对这些岩石进行的钾氩法岩石绝对年代测定，Cox A V 编制了 4.5Ma 以来的极性年表（图 2-16）。该表显示的极性转向的情况是：0～0.7Ma 是正向的，定名为布容纳斯（Brunhes）正向期；0.7～2.5Ma 是反向的，称松山（Matuyama）反向期；2.5～3.3Ma 又是正向的，叫高斯（Gauss）正向期；再向前到 4.5 Ma，又是反向的吉尔伯特（Gilbert）期。这些期（Epoch）以地磁学界前人的姓氏命名，其长度约百万年（Ma）数量级。此后，通过更精确的观测发现在这些"期"内还存在着更短的地磁场的转向现象，称为"事件"（event），并以发现的地名来命名。

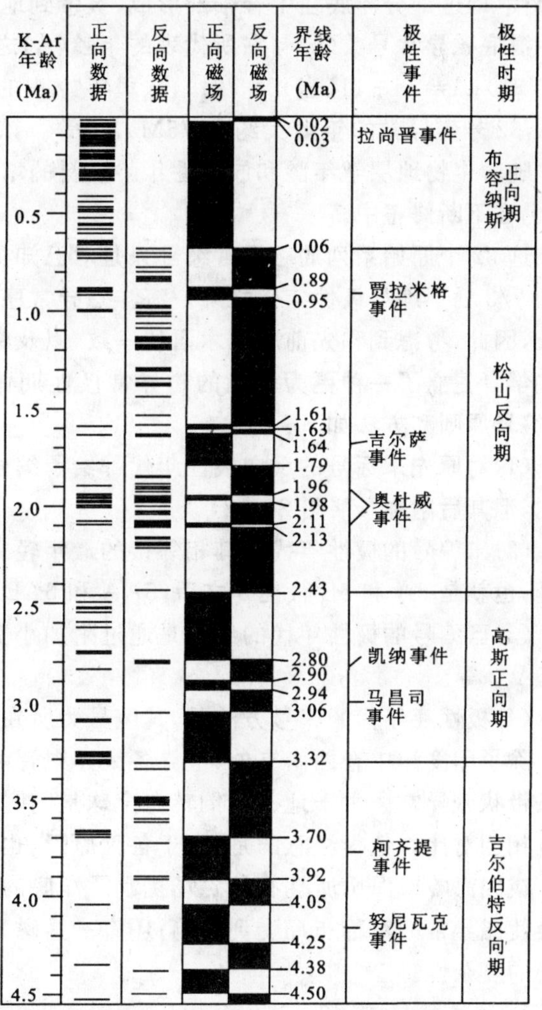

图 2-16　4.5Ma 以来的地磁极性年表

在 Cox 的 4.5Ma 的极性年表中，有过 25 次倒转，每一次极性的持续时间从 0.01～0.7Ma 不等，平均持续时间为 0.18Ma。

地磁极性年表的长度，受岩石绝对年龄测定精度的限制，常用的钾氩法精度约为 5%，对于 5Ma 的时间，误差达 0.25Ma，比一个事件的时间还长，所以要延长这种表，必须借助其他方法。分析海洋沉积物可将极性年表延长到

9Ma 左右；依据海底扩张理论和海洋线形磁异常的方法可将极性年表扩展到约 83Ma。

2. 海洋磁异常：5～83Ma

从陆上熔岩得出的地磁场转向年表限于 4.5Ma 以来(由于钾-氩法测定岩石年龄有±5%的误差，因而无法确定更老年代的地磁场转向年表)，用来与海底正、负磁异常条带对比，只适用于大洋中脊轴部附近的一些磁异常条带。若海底扩张速率为每年 4cm，4.5Ma 不过扩张了 160km，离脊轴 160km 以外的海底磁异常条带是更老年代海底扩张的产物。1968 年，美国拉蒙特地质所的海茨勒等(Heirtzler et al.，1968)假定南大西洋的海底扩张速率是恒定的，根据中脊轴两侧辽阔洋底上的一系列正、负磁异常条带，运用外推法使得地磁年表大大地延长了。自大约 80Ma 年以来，曾发生过 171 次地磁场倒转。

为了便于对比以及称呼上的方便，对极性年代采用了一种数字编号体系。海茨勒等将其中的关键性磁异常统一编号，编成 32 个磁异常。中脊顶峰为 1 号磁异常，号数越大，代表年代越老。每一个磁异常都有它相应的年龄(图 2－17)。这样，广布于洋底的磁异常条带的界线也就成了洋底的等时线，或者说仿佛构成了洋底的年轮。磁异常条带的年龄相当于它被磁化的年代，即这部分洋底在中脊轴部形成(被带到地表)的年代。

海底磁异常号数(n)与它所代表的年龄(A)之间存在着简单的经验关系，即：$A=2n-1$(当 $n\leqslant 5$ 时)；$A=2n+11$(当 $n>5$ 时)，这里年龄 A 的单位是 Ma。据此，5 号磁异常的年龄大约是 9Ma，32 号磁异常的年龄大约是 75Ma，等等。该经验关系仅近似地接近地磁年表的实际年龄。随着生物地层学年龄和放射性年龄资料的增多，地磁年表中各磁异常所对应的绝对年龄值，仍在不断修正中。

这 32 个原始系列的磁异常编号只是对已知极性年代的一部分提供了数标，编号体系所覆盖的 2/3 处于编号极性年代之外。海洋磁异常序列作为一种全球地层对比的标准其应用日益增长，因此，考虑到和先前所用术语的一致，以及将来极性亚年代的发现过程中所导致的变化，一些学者建立了一种更为详细的磁异常极性期体系。该编号体系实际是原始编号体系的延伸，编号原则和方法如下：

(1)对原先未标号的反向极性年代都给予编号，编号与相邻接的最年轻的正极性年代编号相同，但其后附加“r”(图 2－18)。

(2)未编号的极性年代在其相邻接的最年轻的编了号的极性年代后附加字母的方法予以编号，也就是 5A 和 5B 跟在 5 之后，5AA 和 5AB 跟在 5A 之后。

(3)已编号的极性年代的细分是通过附加小数点号码的办法，如 5A 的细分为 5A.1、5A.1r、5A.2 等。

(4)极性亚年代的编号方法是，其编号为所在的极性年代中的号码，并附有“－1”，“－2”等。

除了印度洋中脊西南支外，世界各大洋中脊两侧广泛分布着与脊轴平行并对称于脊轴延伸条带状磁异常。由于地磁场倒转在全球是同时发生的，这决定了磁异常在世界大洋各处都可以相互对比。值得注意的是，由于各种原因，也有一些海区磁异常的展布比较纷杂。例如，火山成因海岭或海山所拥有的磁场扰乱了洋底的线性磁异常；当扩张轴线与磁子午线斜交时，也会使磁异常的对称布局受到影响；还有一些磁异常条带的缺失和重复，反映了海底扩张过程本身的复杂性。

3. 海洋磁异常：80～160Ma

在各大洋中，均分布有缺失磁异常条带的磁静带。从早白垩纪到晚白垩纪(118Ma 至 84Ma)所形成的大洋海底为白垩系磁场平静带。其原因是，在这个年代的大洋海底之上缺失

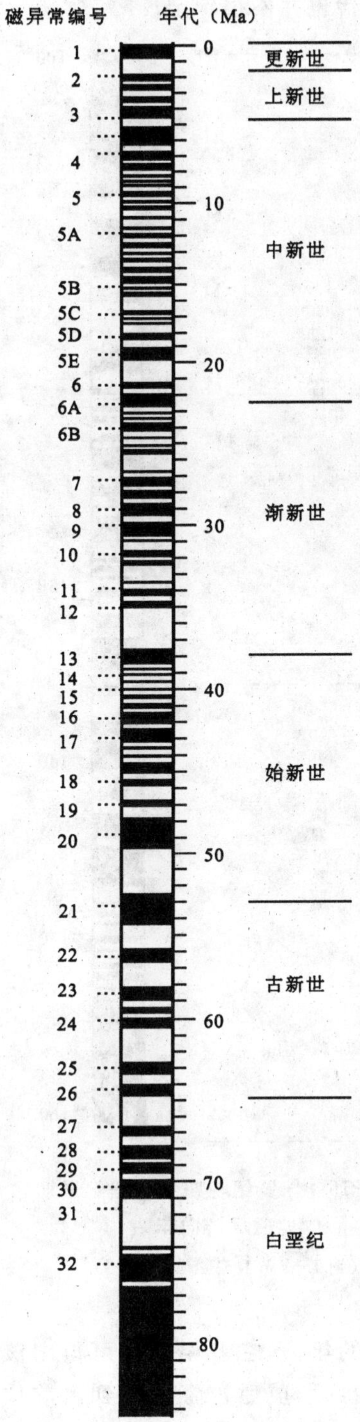

图 2-17　80 Ma 以来地磁场转向年表

（据 Heirtzler et al.，1968）

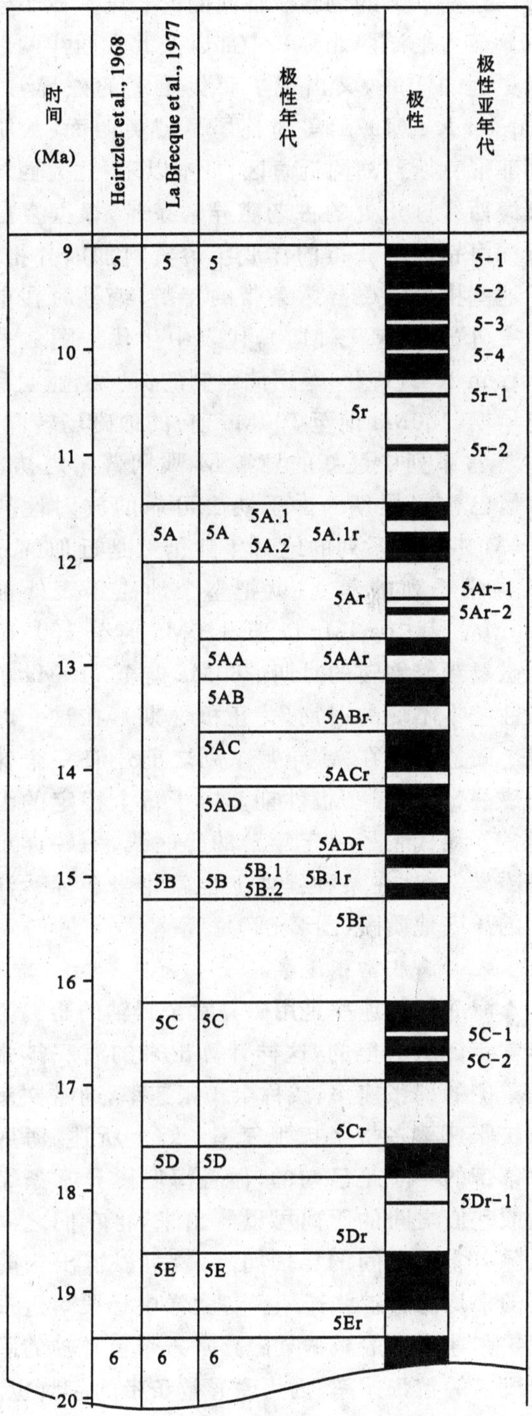

图 2-18　根据海洋磁异常极性期的数字编号体系

（转引自朱而勤，1991）

全球性能够追踪的磁异常。一般可接受的解释是：在这段时间地磁场的极性是正向的，距今 80Ma 以前有相当长的一段时期（约 30Ma）未发生过地磁场倒转，只可能有短暂的少数极性倒转。这些少数的倒转极性间隔的长度大概小于0.03Ma，其年代也并不很确定。

在太平洋西北部和中部以及北大西洋两缘距中脊更远的洋底，又出现了年代更老的磁异常条带。Larson R L(1975)等对比了夏威夷西面、太平洋中部菲尼克斯群岛附近海区、日本以东、北大西洋马尾藻海西缘这几处的古老磁异常条带，根据夏威夷附近深海钻探所获得的洋底年龄资料加以外推，确定了这些中生代磁异常条带的年龄，编号时在前面冠上字母“M”(M_0～M_{25})，代表中生代。图2-19为Larson R L(1975)等据此编制的侏罗纪晚期到白垩纪早期(160Ma前至100Ma前)的地磁场转向年表。M异常系列中最新的异常M_0属阿普第之初，M_1异常属巴雷姆早期。由于缺少可靠的放射性测年数据，M磁异常系列的绝对年龄仍然是近似的。随着M异常系列的建立，就把整个地磁年表外推到了160Ma。其中80Ma以来，110Ma前至160Ma前是地磁场频繁倒转的时期。80Ma前至110Ma前则是极性基本不变的时期(为正极性期)，在这一时期形成了磁静带。在M异常系列之前还有一个侏罗纪的磁静带，也属正极性期。由于每个特定的海底磁异常界线代表了一定年龄的等时线，一幅详细的洋底磁异常图，在某种程度上也就相当于标示洋底年代的洋底地质图(图2-20)。

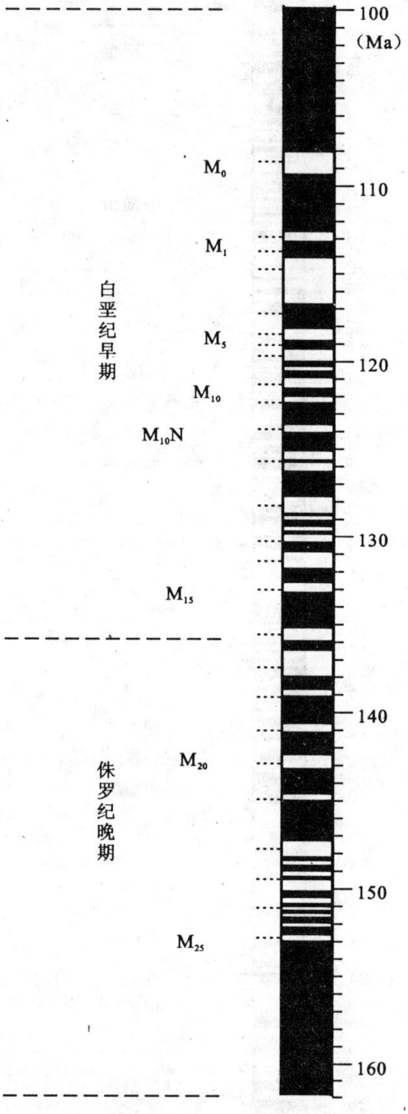

图2-19 侏罗纪晚期到白垩纪早期的地磁场转向年表

(据 Larson R L et al.,1975)

(五)海底扩张速率

海底扩张速率是用磁异常至脊轴的距离除以磁异常年龄所求得的，这样计算出来的海底扩张速率是单侧的扩张速率，或称半扩张速率，通常文献所说的扩张速率多指半扩张速率。综上所述，海底磁异常条带的年龄是已知的，而各海底磁异常条带的宽度或它们之间的距离可以测出来，将它们之间的距离除以它们之间的年代间隔，就可以得出当时该海区的平均海底扩张速率。各大洋中脊段落近期的海底扩张速率一般根据某磁异常条带至脊轴的距离和该磁条带的年龄，二者相除便可得出该中脊段落的扩张速率，因为磁异常条带的年龄也就是它从中脊轴部形成后扩张推移到目前位置所经历的时间。海底磁异常和海底扩张速率的确定，为定量恢复大陆运动和洋盆演化的历史奠定了重要基础。

图2-21以海底磁异常年龄为横坐标，以磁异常至脊轴的距离为纵坐标，然后将各海区磁异常的年龄和距离在图上投点。这幅图显示了几个海区的磁异常年龄与磁异常宽度(或至脊轴的距离)之间的关系，每一海区的投点都可连成一条直线，这些直线的不同斜率对应于不同的海底扩张速率。各海区磁异常宽度与年龄的线性关系表明，近5Ma来，这些海区分别具有

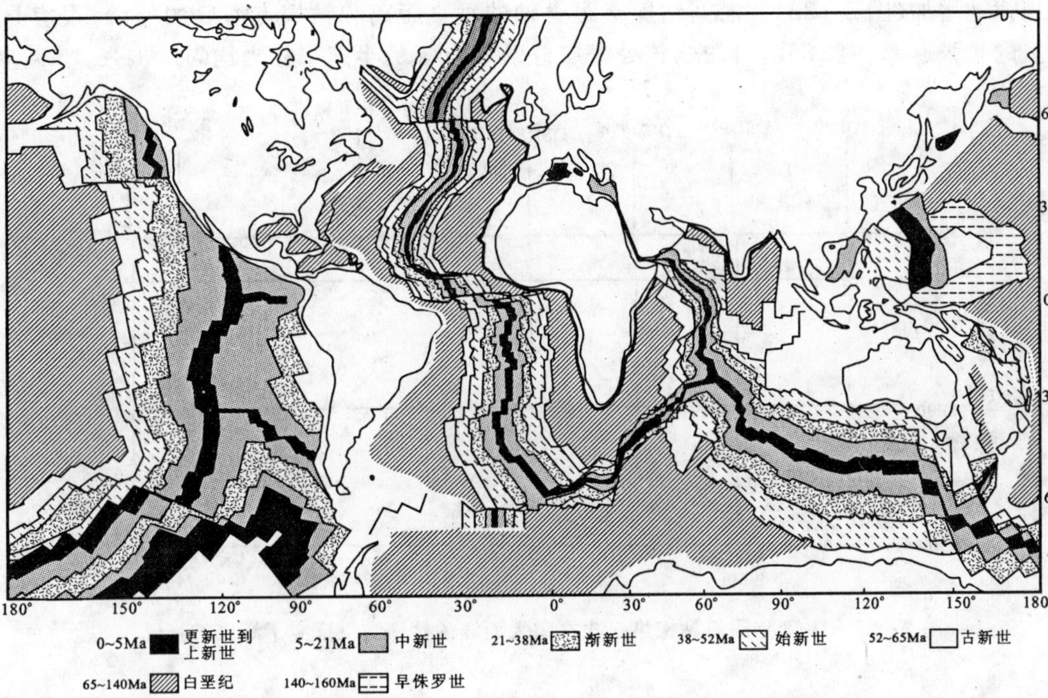

图 2-20　全球大洋底年龄图

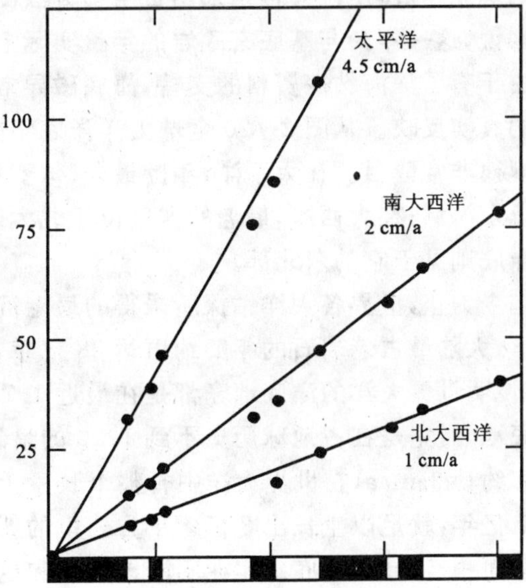

图 2-21　几个大洋区的洋底扩张速率

(转引自朱而勤,1991)

大致不变的扩张速率。在东太平洋海隆,半扩张速率多在 4～6cm/a 之间;在印度洋中脊,一般为 1～3cm/a;在大西洋中脊,大多为 1～2cm/a。海底俯冲作用十分活跃的太平洋,其扩张速率明显地大于缺少俯冲作用的大西洋和印度洋。

四、深海钻探和海底扩张

虽然洋底的年龄可以根据洋底磁异常求得,但这毕竟只是一种理论上的预测,特别是较老的磁异常年龄,还在假定海底扩张速率是恒定的基础上,使用了外推的方法。当时开展实施的深海钻探计划(DSDP)为验证海底扩张和板块构造学说提供了绝好的机会。

深海钻探的第三航次,在南大西洋南纬 30°附近垂直于大西洋中脊走向布设了 9 个钻孔,钻探点的位置尽可能选在磁异常图案最为清晰的地方。结果表明,这些钻孔中覆盖在玄武岩基底上最老沉积物的年龄(根据微体化石测定),与根据磁异常预测得出的年龄,具有惊人的一致性。随着远离中脊轴部,洋底地壳的年龄有规律地增加(图 2-22)。根据钻探点距脊轴的垂直距离和钻探点海底的年龄,很容易算出那里的扩张速率。自 80Ma 以来,该处海底曾以 2cm/a 的半速率相当均匀地扩张。

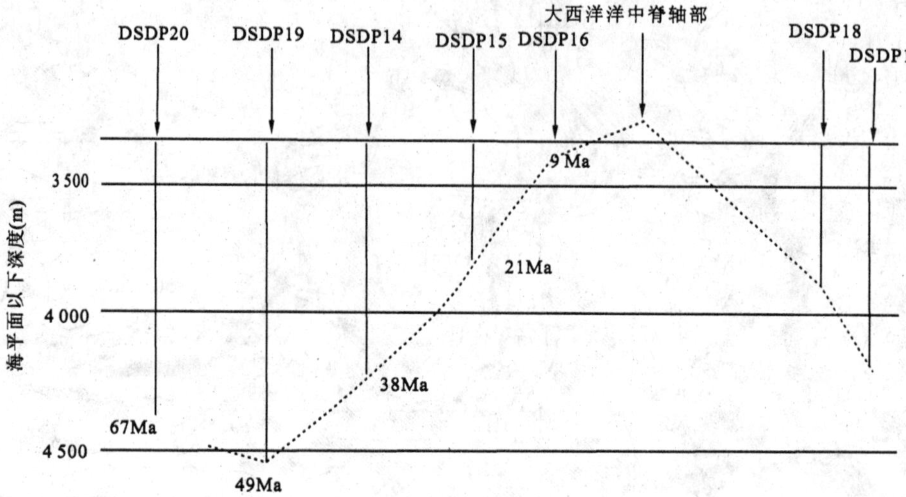

图 2-22 1968 年深海钻探第三次在南大西洋的钻探结果证实了海底扩张说

进一步的钻探表明,绝大多数钻探点的最老沉积物年龄均与钻探点所在的磁异常年龄吻合。因为构成大洋基底的玄武岩往往遭受海水蚀变,有时难以用放射性测定年龄法直接测出它们的确切年龄,所以通常是采用古生物方法测定其上覆最老沉积物的年龄。就地质年代的尺度来说,这一年龄与基底玄武岩的年龄实际上是一致的。

由于有了深海钻探资料的支持,海底磁异常年龄已不再是理论预测的年龄,而应当是海底年龄的真实反映。从图 2-20 全球大洋洋底年龄图可以看出,洋底年龄从中脊轴部向两侧递增的规律非常醒目。在太平洋,年龄最老(侏罗纪)的洋底位于西太平洋日本海沟和马里亚纳海沟以东海域;在大西洋,最老的洋底位于北大西洋靠近美洲和非洲北部的地方;在印度洋,最老的洋底则见于它的东北部。

迄今为止,世界各大洋钻探所采得的最老沉积物的年龄不老于 1.7 亿年(晚侏罗纪)。相比之下,大陆最古老岩石的年龄约可达 38 亿年,洋底地壳年龄非常年轻。洋底年龄不老于1.7 亿年,说明世界大洋的洋底地壳都是在最近 1.7 亿年以来新生的。占整个地球表面积的 60% 的洋底地壳,竟是在占地球历史不到 1/20 的最近时期形成的。计算表明,大洋中脊的平均扩张速率约计 3cm/a,在世界大洋中脊整个长度上,每年扩张新生的洋底总量大约是 2km^2。不需 1.7 亿年,就足以生长出 3 亿多平方公里的新洋底。这一面积恰好相当于世界大洋洋底地壳的总面积。所以,海底确实在不断地生长和更新。洋底的更新和破坏过程,是一种全球性的过程,更老的洋底地壳已被席卷到深海沟底下去了。

第三节 板块构造理论

板块构造学说是 20 世 60 年代中期由 Wilson(1965),McKenzie et al. (1967),Morgan (1968),Pichon(1968)等人提出的大地构造学说。它是在大陆漂移和海底扩张学说的基础上,综合了岩石圈、软流圈、转换断层、板块俯冲与消减、大陆碰撞、地幔对流、地震及火山等一系列概念而提出的。板块构造在更广泛的基础上，阐明了地球活动和演化的许多重大问题，因而也被称为新全球构造学说(New Global Tectonics)。

“板块(plate)”这一术语由 Wilson(1965)首先提出，指的是地球表层(岩石圈)被活动带分割而成的大小不一的球面盖板。它的面积很大，厚度很小，并依地球表面轮廓弯曲。

依据构成板块的岩石圈类型，板块可分为大洋板块和大陆板块。构成板块的岩石圈顶层为大洋地壳的板块为大洋板块，如太平洋、大西洋、菲律宾海等板块。岩石圈顶层的一部分为大陆地壳的板块是大陆板块，如欧亚、北美、南美、非洲等板块。板块构造学说就是关于这些岩石圈板块相互作用，并认为这种相互作用是大地构造活动基本原因的学说。

初期的板块构造学说的基本内容是：漂浮于软流圈之上的刚性岩石圈并非统一的整体，被活动带和断裂带分割成若干大小的球面块体，即岩石圈板块，简称板块；板块是刚性的和相对稳定的，并按球面运动规律不断改变着彼此之间的相对位置；板块边界为洋中脊、岛弧-海沟系、地缝合线和转换断层等构造活动带，因而具有强烈的活动性，世界上的地震、火山主要沿板块边界分布；板块在离散边界处扩张增生，而在汇聚边界处俯冲消减，二者相互补偿，地球体积保持不变；地幔中的热对流是板块运动的驱动力。

一、转换断层

大洋探测表明，洋底存在着一系列平行排列的巨型断裂带，把中脊沿走向切割成不同的块段。这些断裂带大致与纬度线平行，长达数千公里，宽 100～200km，在海底表现为线形陡崖，两侧地形高差可达两公里或更多。断层两侧的洋中脊轴和磁异常带的水平错开可以达到数百公里。最初发现这种断层时，认为这些断层是规模巨大的平移断层，磁条带沿断裂带的错位被认为是后期错断平移的结果。Wilson(1965)从海底扩张的观点出发，考虑到它所切开的是不断向两侧扩张的洋中脊，因此，必定具有不同于一般平移断层的特殊性质，将其命名为转换断层(transform fault)，认为磁条带从一开始就错开了。

(一)转换断层与走滑断层的对比

如图 2-23 所示，对于左边的平移断层，其两侧的错动是沿整条断裂线发生的，两侧的两段中脊之间的距离将随着时间逐渐加大；如果由平移断层引起地震，则沿整个断裂带都会发生地震。但是，对于右边的转换断层，虽然中脊轴两侧海底不断扩张，断层两侧两段中脊之间的距离并不加大，相互错动仅发生在这两段中脊轴之间的 BC 段上；在 BC 段以外的断裂带上，断层两侧海底的扩张移动方向相同，其间没有相互错动；沿洋底断裂带记录到频繁的地震活动，几乎都集中在 BC 段上，而在中脊轴以外的 AB 和 CD 段，一般没有地震发生，可见断层的错动仅发生在 BC 段上，至两个端点 B 和 C，断层的错动突然终止；最后，转换断层中 BC 段的错动方向，恰好与平移断层中把中脊错开的方向相反，平移断层的错动方向为左旋，转换断层则为右旋，这一点是转换断层和平移断层间的重要区别。

一般平移断层的错动，向着两端是逐渐减弱、慢慢消失的。而转换断层向两端并不存在减弱的现象，而是至两个端点 B 和 C，断层的错动突然终止，转换成另一种形式的运动(如中脊轴部的拉张运动)。

图 2-24 表示了转换断层的“延伸段”发展与断层两侧磁异常的平移错开机制。该图表示了一个理想的洋脊-洋脊转换断层的发展演化，在时期 1[图 2-24(A)]是扩张作用开始的状

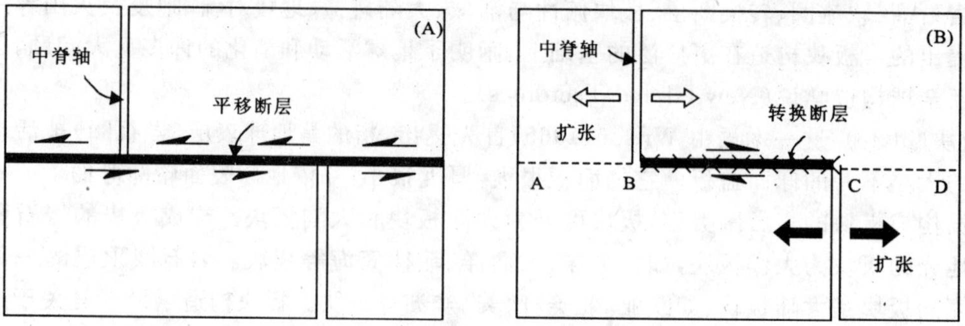

图 2-23 平移断层(A)与走滑断层(B)

(据金性春,1984)

叉号代表地震频繁的转换断层活动区段

态;到时期 2[图 2-24(B)]异常 1 裂开,并背离中脊向两个方向移动产生了 AB 和 CD 的伸长,只在 BC 段仍保持转换断层的性质;时期 3[图 2-24(C)]延伸发展得更长了。图 2-24(D)与图 2-24(C)为同一个时期,表示每个延伸部分较老的一侧有糜棱岩发育。从该图表示的演化可以看出,断层的延伸部分(图中转换断层的虚线区段)是从活动部分(图中转换断层实线区段)的终端向外扩展,在延伸线两侧磁异常型式的平错方向和大小与中脊的平错相一致。延伸段是转换断层的"地震不活动区段",可以把它看作为将两侧不同时代的海底"焊接"在一起的线条。

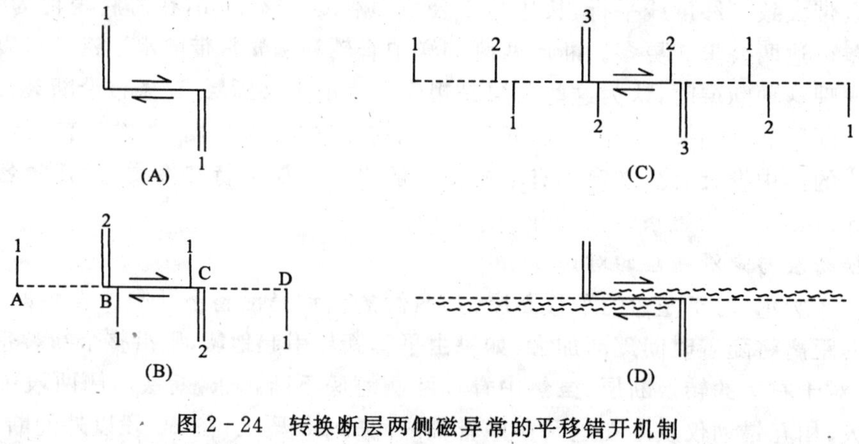

图 2-24 转换断层两侧磁异常的平移错开机制

(据霍布斯,1980)

(二)转换断层的地质地貌特征

转换断层切穿整个岩石圈。沿洋底转换断层所发育的槽谷及崖壁,有的高差可达 2km 以上,它不仅切过沉积层和洋壳第二层,有时还有洋壳第三层出露,从而暴露出比较完整的洋壳剖面。沿崖壁自上而下拖采到拉斑玄武岩、辉绿岩、辉长岩及蛇纹石化橄榄岩,也有绿片岩相和角闪岩相变质岩。转换断层的一个显著特征是伴有较强烈的动力变质作用。拖采得的岩样表明,许多基岩被角砾岩化、糜棱岩化或片理化,有的岩石还出现微型褶皱。可见,转换断层也是变质带和构造形变地带。由于剪切作用和变质作用,可使岩石的磁性丧失,故沿转换断层带往往缺失条带状磁异常,无磁异常地带宽约 10~30km。此外,某些转换断层地带的地壳明显变薄，地壳厚仅 2～4km。

如上所述，图 2－23(B)脊顶以外的 AB 和 CD 段，缺失地震活动，是断裂带的不活动(或被动)段落。CD 段的南侧海底是刚从中脊轴部生长出来的海底，CD 段的北侧海底则是从原先 BC 段的位置上扩张推移过来的，推移到 CD 段之后，便与南侧新生的海底携手并行，两侧海底仿佛焊接在一起。由于南侧海底邻近中脊顶部，水深较浅；北侧海底远离中脊顶部，水深较大，这样，CD 段(及 AB 段)在地形上常构成阶梯或崖壁(图 2－25)，被断裂带分割的洋底往往构成深度不同的台阶。由于断裂带的 AB 和 CD 段两侧海底距中脊顶部的远近不同，两侧海底的年龄也有新老的差异，这表现在两侧海底的磁异常条带(等时线)被相互错开了。可见，断裂带的脊顶以外地段是不活动的，但从地形起伏和磁异常条带的错位来看，它们是整条断裂带的组成部分。断裂带的不活动段落比脊顶之间的活动段落要长得多，不活动段落的较老一侧是从活动段落推移过来的，故亦可见到构造变形和动力变质作用的遗迹。

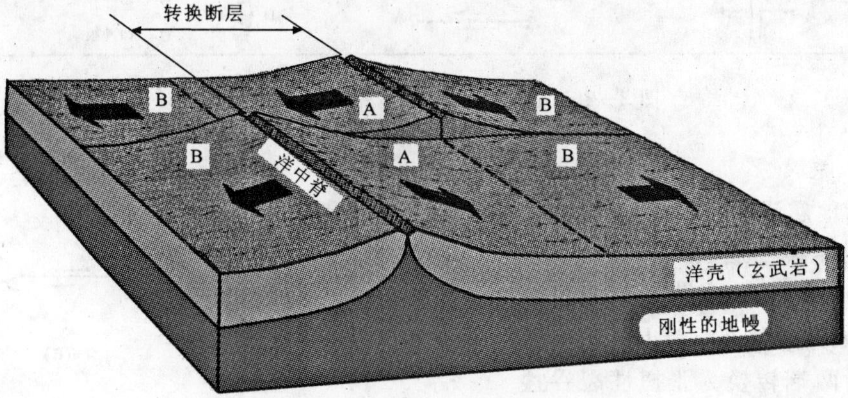

图 2－25　转换断层的运动方式和在洋底构成的崖壁地貌

(据 Ramond S,1982)

转换断层 A 区段两侧运动方向相反，B 区段运动方向相同

洋底岩石圈自中脊轴部向两侧扩张的过程中，伴随着冷缩和沉陷作用，中脊两翼的坡降随着远离脊顶而减小，因而断裂带两侧洋底的高差以及沿断层发育的崖壁的高度亦随着远离脊顶而减小(图 2－25)。洋底岩石圈在向两侧扩张的过程中还发生水平方向的收缩，因而沿转换断层发育的槽谷随着远离脊顶而拓宽。一些洋底断裂带上，还有海山、火山岛发育。

(三)转换断层的类型

转换断层平移段的运动方向有右旋与左旋之分，因此，转换断层首先可以区分为左旋型和右旋型两大类型。在这两大类转换断层中，前述洋脊-洋脊型转换断层最常见和最重要。除了洋脊-洋脊型转换断层之外，还可按其他依据划分类型。一是按照转换断层两端构造带的类型，可有洋脊-海沟型和海沟-海沟型转换断层；二是考虑岛弧-海沟系靠转换断层一侧岩石圈是俯冲还是仰冲，则岛弧-海沟系又有凹弧与凸弧之别。这样左旋型和右旋型转换断层中又分别可以划分出 6 种转换断层类型，即洋脊-洋脊型、洋脊-凹弧型、洋脊-凸弧型、凹弧-凹弧型、凹弧-凸弧型、凸弧-凸弧型。图 2－26 所示为这 6 种类型的右旋型。此外，还有 6 种左旋型。

转换断层的终端还可以表现为“三联点”特征，如图 2－27 所示为两个典型的例子。洋脊-洋脊型转换断层几乎都位于洋底，但展布于北美大陆西部的圣安德烈斯断层是例外。该断层的南端与加利福尼亚湾内东太平洋海隆的北延部分相接，北端与戈达脊、胡安德富卡脊相接，

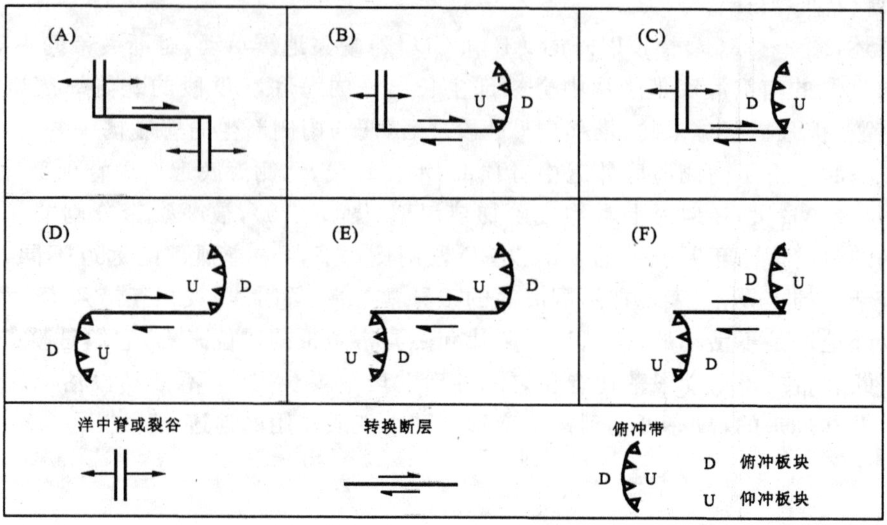

图 2-26 右旋转换断层的 6 种可能的类型

（据 Davidson 等，1997）

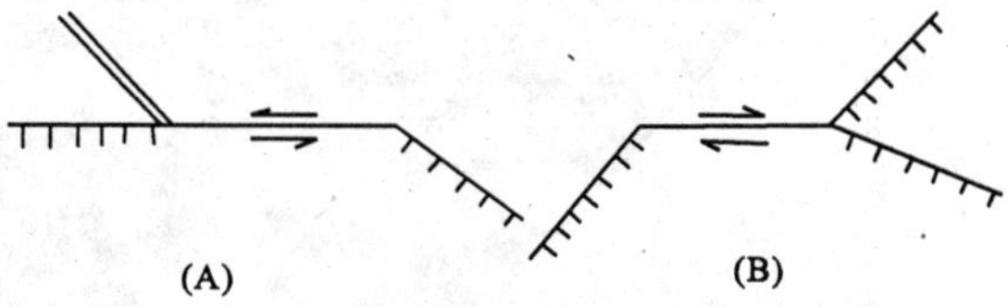

图 2-27 终端为三联点的转换断层

（转引自朱而勤，1991）

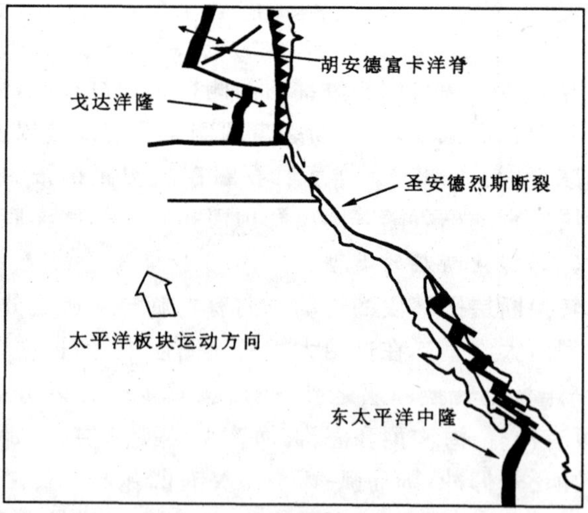

图 2-28 圣安德烈斯断层是一条右旋洋脊-洋脊型转换断层

（转引自马宗晋，2003）

此交点以西，地震活动突然终止，属右旋洋脊-洋脊型转换断层（图 2-28）。在大陆上，洋脊-洋脊型转换断层表现为裂谷-裂谷型，如贝加尔裂谷带上的通卡断层等，平移段两端转换为张扭性裂谷盆地。洋脊-凹弧型如现在连接汤加海沟和新赫布里底海沟的斐济断层，转换断层逐渐伸长。洋脊-凸弧型如连接阿留申弧和胡安德富卡脊的断裂带，转换断层的长度变化不确定。凹弧-凹弧型如连接安第斯弧和中美海沟的蒙塔古断层，转换断层也在逐渐伸长。凹弧-凸弧型如冲绳海沟和伊豆-小笠原海沟的南海海槽，转换断层的长度也不确定。凸弧-凸弧型如连接冲绳海沟和菲律宾海沟的台东大纵谷断层，转换断层逐渐缩短。

沿转换断层所发生的运动除平移剪切外，有的还兼有拉张或挤压性质，据此还可分出张性转换断层和压性转换断层。压性转换断层的构造变形十分强烈，而沿着张性转换断层往往有软流圈物质上涌，成为地壳增生场所，或出现火山活动，局部可形成新的洋壳。如加勒比板块的北界开曼海槽槽底，曾采集到新鲜的玄武质熔岩，这种转换断层又称泄漏型转换断层。

（四）转换断层的形成机制

转换断层的发育与海底扩张有密切的关系，当海底分裂向两侧移动的时候，由于板块在一个球面上移动，各个海岭的轴部的扩张速度不可能是一致的，于是大致垂直扩张带发生近于平行的横向断层，一面向两侧分裂，一面发生水平错动。洋壳在一个球面上从海岭向两侧扩张必须有一个扩张轴，这个扩张轴与地球的自转轴并不一致，但是相距不远。扩张速度在赤道上最大，由北向南速度逐渐降低。

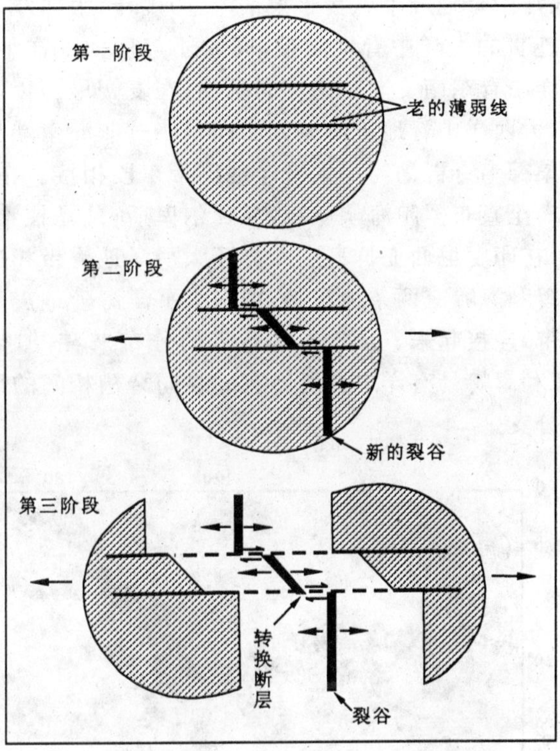

图 2-29 岩石圈破裂和转换断层的形成

（据 Wilson，1965）

转换断层与中脊同时形成，其生成历史可追溯到大陆破裂的裂谷阶段。当岩石圈拉张破裂，断裂沿地块的薄弱带发生，它们在地表上的展布极不规则，很少呈直线形。在大洋张开的初期，若该断裂的某些段落平行于板块运动的方向，即可沿其生成转换断层，从而出现拉张段和平移段的交替（图 2-29）。只要板块分离扩张的方向保持稳定，沿转换断层的错动便可以持续发生。

转换断层的形成还可能与板块在不同地段的俯冲有关。如新西兰的阿尔卑斯断层，它的形成与原始海沟两侧的澳洲板块和太平洋板块各自在不同的地段上俯冲到对方之下有关；而斐济转换断层可能与弧后扩张作用有关，而死海转换断层则可能与碰撞前陆的破裂有关，等等。

转换断层的错动方向也就是海底扩张的方向。转换断层的发现和验证，为海底扩张说提供了又一有力的依据。转换断层与海底磁异常、深海钻探成果，并列为海底扩张说的三大证据。

二、板块边界类型和板块的划分

（一）全球地震分布和深源地震带

地震活动是圈定现代板块轮廓的最主要的依据。地震的发生意味着两侧地质体发生相对运动，它在地球表面并不是随机分布的，具有明显的规律性。95%以上的地震集中在一些狭长的地震带内（图 2-30），地震带的位置与洋中脊、海沟和转换断层等构造活动带相吻合。全球主要有环太平洋地震带（这里所释出的地震能量约占全球总量的 80%，震源深度从大洋边缘到大陆内部逐渐增加，最大达 700km），阿尔卑斯-喜马拉雅地震带（所释出的地震能量占总量的10%以上)，大洋中脊地震带(为连续的浅源地震，所释出的地震能量约占总量的5%)。其中，大洋中脊地震带纵贯于太平洋、印度洋、大西洋、北冰洋之中，在各大洋之间彼此相连，成为统一连贯的大洋中脊地震带，同时还与环太平洋地震带、阿尔卑斯-喜马拉雅地震带相连接。印度洋中脊东南支向东南方向延伸，在麦阔里岛以南与环太平洋地震带西段相交。在大西洋南端，大西洋中脊地震带一方面向东绕过非洲南端与印度洋中脊西南支相接，另一方面向西通过南桑德韦奇群岛与环太平洋地震带东段相接。在大西洋中部，大西洋中脊地震带通过亚速尔群岛至直布罗陀海峡一线，与阿尔卑斯-喜马拉雅地震带相连。阿尔卑斯-喜马拉雅地震带东段，在印度尼西亚群岛东面与环太平洋地震带相连。在东太平洋海隆东面，沿加拉帕戈斯海岭和智利海岭有两条地震带，把东太平洋海隆地震带与中、南美洲西缘的地震带(属环太平洋地震带)连接起来。从磁异常条带的分布来看，加拉帕戈斯海岭和智利海岭也是海底扩张中心，智利海岭具有洋中脊所特有的纵向脊槽相间的地形，这两个海岭实际上是东太平洋海隆的侧向分支。

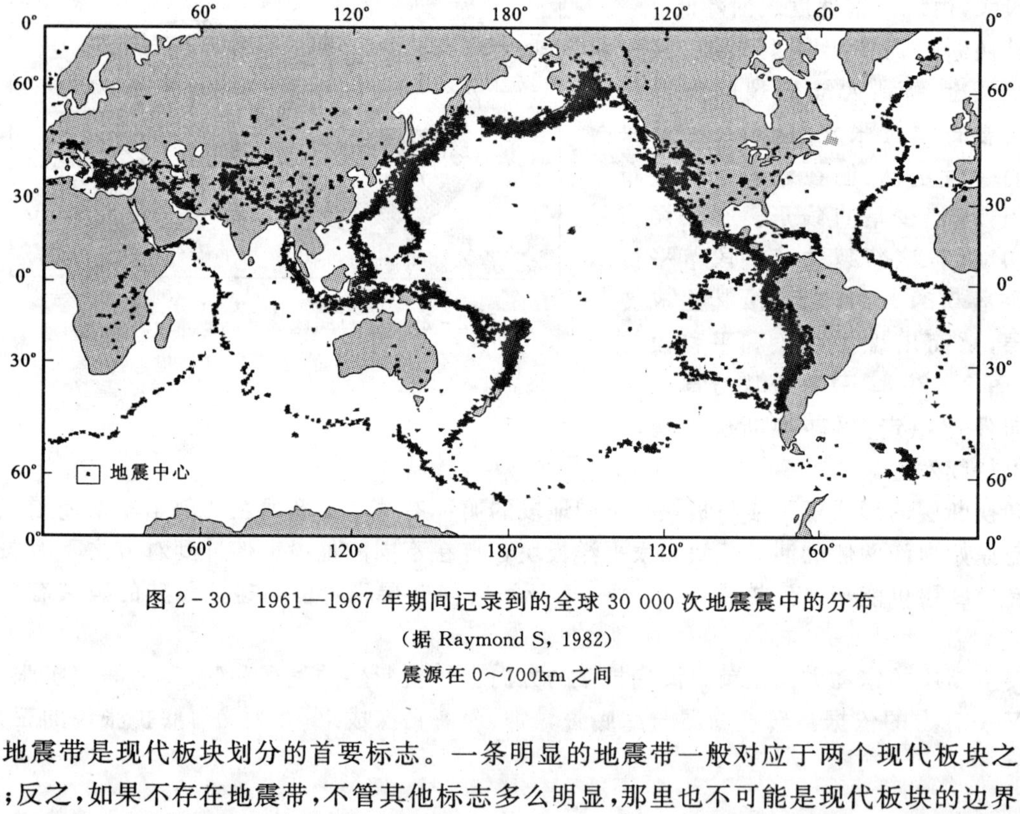

图2-30 1961—1967年期间记录到的全球30 000次地震震中的分布

(据 Raymond S, 1982)

震源在0～700km之间

地震带是现代板块划分的首要标志。一条明显的地震带一般对应于两个现代板块之间的边界；反之，如果不存在地震带，不管其他标志多么明显，那里也不可能是现代板块的边界。由此上述相互交接、首尾相接的全球各地震带把岩石圈划分为若干内部地震活动较弱的板块。板块是全球板块构造系统中的基本构造单元，正是板块运动及其相互作用导致了上述地震带上地震的发生。板块的相互作用是地震的一种基本机制，95%以上的地震都集中在板块边界(地震带)上。板块内部也有一些地震，由于运动着的板块体系处于一种应变状态，大部分应变能在板块边界通过地震活动释放出来，积蓄在板块内部的少量应变能，可以沿着板块内部的一些薄弱面发生断裂而释放出来，于是导致板块内部的地震。此外，板块内部火山活动也会造成一些地震(如夏威夷岛)，但它们所释放的能量是有限的。

除了地震带以外，地貌特征是板块划分的另一标志，现代板块边界一般在地形上有很突出的表现，如洋中脊、海沟、褶皱山系等。地质（主要是岩石）的标志，在古板块边界的鉴别中具有决定性的意义。

（二）岩石圈板块的划分和边界类型

按照这些首尾相接的地震活动带，结合大洋底地貌及磁异常条带图式等形迹，Le Pichon（1968）将全球的岩石圈划分为六大板块（图2－31），即欧亚、太平洋、美洲、非洲、澳大利亚（也称之为印度板块、印度洋板块或印-澳板块）和南极洲板块。这六大主要的板块属于一级板块，它们决定了全球板块运动的基本特点。海陆边缘与板块边界在大多数情况下并不一致，海岸线对于板块的划分没有任何意义，因为每一个板块一般都包含了陆地和海洋两个部分，如美洲板块除美洲大陆和西伯利亚最东端的楚科奇地区外，还包括大西洋中央裂谷以西的半个大西洋；太平洋板块绝大部分被海水覆盖，同时也包括了北美圣安德烈斯断层以西的陆地及加利福尼亚半岛。

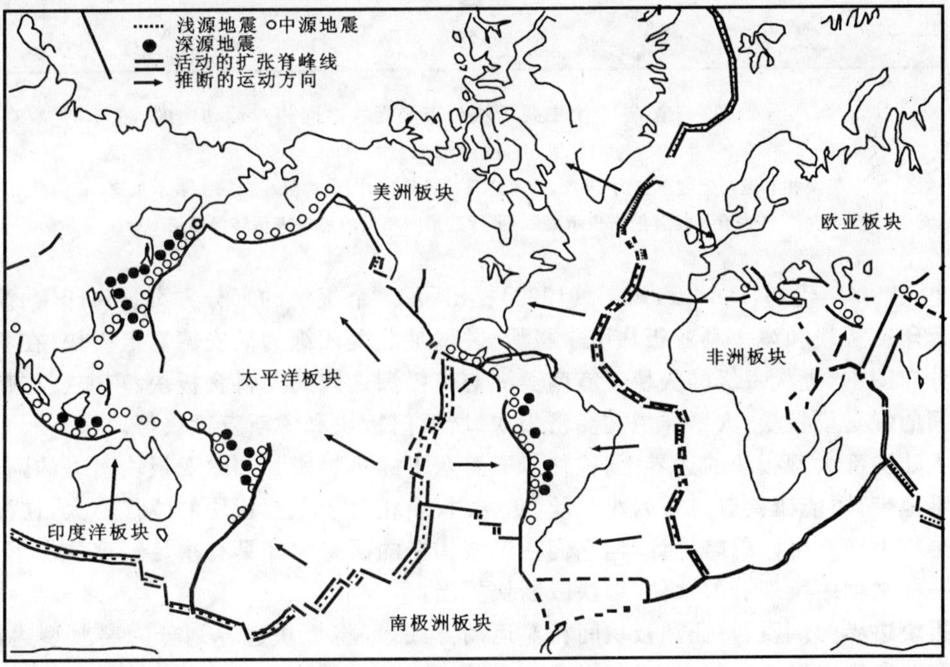

图2－31 全球六大板块划分

（据 Le Pichon，1968）

随着板块构造学说的发展和应用，人们提出了更多的、更复杂的板块划分方案，其中十二板块方案是目前比较流行的划分方案（图2－32）。在全球地震震中分布图（图2－30）上，可以清楚地看出有5个被地震带所环绕的次一级板块：纳兹卡板块位于东太平洋海隆以东，秘鲁-智利海沟以西，加拉帕戈斯海岭和智利海岭之间；可可板块位于加拉帕戈斯海岭以北，东太平洋海隆与中美海沟之间；加勒比海板块位于中美海沟和西印度群岛之间；菲律宾海板块位于琉球、菲律宾岛弧-海沟系与马里亚纳岛弧-海沟系之间；阿拉伯板块位于红海、亚丁湾裂谷系与扎格罗斯褶皱山系之间。这5个独立的板块相对于邻接板块有显著的位移，其作用虽不及上述6大板块，但在板块运动的全球分析中也是不容忽视的。纳兹卡、可可、菲律宾海等板块属于大洋板块，此外，美洲板块可分为北美板块和南美板块两个次一级板块，这样全球可划分出12个板块。

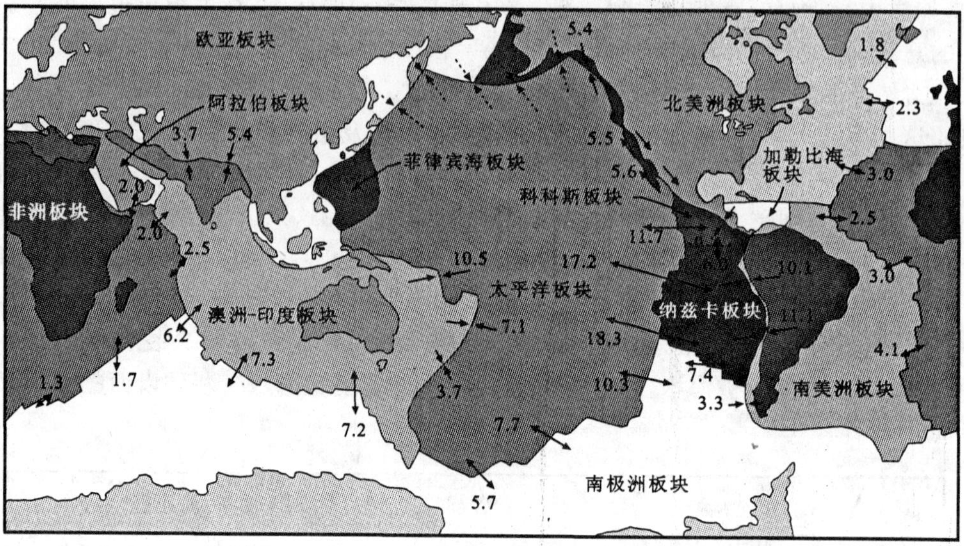

图 2-32 全球 12 个主要板块分布和板块之间相对运动速度

(据 Mckenzie 等,1976)

板块相对运动速度单位为 cm/a,除了喜马拉雅地区外,海沟处相向箭头表示汇聚,洋中脊处相背箭头表示离散,平行且指向相反的箭头表示转换断层

20 世纪 90 年代初,DeMets et al.(1990)提出了 14 个板块的划分方案。将印度-澳大利亚板块分为印度板块和澳大利亚板块两个板块,并增加北美西缘的胡安德富卡板块;在不同的全球板块分布图中,更次一级的板块还有南美洲与南极洲之间的斯科舍板块、东非裂谷带与印度洋脊之间的索马里板块、太平洋中的斐济板块、所罗门板块和俾斯麦板块等。

沿大陆内部大型板块的边界上,往往镶嵌着众多的小板块。如欧亚板块南缘的阿尔卑斯-喜马拉雅地带,可能镶接着一系列小板块。这类板块相对于主要板块的位移不大,在板块运动的全球分析中通常可以忽略不计,但它们在区域构造的研究中却具有举足轻重的作用,有些小板块与一些文献中所划分的地体、地块或断块相当。

据板块边界的性质、特征和板块间相对运动方式,可将板块边界划分为离散型边界、汇聚型边界和转换型边界 3 种基本类型(图 2-33,表 2-1)。

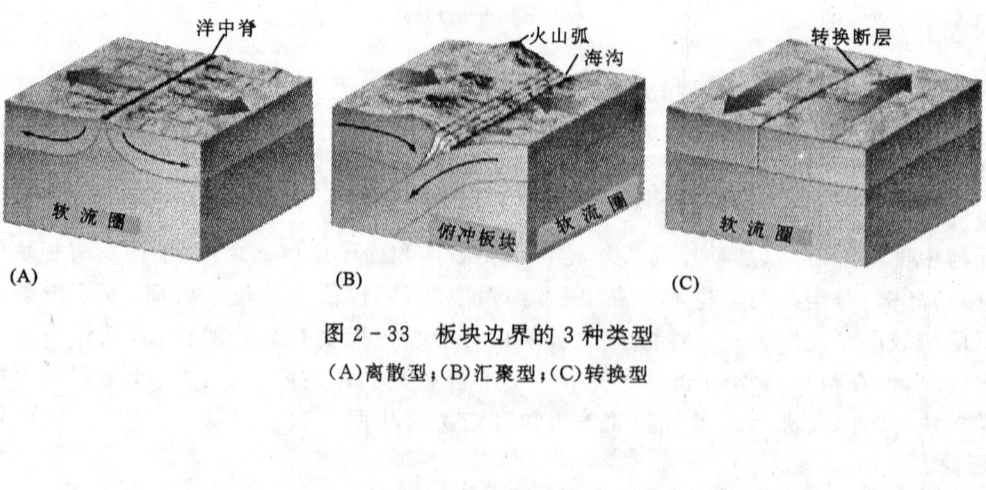

图 2-33 板块边界的 3 种类型

(A)离散型;(B)汇聚型;(C)转换型

表 2-1　板块边界的基本类型

类型	运动方向	应力状态	地震	在岩石圈演化中的作用	两侧板块的地壳性质	构造带实例	
离散型	垂直于边界的背离运动	拉张	浅源，正断层型	大陆岩石圈分裂，大洋岩石圈生长	陆壳-陆壳	裂谷带	大陆裂谷带（东非裂谷）
					洋壳-洋壳		大洋裂谷带（大洋中脊）
汇聚型	垂直于边界的相向运动	挤压	浅震、中震、深震，冲断层型，并随深度变化	大洋岩石圈消亡，大陆岩石圈生长	洋壳-洋壳	俯冲带	洋内弧沟系（岛弧型）
					陆壳-洋壳		陆缘弧沟系（安第斯型）
					陆壳（或过渡壳）-陆壳	碰撞带（喜马拉雅、阿尔卑斯等）	
转换型	平行于边界的走滑运动	剪切	浅源，走滑断层型	不生长，不消亡	各种类型	转换断层（圣安德烈斯断层等）	

（据马宗晋等，2003）

1. 离散型边界

也称张性板块边界，地表特征主要为大洋中脊轴部。中脊轴部是海底扩张中心，两侧板块相背分离，软流圈物质上涌，冷凝成新的洋底岩石圈，并添加到两侧板块的后缘上（图 2-34）。离散型边界是板块的增生边界，或建设型边界。巨型大陆裂谷带，使统一的岩石圈板块分裂、散开，也属离散型板块边界，如著名的东非裂谷，是索马里板块与非洲板块的边界。

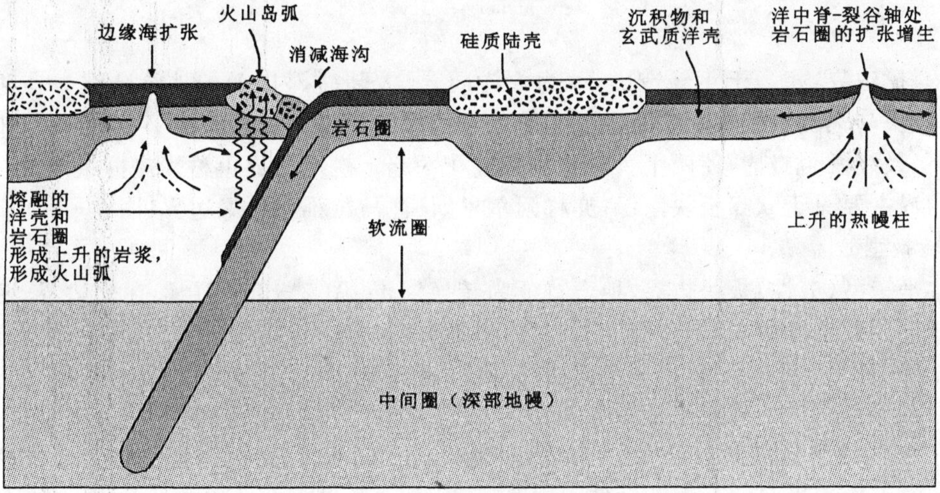

图 2-34　岩石圈板块构造横剖面图

（据 Raymond S，1982）

2. 汇聚型边界

也称压性板块边界，地表特征相当于海沟及年轻造山带，两侧板块彼此相向地汇聚运动，地壳强烈构造变形。汇聚型边界也可以与板块的运动方向斜交，但相邻板块之间必定包含有一定的汇聚运动分量，汇聚型边界是最复杂的板块边界，又可进一步划分为俯冲边界和碰撞边界两种亚型。

(1)俯冲边界:相当于海沟,相邻板块相互叠覆,厚度小、密度大、位置低的大洋板块俯冲于厚度大、密度小、位置高的大陆板块之下[图 2-11,图 2-33(B)]。俯冲边界主要分布在太平洋周缘,因此也称太平洋型汇聚边界。沿这种边界大洋板块潜没消亡于地幔之中,所以也称消亡型或破坏型板块边界。俯冲边界又包括:①岛弧-海沟系,岛弧远离大陆,发育于洋壳之上,如马里亚纳弧、汤加弧(属未成熟的洋内弧),沿着岛弧,一大洋板块俯冲于另一大洋板块之下(图 2-35);②安第斯型大陆边缘,大洋板块沿陆缘俯冲于大陆之下(图 2-35)。

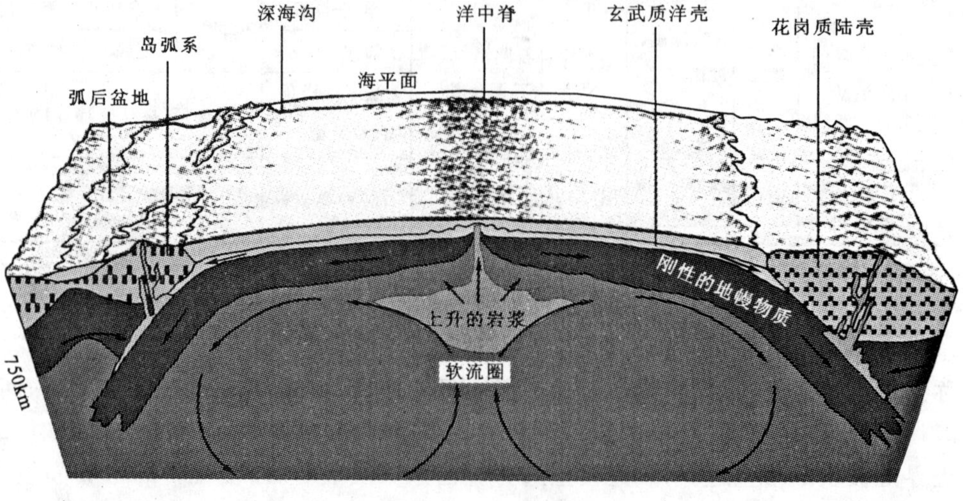

图 2-35 安第斯型大陆边缘
(据 Duxbury A C,1997)

(2)碰撞边界:相当于年轻造山带,为大洋闭合、大陆碰撞接触的地缝合线。在碰撞边界上,大陆板块与大陆板块作汇聚运动。由于二者的厚度都大,密度都小,不可能一个俯冲到另一个之下,最终发生碰撞,使两个大陆板块碰接在一起。碰撞边界也称为碰撞带或缝合带。现代碰撞边界主要见于欧亚板块南缘,亦称阿尔卑斯-喜马拉雅型汇聚边界(图 2-11)。

3. 转换型边界

也称平错型(剪性)板块边界,地表特征为转换断层[图 2-33(C)]。在此边界,两侧板块作平行于边界的走滑运动,岩石圈既不增生,也不消亡。这类边界的代表是加利福尼亚的圣安德烈斯断层,它是北美板块和太平洋板块的一段边界。

(三)各类板块边界的地震活动特点

全球 95%以上的地震都发生在板块边界地区(图 2-36),这些地震统称为板间(或板缘)地震。各类板块边界上的地震活动特点有显著差别,主要表现在地震带的宽窄、震源的应力状态及地震活动性的强弱等方面。

(1)大洋中脊地震活动:大洋中脊顶部的地震带宽度很窄,不到 20km,震中沿洋脊轴部以及洋脊轴部之间的转换断层展布。不是板块边界的横向断裂带被动段无地震;离散型板块边界上的地震震源机制,其断层面皆是正断层型占优势,主张力轴近于水平,并与洋脊走向相垂直;大洋中脊轴部热流值高,岩石圈极薄,地震震源深度也极浅。图 2-37 所显示的震源分布图中,震源深度大于 100km 的地震在洋中脊几乎没有。此外,最大震级不超过 7 级,在各类板块边界中,它的地震活动强度最弱。快速扩张的东太平洋中隆顶部,热地幔物质上涌更为强烈,岩石圈的强度更低,其地震很少有大于 5 级的。

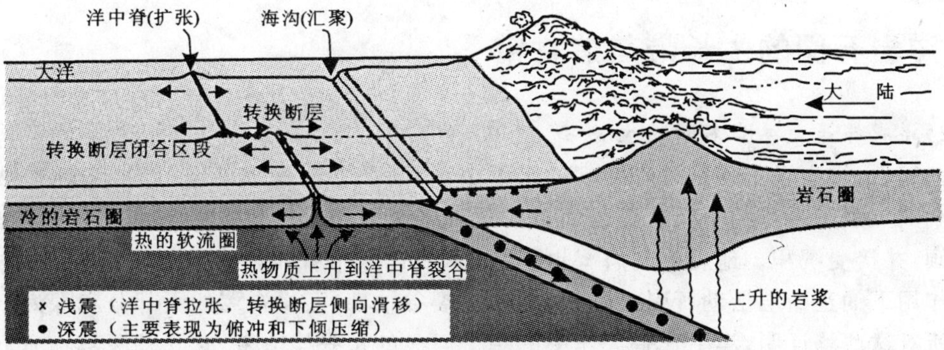

图 2-36　地震与3种类型的板块边界有关

(据 Raymond S,1982)

(2)汇聚边界上的地震活动:汇聚型边界上的地震带宽度较大,在岛弧-海沟系从海沟向大陆或岛弧一侧,浅源、中源和深源地震依次出现在贝尼奥夫带上(图 2-36)。大陆内部板块碰撞边界的地震带宽度更大,以致难于确定板块边界的确切位置;汇聚型边界是压性的,主压力轴近于水平,地震活动以逆断层型为主;俯冲型边界上地震的震源机制随俯冲深度和速度而变化,大陆板块碰撞带上地震的震源机制更复杂;汇聚型边界上的地震活动最强烈,所释放的地震能量占全球总量的90%以上,尤其是在俯冲边界集中的环太平洋地震带上,有全球80%的浅震、90%的中震和几乎全部深震(图 2-37),所释放的地震能量占全球总量的80%,最大震级达到里氏 8.9 级。大陆板块碰撞带是大陆上地震频度和强度最高的地带。

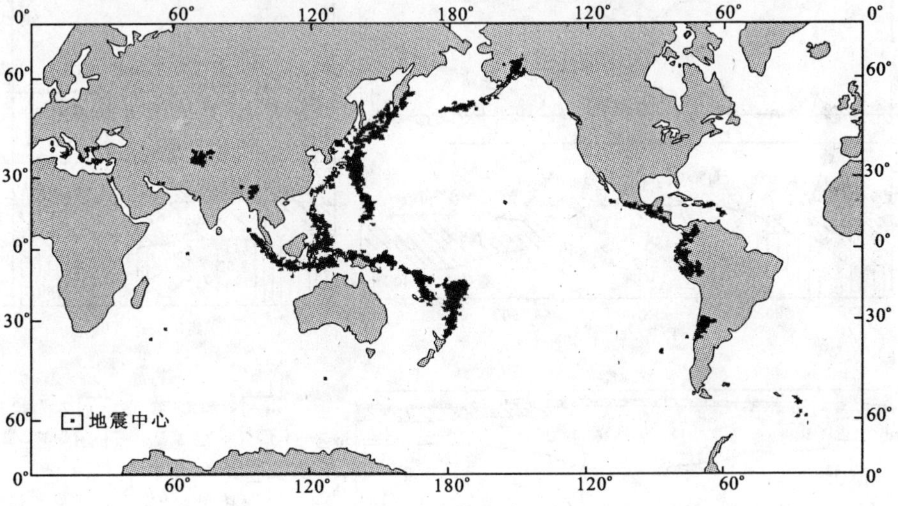

图 2-37　震源深度大于 100km 的地震在全球的分布

(据 Raymond S,1982)

(3)转换边界上的地震活动:转换型边界上地震带的宽度较窄,介于离散型与俯冲型之间。转换边界主要受剪切作用,所发生的地震的震源机制以走滑型为主,有些转换断层兼有拉张或挤压性质;转换型边界上的地震也是浅震,其活动强度和频度都比离散型边界高,但比碰撞型边界低,最大震级可达 8 级以上。

三、大洋岩石圈的生长带与消亡带

(一)洋中脊是大洋岩石圈的生长带

在地貌上,洋中脊不仅是海底隆起的水下山系,而且它与火山岛链不同,实际是被中脊轴谷所分割的一系列平行的脊峰组成的地堑式裂谷带。裂谷带两侧阶梯状构造陡侧向内倾斜,台阶外倾,并接受沉积。地震机制解释也表明,洋中脊分布有大洋中最主要的浅源地震带,是由拉张作用下的正断层活动所引起,它们集中在裂谷轴部,而洋脊翼的大部分和深海平原几乎无震。所有这些均证明,洋中脊是大洋中的一个巨大的拉张构造带,它既是深部物质上隆的产物,也为地幔物质上涌,为新洋壳的形成提供了良好的构造条件。

地球物理研究表明,大洋中脊轴部之下,莫霍面向上隆起,岩石圈也很薄,莫霍面之下是纵波速度为7.2～7.7km/s的异常上地幔,高频横波在这里不易通过。中脊的重力特征方面,其自由空间异常与两侧洋盆区近于相等,一般是＋20～＋40mGal(图2-38),缺乏明显的均衡异常,表明中脊大体上处于地壳均衡状态。中脊轴部的布格异常约＋130～＋200mGal,明显地低于两侧洋盆区(后者达＋400mGal左右),反映在中脊轴部以下,必定存在着低密度的层。这种密度亏损抵消了正向的中脊地形所引起的多余质量,从而使这里保持近于均衡的状态。

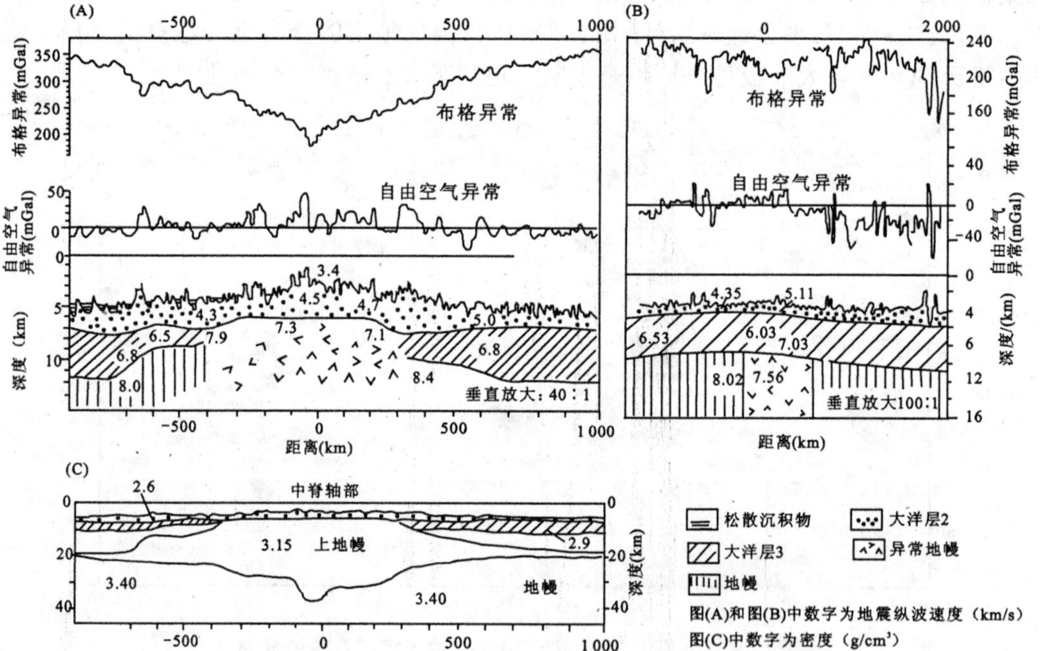

图2-38　横过大洋的地球物理剖面

(据Talwani等,1965)

(A)北大西洋中脊重力异常及壳幔结构(30°N附近),布格异常采用二维方法计算,并取基岩密度为2.60g/cm³;(B)东太平洋中隆(14°S附近)的重力异常和地震波速剖面;(C)北大西洋中脊(30°N附近)据布格异常推算出的密度剖面大洋中脊的热流值较高，如地球表面的热流(q)，常以岩石的热导率(λ)和地温梯度($\frac{dT}{dH}$)的乘积求出，即：

$$q=-\lambda\frac{dT}{dH} \tag{2-2}$$

式中负号代表热流方向与地温梯度方向相反。热流值一般以 J/cm² · s 计算，通称为热流单位(HFU)，指每秒钟从地下通过每平方厘米地球表面释出了多少焦的热。

从已取得的洋底有效热流数据来看，洋底的热流平均值与大陆热流的平均值几乎相等，都接近于 60mW/m²，而大洋中脊具有显著的高热流。热流高值主要集中在宽约 200～500km 的洋中脊轴部地带，其中以东太平洋中隆最宽。脊轴处大于 350mW/m² 热流值也常可见到，局部地方(如加拉帕戈斯脊)甚至可达 850mW/m²。东太平洋中隆脊岭带热流平均值为 130mW/m²，两翼斜坡地带平均不过 71mW/m²，至深海盆地热流平均值不到 55mW/m²，距脊轴最远的海沟地带热流平均值仅为 41mW/m²；大西洋中脊脊岭带热流平均值为 120mW/m²，至斜坡带减为 57mW/m²。可见热流值从脊轴向两翼有递减趋势，离脊轴愈远热流值愈低，印度洋中脊热流值分布亦有上述特征和分布规律。热流值从中脊顶部向两翼有递减趋势，这与海底扩张和板块运动的概念完全一致。

理论计算表明，洋底的热流值与洋底年龄的平方根成反比。萨拉哈琴(Сорохтин，1979)得出：

$$q=\frac{13}{\sqrt{t_0+t}} \tag{2-3}$$

式中 t_0 为中脊裂谷带形成的年代(大致为 1Ma)；t 为洋底的年龄，单位 Ma。

上述热流的分布特点与规律是就全部海底热流数据的平均值总结出来的，但详细分析后发现，有些海底年龄段的实测值与由热流-年龄关系式得出的理论曲线基本一致，如大于 50Ma 的洋底。但在某海底年龄段，实测值与理论值之间明显地不相吻合，如年龄小于 50Ma 中脊地带，实测值一般都低于理论值，所观测热流值的峰值才接近理论值(图 2-39)。从太平洋热流剖面来看，中脊顶部实测数据的分布亦相当分散，表 2-2 反映的中脊顶部热流数据标准偏差比较大也说明了这点。中脊顶部的高热流值固然很多，但低热流值亦不少见。如东太平洋的胡安德富卡脊段，相距仅 25km 的两点竟测得 8mW/m² 和 405mW/m²。这样悬殊 50 倍的数据，表现出极高的热流点及其局部地存在，而与低热流点空间上又极为接近的异常特点。中脊顶部热流值忽高忽低，相差悬殊，已超出了误差的可能范围。许多学者认为，这是中脊顶部盛行的海水循环对流释热的缘故。因为中脊地区热流值变化很大，在表征区域热流值时总是使用平均值。

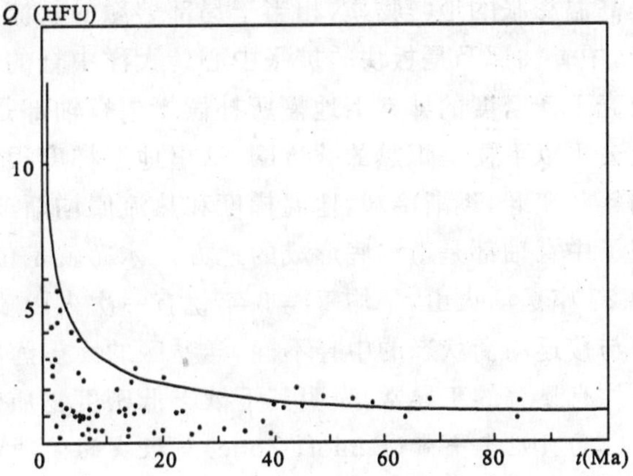

图 2-39　洋底热流与洋底年龄的关系
曲线为热流-年龄关系理论曲线，
点表示实测值

表 2-2 世界洋底热流数据随年龄的变化

海底年龄(Ma)	热流数据(个)	平均热流值		标准偏差	
		HFU	mW/m^2	HFU	mW/m^2
0～4	505	3.55	149	3.01	125
4～9	444	2.80	117	4.30	180
9～20	470	1.69	71	1.24	52
20～35	304	1.43	60	0.92	38
35～52	252	1.36	57	0.83	35
52～65	265	1.49	62	0.73	31
65～80	277	1.37	57	0.68	28
80～95	204	1.28	54	0.48	20
95～110	103	1.28	54	0.40	17
110～125	162	1.31	55	0.51	21
125～140	178	1.16	49	0.38	16
140～160	66	1.15	49	0.39	16
>160	26	1.19	50	0.59	25

(引自朱而勤等,1991)

从上述洋中脊的地球物理特征和热流结果可推断,洋中脊下这一较轻的异常上地幔实际上是高温膨胀的地幔物质,相当于局部熔融的软流圈层,表明大洋中脊确是热地幔物质上涌的地方,中脊轴部乃是板块的扩张中心。大洋中脊的均衡调整作用不是通过地壳加厚实现的,而是由壳下低密度的异常上地幔所补偿。中脊轴部是熔融地幔物质上涌形成新洋底的地方,地表数公里以下便是炽热的软流圈,这里地温梯度很大,从而热流值也非常高;愈向两翼,随着岩石圈年龄变老,逐渐冷却,地温梯度和热流值均渐渐减小。大量现代活火山沿洋中脊轴分布也证明了中脊轴部是新洋底形成的地方。冰岛就是位于洋中脊上的火山岛,它有 100 多座火山,其中 27 座是活火山,平均每隔 5 年就有一次火山喷发。

与接近均衡状态的中脊不同,洋盆区的无震海岭,如南大西洋的鲸鱼海岭、里奥·格兰德海岭均有显著的正异常,表明其下缺乏低密度物质的补偿作用。

(二)贝尼奥夫带(Benioff Zone)与板块的俯冲消亡

1. 贝尼奥夫带及其震源机制解释

地球表面积保持恒定是板块构造的基本原理之一。从洋中脊形成的大洋岩石圈,受洋脊的推力,在洋底不断扩张,必定会在某个地方发生俯冲消亡,以保持地球表面积的恒定(图 2-40)。研究表明,海沟是大洋岩石圈俯冲消亡的最理想的地方。海沟的两壁不对称,陆侧的内壁(岛坡)坡度陡,洋侧的外壁(洋坡)坡度缓,就像是大洋岩石圈由水平的洋底向下俯冲一样,海沟的巨大深度似乎正是这种俯冲的结果,而板块俯冲带是由海沟处的地震震源带所显示出来的。

环太平洋地震带是全球最强烈的地震带,这里既有浅源(0～70km),也有中源(70～300km)、深源(300～700km)地震。绝大多数浅源地震多集中在海沟的陆侧斜坡,中源和深源

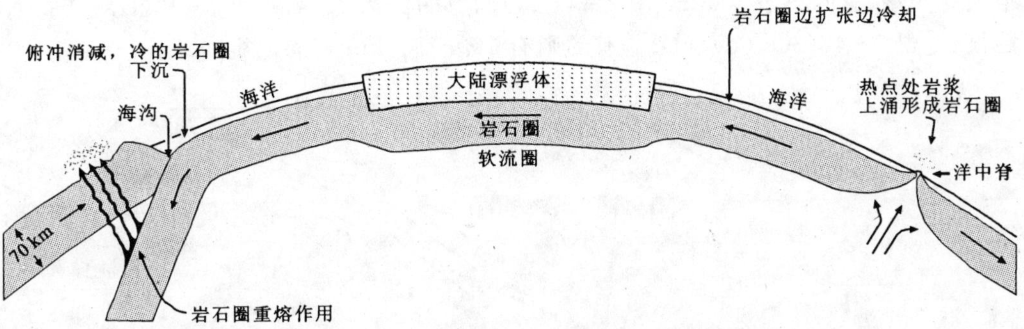

图 2-40　扩张脊岩石圈形成、并在俯冲带消亡

(据 Raymond S,1982)

地震则见于弧后地区(包括边缘海)。震源深度通常靠洋侧较浅,靠陆侧较深,构成一个倾斜的震源带,这一倾斜的震源带标出了板块俯冲的形迹。该带在 20 世纪 30 年代被日本学者和达清夫首先发现,50 年代美国地震学家贝尼奥夫(Benioff)详细研究了此带,把环绕太平洋的深源地震带看成是一些巨大的逆断层,其上部的地壳断块逆掩其下部断块,并注意到断层带和岛弧火山带有密切的空间分布关系。后来经过利用地震波对贝尼奥夫带作进一步的研究证实那不仅是震源的分布,而是岩石圈板块插入地幔中的板块实体,地震只是反映了它上表面的边界。在板块构造学说中,深源地震带已成为板块向下俯冲汇聚的主要证据。由于上述两位研究海沟处地震带学者的特殊贡献,人们将这种倾斜的深源地震带称之为贝尼奥夫带(或毕鸟夫带,Benioff)或和达-贝尼奥夫带(图 2-41)。它的倾角在 15°～85°之间,平均约 45°。太平洋东缘的南美、中美海沟倾角较缓,平均约 25°,太平洋西缘的海沟较陡,平均约 41°,其中马里亚纳海沟可达 85°。印度洋东北的苏门答腊海沟,倾角平均约 63°。贝尼奥夫带的深度和连续性

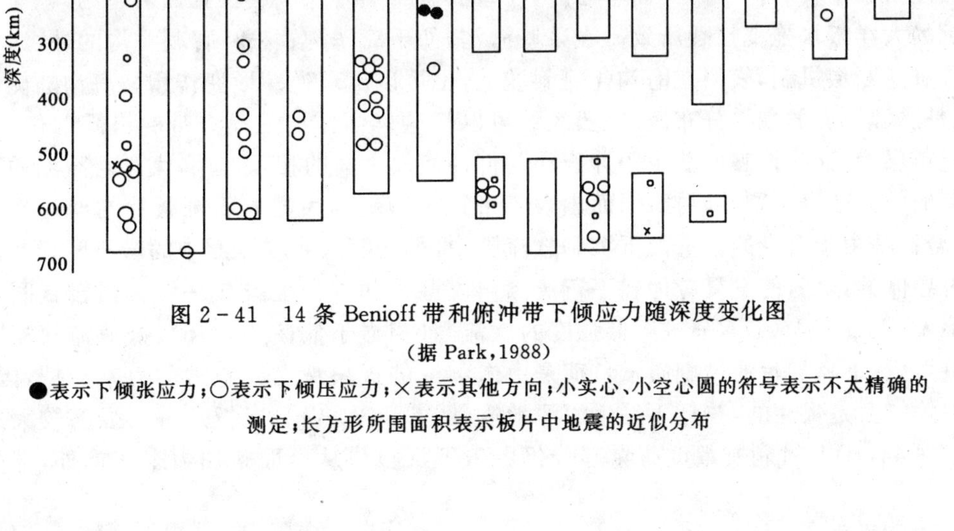

图 2-41　14 条 Benioff 带和俯冲带下倾应力随深度变化图

(据 Park,1988)

●表示下倾张应力;○表示下倾压应力;×表示其他方向;小实心、小空心圆的符号表示不太精确的测定;长方形所围面积表示板片中地震的近似分布

也有很大的变化，有的小于300km[图2-42(A)]，有的深达700km[图2-42(D)～(F)]，有的连续性很好[图2-42(A)、(B)、(D)]，有的则有100～350km宽的地震间断。

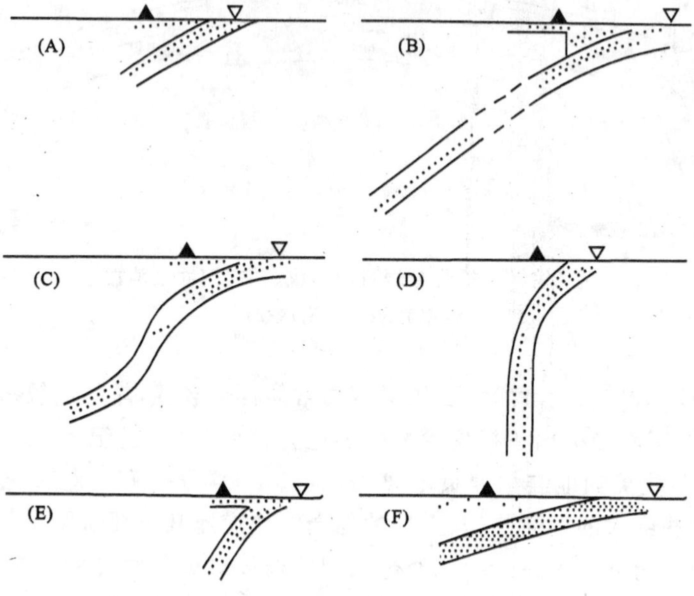

图2-42　现代弧沟系之下的震源分布

(引自刘肇昌，1983)

(A)阿留申；(B)千岛、北日本；(C)小笠原、印度尼西亚；(D)马里亚纳；(E)新赫布里底群岛；(F)秘鲁

黑三角为火山弧；白三角为海沟

贝尼奥夫带的震源机制是随深度而变化的(图2-43)。在海沟附近的浅震为拉张的正断层机制，张应力的方向大致近于水平并与海沟轴垂直；在20～100km深度是剪切的逆断层机制；在100～300km深度是中源地震机制，有的是以平行于倾斜震源带的挤压占优势，但是，那些在300～500km深度之间存在着地震间断的或者没有深源地震的贝尼奥夫带中，则是以平行于倾斜震源带的拉张占优势；在300～700km深度的深源地震，都是以平行于贝尼奥夫带的挤压为特征。

上述震源机制与大洋岩石圈板块的俯冲作用密切相关。最浅处的拉张作用，是由于大洋岩石圈板块由水平转为向下俯冲而弯曲时，在弯曲岩石圈外缘表层拉张而引起的，也有可能是由于下沉的大洋板块拖曳拉裂所致。在某些海沟，如千岛海沟、秘鲁-智利海沟的外缘，一些大地震还具有逆断层机制，表明在海沟洋侧斜坡上，也可以出现逆冲形变作用。海沟陆侧斜坡的前部，也是浅源地震的主要分布区，一般大致可以把这里当作贝尼奥夫带的出露部位，其震源机制属逆断层型，这些地震反映了俯冲板块与仰冲板块之间的相互作用，大洋岩石圈向下俯冲受到了旁侧的大陆岩石圈的阻挡，因而出现了平行于倾斜的大洋岩石圈板片的剪切作用。在更深处，岩石圈由于自身的重量而下沉到软流圈中，那些沉入到软流圈中的岩石圈板片起着板状的应力导体的作用，使发震应力在平行于倾斜震源带的方向上排成一线。当岩石圈板片下沉深度不大[图2-44(A)]，只进入低强度的软流圈(相当于低速层)中时，抵消掉软流圈所施加的支持力后，下降板片的过剩质量负荷是由未下沉的板块从上面施加的力来支持，因此，下沉板片中的应力是张性的，并且不发生深源地震[图2-42(A)]；当板片进入强度较大的软流圈中[图2-44(B)]，过剩质量负荷除部分仍由未下沉板块从上面施加力来支持外，部分负荷

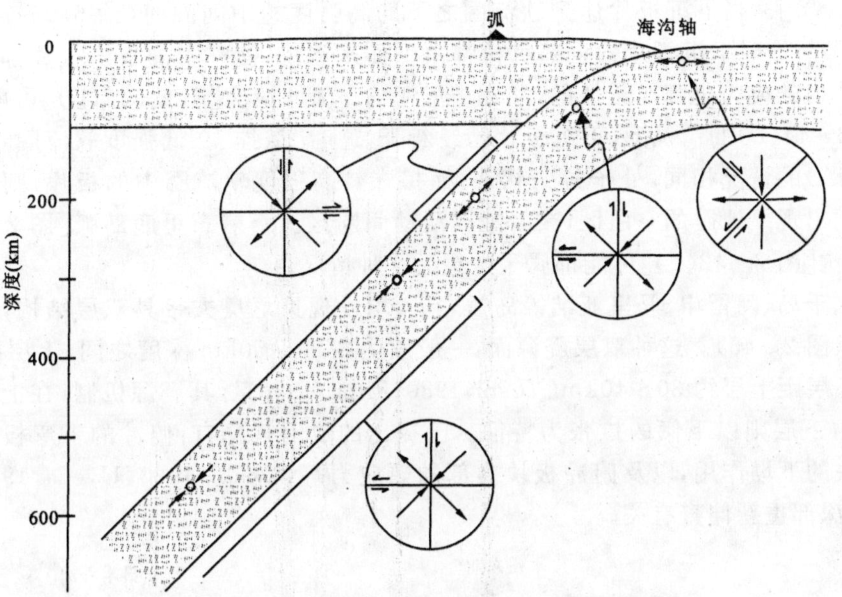

图 2-43　岛弧横剖面及其典型的震源机制示意图

（据 Isacks 等，1968 修改）

在垂直于岛弧走向的铅直剖面上概要地表示了典型的震源机制的两对力的作用方向。较上部的伸展轴是当岩石圈在海沟轴线外弯曲时横梁式挠曲的结果。从地表到近 20km 深的挤压机制是由于上部板块与下部板块接触面处的俯冲阻力以及下行板块的松弛变直而引起的。而 200km 处的拉伸机制可能是由于当板块的下部通过 320km 深的相转变时使局部俯冲速率增加的结果。板块上部密度较小，从而与板块下部不是保持同步的俯冲。200km 以下深度的挤压机制是由软流圈对下沉岩石圈的阻力而产生的

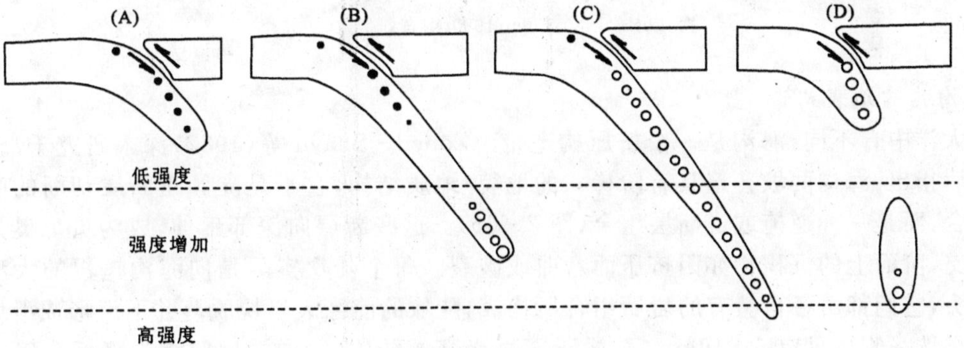

图 2-44　下降岩石圈板片中的应力分布模式

（据 Isacks 等，1969）

(A)板片刚插入软流圈，只用下倾力即可表示其特征；(B)板片进一步插入高强度中圈，板片下部受到压应力作用；(C)最后整个板片受到压应力作用；(D)板片分裂

黑圈表示下倾拉张，白圈表示下倾压缩；圆圈的大小定性表示相对的地震活动量；水平线表示上地幔中可能有的相变

是由下面来支持的，于是，下沉板片上部的应力是张性的，而下部的应力是压性的。在这种情况下，由于岩石圈板片是连续的，下沉板片中的应力由拉张转变为挤压的过渡地段，必定处于应力很小或者零应力状态，从而出现地震的间断，日本南部伊豆-小笠原岛弧可能就是这种情

况[图 2-42(C)]。当下沉板片达到软流圈之下的高强度的中间圈时(约 670～720km 深处)[图 2-44(C)],这时下沉板片的全部负荷都由下面来支持,使整个的下沉板片都处于挤压状态,下沉板片内的应力全部是压性的,北部马里亚纳岛弧的情况[图 2-42(D)]可能就是这样。最后,在图 2-44(D)的情况下,下沉板片已经断开,这时“悬挂”在低强度软流圈中的板片,将与图 2-44(A)的情况相同,处于拉张状态;而掉在较高强度软流圈中的板片,则处于压缩状态;两者之间出现了地震的空白区,或者地震活动间断区。新赫布里底岛弧[图 2-42(E)]和中央秘鲁海沟[图 2-42(F)]可能都属于这最后一种情况。

在日本、千岛、阿留申、马里亚纳等岛弧之下,均发现贝尼奥夫带具双层结构,即震源面显示为两个面(图 2-45)。这种双层震源面,一般发生在 20～50km 深度之间,上层接近高 Q 带的顶界面,下层距上层约 30～40km(Yoshi,1980;Fitch,1980)。其震源机制,在上层以下倾的挤压为特征,下层则以下倾的拉张为特征。已提出的成因解释有:俯冲的下弯板块的抗弯作用,俯冲板块的下坳作用,以及俯冲板块内部的热应力等(Yoshi,1980;Uyeda,1982),可能与下弯板块至深部重新伸直有关。

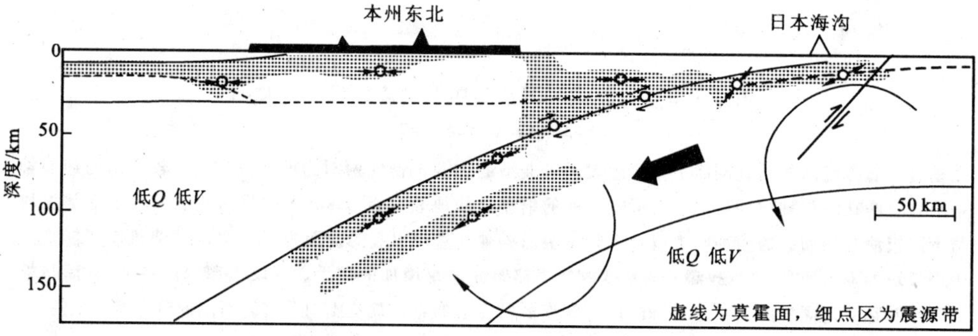

图 2-45　日本本州东北震源机制及双层贝尼奥夫带

(据 Yoshi,1980;Fitch,1980;引自刘肇昌,1983)

2. 海沟的地表构造

与大洋中脊不同,海沟是一个挤压构造带。Zonen - Shayn 等(1982)深入研究千岛-堪察加海沟后指出:海沟两坡普遍具有阶梯状的地貌-地质结构,它不是陡倾正断层切断的阶梯状断块组合,而是一种逆掩或逆断层组合(图 2-46)。这些断层向深部延伸,成为贝尼奥夫震源带的分支,阶面上的沉积物亦因挤压而弯曲或破裂。每个陡坎实际是向海沟掩覆的大型推覆体的露头,它们都由各自特有的岩石组合所构成,陡坎的前缘大岩块脱落并下滑形成滑塌堆积带。在洋坡一侧也见有 5～10km 宽、数十至百米高的陡坎,阶梯式地向海沟降低。每个陡坎的陡坡向大洋,缓坡向海沟,陡坎之间为向海沟倾斜的断层,就像一系列冲断岩板被推挤着在海沟轴附近的岛坡陡坎之下沉降一样,因此,洋坡也处于挤压状态。只有洋坡与大洋盆相接的外缘隆起处,才出现地堑和地垒式的拉张构造。这里的拉张应变是大洋岩石圈变弯造成的,而洋坡的挤压构造则是挤压应力(估计有 2.1×10^8～4.2×10^8Pa)超过变弯产生的拉张应力的结果。强大的挤压作用是大洋岩石圈俯冲所造成的。

3. Q 值分布

贝尼奥夫带活跃的地震活动表明,该带具有足够刚硬的性质,这是刚性板块俯冲下倾的一个重要证据。奥利弗、伊萨克斯(Isacks)等还发现,在贝尼奥夫带所在的那一层中,具有很高的 Q 值,这是俯冲作用又一重要证据。

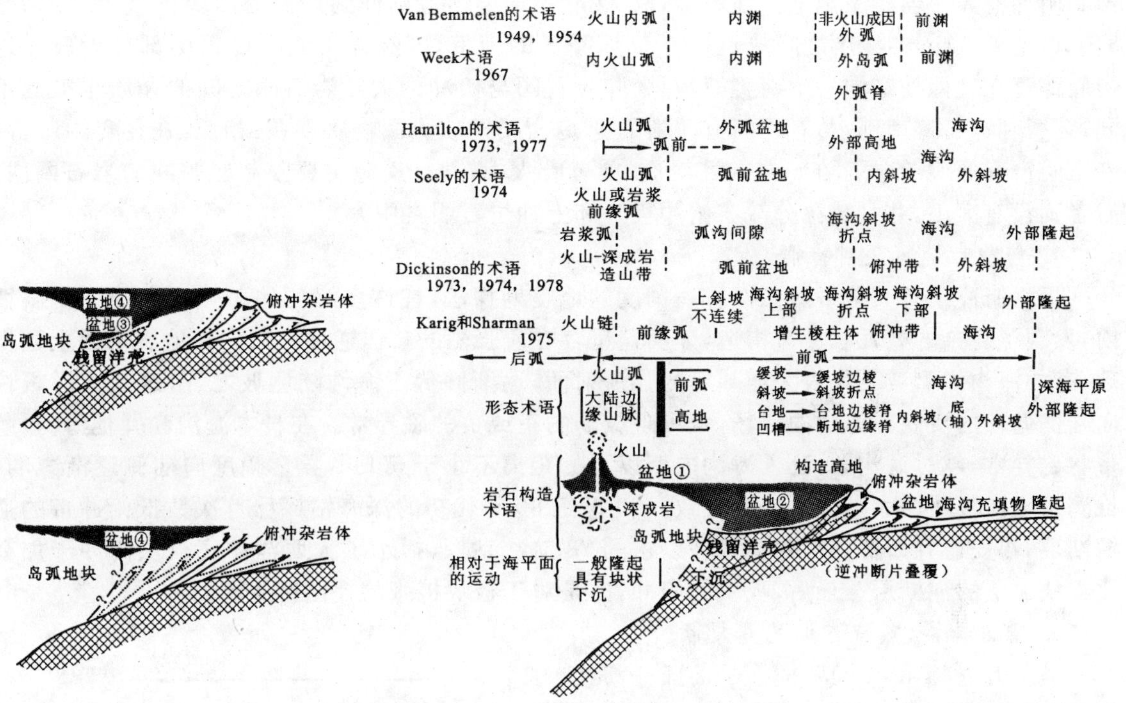

图 2-46　海沟俯冲带构造剖面图

（据贝利，1990）

Q值是介质的品质因素，无量纲，其大小与地震波（特别是横波）的衰减程度成反比。Q值对温度和部分熔融的反应特别灵敏。岩石圈的Q值较高，可达1 000左右；至软流圈，Q值明显降低，平均约100～200。贝尼奥夫带所标出的那一层，即使处在软流圈的深度中，Q值的大小却与岩石圈中的Q值相当。在贝尼奥夫带两侧的软流圈中，Q值仍然较低（图2-47）。这表现在深地震产生的地震波沿贝尼奥夫带传播时，衰减很小，而沿其他方向传播则衰减较大。如图2-47所示，贝尼奥夫带所在的高Q异常区向上与高Q的大洋岩石圈直接相延续，这就很直观地证明，强度较大的岩石圈板块向下俯冲到软流圈之中，并且，贝尼奥夫带既不是两个刚性地块之间的深断裂带，也不是软流圈与俯冲的岩石圈之间的物理边界，而是发生于俯冲岩石圈板块内的一个震源带。这个发现有助于解决一直有争议的关于深源地震的成因问题，因为，高Q异常带的存在表明冷的岩石圈俯冲到数百公里深的热的软流圈之后，在一定程度上仍能保持较低的温度，其内部仍然可以产生弹性破裂，从而诱发地震。

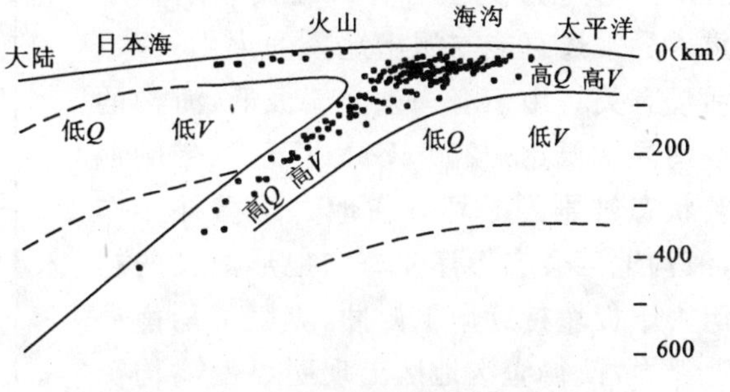

图 2-47　日本岛弧地区Q值的分布

（引自金性春，1983）

弧沟系的Q值分布，在不同地区也有变化。据Sacks(1980)的研究，在日本的倾斜的高Q带之上是低—中等Q值区；在南美，却是厚达300km的高Q区，显示出巨厚的大陆岩石圈超覆到俯冲的大洋岩石圈之上。在日本，高 Q 带一直连续地延伸到最深的震源位置上；在南美 350km 与 600km 的深度之间却是一个 Q 值降低的地带，可能有几个低 Q 值的部分熔融的地幔底辟存在。即使在同一个南美海沟，大陆岩石圈与俯冲的大洋岩石圈之间的介质也彼此不同，在智利和秘鲁南部，两者之间有清晰的低 Q 介质即软流圈物质存在；相反，在秘鲁中部，两者之间没有低 Q 介质存在。与前述对应，前者有火山，并且震源主要限制在俯冲的岩石圈内；后者则没有火山，并且震源分散在俯冲板片和上冲岩石圈之中。

4. 俯冲带地震反射特征

板块俯冲还有其他一些证据。高精度的地震勘探法，在许多海沟的岛弧或大陆一侧斜坡内，发现了复杂的叠瓦状逆掩构造，证明这里存在着强烈的挤压逆冲作用。在地震剖面上还发现，有的海沟洋侧坡下代表大洋基底的强反射面，逐渐倾伏于海沟陆侧坡之下，这是大洋板块向陆侧俯冲的反映。海沟的磁场，常出现较弱的正或负的磁异常。在日本海沟和巽他海沟，条带状磁异常，越过海沟轴，延入海沟内壁以下的距离不小于 50km，异常幅度向陆侧逐渐减弱，推测是大洋板块向大陆一侧俯冲所致。20 世纪 80 年代初的深海钻探已首次钻抵俯冲带的逆掩断层，小安德列斯群岛瓜德罗普岛以东的 78 航次钻探，揭示了大西洋洋底板块俯冲于加勒比板块之下的逆断层。最后，板块的俯冲，亦是对于板块扩张的补偿所要求的。

5. 重力异常、热流与贝尼奥夫带

塔尔万尼(Talwani)曾描绘了岛弧—海沟系几十个重力和地形剖面，图 2-48 是经平均得出的岛弧-海沟系重力和地形综合剖面。不难看出，岛弧-海沟系重力异常起落的变化在一定程度上与地形起伏有关。岛弧区所显示的正重力异常还可能与源于地幔的火山-深成岩浆活动有关。由于海沟重力值极低，海沟的自由空间异常低达－200mGal 以下，该带的地壳均衡状态被剧烈破坏。在地壳均衡补偿作用下，海沟地区会有上浮使海沟地形消失的趋向。但由于板块持续向下俯冲，克服了均衡补偿的上浮力，使得海沟地区出现明显偏离均衡状态的负重力异常，同时也使深邃的海沟地形得以维持下来。把重力异常换算成压力值，这股破坏地壳均衡的力可达 1～1.5kg/cm。可以想象，一旦板块俯冲作用停止，海沟底便会在均衡调整作用下向上浮升。海沟地形和明显的负重力异常的存在，也是俯冲作用持续进行的明证。

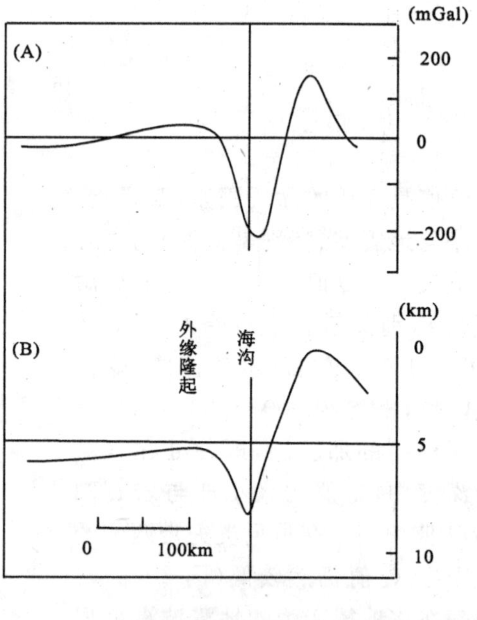

图 2-48 岛弧-海沟系自由空间重力异常(A)和地形(B)综合剖面

(引自金性春，1983)

海沟也是热流值变化最显著的地带，该处作为冷板块下潜的地方，是热流值最低的地带，热流值约为 1HFU 左右，而一些具有活火山的岛弧区及弧后边缘海区，热流值陡增至 2～3HFU 以上。

6. 贝尼奥夫带倾角的研究

Yokokura(1981)对环太平洋几乎所有的海沟和印度洋苏门答腊海沟的大量资料进行了

统计分析，证明贝尼奥夫带的倾角(θ)与俯冲板块到达的深度(D)和俯冲作用的强度密切相关。一般地说，深度(D)越大，倾角(θ)越陡，两者成正相关关系(图 2-49)，并且，深度小于 400km 比大于 400km 的倾角随深度增加得快，这应与 400km 以上有低速层，它比更大深度物质的塑性要大有关。对速度与倾角关系的统计(图 2-50)表明，随着仰冲板块向海沟运动的速度(V)、俯冲板块向海沟运动的速度(U)以及两板块相对运动的敛合速度(U_{rel})的增加，贝尼奥夫带的倾角变缓，两者成反相关关系，这种关系在 $U-\theta$、$U_{rel}-\theta$ 关系图上最为明显。可以设想，板块斜向俯冲的方向应与其水平方向速度矢量和垂直下降速度矢量的合矢量一致。当板块在软流圈中下降速度相同时，水平速度愈快，合矢量愈缓，因而贝尼奥夫带的倾角愈缓。从图 2-50 还看到，深度小于 400km 与大于 400km 的 $U-\theta$ 直线斜率基本一致，但深度小于 400km 的 $U_{rel}-\theta$ 直线斜率比大于 400km 的要缓得多，说明深度对敛合速度-倾角关系有明显的影响。在小于 400km 深度时，倾角随敛合速度的增加而很快变缓。

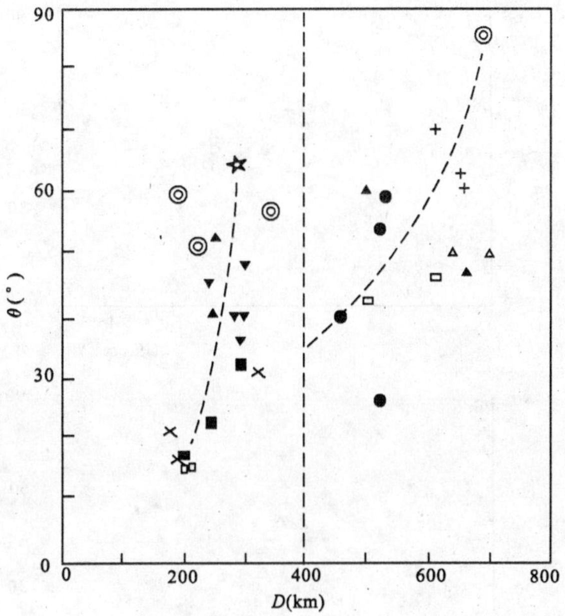

图 2-49　板块俯冲深度(D)与贝尼奥夫带倾角(θ)

(据 Yokokura，1981)

图中花纹符号表示各个地点

综上所述，贝尼奥夫带总是与洋缘的海沟相伴随，除分布在太平洋周边地区外，也见于印度洋东北缘的爪哇海沟，大西洋的波多黎各海沟和南桑德韦奇海沟，以及地中海克里特岛南缘的海伦尼海沟。海沟带具有以下特征：

(1)它是地球上最强烈的地震带。如前所述，地球上大多数浅震和中震以及几乎全部的深震都集中在这里，本带所释出的地震能量占全球总量的 80%以上。

(2)与它相临的岛弧是地球上最剧烈的火山带。世界上已知的活火山，大约 62%分布在环太平洋地带，还有 14%见于印度尼西亚岛弧区，二者合计占到 3/4 以上。

(3)它是地球表面上地形高差最大的地带，也是全球海深最大的地带。马里亚纳海沟深达 11 022m，为全球表面最深点；从马里亚纳群岛直落至马里亚纳海沟底，落差 11 500m；堪察加与千岛海沟底之间高差为 11 750m；至于南美的安第斯山，与毗邻的秘鲁-智利海沟底的高差竟达 14 750m，为地表高差最大的地方。

(4)出现地球上最大的负重力异常带和热流值最低的地带。

(5)它是强烈的区域变质带，发生高压低温变质作用(海沟侧)和低压高温变质作用(岛弧侧)。

这些特征进一步证明这个倾斜震源带是板块俯冲的产物。沿着这个带有相当于岩石圈 Q 值的高 Q 带的存在，表明大洋岩石圈确实在海沟处沿倾斜的贝尼奥夫带向大陆之下俯冲到深地幔之中，海沟是大洋岩石圈的俯冲、消亡带。

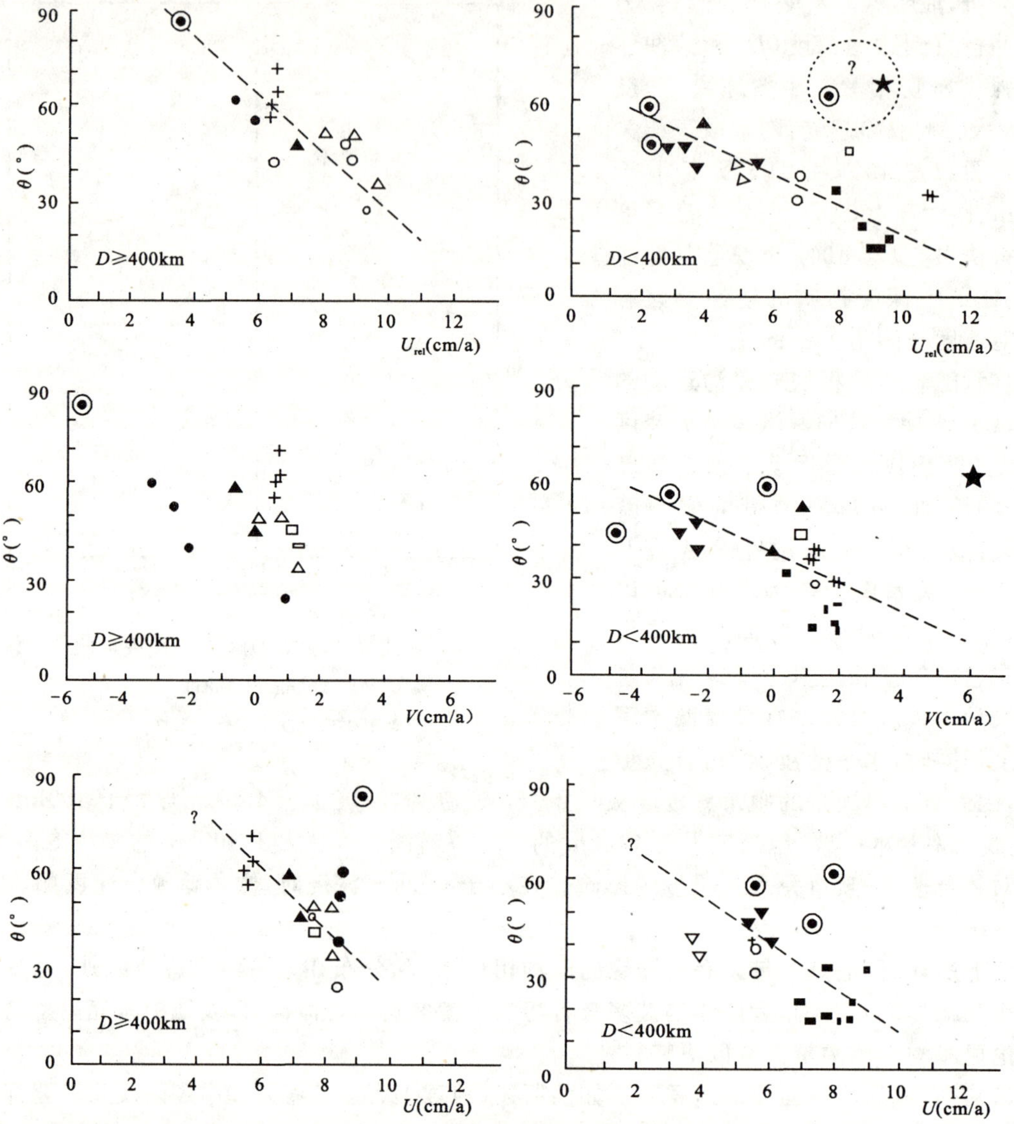

图 2-50 板块运动速度与贝尼奥夫带倾角

(据 Yokokura,1981)

V 为仰冲板块向海沟的运动速度,离开海沟的运动为负;U 为俯冲板块速度;

U_{rel}为两个板块相对运动速度;D 为俯冲到达的深度

四、岩石圈板块的运动

(一)基本假设

全球板块运动研究主要基于下述两个基本假设:①岩石圈板块是刚性的,当板块在地表运动时,其内部并没有明显的变形;②地球的大小(表面积或地球半径)不变,即洋中脊上板块扩张增生的面积与俯冲带上板块消减的面积相等。

1. 板块是一刚性体

板块具有刚性,意味着它有能力在很长距离内传递应力,其内部并不发生明显的塑性形变。刚性板块的概念主要从岩石圈地震波、地震震中分布和大陆轮廓等特征建立起来的。横波在通过岩石圈时波速一般向下逐渐增大,表明岩石圈具有一定的强度和弹性。处于板块内部的洋盆底部,除沿断裂带地段,沉积盖层的原始层位几乎未遭到任何构造形变,它的生长和破坏发生在边缘地区。地震震中呈带状展布,亦说明岩石圈板块的形变主要集中在它的边缘。尽管海底和大陆随着板块经历了长途的漂移,但是大西洋两岸的大陆轮廓仍然可以完美地复原拼接起来,甚至大西洋中脊两侧相对应的磁异常条带也可以相互拼接,可见板块在移动时其内部很少发生形变。

然而,岩石圈板块的刚性也不是绝对的。研究表明,板块内部存在着不可忽视的形变,导致板块内地震及各种构造变动和岩浆活动,尤其是大陆内部的那些小板块、岛弧后侧的边缘盆地以及新生的尚未完全冷却的大洋板块部分,不能视为绝对的刚体。另外,岩石圈和软流圈之间的界面并不是地球外壳相对滑移的唯一的面,在岩石圈内部还存在着一些局部的层间滑动面。这样,把板块当作完整统一的刚性地块仅仅是近似的。

然而,从全球角度考察大板块的运动时,仍然可以近似地把板块当作刚体来处理。因为,与板块的长距离运动及板块边界的大规模变形相比,板块内部的形变要小得多。

2. 板块的扩张增生与压缩消亡之间的补偿

由于岩石圈板块具有一定的刚性,当新的岩石圈在中脊轴部形成时,两侧的板块将被推向两边,逐渐分离开来。要维持岩石圈不断增生这一过程,或者是地球逐渐膨胀,以容纳新增加的地球表面积;或者是老的岩石圈在别的什么地方被破坏消失了,才能保持地球表面积不变。

地球膨胀说主张用地球的整体膨胀来解释大洋岩石圈的新生和扩张性质。认为岩石圈在不断地扩张增生,而不存在岩石圈的俯冲消亡现象。但是,如果现代大洋岩石圈是通过地球膨胀产生,那么,近两亿年来,地球表面积应增加了 1.5 倍,地球半径应增长了 3 000km 以上,显然这是不可能的。勒皮雄(1968)还注意到,大多数中洋脊的走向较近于南北向,现代大洋的大部分主要是由纬向的扩张生成的。如果这伴随着地球膨胀,那么一千万年的扩张就会引起地球不同方向半径相差数百公里,地球将膨胀成为赤道部分明显鼓起的不规则形状,这当然是不真实的。

同时,板块构造学说也反对收缩说,20 世纪 50 年代全球性裂谷系的发现,也与收缩说根本对立。板块构造学说主张,地球表面积(或地球半径)并未发生过显著的增加或减小。由此,要维持地球表面积基本不变,全球岩石圈板块消亡压缩的总量应与全球岩石圈板块扩张新生的总量相抵。在沿地球大圆的任何断面上,都必须保持扩张新生总量与消亡压缩总量相平衡。如全球每年扩张新生的洋底岩石圈平均约 $2km^2$,这就意味着,全球每年也有 $2km^2$ 的岩石圈被消亡(或被压缩)。

(二)板块相对运动及其测量

1. 欧拉定律

基于上述基本假设,就可以运用数学的方法,即球面几何中的欧拉定律来描绘板块的运动。瑞士数学家欧拉(Euler L,1776)提出,一个刚体沿着半径不变的球面的运动,必定是环绕通过球心的轴的旋转运动。在球体表面,任何一点的移动都不是沿着直线,而是沿着弧线;如果这种移动表现为复杂的曲线形式,那么它的移动轨迹将由许多圆弧小段所组成。

地球表面的刚性岩石圈板块成球面状,球面帽盖状的板块沿着地球表面的移动不是一种简单的平面运动，其运动应遵循欧拉定律，它是一种环绕某根通过地心轴的旋转运动。板块的旋转轴（或称扩张轴）与地球表面的交点（在地球相对的两面各有一个交点），叫做旋转极，也称之为扩张极、欧拉极（图 2-51）。通常用旋转极的经、纬度（λ, φ）和旋转角速度 ω 表征板块的相对运动速度，而为求旋转角速度 ω，必须先求板块间相对运动的线速度 V。离旋转极 90°的大圆叫做旋转赤道或扩张赤道（图 2-51），通过球心的平面与球面相割而成的圆叫做大圆。它们与地球的自转轴、地理极（或地磁极）、地理赤道等并无直接联系。与板块旋转赤道相平行的一系列同轴圆弧，标明了板块上各点的移动轨迹，可称欧拉纬线。通过欧拉极的大圆，则构成了欧拉经线。

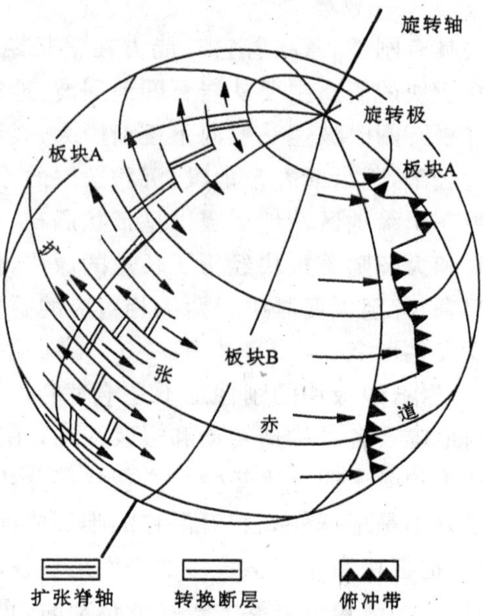

图 2-51 板块沿球面的旋转运动

（据 Morgan J，1968）

2. 板块的相对运动及其测量方法

板块运动或位移是以某一参考系为基准的。一个板块相对于另一个板块的运动，称为板块的相对运动。相邻板块间的相对运动可以直接测定，不相邻板块间的相对运动可以间接求得。

板块的相背分离运动或相遇汇聚运动，都具有相对的性质。例如，在南纬 21°的大西洋中脊，南美板块和非洲板块海底以 4cm/a 的总扩张速度分开［图 2-52(A)］，假如把中脊看成是固定的，那么南美板块相对于中大西洋中脊运动的半扩张速度为 2cm/a。同样非洲板块相对于中大西洋中脊的运动速度也为 2cm/a。如果一个沿中脊形成的火山岛由于海底扩张沿着板块边界"裂开"，各自的一半将从中脊以 2cm/a 速度水平移开。在 1Ma 以后，原始火山的两半部分将相距 40km［图 2-52(B)］。

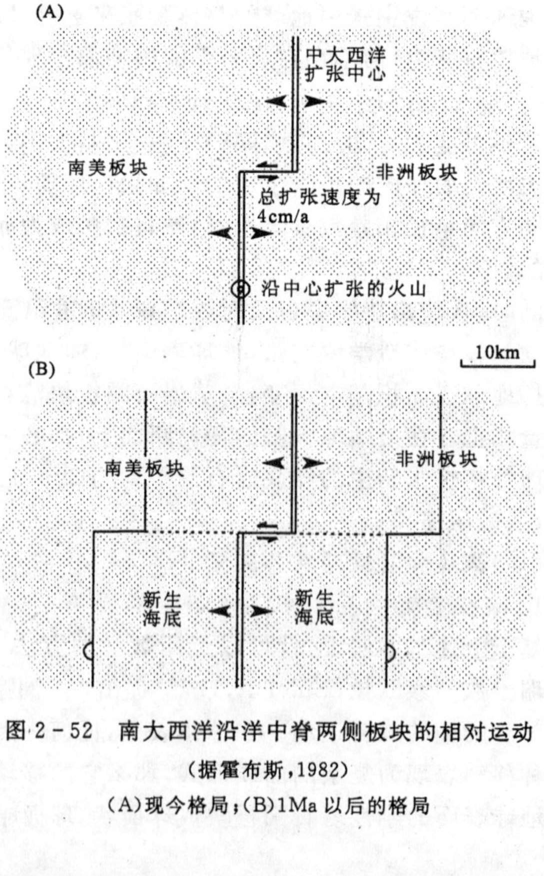

图 2-52 南大西洋沿洋中脊两侧板块的相对运动

（据霍布斯，1982）

(A)现今格局；(B)1Ma 以后的格局

如果变换观察方法，将非洲板块的最西边界按照它今天的位置固定，然后描述中大西洋中脊和南美板块相对于非洲板块的运动。这类似于一个能从两边拉出的"脊状"的卷尺[图 2-53(A)]，假定拉出的卷尺为新生的海底岩石圈，拉出的速度为 2cm/a[图 2-53(B)]，相对于固定的非洲板块，中脊以 2cm/a 的速度向西运动。然而，在南美板块内部的一个点将以两倍的速度，即 4cm/a 从非洲板块向西运动。在 1Ma 以后，中脊将从现代非洲板块西面的边界向西运动 20km。在南美板块现今的东部边界上的一个点在下一个 1Ma 期间，相对于非洲板块将向西运动 40km。

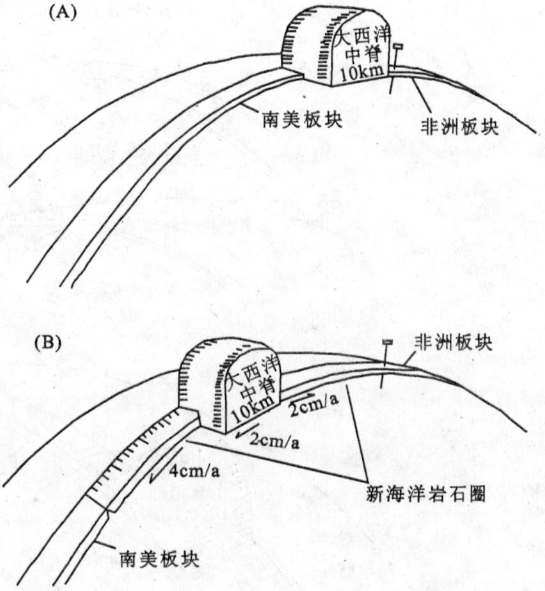

图 2-53 形象化描述板块相对运动的卷尺
(据霍布斯，1982)
(A)非洲和南美板块以及中大西洋中脊的现代格局；
(B)1Ma 后的格局

汇聚板块边界的相对运动的计算也是同样的。如南美西部构造活动大陆边缘(图 2-54)，太平洋纳兹卡板块的海底推断以 5cm/a 的速度俯冲到南美板块之下，这意味着如果秘鲁-智利海沟是固定的，则在纳兹卡板块上的一个点将以 5cm/a 的速度向东，即向海沟运动[图 2-54(A)]。如果纳兹卡板块固定，秘鲁-智利海沟向西运动超覆到纳兹卡板块之上[图 2-54(B)]，海沟是否会超过东太平洋中隆则取决于中隆从纳兹卡板块西面边界以何速度向西运动。由于沿中隆现代的扩张速度约为 7.5cm/a，这表明中隆将把海沟远远抛在后面，纳兹卡板块的宽度实际上将扩大[图 2-54(C)]。

因此，在描绘板块的运动时，总是指相对于某一参照系统而言。全球所有板块可能都在移动，可选择某一板块作为参照系统，假定其静止不动，进而分析所有其他板块相对于它的运动。

(1)板块相对运动线速度的测定方法：板块之间相对运动的线速度的确定是求解板块相对运动的旋转角速度的基础。测定板块相对运动线速度的方法主要有以下几种。

1)瓦因-马修斯法：洋底磁异常条带实际上是洋底的等时线。将磁异常等时线至中脊轴的距离除以该磁异常的年龄即可求得板块扩张的速度。通常测量 2 号或 3 号磁异常(年龄约 4Ma)至脊轴的距离，来求板块的现代扩张速度；或者计算 5 号磁异常(年龄约 9Ma)至今的扩张速度，作为板块的现代扩张速度。瓦因-马修斯法是求板块相对运动速度最基本的方法，它的精度较高，如果古地磁年表准确，用此方法测得的扩张速度精度可达 1mm/a。但有一些洋中脊段落，如赤道海区的南北向洋中脊，缺失磁异常条带，则难以用此法求相对运动速度。深海钻探直接确定的洋底年龄，可对瓦因-马修斯法求得的相对运动速度作出检验和校正。

2)地形法：据海底扩张假说可知，洋底的水深是随离开洋中脊的距离或洋壳年龄的增加而增加的，即洋底的海水深度是洋壳年龄的函数。可以简单地认为，洋底水深(以 km 为单位)的增大与洋底年龄(以 Ma 为单位)的平方根成正比。洋底水深的变化也与海底扩张速度有关，扩张速度越快，洋壳来不及冷却沉陷，水深增加得较慢，洋中脊两侧的坡度越平缓，反之，两侧的坡度越陡。依据实际测量数据建立洋底水深与洋壳年龄或洋底坡度的关系式，由洋底地形

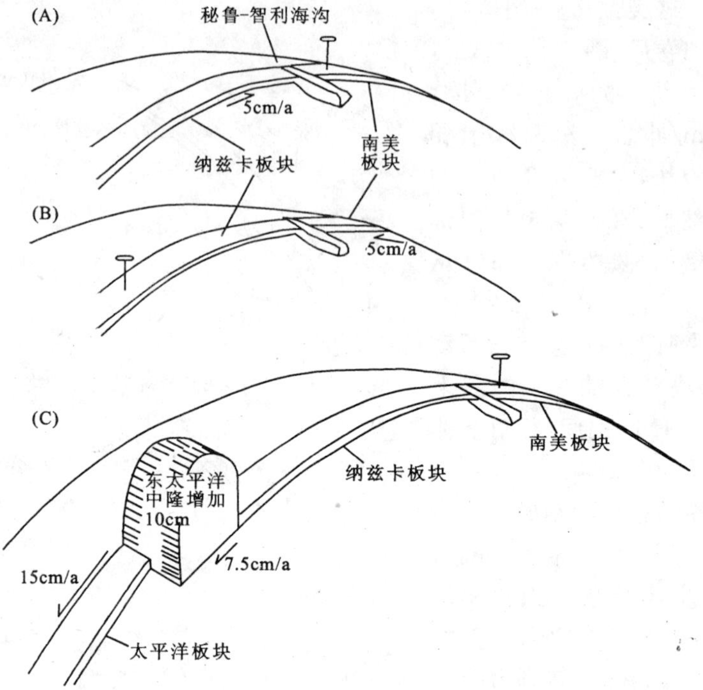

图 2-54 形象化描述纳兹卡板块和南美板块的相对运动

(据霍布斯,1982)

(A)纳兹卡板块相对南美板块(固定)的相对运动;(B)南美板块相对纳兹卡板块(固定)的相对运动;(C)东太平洋中隆和太平洋板块相对南美板块(固定)的相对运动

断面或测量结果得到了某一块洋壳的深度或坡度,就可得出其年龄,进而求得此洋壳生成时的海底扩张速度(见前文所述)。地形法在精度上不及瓦因-马修斯法,在磁异常图难以辨认或缺失的地区,可作为一种替代方法。地形法主要适用于地形较平滑、年龄较小的海区,而不宜在地形崎岖的洋底及年龄大于 80Ma 的洋底使用。

3)布龙(Brune,1968)法:假定沿断层的所有运动表现为相继发生的断错,而不是蠕动,每次断错引起地震时都会出现滑动,将板块边界某处一段时间内所有地震引起的滑动加起来,便可用来计算这段时间内的板块相对运动速度。根据地震成因的断错理论,地震时的滑动量近似可用下式求得:

$$u=M_0/\mu A \tag{2-4}$$

式中 M_0 是地震矩(震源断层错动时的错动矩);μ 为切变模量,等于 $3.3\times10^6\,N/cm^2$;A 是断层的面积。地震矩表达了地震的总变形量,其大小与地震所释出的能量有关,可通过震级求得。由于有地震仪记录的历史不过 80 年左右,另外,地震矩的确定和断层面积的判断是近似的,故布龙法的精度远不及瓦因-马修斯法。然而,瓦因-马修斯法和地形法只能测定板块的扩张速度,在板块俯冲带则无法使用这两种方法,而运用布龙法可以测定沿俯冲边界的板块汇聚速度。沿板块边界,大约 70%的滑移量是由大于 7 级的地震引起的。大地震的能量可超过弱地震总能量好几个数量级,故在使用布龙法时,小于 5 级的弱地震可以忽略不计,从而大大减轻了工作量。

4)贝尼奥夫带长度法:Isacks 等(1968)的研究表明,贝尼奥夫带长度与板块俯冲速度之间成正比关系，垂直于岛弧走向的贝尼奥夫带的长度，大致代表了10Ma来的板块俯冲量。将贝尼奥夫带的长度除以10Ma年，即可求得垂直于岛弧走向的板块俯冲速度。此法基于一种经验关系，结果仅供参考。

5)大地测量法：对位于不同板块上的两点，每隔一定时间（如每年一次）反复测量其间的距离，根据两点之间距离的变化可求得板块的相对运动速度。为了测定相隔遥远的各板块或各大陆之间的距离，保证很高的精度，须运用轨道高度稳定的卫星激光测距、月球激光测距、长基线无线电干涉测量等空间技术手段。使用大地测量法，重复测量记录的时间愈长，测得速度值的可靠性愈大。

(2)测定板块相对运动方向的方法：包括以下几种方法。

1)转换断层法：无论是作为板块边界的转换断层，还是横错大洋中脊的转换断层，都确切地标示了相邻板块的相对运动方向。转换断层通常可由其起伏不平的地形特征来识别编图，也可用地震震中沿其活动地段的连线来编图。一旦编制成图，转换断层即确切示出相邻两板块的相对运动方向。通过海洋测深，如美国和法国实施的FAMOUS计划，可编绘出大洋断裂带的剖面图，从而测定转换断层的走向。最近几年，侧向扫描和高分辨率声纳系统的使用，使转换断层方位角的测量精度有较大提高，可达3°以内。因转换断层的时间跨度很大，它所标示的方向，可能是最近几千万年内板块运动方向的平均结果。

2)地震初动分析：通过地震初动分析，求得震源机制解，可确定发生在断层面上的位移的方向和类型，据此可定出相邻板块间的相对运动方向。在消减带上板块间的相对运动，比在扩张轴的转换断层上更难测量，因为缺少可利用的磁条带，运动方向与海沟之间也没有一定规律。就如求转换断层的破裂方向一样，分析来自消减带的地震首波，可以测得离开震中的初动方向与朝向震中的初动方向的分隔线，这条分隔线与板块的运动方向存在一定的角度关系，由此可以确定板块在消减带上的相对运动方向。所得结果只是几十至几百年时间段内板块运动的平均方向，图2-32中显示了现今板块之间的相对运动方向和大小。

(3)板块的旋转运动：岩石圈板块是以一个球面盖板在地球体表层运动的；板块的旋转运动，是指一板块相对于另一板块或球面上某一点的旋转运动（图2-55）；板块的旋转运动主要由板块的旋转轴（或旋转极）的位置和旋转角速度来确定。每一对板块都有自己的旋转（扩张）轴及其与地表的交点——旋转（扩张）极，它们彼此以大小相等、方向相反的角速度绕该轴转动。例如，南美洲与非洲的海岸线按同纬度不能拼合，但使南美洲绕44°N、30.6°W的极相对于非洲转动则使两大陆能很好地拼合，证明南美洲相对于非洲是围绕一个与地球自转轴斜交的旋转扩张轴转动的。板块相对运动的旋转极一般指一对相邻板块而言，A板块相对于B板块的旋转极，也是B板块相对于A板块的旋转极，不过二者的旋转方向恰好相反。显然，旋转极是用来描绘板块运动的假想点。它不具有地质构造上的含义，野外实地考察并不能发现旋转极。

确定一对邻接板块的相对运动，实际上就是确定它们的旋转极的地理坐标和旋转角速度。根据板块运动的实际资料，例如两板块共同边界上不同点的运动方向和速度，就可以确定这两个主要参数。这些个别点的运动方向和线速度仅反映板块在该点的运动状况，由于板块沿着球面作旋转运动（而不是平面运动），所以这些点的运动方向和线速度并不代表该板块其他地点的运动方向和线速度，只有板块的旋转极和角速度才足以反映出板块整体的运动状况。如前所述，板块上各点的运动轨迹标出了欧拉纬线（它们是同轴圆弧），沿球面作这些纬线的垂线即可得出欧拉经线，欧拉经线的交点就是旋转极的位置。因此，我们只要知道某一点（或更多

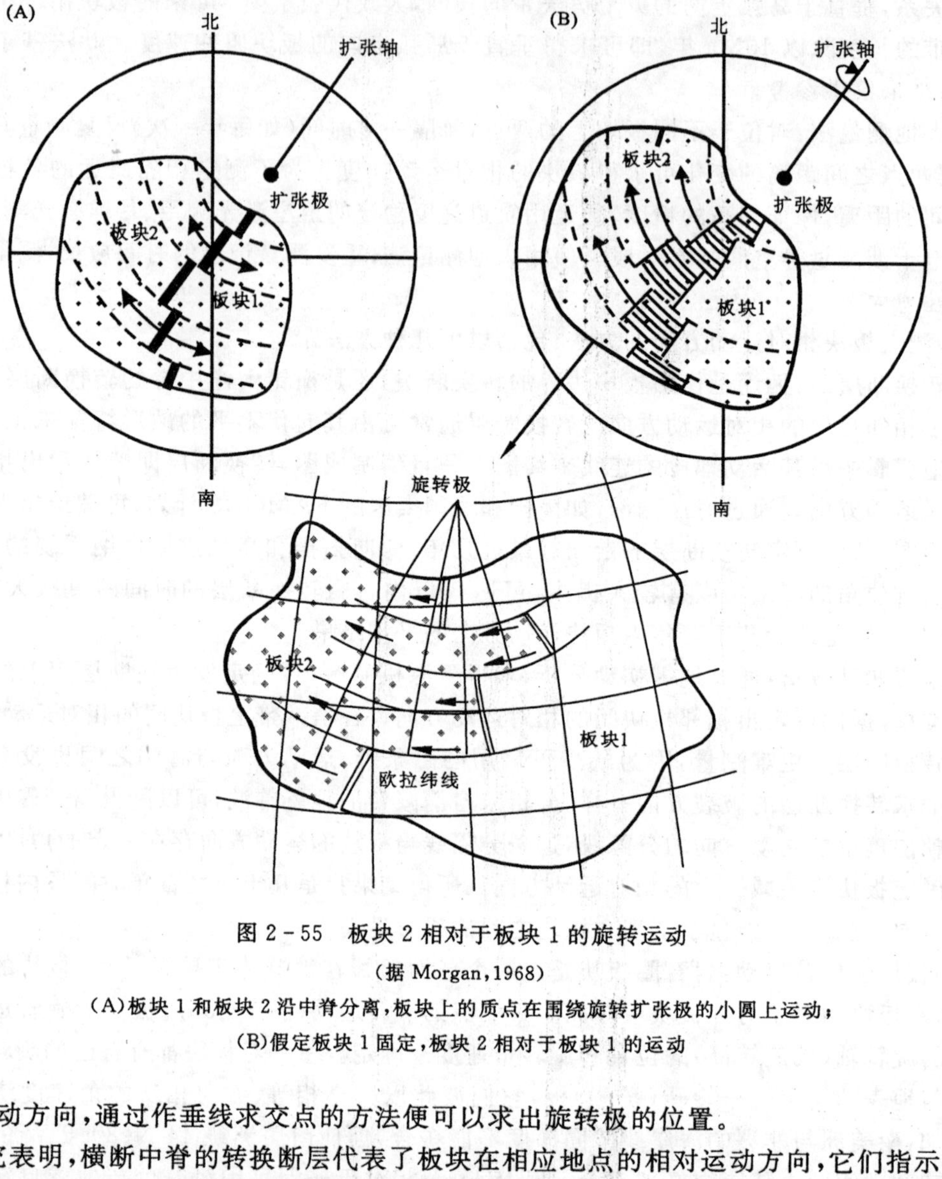

图 2－55　板块 2 相对于板块 1 的旋转运动

(据 Morgan,1968)

(A)板块 1 和板块 2 沿中脊分离,板块上的质点在围绕旋转扩张极的小圆上运动;

(B)假定板块 1 固定,板块 2 相对于板块 1 的运动

点)的运动方向,通过作垂线求交点的方法便可以求出旋转极的位置。

研究表明,横断中脊的转换断层代表了板块在相应地点的相对运动方向,它们指示了欧拉纬线的走向,所以,在地球表面上,转换断层呈弧形弯曲(Morgan,1968)。沿赤道大西洋一系列转换断层作垂线,可以发现这些垂线(相当于欧拉经线)大致相交于 58°N、36°～37°W 附近,此交点就是美洲板块相对于非洲板块的旋转极(图 2－56),它位于格陵兰南缘附近。同样,太平洋板块和北美板块间一系列转换断层(包括圣安德烈斯断层)的垂线也大致相交在一起(格陵兰西南方的北大西洋中);南太平洋中横断东太平洋海隆的 6 条转换断层的垂线,亦大致汇合在一起,其交点即是太平洋板块相对于南极洲板块的旋转极(位于南极洲内)。横断中脊的转换断层是一些同轴圆弧(欧拉纬线),这就将转换断层的概念外延到球面上,表明板块运动确实符合欧拉定律,是一种绕极旋转运动;同时又证明在描绘巨大板块的运动时,把它们当作刚体看待,大体上是可行的。

除了作垂线求交点的方法外,如果已知两条转换断层的坐标位置和走向方位,根据球面三角中的正弦和余弦定理,也可以求出旋转极的地理坐标位置。

在理论上,板块上各点运动轨迹的垂线应相交于一点,但由于测量误差或转换断层如果兼有拉张或挤压,就并不真正代表板块的运动方向,这些导致在实际确定旋转极时,一系列转换断层的垂线未必完全相交在一起。

除转换断层外,还可以利用震源机制得出的滑动向量求旋转极。滑动向量在水平面上的投影应相当于欧拉纬线。不过,由于地震台的布置不够稠密,常难以准确地测得震源的坐标位置,或由于地震台记录到的地震初动资料不足,不能准确定出压缩象限和拉张象限,这样,震源机制确定的滑动向量方位(即板块在某点的运动方向)可以有 10°～20°的误差。

由于转换断层或地震滑动向量的方位都不可避免地存在着误差,实际工作中必须采用统计的方法,使所求得的旋转极的位置能最好地符合有关板块运动方向的各种实际资料。

此外,根据板块边界上各点移动的线速度,也可以求旋转极的位置。作为一种旋转运动,各点的线速度随着远离旋转极而增大,在旋转极为零,在旋转赤道达到最大,与相应纬度(欧拉纬度)的余弦成正比关系。大西洋中脊在近 5Ma 内平均扩张速率在沿洋中脊走向上就是按这个规律变化的。通常把根据线速度的递变求旋转极与根据板块运动方向求旋转极这几种方法结合起来,相互校正,可提高求旋转极位置的精度。

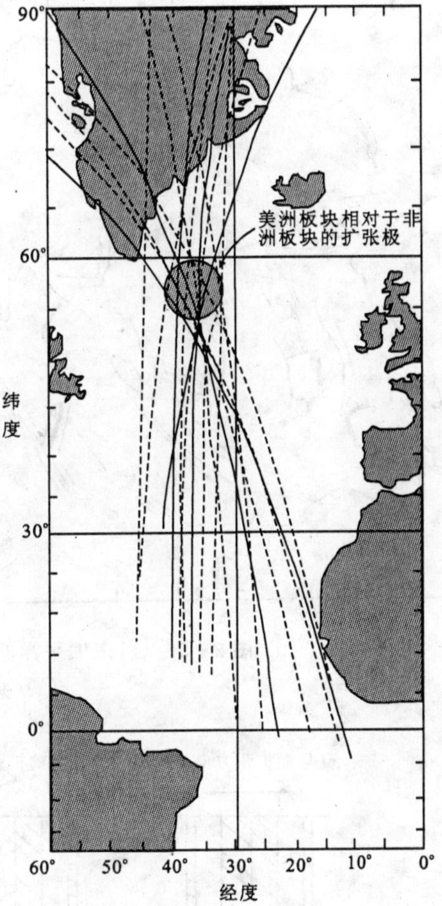

图 2-56　依据转换断层的垂线确定旋转极(赤道大西洋)
(据 Morgan,1968)

每对板块扩张极的位置随时间而发生变化。如图 2-57,是以太平洋板块-南极洲板块现代的扩张极作为投影极的墨卡托投影图(这种投影是将球面上的点投到圆柱面上,再将柱面展开,经、纬线都是互相垂直的直线)。该图上,东南太平洋的转换断层和东北太平洋仍在活动的胡安德富卡洋中脊和戈达洋中脊上短而小的转换断层都与扩张纬线平行,但东北太平洋的许多古老的(约 10Ma 前)化石断层却偏离纬线约 30°。这说明,一千万年前的东北太平洋-南极洲扩张极与近一千万年来的扩张极位置不同,使两个时期的扩张方向差异很大,表明板块的运动方向曾发生过变化。

扩张脊轴及磁异常条带往往与转换断层带成直角相交。随着扩张方向的改变,扩张脊与断裂带的展布方位相应改变。显然,板块旋转极的位置亦将随着板块运动方向的变更而迁移。举例说,南美洲与非洲之间相对运动的现代旋转极,不同于南大西洋初期开裂时的旋转极位置。板块运动方向的变更,可以在洋底地形,特别是断裂带的走向以及磁异常条带排列图案中记录下来(图 2-58)。

板块旋转运动另一参数是旋转角速度,它可以根据线速度换算出来(测定相对运动线速度的方法见下文)。只要已知板块上任何一点的线速度值,同时求出该点的欧拉纬度,便可以根

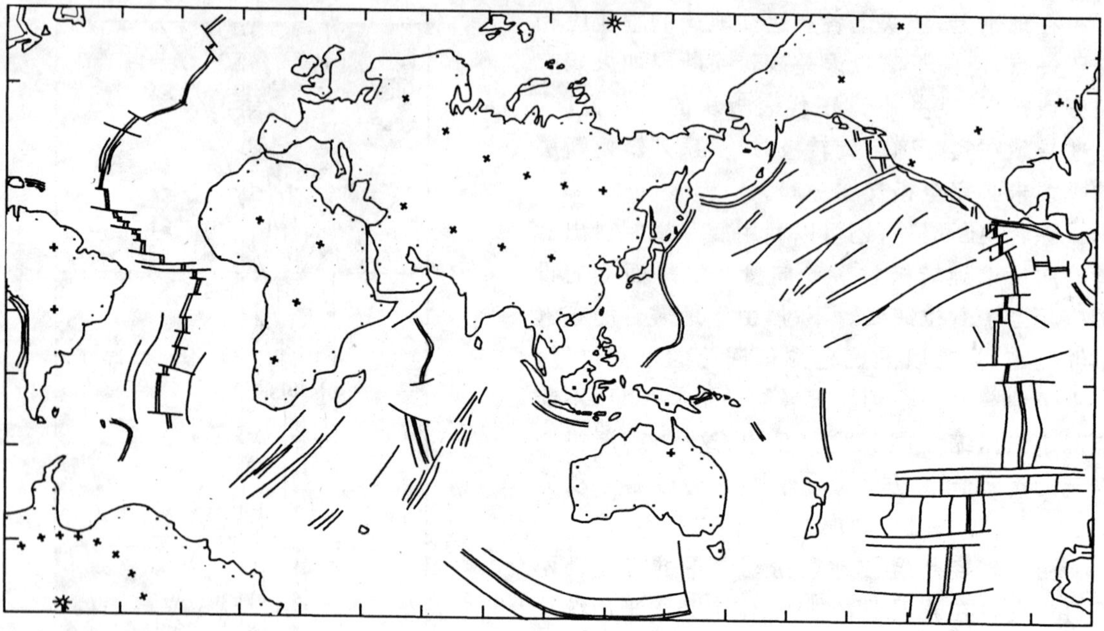

图 2-57 以南太平洋的板块旋转极为投影极的墨卡托投影图

（据 Le Pichon，1968）

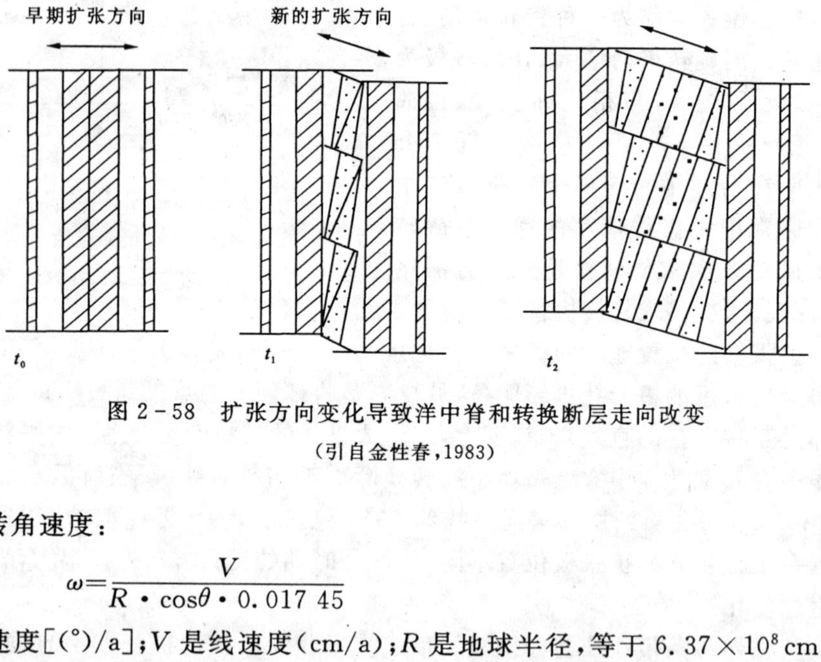

图 2-58 扩张方向变化导致洋中脊和转换断层走向改变

（引自金性春，1983）

据下式求旋转角速度：

$$\omega=\frac{V}{R\cdot\cos\theta\cdot 0.01745} \tag{2-5}$$

式中 ω 为角速度[(°)/a]；V 是线速度(cm/a)；R 是地球半径，等于 6.37×10^8 cm；θ 为欧拉纬度；0.017 45 是由角度换算成弧长的系数。一对板块之间在各处可有不同的线速度值，但相对运动的角速度只有一个值。常用的板块运动角速度单位是 10^{-7} (°)/a，即每 10Ma 一度，这个值大约相当于旋转赤道上每年 1cm 稍多的线速度。

(4)板块的三联接合点(triple junction)：也称三联点，是 3 个板块的汇聚点。3 条板块边界汇聚在一起，形成三联构造。例如，太平洋、科科斯、纳兹卡 3 个板块汇聚在 2°11′N、102°10′W(图 2-59)，非洲、索马里、阿拉伯板块汇聚于埃塞俄比亚的阿法尔。在地球表面上三联点较多，它是球面上板块边界终止的唯一可能的方式。而 4 个或 4 个以上板块的汇聚点却很少，这样的汇聚点即使出现了，也很快会演变成三联点或两个板块的一种边界。因此，在考察板块运动时，不但要研究两个相邻板块之间的相对运动，而且要注意 3 个邻接板块之间的运动状态。

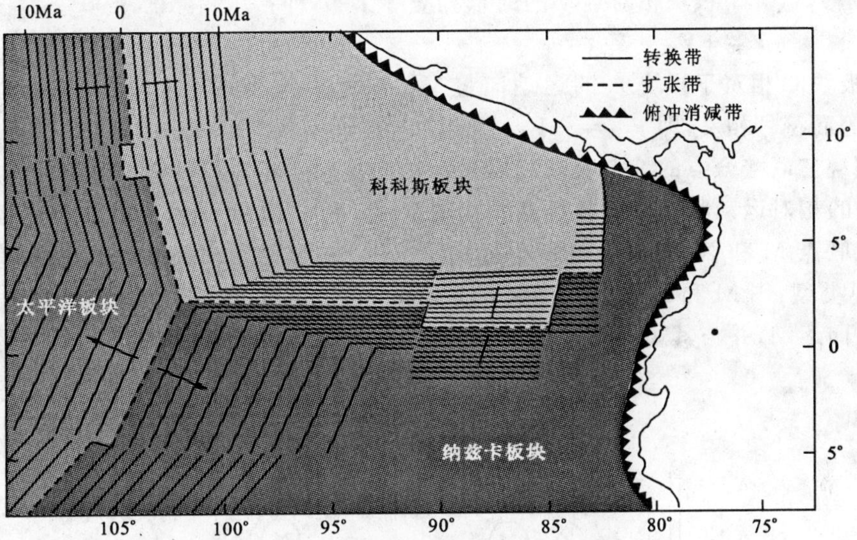

图 2－59　太平洋、科科斯、纳兹卡交会形成的三联点

（据 Raymond S，1982）

与三联接合点相接的板块边界，可以是分离型、汇聚型或平错型边界。在理论上，这 3 类边界可以组合成 16 种不同的三联接合点类型（Mckenzie，Morgan，1969）。如以 R 代表裂谷，T 代表海沟，F 代表转换断层，则 RRR 型就是裂谷-裂谷-裂谷型的三联接合点；RTF 型代表裂谷-海沟-断层型的三联接合点，依次类推。其中 RRR 型分布最广，例如在印度洋中部，印度洋中脊 3 条分支的交点是非洲板块、印度板块和南极洲板块之间的 RRR 型三联点；非洲东北部的阿法尔三角地区，是红海裂谷、亚丁湾裂谷和埃塞俄比亚裂谷相交接的三联点；太平洋东部加拉帕戈斯群岛附近，是太平洋板块、科科斯板块和纳兹卡板块之间的 RRR 型接合点（图 2－59）。RTF 三联点的一个实例是太平洋板块、北美板块和科科斯板块的交点。TTT 型如欧亚板块、菲律宾海板块和太平洋板块在日本本州岛东南的三联点。RRF 型三联点分布于洋中脊上，从亚速尔群岛向北和向南为大西洋中脊，向东沿亚速尔—直布罗陀一线，主要是平移滑动边界，亚速尔是北美板块、欧亚板块和非洲板块之间的 RRF 型接合点。其他接合类型如 RTT 型、RRT 型十分少见。

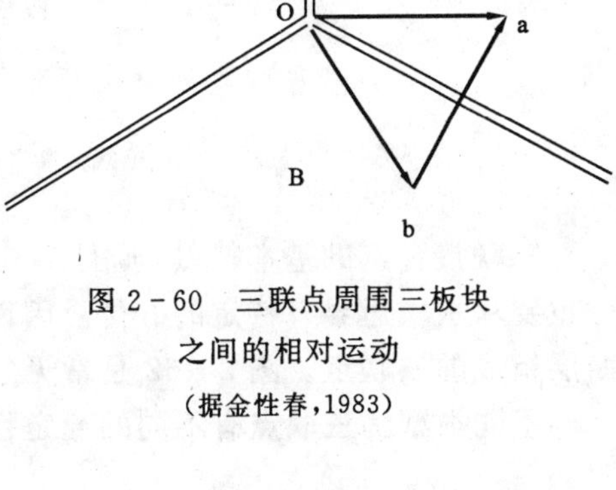

图 2－60　三联点周围三板块之间的相对运动

（据金性春，1983）

一个三联点能够存在所要求的条件是：在三联点上确定板块对之间相对运动的 3 个速度矢量必须构成一个封闭的三角形。如图 2－60 中 A、B、C 3 个板块彼此邻接，假定板块 C 不动，另两个板块 A 和 B 相

对于C移动。如果板块A和B均离开板块C而运动(如图中箭头Oa和Ob所示),那么,板块A和板块B之间将逐渐分离,也就是说,这两板块之间也存在着相对位移(箭头ba代表板块A相对于板块B的运动向量),而且这一位移的方向和量值直接取决于板块A和板块B相对于板块C的位移,这3个板块相对运动的向量和应等于零,即:

$$\boldsymbol{V}_{AB}+\boldsymbol{V}_{BC}+\boldsymbol{V}_{CA}=0 \qquad (2-6)$$

显然,板块C相对于板块A的运动向量$\boldsymbol{V}_{CA}$与板块A相对于板块C的运动向量$\boldsymbol{V}_{AC}$相比,大小相等而符号相反,即$\boldsymbol{V}_{CA}=-\boldsymbol{V}_{AC}$。

根据围绕三联接合点的3个板块相对运动的向量和等于零这一基本规则,可用图解法确定3个板块的相对运动状态及边界类型。如图2-61所示,太平洋板块B与北美板块C相遇,形成两个三联点M和N,已知板块B与板块A、C、D的相对运动关系,欲确定板块C与板块A、D的边界类型:作M和N点的速度矢量三角图[图2-61(C)、(D)],得到A、D相对于C都是向北东方向运动,并与其边界垂直;因此,板块A、D与板块C的边界是敛合的,具有海沟性质。

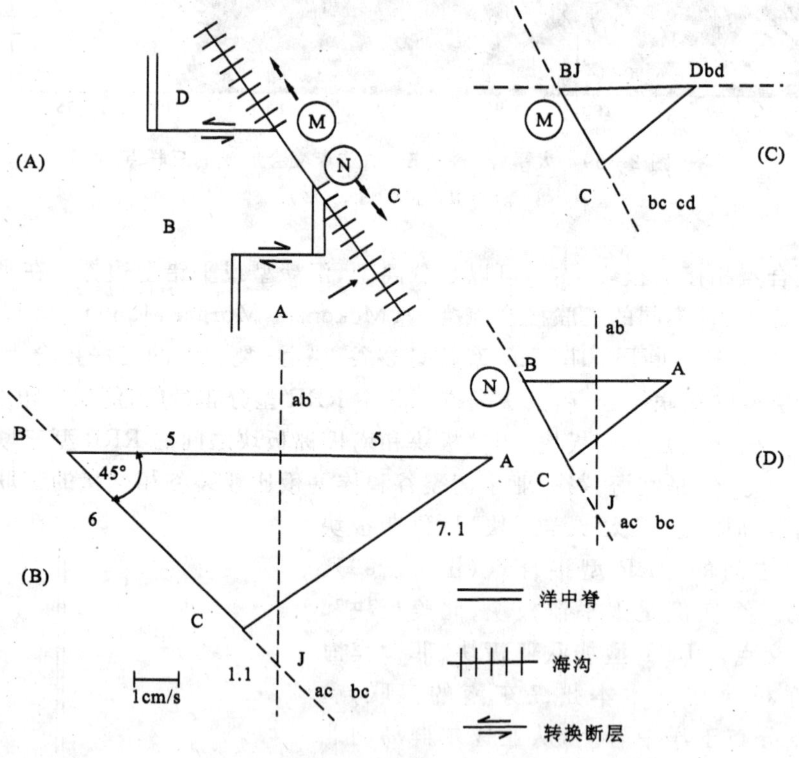

图2-61 太平洋板块与北美板块相遇形成三联点M和N(A)及其速度三角形(B)、(C)、(D)

(引自刘肇昌,1983)

虚线为参考格架,双箭头表示三联点移动方向

三联接合点的基本特点,即围绕三联接合点的3个板块相对运动的向量和等于零这个条件也要求板块边界有特定的方位。因而,上述16种组合中,有一些是不能存在的,如3条转换断层组成的三联点。图2-62是常见的6种类型。

不同类型的三联点有不同的稳定性。如果在三联点处的板块可以连续运动而不改变这3

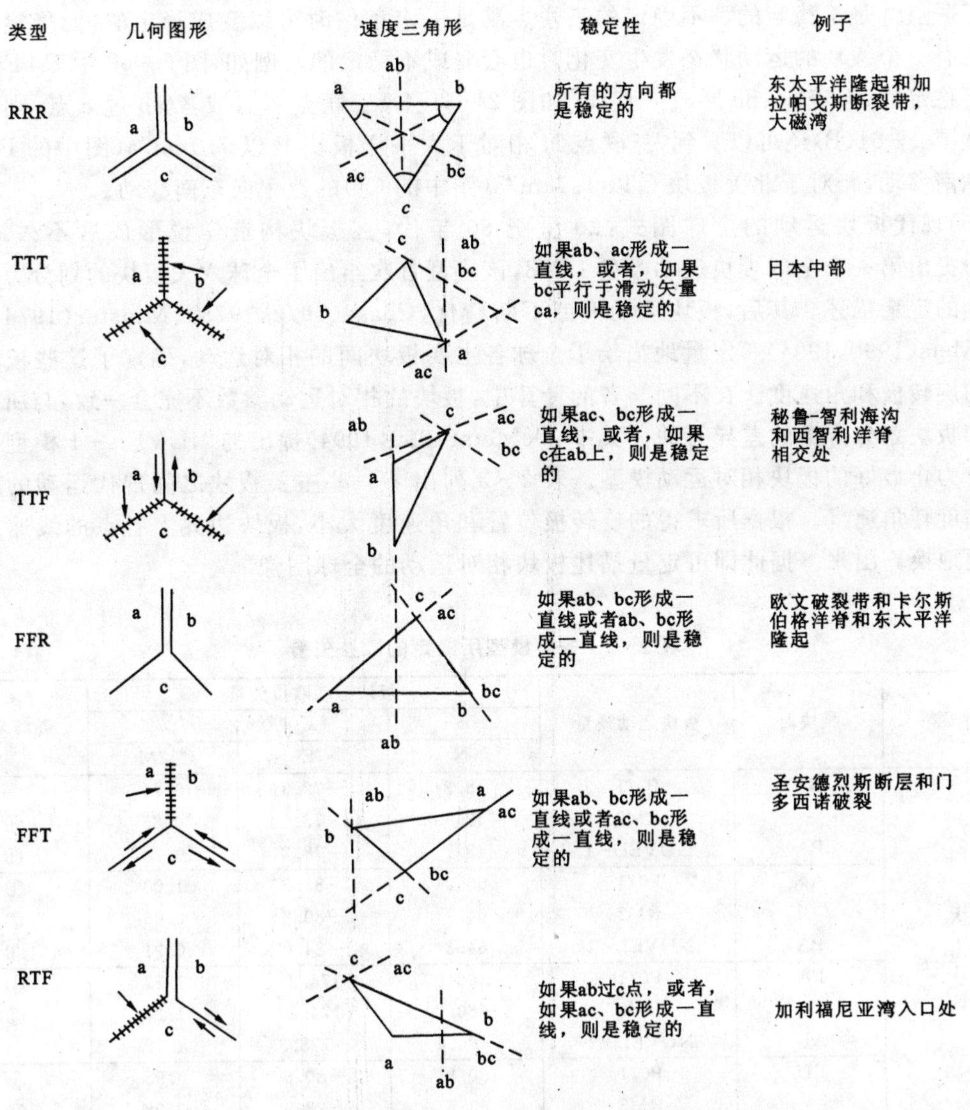

图 2-62　6种常见的三联点几何图形和速度矢量三角形

(据 Mckenzie 等,1969;引自刘肇昌,1983)

abc 为三联点上的速度矢量三角形,虚线 ab、ac、bc 为参考格架

个板块的几何形状或相对位置,这样的三联点就称之为稳定的三联点,反之,称为不稳定的三联点。不稳定的三联点实质是板块间的边界类型或边界的走向与板块间相对运动的速度矢量不相适应。于是,在三联点上 3 个板块相对运动状态不变时,板块的边界必然会逐渐演变,以适应于相对运动状态,成为稳定的三联点。

为了分析三联点的演化,首先作出速度矢量三角形(图 2-62 中的三角形 abc);然后,引进参考格架(图 2-62 中的虚线 ab、bc、ac)。引进参考架的规则是:对于离散边界(R),在三角形 abc 的相应边上作中垂线;对于转换边界(F),在三角形 abc 的相应边作延长线;对于敛合边界(T),在三角形 abc 上过代表相对固定的板块的角点,引一条平行于边界 T 的直线;这样作出的参考架的 3 条线实质上是三联点可能运移的轨迹。当参考架的 3 条线交会于一点时,三联点就是稳定的,否则就是不稳定的。从图 2-62 可以看出,RRR 型三联点总是稳定的,其他类型的三联点都是不稳定的。不稳定的三联点满足一定条件时可以变成稳定的，而稳定的三联点上若有一个板块的运动状态发生变化时也会变成不稳定的。例如，图 2－62 中 RTF 型三联点是不稳定的，但若 ac、bc 形成一直线[如图 2－61(D)三联点 N]，或者 ab 过 c 点，则是稳定的。从图 2－61(B)还可以看到，三联点 N 相对于太平洋板块 B 以 7.1cm/a(图中的 BJ)的速率向东南移动，相对于北美板块 C 以 1.1cm/a(图中的 CJ)的速率向东南移动。

(5)现代板块运动的全球图式：20 世纪 60 年代，在板块构造学说形成后不久，Pichon(1968)提出第一个全球板块运动模型 LP68，该模型首次给出了全球六大板块的划分方案和板块运动的定量描述。其后，板块运动模型不断精化，Chase(1972，1978)、Minster(1974，1978)和 DeMets(1990，1994)等定量地描绘了全球各主要板块间的相对运动，确定了这些板块相对运动的旋转极和角速度。在不同学者的计算中，板块的相对运动参数不完全一致，与所依据的资料和板块划分方案的差异有关。其中，DeMets(1990，1994)提出的 NUVEL－1 模型被认为是迄今为止最好的板块相对运动模型。表 2－3 列出了一些主要板块之间现代运动的旋转极位置和旋转角速度。根据所求得的旋转极位置和角速度大小，板块边界上各点的线速度可以很方便地换算出来。据此即可定量描述板块相对运动的全球图像。

表 2－3 各类模型所确定的欧拉矢量

地区	板块对	板块运动模量	板块运动欧拉矢量			资料来源
			φ	λ	ω	
			°N	°E	(°)/Ma	
太平洋地区	NA	P071	48.2	－72.3	0.86	①
	-	RM2	48.8	－73.9	0.85	②
	PA	NUVEL－1	48.7	－78.2	0.78	③
	AN	P071	66.2	－83.5	1.00	①
	-	RM2	64.7	－80.2	0.96	②
	PA	NUVEL－1	64.3	－84.0	0.91	③
	PA	P071	－62.0	174.3	1.27	①
	-	RM2	－60.7	174.2	1.25	②
	AU	NUVEL－1	－60.1	－178.3	1.12	③
	EU	P071	60.8	－80.6	0.95	①
	-	RM2	60.6	－78.9	0.98	②
	PA	NUVEL－1	61.1	－85.8	0.90	③
大西洋地区	EU	P071	53.7	137.3	0.23	①
	-	RM2	65.8	132.4	0.23	②
	NA	NUVEL－1	62.4	135.8	0.22	③
	AF	P071	80.8	71.7	0.26	①
	-	RM2	80.4	56.4	0.26	②
	NA	NUVEL－1	78.8	38.3	0.25	③
	AF	P071	29.2	－23.5	0.14	①
	-	RM2	25.2	－21.2	0.10	②
	EU	NUVEL－1	21.0	－20.6	0.13	③
	NA	P071	21.5	－48.4	0.19	①
	-	RM2	25.6	－53.8	0.17	②
	SA	NUVEL－1	16.3	－58.1	0.15	③
	AF	P071	63.9	－34.3	0.36	①
	-	RM2	66.6	－37.3	0.36	②
	SA	NUVEL－1	62.5	－39.4	0.32	③

续表 2-3

地区	板块对	板块运动模量	板块运动欧拉矢量			资料来源
			φ	λ	ω	
			°N	°E	(°)/Ma	
印度洋地区	AR	P071	34.9	19.2	0.37	①
	–	RM2	30.8	6.4	0.26	②
	AF	NUVEL-1	24.1	24.0	0.42	③
	IN	P071	24.2	37.4	0.72	①
	–	RM2	19.7	38.5	0.70	②
	EU	NUVEL-1	24.4	17.7	0.53	③
	AR	P071	34.9	7.2	0.49	①
	–	RM2	28.9	−1.6	0.36	②
	EU	NUVEL-1	24.6	13.7	0.52	③
	AU	P071	24.2	37.4	0.72	①
	–	RM2	19.7	38.5	0.70	②
	EU	NUVEL-1	15.1	40.5	0.72	③
	IN	P071	1.8	71.7	0.37	①
	–	RM2	7.1	63.9	0.47	②
	AR	NUVEL-1	3.0	91.5	0.03	③

(①据 P071-Chase,1978;②据 RM2-Minster,1978;③据 NUVEL-1-DeMets,1990)

注:AF. 非洲;AM. 美洲;AN. 南极;AR. 阿拉伯;AU. 澳大利亚;BE. 白令海;CA. 加勒比;CO. 科科斯;EU. 欧亚;IN. 印度;NA. 北美;NZ. 纳兹卡;PA. 太平洋;PH. 菲律宾海;SA. 南美;SO. 索马里

下面简要介绍全球各主要板块之间相对运动的情景(图 2-63)。巨大的太平洋板块向西北运动,并在板块西缘及北缘的海沟处俯冲消亡。在汤加海沟北部至日本海沟一带太平洋板块与欧亚板块及印度板块间的汇聚速度最大,可达 9cm/a,向南和向北逐渐递减,至北端的阿

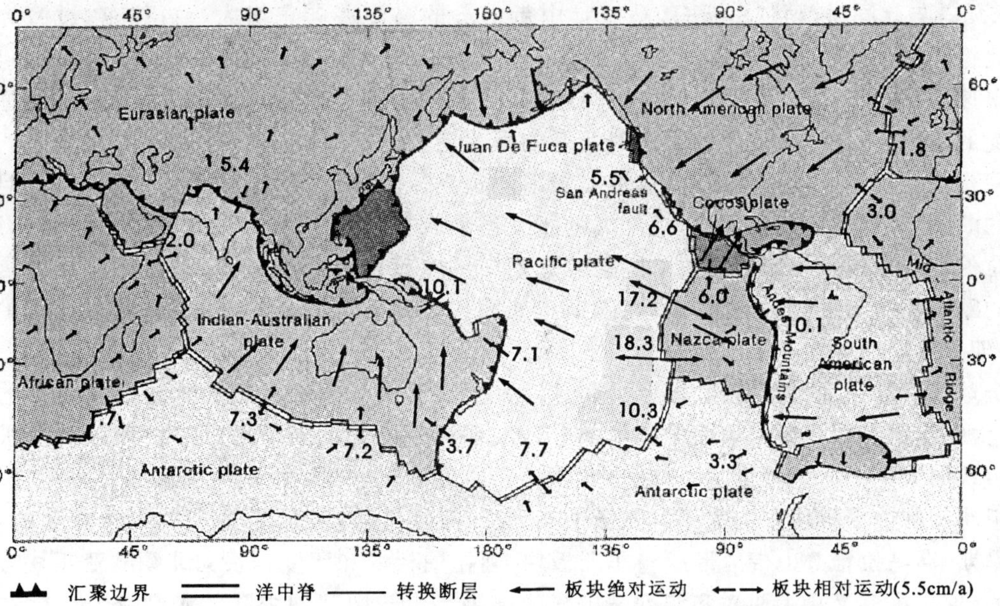

图 2-63　全球板块相对运动和绝对运动图景

留申海沟与南端的克马德克海沟，减至 7cm/a 左右。日本海沟向南分为马里亚纳海沟及菲律宾海沟两个分支，其间夹持了菲律宾海板块。该板块处于环太平洋汇聚挤压带的范围内。欧亚板块与菲律宾海板块之间相对运动的旋转极在北海道东北，两板块的汇聚速度在日本九州附近约 3～4cm/a，向南逐渐增大，至台湾以南增大到 7cm/a 以上。太平洋板块的两侧存在着滑动边界，其西南侧，新西兰的阿尔卑斯断裂属右旋平移性质，在新生代期间平错距离约达 400km。太平洋板块东北缘，圣安德烈斯断层是中脊-中脊型转换断层；向北，还有一条转换断层把胡安德富卡洋脊与阿留申海沟连接起来，它属于右旋的中脊-海沟型转换断层。在太平洋东面，沿秘鲁-智利海沟，科科斯板块、纳兹卡板块与南美板块相互对冲（俯冲和仰冲），其汇聚速度也在 9cm/a 以上。

与菲律宾海板块一样，南、北美洲之间的加勒比板块处于环太平洋汇聚挤压地带，亦缺失分离型板块边界。加勒比板块的西界为中美海沟，东界是安德列斯岛弧-海沟系，均属汇聚挤压边界。它的北界开曼海槽，属于连接海沟和海沟的左旋转换断层，南界沿南美洲北缘的地震带，也是海沟-海沟型转换断层（属右旋），加勒比板块向东仰冲于大西洋底之上。

除了环太平洋构造带以外，另一列汇聚挤压边界是纬向延伸的阿尔卑斯-喜马拉雅造山带。欧亚板块的南界，西端起于亚速尔三联接合点。从亚速尔至直布罗陀海峡一线，以平移剪切（右旋）为主，但靠近亚速尔地区，还具有张裂运动；至西经 11°以东，则兼有挤压性质。从亚速尔至直布罗陀同一条板块边界上，板块间的相对运动从拉张转变为剪切，再逐渐成为以挤压为主，这是板块旋转运动的反映，欧亚板块与非洲板块之间的相对运动旋转极位于这一边界之南不远，非洲板块相对于欧亚板块作逆时针向旋转。直布罗陀以东，距旋转极越远，挤压的幅度越大。直布罗陀地区欧亚板块与非洲板块相互汇聚的速度仅 0.5cm/a，这里是宏伟的阿尔卑斯-喜马拉雅构造带的西界。自此以东，北面是欧亚板块，南面依次为非洲板块、阿拉伯板块和印度板块，这两方面相对挤压，其汇聚压缩速度自西向东逐渐增大，至喜马拉雅地区，增至 5～6cm/a。与此同时，阿尔卑斯-喜马拉雅山带山势的高度亦向东增大。再往东，过渡为印度洋东北缘的俯冲边界，沿爪哇海沟，汇聚速度达 7cm/a 左右。总的看来，在大陆碰撞边界，板块汇聚速度均小于 6cm/a；沿着板块俯冲边界，汇聚速度却大多在 6cm/a 以上。大陆碰撞挤压时所受的阻力，可能比板块俯冲下潜时所受的阻力更大。

阿拉伯板块和印度板块的两侧，展布着滑动边界。阿拉伯板块西北缘，沿死海和约旦河谷延伸的断裂带，属左旋转换断层，把红海的张开运动转换成阿尔卑斯造山带南缘的挤压运动。在阿拉伯板块东南缘与印度板块之间被北北东向的左旋转换断层分开，它在印度洋内是截断中脊的欧文断裂带，向北延入印度、巴基斯坦地区。印度板块东南缘与太平洋板块之间的滑动边界，即上述新西兰的右旋转换断层。

全球板块的运动相互协调、彼此关联。环太平洋板块汇聚边界把全球分成不对称的两大部分（太平洋部分以及地球表面的其他部分），太平洋外围的欧亚板块、印度-澳大利亚板块及美洲板块向太平洋方向推进，其后缘是大西洋和印度洋的张开；太平洋内部的太平洋板块、科科斯板块和纳兹卡板块则向太平洋周缘的海沟下俯冲潜没，其后缘是东太平洋海隆的扩张。阿尔卑斯-喜马拉雅造山带的形成与非洲板块、阿拉伯板块和印度板块向北朝欧亚板块方向推移有关，这一推移又是大西洋和印度洋扩张的结果。由于冈瓦纳古陆的破裂、分离，大洋中脊更多地分布在南半球，各大洋中脊在南端相互串连，北端却没入大陆之下，因而使得一些板块具有向北运动的趋势。

(三)板块绝对运动及其推断方法

1. 概述

以地球本身的惯性系为参考系的板块运动是板块的绝对运动。由于地幔是承受地球惯性的主体,通常把板块相对于软流圈以下的地幔部分或中圈的运动视为板块的绝对运动,也将板块相对于地球自转轴的运动作为板块的绝对运动。板块的相对运动与绝对运动是两种不同的概念。如欧亚板块与太平洋板块,其中每个板块的绝对运动都有可能向东,也有可能向西或其他方向,但这两个板块之间的相对运动必须是相互汇聚。显然,板块绝对运动的旋转极,不同于一对板块之间相对运动的旋转极。

目前,有各种推断板块的绝对运动的方法。古地磁和古气候资料虽有助于描绘板块的绝对运动,但是,这两方面资料只能得出板块绝对运动在经向上的分量,即纬度上的变化,并且带有一定的推测性质。一些具深源地震的俯冲带与地幔对流的下降分支有关,这种俯冲带一旦形成,其位置大体上是固定的。Zonenshairn 等(1981)以西太平洋岛弧系作为参考系,计算了10Ma 来全球各大板块相对于它的运动,同时也计算了一些热点相对于西太平洋岛弧系的运动,发现夏威夷、南大西洋和非洲提贝斯提高原的热点相对于西太平洋岛弧系的移动量很小,从而认为西太平洋岛弧系可与这些热点组成的系统作为计算至少 10Ma 来板块绝对运动的参考系统。此外,大地测量方法可以用于板块绝对运动的确定。

2. 无震海岭与板块运动

较之上述推断方法,以无震海岭和热点为参考系确定板块绝对运动的方法研究比较深入。在大洋中,除洋中脊以外还绵延着一系列线状延伸、规模巨大的火山性海岭,一般长数千公里,宽约 100～200m,高出洋盆 1～3km,其走向常与大洋中脊垂直或斜交,有时从大洋中脊开始一直延至大陆边缘附近,它们全部由喷发的火山熔岩构成。这些无震的线状海岭与代表板块边界的大洋中脊不同,无中央裂谷和转换断层,地形不象洋中脊那样崎岖复杂。除一个端点外,几乎不发生现代火山和地震活动,故称其为无震海岭。它们在三大洋中都有分布,尤以太平洋中最发育,自东而西分布有 3 列:天皇海岭-夏威夷海岭、莱恩海岭-土阿莫土海岭、吉尔伯特-土布艾海岭(图 2－64)。印度洋东经 90°海岭、大西洋鲸鱼海岭和里奥·格兰德海岭亦属典型的无震海岭。在无震海岭上的火山呈链状分布,出露海面者构成火山岛。夏威夷海岭上有 210 多座海山,天皇海岭亦有 60 余座海山。无震海岭亦属大洋地壳,具三层结构:第一层属深海碳酸岩沉积,生物礁相和火山碎屑等沉积物质,厚 1～2km,与大洋中脊轴部缺乏沉积物质成鲜明对照;第二层火山岩层厚度显著增加;第三层大洋层厚达 10～12km,与洋中脊相比较其洋壳厚度明显增加。因而在无震海岭下部初具山根现象,环绕无震海岭周围往往有环形的海壕和海拱现象。

沿无震海岭一端向另一端延伸,火山年龄有规律地依次变老。如图 2－65 所示为北太平洋中的夏威夷海岭和天皇海岭。夏威夷海岭上的部分海山出露水面成为岛屿,而天皇海岭的海底火山全都没于水下,海岭上火山的年龄,显示出向东南方向依次变新的规律。根据 1977 年由格罗玛"挑战者"号考察船对天皇海岭的推古、仁德、应仁等 4 个海山进行的深海钻探结果,天皇海岭的北端,靠近堪察加半岛的明治海山,其上覆最老沉积物的年龄约 70Ma;天皇海岭和夏威夷海岭转折处,火山年龄约 40Ma;其东南面中途岛上火山的年龄约为 20Ma;东南端的夏威夷群岛则多在 10Ma 以内。夏威夷诸岛火山岩的年龄亦显示出递变的规律(图 2－65 中的小框图),从西北往东南方向:考爱岛为 5.6Ma,瓦胡岛为 2.5Ma,莫洛凯岛为 1.8Ma,毛伊岛为 1.3Ma,夏威夷岛不超过 0.8Ma。岛上的基拉韦厄火山是目前仍在活动的活火山,这

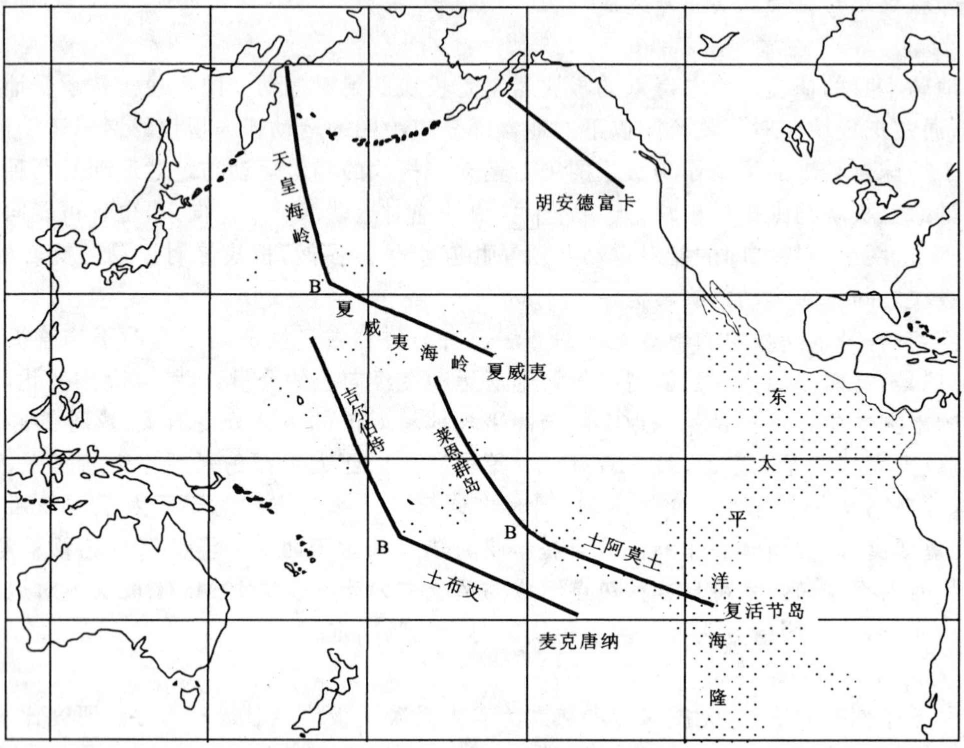

图 2－64 太平洋中由热点形成的无震海岭

（据 Morgan，1972）

图 2－65 夏威夷海岭到天皇海岭的海山群及其年龄

（据 Condie，1989）

图中数字为火山岩年龄，单位为 Ma

一活火山位于板块的内部。

Wilson(1965)根据无震海岭火山年龄的递变现象，提出了热点假说解释无震海岭的成因。热点是地幔柱上涌的地方，地幔柱位置大体固定在地幔中，当岩石圈板块运移至热点之上，板块仿佛被“烧穿”了，在热点处断续地喷溢形成火山。由于板块不停地移动跨过热点，先形成的火山随板块运动移出热点，逐渐熄灭成为死火山。在死火山的后部，相继又形成了一个个新的火山，从而发育成由新到老的一串火山链(图 2-66)。因此，火山链实际上标示出板块漂移过热点的轨迹，录下了板块的运动方向。天皇海岭的熔岩样品剩余磁性测定表明天皇海岭火山生成时的古纬度，大致与现今夏威夷群岛的纬度相当，天皇海岭火山的规模及熔岩成分也与夏威夷海岭类似，特别是年龄新老依次排列，证明了天皇海岭与夏威夷海岭一样，也是由夏威夷热点的火山活动先后形成的。夏威夷-天皇海岭火山的年龄，比起邻接的太平洋洋底地壳的年龄要年轻得多，可见，热点的火山活动相对于先成的洋底板块来说，具有后续和上叠的性质。

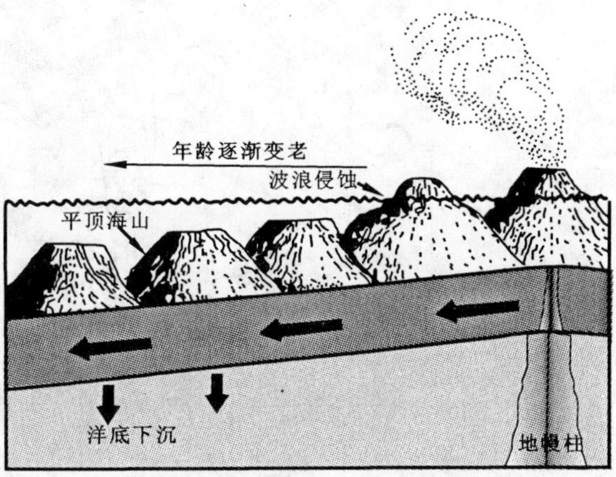

图 2-66　跨过地幔柱热点的板块运动

(据 Duxbury A C,1997)

太平洋 3 列无震海岭均有规律地由北北西转向北西西方向(图 2-64)，标志着古老的太平洋板块运动的方向曾发生变化。约在 42.5Ma 前太平洋板块的运动方向为北北西，之后扩张方向发生变化，板块运动方向转折为北西西。印度洋东经 90°海岭，也是一条由热点形成的无震海岭(图 2-67)，该海岭南起 35°S，北至 10°N，长达 4 800km，宽约 200km，相对高度 1 000～3 500m，是世界上直线最长的海岭。该海岭由南向北高度依次降低，深海钻探显示其最南端时代属中新世，最北端火山年龄为晚白垩世，由南向北火山年龄依次变老，代表了印度洋板块运动方向和轨迹。

为解释热点的生成，Morgan(1971)提出了地幔柱(mantle plumes)的概念。地幔柱是源于地幔深部的圆柱形上升流，它携带地幔物质和热能直至地幔上层，并在岩石圈和软流圈分界处四散外流。根据重力异常分析以及地震探测，地幔柱的直径可达 200km 甚至更大。地幔柱可以把上覆岩石圈抬起，在地表形成直径达上千公里的巨大穹隆，所导致的质量盈余可引起 15～20mGal 左右的正重力异常，并出现高热流值。

热点处的火山活动就是地幔柱物质喷出地表的反映，所以地幔柱实际上是热点假说的引申。热点-地幔柱之上火山活动特别旺盛，在大洋中，火山物质可堆积至海平面之上构成火山岛。热点处溢出的火山物质数量越多，扩张速率越慢，则熔岩堆积越易于形成巨大的岛屿，如冰岛。如扩张速率较快，则等量的熔岩扩展开去，形成横向的无震海岭(Jacobs et al.,1974)。热点型火山岛往往有富含碱质的碱性玄武岩，与大洋中脊上的拉斑玄武岩明显有别，这两种玄武岩中有关微量元素的含量也大不一样，暗示热点处的熔岩与洋中脊上的熔岩源于地幔的不同部位。

热点大体上固定于地幔中，因此，板块相对于热点的运动，便是相对于地幔固定部分的运

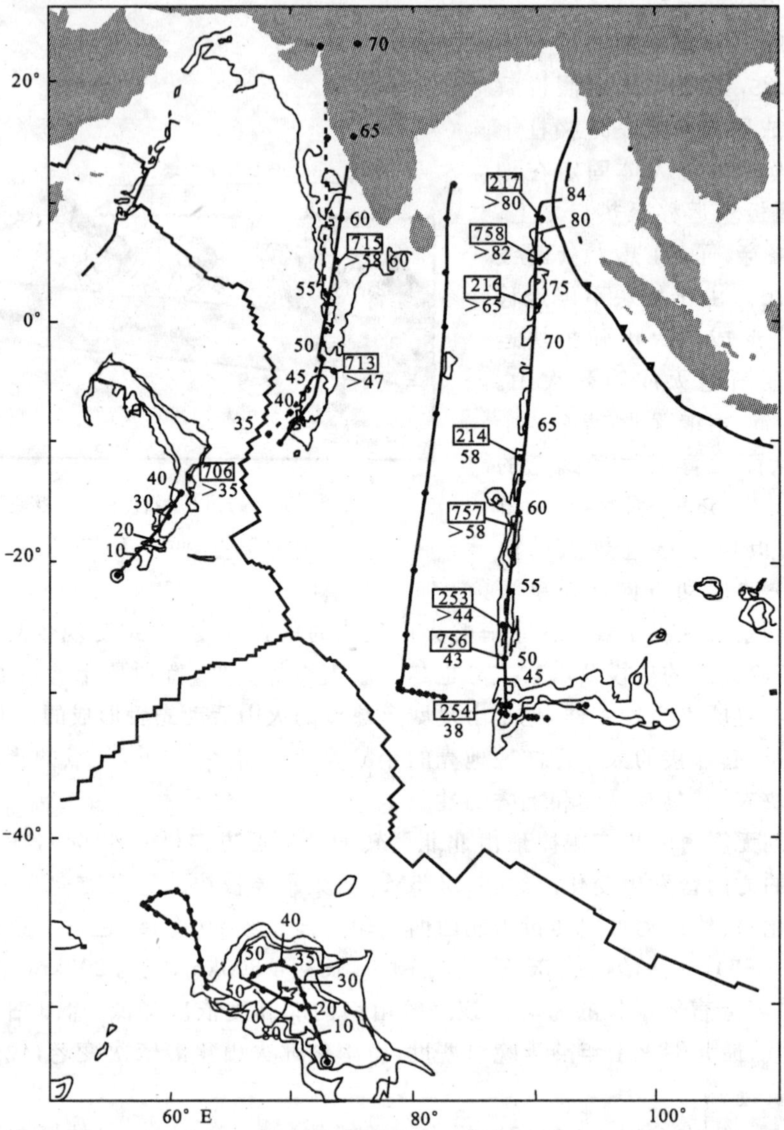

图 2-67　印度洋东经 90°海岭海山群及其年龄

（据 Royer et al., 1991）

动，也即是对于地理极或地球自转轴的绝对运动。如前所述，以热点为一端的那些火山海岭是板块越过热点留下的痕迹，它们代表板块相对于热点的运动方向，应是地球球面上的一段圆弧，相当于板块旋转运动的欧勒纬线。根据这些火山海岭的走向，可以求出板块相对于这些热点的旋转运动的旋转极。根据夏威夷-天皇海岭、莱恩-土阿莫土海岭以及马绍尔海岭这 3 列轨迹，Morgan 计算了 80Ma 来太平洋板块相对于热点的旋转极。距今 40Ma 前后，板块的运动方向曾发生变更，相应旋转极的位置有所不同。10～40Ma 前（相应于天皇梅岭段），旋转极位于北纬 23°，西经 110°，旋转角度为 45°；40Ma 前至今（相应于夏威夷海岭段），旋转极位于北纬 67°，西经 73°，旋转角度为 84°；太平洋板块作顺时针向旋转运动，从海岭上火山活动的年龄，以及年龄已知的火山之间的距离，又可以求得当时板块运动的线速度。

与太平洋及夏威夷海岭、印度洋东经 90°海岭类似的热点活动的踪迹现象在全球其他海洋和陆上很多地方都有表现(图 2-68)。在大西洋南部,特里斯坦达库尼亚岛座落于一个热点上。大西洋中脊轴部一度落在这一热点上,随着海底向两侧扩张,在两侧两个板块上可能同时形成两列海岭——鲸鱼海岭和里奥·格兰德海岭。

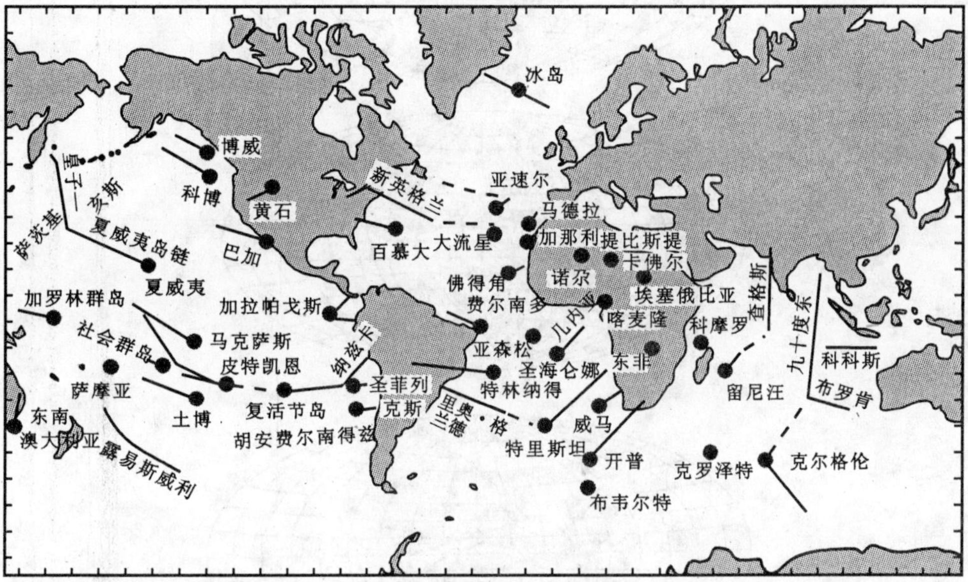

图 2-68 热点(圆)和热点轨迹(线)的分布

(据 Condie,1989)

五、大洋盆地的演化与威尔逊旋回

海底扩张和板块运动概念的提出彻底改变了大洋永存的传统观念,洋底磁异常条带沿扩展轴对称分布的图式又使得人们可以用从新到老逐对拟合磁条带的方式来准确再造晚中生代以来的大洋的生成历史。前已述及,约两亿年前,全球所有大陆聚合组成联合古陆,周围是一个围绕联合古陆的统一的泛大洋,即古太平洋(图 2-69)。中生代时,联合古陆破裂,其内部先形成大陆裂谷,而后进一步裂离形成了大西洋和印度洋。大西洋和印度洋周缘广泛发育无海沟的大西洋型大陆边缘,洋底俯冲活动局限于个别地区,新生的总量超过了俯冲的总量,大洋不断扩张展开。太平洋的情况则有所不同,它的前身是联合古陆外部的古太平洋,通过对环太平洋构造带的分析研究,发现太平洋的历史可远溯至元古代。然而,根据深海钻探和洋底磁异常资料,太平洋洋底的年龄同样不老于 1.7 亿年,洋盆是古老的,洋底却是年轻的。根据板块构造理论,更古老的太平洋洋底已通过洋缘的俯冲作用潜没于地幔之中,而新的洋底却又不断地从洋脊形成并扩张开来。太平洋洋底岩石圈一边新生,一边消亡,不断地更新,由于俯冲的总量超过了新生的总量,故太平洋的面积日渐减小。事实上,当全球表面积不变时,随着大西洋和印度洋的张开,太平洋势必要收缩合拢。

威尔逊首先注意到大洋开合的不同发展趋势,并归纳出一个大洋盆地顺序演化的概念,他将大洋盆地的形成和演化划分为 6 个发展阶段,如表 2-4 所示。

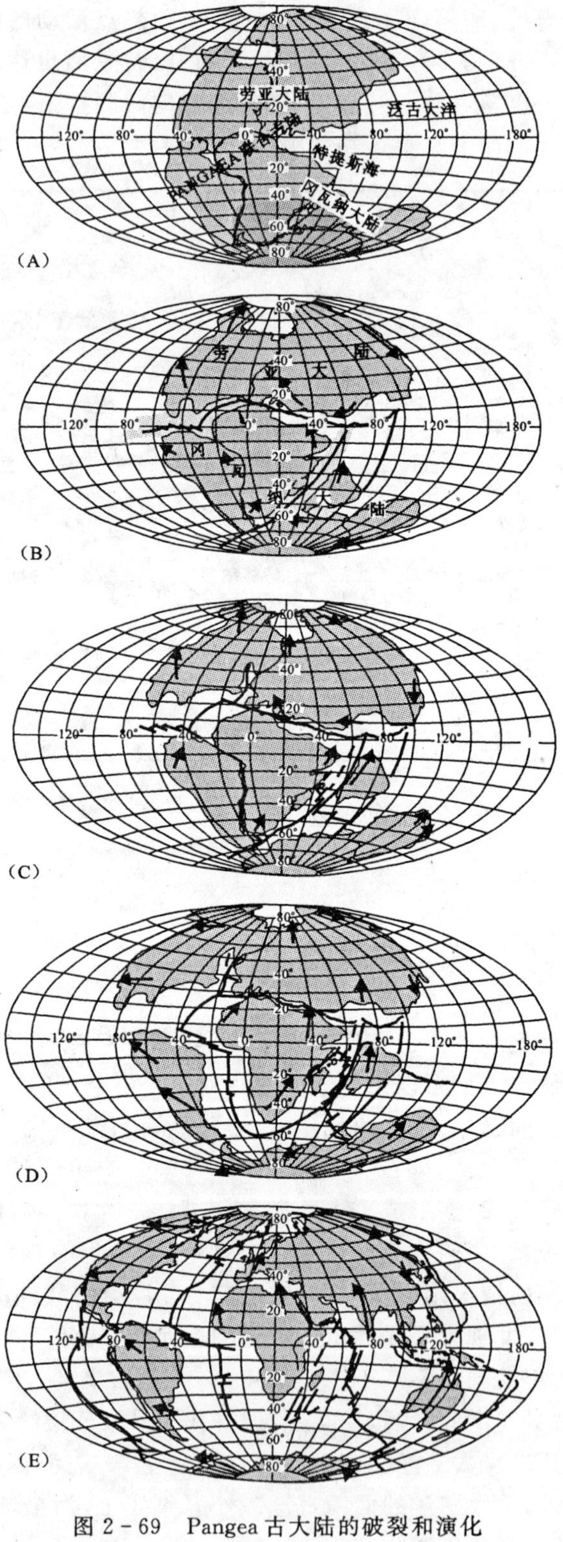

图 2-69 Pangea 古大陆的破裂和演化

(据 Raymond S,1982)

(A)200Ma 前 Pangea 古大陆和 Panthalassa 古大洋;(B)180Ma 前古大陆裂开状况;(C)135Ma 前古大陆裂开状况;(D)65Ma 前古大陆裂开状况;(E)现今大陆和海洋分布

表 2-4 大洋盆地演化旋回中的各个阶段及其特征

阶段	实例	主导运动	特征形态	典型火成岩	典型沉积	变质作用
Ⅰ.胚胎期	东非裂谷	抬升	裂谷	拉斑玄武岩溢流，碱性玄武岩中心	少量沉积作用	可忽略
Ⅱ.幼年期	红海、亚丁湾	扩张	狭海（有平行的海岸及中央凹陷）	拉斑玄武岩溢流，碱性玄武岩中心	陆架与海盆沉积，可能有蒸发岩	可忽略
Ⅲ.成年期	大西洋	扩张	有活动中脊的洋盆	拉斑玄武岩溢流，碱性玄武岩中心，但活动集中于大洋中脊	丰富的陆架沉积（冒地槽）	少量
Ⅳ.衰退期	太平洋	收缩	环绕边缘的岛弧及毗邻海沟	边缘安山岩及花岗闪长岩	大量源于岛弧的沉积物（优地槽）	局部广泛
Ⅴ.终了期	地中海	收缩并抬升	年轻山系	边缘火山岩及花岗闪长岩	大量源于岛弧的沉积物（优地槽），但可能有蒸发岩	局部广泛
Ⅵ.遗痕期（地缝合线）	喜马拉雅山的印度河线	收缩并抬升	年轻山系	少量	红层	广泛

（据 Jacobs 等，1974）

大陆裂谷阶段是大洋发展的胚胎期，以地壳被拉伸变薄，发育一系列断裂和地堑、地幔物质上涌，造成广泛的玄武岩流喷发为特点[图 2-70(A)]，东非裂谷是这一阶段的典型例证。当大陆岩石圈断离，源自地幔的新生大洋地壳在其间出现时，就意味着新的大洋诞生，而大陆裂谷转变成发育于洋壳上的陆间裂谷，并成为主要板块之间的边界[图 2-70(B)，图 2-71(A)]，这时大洋的演化进入幼年期。红海、亚丁湾、加利福尼亚湾都是生成不久的狭长的幼年洋，其轴部为地震带、高热流带，一些地段还见有磁异常条带。红海为非洲板块和印度板块（或阿拉伯板块）间的边界，洋壳的年龄从南部的 5Ma 到北部的 2Ma，说明红海的拉开是由南向北发展的，最北部的岩石圈目前仍未断开。大约 6Ma 前，加利福尼亚半岛裂离墨西哥陆缘，其间张开形成加利福尼亚湾，加利福尼亚湾和亚丁湾内均有洋中脊轴及错开脊轴的转换断层发育。

大西洋代表大洋演化的成年阶段，两侧大陆分离，结构对称，逐渐形成宏伟的中洋脊山系和开阔的深海平原，两侧都还未出现消减带。

随着大洋不断张开，大洋边缘离开中脊的距离越来越远，岩石圈不断冷却密度增大从而向下沉陷，同时，由于被动大陆边缘接受了巨厚的沉积物，在地壳均衡作用下也使洋缘的岩石圈遭到显著的沉陷。至一定阶段，洋缘的岩石圈在挤压作用下破裂，一侧岩石圈俯冲沉潜于另一侧之下，洋缘出现了海沟和板块俯冲带，被动大陆边缘于是转化成为岛弧或活动大陆边缘[图 2-70(C)]。当板块的俯冲作用占据优势时，大洋的发展便进入衰退期，如太平洋，中脊偏于一侧并逐渐消失[图 2-71(B)]。

地中海代表了大洋演化的终了期或残余期。中生代时的古地中海，北缘横贯着一系列海沟俯冲带，类似今日西太平洋的情景；南缘濒临印度、阿拉伯、北非，为宽缓的被动大陆边缘。

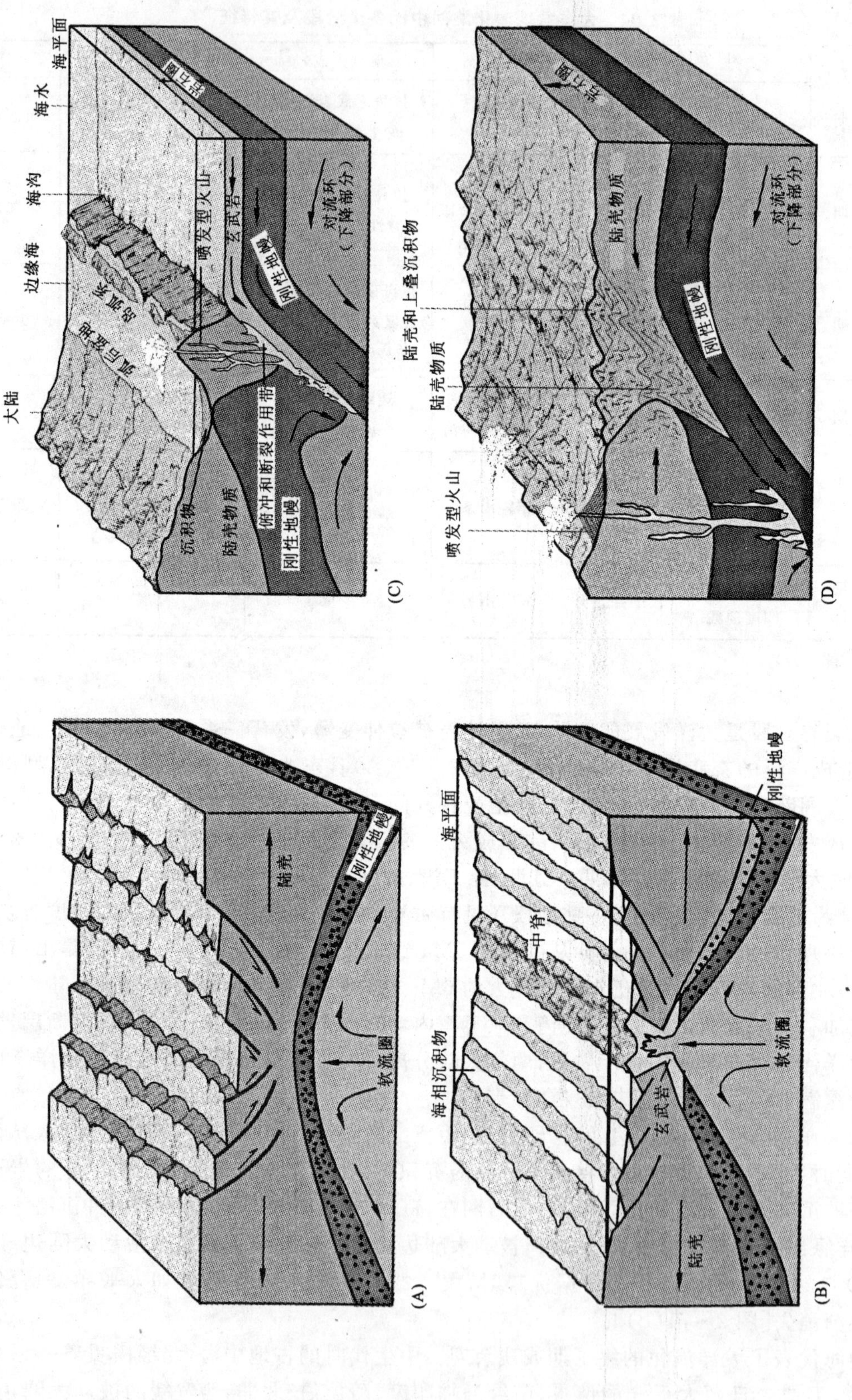

图 2-70 大洋盆地演化旋回中的各个阶段示意图
（据 Duxbury A C,1997）

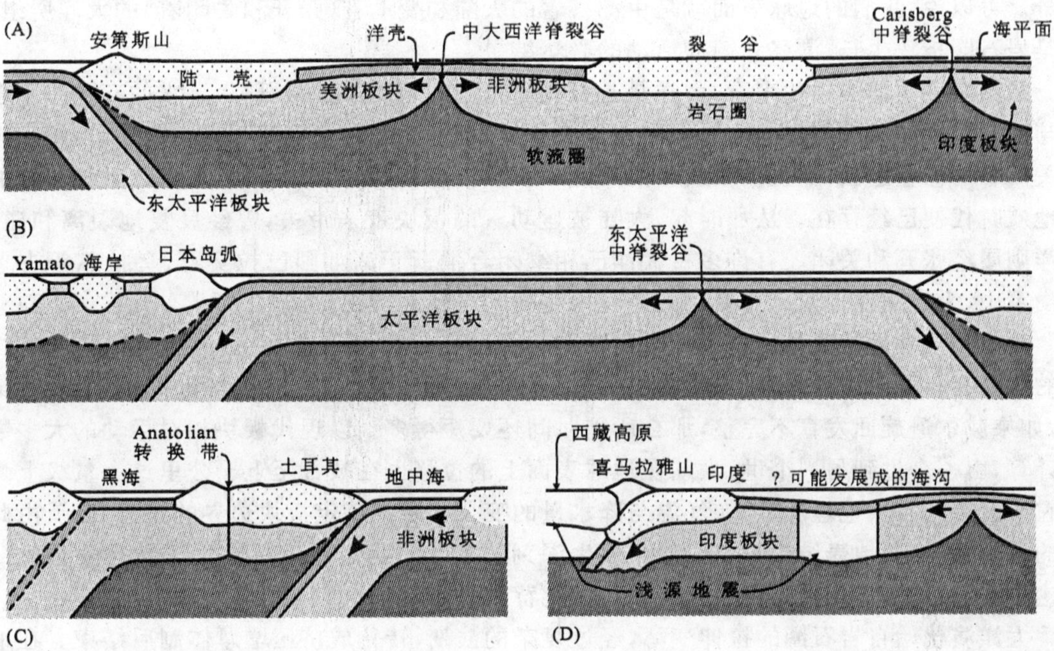

图 2-71 显示现今板块、大洋、大陆和岛弧之间的关系剖面图

(据 Raymond S,1982)

古地中海洋底沿北缘海沟向北潜入欧亚大陆之下[图 2-71(C)],古地中海逐渐收缩关闭。现代地中海乃是古地中海萎缩后的残余海洋,其内部不见活动的洋中脊,海盆相当窄小,标志着大洋发展的终了期。

印度、阿拉伯以北的古地中海洋壳,新生代时相继俯冲消亡,印度、阿拉伯与欧亚大陆其余部分相遇碰撞,洋盆完全闭合消失。两侧大陆碰撞时强大的挤压应力,导致岩层褶皱、断裂、逆掩、混杂,地面向上隆升,形成了巍峨的褶皱山系[图 2-70(D),图 2-71D],如喜马拉雅山系,已消逝大洋的洋壳残片(蛇绿岩套)镶嵌在造山碰撞带中,构成已消逝的洋盆的遗痕(地缝合线),如印度河-雅鲁藏布江一线。

为了纪念加拿大学者威尔逊对板块构造理论的巨大贡献,上述记录在大陆岩石圈中的复杂交替的大洋开闭旋回被命名为“威尔逊旋回”(Dewey J F,Burke K,1974)。威尔逊旋回的前 3 个阶段,表征了大洋的形成和张开,而后 3 个阶段,则标志了大洋的收缩和关闭。扩张着的大洋周缘广泛发育大西洋型大陆边缘,大洋中脊大致位于大洋的中轴部位;收缩的大洋,至少有一侧是太平洋型大陆边缘,大洋中脊的位置往往偏于大洋的某一侧。

从图 2-69、图 2-71 可以看出,许多大陆正漂离大西洋和印度洋,向着太平洋方向推移,这是联合古陆破裂后四散分离过程的继续。大西洋、印度洋周缘的被动大陆边缘,不是板块的边界,相邻的洋底和大陆是作为同一板块移动的,故大西洋、印度洋周缘的大陆被扩张着的洋底推动着,主要是向外侧推移;相反,太平洋周缘诸大陆漂移的方向是指向太平洋内部的。相对于大陆漂移的方向而言,一个大陆可有前缘、后缘之分。美洲大陆的前缘(西缘),是陡峭的太平洋型大陆边缘,后缘(东缘)则是宽缓的大西洋型大陆边缘。随着美洲大陆向西漂移,其前缘仰冲逆掩于太平洋底之上(现代主要指南美和中美洲的西缘,这里伴随有板块的俯冲带),前方的太平洋趋于收缩,后方的大西洋逐渐张开。可见,大陆漂移与大洋的开合相辅相成、密不可分。可以说，我们的地球表面就是由漂移着的大陆和变动着(张开和关闭着)的大洋所组成，这是岩石圈板块生长、漂移和俯冲活动的必然结果。

从深海动物群的进化来看，大洋是一种相当古老的地质体。据研究，海水的存在差不多可以与大陆地壳的历史相提并论。大洋的历史是漫长的，大洋的位置却不时在变动着，海水可以从关闭着的洋盆退出，涌入扩张新生的洋盆中。威尔逊旋回的演化形式，可能在数亿年前的古老地质时代便已经存在。从那时起，大陆被运动着的板块带来带去，曾经反复地裂离和碰撞，大洋则屡经张开和关闭。有许多古大洋已相继闭合消逝于诸如阿巴拉契亚、乌拉尔等古老褶皱山系中，大陆则在反复离合变动的过程中变得越来越复杂了。

一个大洋盆地从开始出现到最终封闭在一到两亿年之内完成这一事实，意味着与大洋毗邻的大陆在相同时限内也发生过大致相同幅度的水平运动。这一段时间与两、三个地质纪相当，如果威尔逊旋回发育不完整，那么所需时间还要短得多。以现代板块相对运动的大多数速度计算，由一个世到另一个世，大陆在地球表面上的位移也在数百至上千公里这一量级上。因此它所经历的自然地理环境，如气温与降水量的变化和距离特定板块边界的远近，以及由此导致的深部热体制、地壳结构等也必然会发生深刻的变化。我们在分析地质记录时务必要持活动论的观点，把具体剖面分析与大区域的演化背景联系起来。

大洋演化始自岩石圈的拉伸变薄，经过复杂的演变，转化成挤压增厚体制后结束。在地质记录上表现为大陆裂谷、被动陆缘和活动陆缘等地球动力学环境的更迭，最后以造山带的生成结束，本身就构成一个完整的构造旋回。大洋盆地又是地球上最大一级的地貌和构造单元，它的运动方式的重大转变不可能不引起全球板块构造格局的重组。从这个角度来说，构造旋回是全球性的，但它具体又是一个穿时的过程，不可能同时发生。

六、板块运动的驱动机制

在刚性岩石圈之下，塑性较大且较易流动的软流圈的存在，是板块能够运动的物质基础。然而，使得板块发生运动的驱动力，如地幔对流、边界力等是迄今仍在探索的问题。任何一种合理的驱动机制，至少要满足以下一些条件：第一，能够产生足够大的力；第二，必须合乎物理学，包括流体动力学、热力学、力学的基本原理；第三，应符合根据地球物理观测得出的地球内部的性质；第四，驱动机制所产生的效应要与现代岩石圈的性状和动态一致，应能解释板块运动在地质历史中的演变过程(Jacobs 等，1974)。下面主要介绍地幔热对流、板块运动驱动力和驱动机制等方面的研究进展，关于核-幔边界成因的地幔柱作为板块驱动力的研究在下一章介绍。

(一)板块运动的驱动力

1975 年，上田诚也等分析了作用于岩石圈板块上的 8 种力(图 2－72)。其中作用于板块底面的有两种力：地幔拖曳力和大陆拖曳力；作用于板块边界上的有 6 种力：3 种是驱动力，即洋中脊处的脊推力、俯冲带处的板块拉力和海沟引力；另 3 种是阻力，即转换边界上的转换阻力、板块相遇处的碰撞阻力以及潜没板块前端的板块阻力。

地幔拖曳力 F_{DF} 是由板块和下伏软流圈之间的粘性耦合产生的作用于板块底部的剪应力，它与板块的面积以及板块相对于软流圈的速度成比例。由于大洋板块和大陆板块下面的软流圈可能有不同的流变性，作用于大陆板块的地幔拖曳力也会与作用大洋板块的地幔拖曳力不同。作用于大陆板块的地幔拖曳力应为 $F_{DF}+F_{CD}$，F_{CD} 为大陆板块存在的附加拖曳力。底部拖曳力可看作是作用在整个板块上的一种被动力，因而它可以是一种驱动力，也可以是一

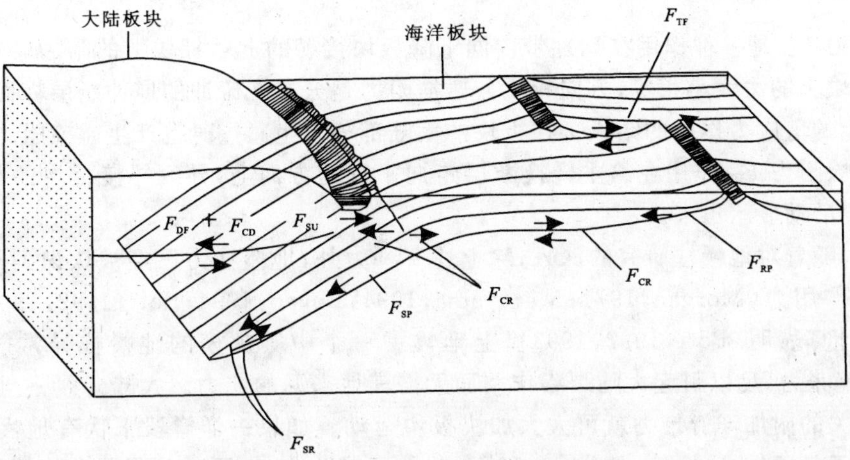

图 2-72 作用于岩石圈板块上的 8 种力

(据 Forsyth 等,1975)

F_{DF}为地幔拖曳力;F_{CD}为大陆拖曳力;F_{RP}为洋脊推力;F_{SP}为板片拉力;F_{SR}为板片阻力;
F_{SU}为海沟吸力;F_{CR}为碰撞阻力;F_{TF}为转换断层阻力

种阻力。如果在软流圈内有活动的流动,如热对流,底部拖曳力就起驱动力的作用;如果软流圈相对板块运动而言是被动的,底部拖曳力就起阻力作用。它们可能诱导出板内挤压应力,或板内拉伸应力,这取决于板块的绝对运动和其他边界条件。大陆下面的拖曳可能大大超过大洋底下的拖曳,尤其是如果在大陆下面存在着俯冲潜没的岩石圈深脊的情形下。

洋脊推力 F_{RP} 近似于沿板块边界作用的线力,用板块边界单位长度上的力表示,或近似为作用在年龄约小于 90Ma 的岩石圈上的分布力,用岩石圈单位面积上的力表示。一般认为,洋脊推力作用在垂直于洋脊走向的方向上。Bott(1993)认为洋脊推力主要源自洋脊顶部之下高压上涌地幔的重力楔入效应,是作用在靠近洋脊顶部的岩石圈边缘的板块边界力。Richardson(1992)认识到洋脊推力是板内应力场的来源及其在板内变形,特别是在形成大区域均一应力方向中的重要作用。

海沟下面冷的下沉板片比周围地幔物质的密度大,因此,它受到一由其负浮力产生的体力,即板片拉力 F_{SP},一般有几百兆帕量级。当板片下沉时,在浅的深度上,由于板片与周围地幔间的温度差小,密度差也小。密度差会随深度增加,直到板片的加热作用变成重要作用,并且在板片中发生橄榄石-尖晶石相变的大约 200～300km 深度上,密度差将大大增加。估计体力的 1/3～1/2 是由相边界的上升引起的。推断负浮力的"引力中心"在大约 200～300km 深度上。

板片阻力 F_{SR} 主要由粘滞拖曳作用引起,大都集中在板片的下部或前端,与海沟的走向垂直,阻碍板块向地幔推进。板片拉力与板片阻力的合力,即净板片力,对地表板块的板内应力场有影响。计算表明(Bott 等,1992),净俯冲力取决于板块穿入地幔的深度,而与俯冲板片的倾角无关。

海沟吸力 F_{SU} 是一种施加在大陆板块或仰冲板块上的、并把板块拉向海沟的作用力。Elsasser(1971)认为,这个力是由于海沟处的大洋板块连续的下拗引起的,下拗产生的空间不断被大陆板块的向海方向的移动充填。Bott 等(1992)研究表明,对于一个穿透到 300km 深度上的板片来说,板片拉力和海沟吸力的大小可能差不多,约为 $4.5\times10^{12}\,N/m^2$,比洋脊推力要大得多。

碰撞阻力 F_{CR} 是一种作用在俯冲带内同下降板块接触的上驮板块上的阻力。这种力同作用在俯冲板块上的力大小相等,方向相反。碰撞阻力是分布在俯冲的逆冲断层界面(向板块内部倾斜)之上的剪应力作用的结果。在板块的大陆部分发生碰撞时也产生碰撞阻力。

转换断层阻力 F_{TF} 作用在与主转换断层走向平行的方向上,导致邻接板块的相对运动受阻,常由地震活动显示出来。

近年来,随着对地幔柱研究的深入,除上述8种力外,地幔柱力已经被认识到是板块运动的一种重要作用力(Morgan,1971;Maruyama,1994;Fugao,1994;Bott,1992,1993;马宗晋,2003等)。计算表明(Bott,1992,1993),上地幔中一个中等规模的地幔柱异常能产生大约260MPa的偏张力,足以引起大陆裂谷作用而无需其他来源的应力。大陆开裂一旦发生,与地幔柱存在有关的附加洋脊推力就可大大加快板块运动。如果一洋脊段下伏有地幔柱,洋脊推力就可以是正常值的2～3倍,约为 $6\times10^{12}N/m^2$,可产生大的、延伸到周围大陆的偏压应力。

对板块作用力的相对重要性的研究(Forsyth et al.,1975;Richardson,1992)表明,各种驱动力的相对重要性是随时间和空间变化的,取决于所处的构造环境的不同,它们或者是相互加强,或者是相互抵消。在泛大陆型超大陆裂解期间,地幔剪切拖曳力与在软流圈对流单元上发育的偏张应力结合,可能起主要作用。在各大陆散开期间,洋脊推力与剪切拖曳力是相互增强还是抵消,取决于它们相对于软流圈流动型式的取向。超大陆的拼接可能出现在下降对流单元的地区。在这样的条件下,板片力、洋脊推力和剪切拖曳力起相互增强的作用(Ziegler,1993)。

在超大陆拼接之后,岩石圈下面的对流单元重组,控制大西洋型裂谷系的发育、大陆的开裂和大洋盆的张开。在超大陆裂解、新洋盆打开、消减带活动和板块汇聚中,由剪切拖曳力、板片力、洋脊推力和偏张应力的组合是驱动的岩石圈板块运动的主要作用力。沿消减带的活动主要是由板块汇聚速率控制,其中上驮板块的绝对运动,而不是俯冲板片的重力沉降起重要作用。根据有限单元模拟结果得出,洋脊推力和俯冲拉力一般都能驱动板块,无需由对流软流圈施加底部拖曳。但是,当洋中脊下面存在地幔柱时,底部拖曳可以成为一个重要的板块驱动力(Bott,1993)。

(二)板块运动的驱动机制

迄今为止提出的板块运动驱动机制有主动机制和被动机制之分,地幔对流机制就是一种板块运动的被动驱动机制,而推-拉模式则是板块运动的主动驱动机制(图2-73)。不过,关于板块的驱动机制问题,仍停留在推理和探索阶段。下面主要对地幔对流机制和推-拉模式这两种机制做简单的介绍。

1. 地幔热对流拖曳板块运动

由于介质的热平衡或化学平衡遭到破坏,会引起物质各部分的密度差,从而导致重力的不稳定性,轻者上浮,重者下沉,这就形成了对流。

地幔对流的概念实际早在1889年就由费希尔(Fisher)提出,随后霍姆斯用来解释大陆漂移。随着板块学说的诞生,以及对地球演化期间热能产生和消耗情况的估算,地幔对流说得到更多人的拥护。据艾里亚马(Iriyama,1977)估计,地球演化期间丧失的能量约 $2.7\times10^{36}J$,其中地幔对流丧失能量 $1.96\times10^{36}J$,占72.4%,热传导丧失的占27.5%,其余为火山、热泉等方式散失。因此,地幔对流是地球热能传递和消耗的极为重要的机制,板块运动的能量可能主要是通过地幔对流供给的。一般认为,驮在软流圈之上的岩石圈板块是由于地幔对流的拖曳作

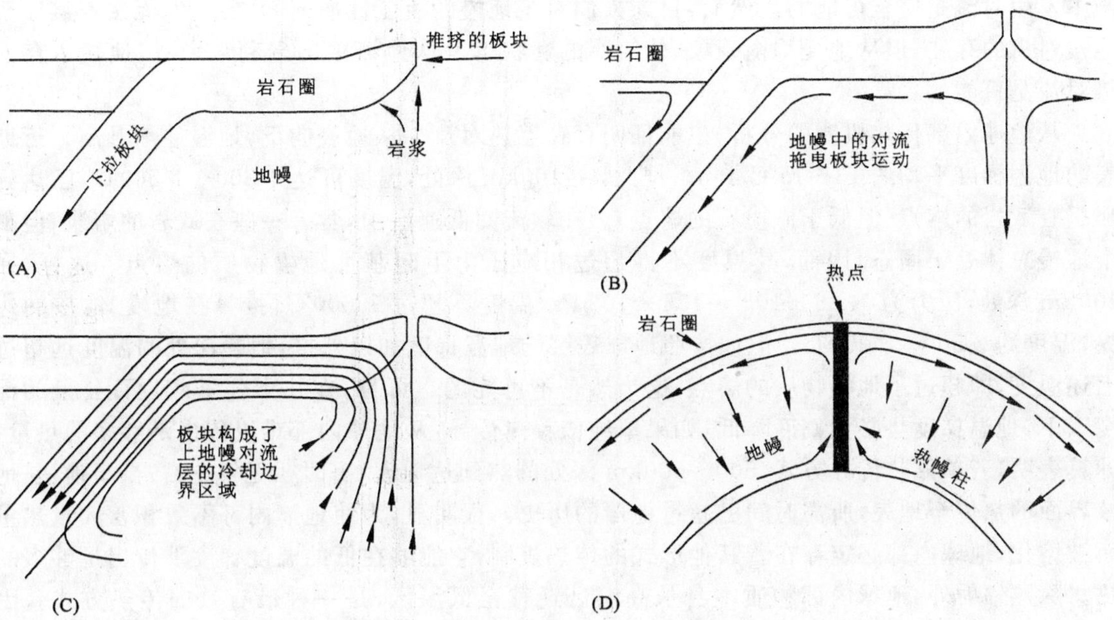

图 2-73　岩石圈板块运动可能的驱动机制

(据 Siever R,1982)

(A)扩张中心推力或冷而重的下降板片拉力或者是二者的联合作用；(B)地幔中的对流拖曳板块运动；(C)板块是热塑性上地幔中对流环的冷而脆性的边界区域；(D)深部上升的地幔柱形成洋中脊的热点，并侧向扩展拖曳板块运动，在地幔的其他部位形成返回的下降流

用而运动的。地幔上升流使板块分离，下降流则使板块敛合。在地幔较深处重新变热并返回大洋中脊之下，开始又一次对流旋回。这一早期提出的简单模式难以解释复杂的板块构造格局。地幔对流无论是其发生机制、类型及其对板块运动的控制作用都非常复杂。

(1)对流的产生——瑞利条件分析

瑞利(Rayleigh J W S,1916)研究了处于无限平行平板之间均一而不可压缩的理想流体，当下方加热时，会产生温度和密度梯度，由此所产生的浮力可以促使对流形成；而流体的粘滞阻力则阻碍对流的形成，流体的粘性系数越大，越难以发生对流；热扩散(热传导和热辐射)作用会使驱动对流的温度梯度减弱或消失，也不利于对流的形成。表征这一对流产生条件的无量纲参数称为瑞利数：

$$R_a = \frac{\alpha \beta g h^4}{k v} \tag{2-7}$$

式中分子包含了促进对流的因子(浮力)，分母则包含了阻碍对流的因子(粘滞阻力及热扩散的耗散作用)。其中 α 为热膨胀系数，β 为温度梯度，g 为重力加速度，h 为层的厚度，k 为热扩散率，v 为动粘滞系数(v 是粘滞系数 η 和密度 ρ 之比)。

R_a 的临界值约 2 000，当瑞利数超过临界值时便可发生对流，瑞利数越大，越容易发生对流。用一层几毫米厚的硅油做实验，发现只要有摄氏几度的温度差，瑞利数即可以达到临界值。

粘滞系数的大小，对能否发生对流和对流的图像有很大影响。地幔虽说是固体，但在高温和长时间力的作用下，具有流动的性质，这样，可将地幔当作流体看待，并用瑞利数的大小检验地幔中能否发生对流。由于地幔层的厚度极大，而瑞利数又与厚度(h)的四次方成正比，这样，即使地幔的粘滞系数较大，地幔的瑞利数仍大大超过了临界值。因此，从瑞利条件分析，地幔中发生对流是完全可能的。然而,目前人们对于地幔的流变性质还知之不多,无法直接证明地幔对流的存在,但从地壳均衡现象、软流圈的性状以及从地幔中的瑞利数来看,地幔中存在热对流是可能的。

从地球内部传热机制的分析,也能证明存在着热对流。从地表向下,地温逐渐升高。近地表的地温梯度平均约 13～15℃/km。据此,在 100km 深处,温度可达 1 300～1 500℃,已达到那里玄武岩的熔点(但低于橄榄石的熔点)。在软流圈低速层中,含有一些玄武岩的熔浆,但整个地幔总体处于固态,因而,其温度不得超过相应压力下超基性地幔物质的熔点。这样,在 400km 深处,压力为 $1.26\times10^{10}\sim136\times10^{10}$ Pa,温度不超过 1 600℃;推算在地幔-地核的边界,温度约 2 500～5 000℃。但如按照地球表层的地温梯度加以外推,地幔深处的温度远超过上述温度,即超过了地幔物质的熔点,这当然是不可能的。可见,在几十公里或近百公里的深度以下,地温梯度势必大幅度降低,如果单纯依赖热传导,从地球内部难以传出足够多的热量。计算表明,若单靠热传导方式,500～600km 深处的热到达地表,需时 3 亿年左右;至于地幔-地核界面的热传至地表,所需时间已超过地球的历史。很明显,为使地幔内部不致积蓄大量热量而被熔化,地球内部必定存在着其他形式的传热机制,它能够在低的温度梯度下传出足够多的热。除热辐射外,地球内部物质本身从高温区迁移至低温区,是一种最有效的传热方式。因此,从地球内部的传热机制分析,很可能存在着热对流。地幔热对流乃是地球对于其本身加热过程的一种自然平衡作用。铀、钍、钾等放射性元素衰变产生了地球内部的热能,冷却作用是由地球表部发生的,从而导致了地幔内的热对流。

(2)热对流的类型和规模

地幔中的对流有两种类型,即热对流和重力对流。热对流是由地球深部和浅部物质的温度差引起的,通常说的地幔对流主要指热对流。重力(密度)对流的发生是由于存在着两种或更多种粘性物质,这些物质的化学成分不同,密度亦有差别,在重力作用下,较轻的物质分布在下部,因此,确切地说,这是一种化学对流,但习惯上称为重力对流。热对流也可视为一种密度对流,它的密度差是由化学成分相同的物质具有温度差引起的,其下部物质较热,在上部逐渐冷却。这两种对流是地球内部进行的热平衡和重力平衡过程的反映。

按所研究的地幔对流的规模划分,地幔对流模式有全地幔对流、上地幔对流、上下地幔分层对流和局部次级对流。

关于地幔对流问题的早期争论是对流仅发生在上地幔的软流圈还是整个地幔。一些人认为对流仅限于上地幔软流圈(图 2-74),主要理由是下地幔粘性太大,不足以引起对

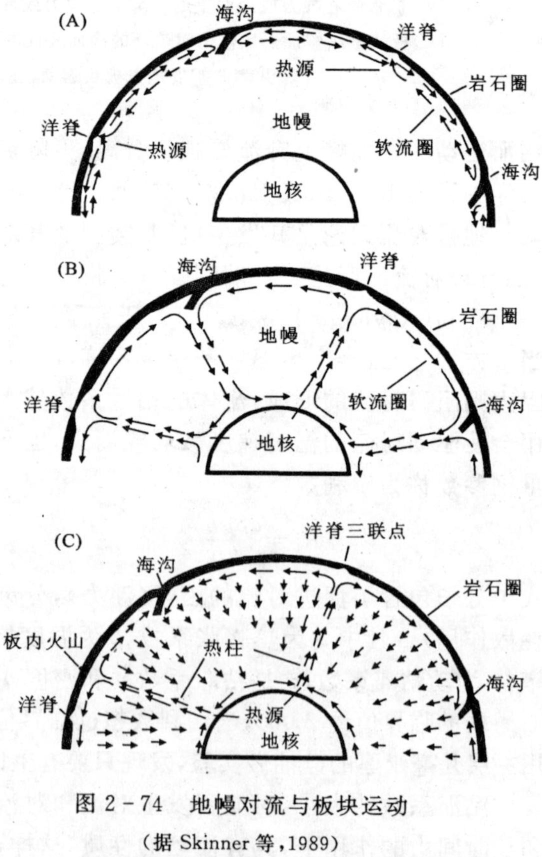

图 2-74 地幔对流与板块运动

(据 Skinner 等,1989)

(A)软流圈内的对流;(B)全地幔对流;

(C)产生于核-幔边界的热柱及其在地表引起的热点

流，上地幔下部的相变亦可能阻碍对流。然而，根据瑞利理论，对流的水平尺度与垂直尺度相差不大，软流圈的厚度有限，势必形成许多小尺度的对流体。数目众多的小型对流体的运动难以与一些大型板块的运动相适应，因此，把对流限制在上地幔软流圈中似不可能。后来人们从北美冰后期的均衡抬升、地球自转速度变化等方面分析得出下地幔的粘滞系数比原来的估计要小得多，因而下地幔也应产生热对流。此后，关于地幔对流问题争论的焦点变为是全地幔对流还是层状对流的问题。

争论中的关键问题涉及650～700km的转换带。首先，它是相变面还是化学界面。若是化学界面，只要化学成分差异产生3%密度差就足以引起层状对流；若是相变面，是否能阻止对流的连续性则是比较复杂的问题，取决于相变是吸热还是放热等条件。其次，这里是否有大的温度降。近十多年来，对热点和地幔柱的深入研究得出，地幔柱是从地幔底部热边界层上升的，是地核失热的一种机制，是地幔对流的一种重要方式。

(3)地幔对流与板块运动的关系

地幔对流是能将地球内部的热能进行传递并转化为板块运动所需动能的一种有效途径，但对具体的驱动机制仍有争论。一种意见认为板块运动的驱动力来自板块俯冲过程中产生的负浮力，是板块运动带动地幔物质发生流动。另一种意见则强调岩石圈板块本身就是全球地幔对流系统的一部分，是对流时产生的一个上边界层。通常认为，板块的扩张中心(洋中脊)位于对流的上升流上处，板块的汇聚边界位于对流的下降流处。地幔对流从洋中脊向两侧分流，逐渐变冷，至海沟(或造山带)成为下降流，在地幔较深处，又从海沟下面反流回大洋中脊以下，并重新变热，成为上升流。但是值得注意的是板块运动与地幔对流之间不一定有绝对的直接的联系，就好似水上漂浮着许多相互推挤着的冰块，冰块的形状和运动相当复杂，其下水体的流动却可能比较简单，二者的运动并不绝对吻合，但归根到底，冰块的运动仍是由下面的水流驱动的。有的学者推想，那些主要的汇聚板块边界应位于对流的下降流上，主要的扩张板块边界则处于上升流区域，但未必所有的分离型边界都严格位于上升流之上，也不能指望所有的汇聚型边界完全落在下降流之上。现代的地幔对流由两个巨大的对流系组成，上升流的中心分别位于东非的向法尔三角地区及东太平洋海隆的复活节岛，下降流则分布在太平洋西缘和太平洋东缘之下。

20世纪80年代以来，地幔对流的地表信息引起极大关注。Vigny et al.(1991)考虑板块运动速度、地表地形、大地水准面和由地震层析所得地幔的横向密度变化等约束条件，建立了动力地球模型，计算出的离散带正好位于纳兹卡、中大西洋和印度洋洋脊；主要的汇聚带在安第斯、中美洲和日本之下，也沿着喜马拉雅山。

2. 重力体力驱动的推-拉模式

Elsasser W M(1967)等提出了重力驱动板块运动的推-拉模式。他们认为，在重力场中运动的板块，主要是受洋脊推力和下沉板片的拉力而运动。当热地幔物质上侵于中脊轴部，就如同在板块中间不断地打进楔子，从而把板块向两侧推开，并推使岩石圈向两侧沿洋中脊两翼的斜坡滑动。海沟处由于板块的冷却变重导致板块的俯冲潜没，下潜板块与周围地幔之间的密度差产生了负浮力，下沉板片负浮力产生了下拉力，海沟和洋中脊间的岩石圈的行为象一个应力传导物，使应力长距离地传送(图2-73)。在拉力和推力的驱动下，板块不断沉入软流圈中，并排走周围的软流圈物质，这些物质在拉张的洋中脊升起，从而同运动的岩石圈一起构成一个对流单元。对流单元的上半部是在拉力和推力作用下主动地运动着的岩石圈，下半部则是发生回流的软流圈，因此，这个模式也被称为岩石圈-软流圈对流的推-拉模式(刘肇昌，

1983)。

下沉块片的拉力，实际是下沉板片的负浮力沿板片倾斜方向的分量，它传递给整个板块而形成驱动力。负浮力主要和下沉板片与周围软流圈物质之间的密度差 F_p 有关。在浅处板片与周围虽有温差但 F_p 较小，随着深度加大 F_p 变大，在板片发生橄榄石-尖晶石相变的 200～300km 深度达到最大值。更深处，周围也发生橄榄石-尖晶石相变，同时板块温度加大，F_p 反而变小。因此，负浮力作用中心大致在深 200～300km 地带。据 Elsasser(1967)计算，俯冲带的岩石圈板块，若厚 100km，俯冲深度 700km，俯冲角 45°，板块与周围物质的平均密度差为 0.5g/cm，则每米俯冲带的拉力为 2.5×10^{13} N/m，而地幔阻力只有 0.7×10^{12} N/m，可见拉力的作用是主要的。

根据板块边界、板块年龄和类型以及板块速度之间的经验关系，板块速度和具有大百分比消减边界的消减板块年龄之间有强的相关关系。俯冲边界最长的太平洋板块具有最高的扩张速度，有海沟的板块(如太平洋)比无海沟板块(如大西洋中脊两侧)扩张速度快，洋壳板块比陆壳板块运动速度快。

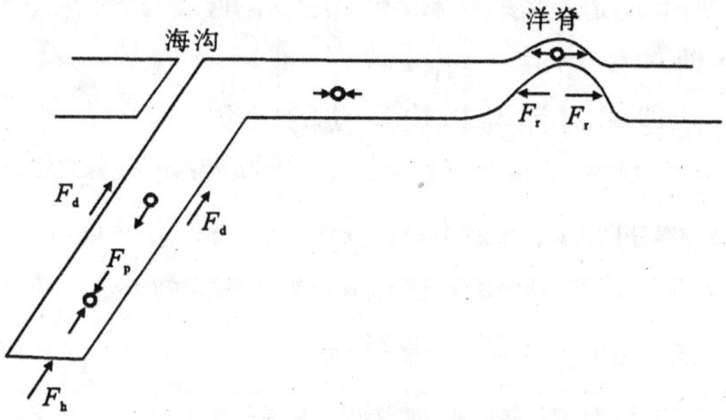

图 2-75 大洋板块内部应力示意图

(转引自刘肇昌，1983)

F_p 为下沉板片拉力；F_h 为前缘阻力；

F_d 为板片两侧粘性阻力；F_r 为洋脊推力

推-拉模式所得到的板内应力状态与震源机制也是吻合的。如图 2-75 所示，洋壳板块前有净拉力，后有洋脊推力作用，是一种比较稳定的应力状态。所以，尽管板块很薄，其厚度与长度之比很小，它也不会失稳而产生大规模褶皱。在洋脊推力作用的洋中脊轴部，板块上部较薄的一层承受张应力，洋脊与海沟间的板块水平部分受到挤压。在下沉板片内，200～300km 深的负浮力作用中心以下地段，受 F_p 与 F_h 的压缩作用而处于压应力状态。负浮力作用中心以上地段的应力状态随俯冲速度而定，当海沟距板块的旋转极较远时，俯冲速度大于整个板块的平均速度，前缘阻力较大，则该地段为压应力状态；相反，则为张应力状态。

不过，这种模式只能适应目前所观测到的一部分现象，它不能全面地阐明所有板块的运动及其复杂性。譬如，密度差引起的负浮力是否具有足够大的能量把半个洋底拉下去，洋底岩石圈又能否在一端拖拉时具有足够的强度使数千公里宽的地域作为一个整体而移动等是很值得研究的。另外，俯冲带的极性倒转和新俯冲带的形成，扩张脊的俯冲潜没，一些基本上不具有俯冲带的板块(如南极洲板块等)以及美洲板块、欧亚板块等仰冲板块的运动，海沟洋侧外缘隆起的存在，一些不具有中洋脊的板块，如菲律宾海板块、加勒比海板块等仍存在着显著的运动，中脊轴的跃迁现象等都是这个模式难以解释的。

第三章　地幔柱构造的基本理论和新全球构造概念

自20世纪60年代末板块构造理论问世以来，经过地质学家的努力，这一理论在解释全球板块边缘上各种地质作用方面获得巨大成功，然而，在解释远离板块边缘或板块之下各种地质作用方面，板块构造理论却受到了挑战。首先使板块构造理论受到挑战的两个突出地质现象是大洋热点火山链和大陆溢流玄武岩，两者在分布特点、分布规模、化学成分和形成温度等诸方面均无法从板块构造理论中获得圆满解释。之后，人们在大量的实际观察、地球深部物理性质研究和各种模拟实验基础上，提出一个新的大地构造理论——热幔柱构造（mantle plume tectonics）。按照这一构造理论，地球深部核幔边界附近的高温低粘度层（D″层）可以产生呈柱状上升的热物质体，热物质体在经过地幔达到冷的岩石圈时，顶部常呈冠状张开，形成一个具有球状顶冠和狭窄尾柱的热物质体构造——热幔柱构造。热幔柱巨大的球状顶冠在上升过程中可以引起地壳上隆和大规模溢流玄武岩火山作用（形成大陆或大洋溢流玄武岩），并且可以导致区域变质作用、地壳熔融作用以及不同规模地壳伸展；随着上覆板块运动，热幔柱狭窄的尾柱会产生一系列热点火山链。

热幔柱构造能圆满解释大洋热点火山链和大陆（大洋）溢流玄武岩的成因，在解释太古宙科马提岩、地磁极性反向、生物灭绝、全球气候变化和海平面上升等诸多方面也获得成功，因而引起地质学家、地球物理学家、地球化学家、生物学家和气象学家的高度重视，并被认为是超越板块构造（beyond plate tectonics）的一种新的大地构造理论。

第一节　热点和地幔柱概念及特征

一、基本概念

热点是 Wilson（1963）为解释火山岛链年龄的连续递变现象而提出的概念，是指地幔中相对固定和长期活动的热物质中心，它们向活火山提供富集各种微量元素的岩浆。随着岩石圈板块经过热点的不停运动，先形成的火山从热点处移开并逐渐熄灭成为死火山，新的火山又在热点上方形成，结果就形成了一串年龄定向分布的线状火山链。热点大体上固定于地幔中，因此，板块相对于热点的运动，便是相对于地幔固定部分的运动，也就是相对地理极或地球自转轴的绝对运动。

热点的提出与板块构造的提出基本上属于同一时期，但是，限于当时的条件，人们对于地幔的认识还是非常有限的，而对于地球的表层构造则相对易于研究而取得了更多的进展。因此，到了板块构造理论建立近40年之后的今天，板块构造的研究积累了比热点更为丰富的资料。随着深部探测手段和技术的不断发展，人们对地幔的直接认识有了突破性进展，于是热点理论得到了发展和更新，一个新的地幔柱与热点相联系的构造理论体系逐渐形成。

为解释热点的成因，Morgan(1972)提出了地幔柱(mantle plume)的概念。他认为固定的源区实际上就是起源于地幔之下一个热边界层的热柱，地幔柱是指地幔深处，甚至核-幔边界上产生的圆柱状上升的热物质流。它携带地幔物质和热能直至地幔上层，并在岩石圈和软流圈分界处四散外流，激起软流圈中的水平运动；与地幔柱内集中的上升流相平衡的回流，通过地幔其余部分非常缓慢地向下运动来完成，日本学者称之为冷幔柱。

因此，地幔柱被认为是板块运动的重要驱动机制。热点处的火山是地幔柱物质喷出地表而形成。由于炽热的地幔物质向上涌流，导致密度较高的物质盈余，形成正重力异常，因而重力特高的地方，也往往是火山分布的地方。

地幔柱巨大的"蘑菇"状顶冠到达地表则形成大型火成岩省(LIP)。LIP的特点是成分上以基性岩为主，体积巨大，出露面积多数大于 1×10^{6} km，且这些岩浆主要在3Ma甚至<1Ma的短期内喷发，其出露地区的地壳厚度一般也较大。LIP可进一步分为位于大陆内部的大陆溢流玄武岩、位于大陆边缘的火山型被动陆缘或位于大洋中的洋底高原。

二、基本特征

(一)热点或地幔柱的数目和分布

1963年，Wilson识别出夏威夷岛链及其他6个类似岛链；随后Morgan(1972)认为全球的热点总共有20～30个(图3-1)；随着热点研究的深入，数目有所增加。1973年，Wilson提出全球有66个热点，Chase(1979)认为只有24个，Burke和Wilson(1976)更是增加到117个。不同学者所得出的数目差别巨大的原因在于地球表面上的任何一个热异常是否都对应于一个

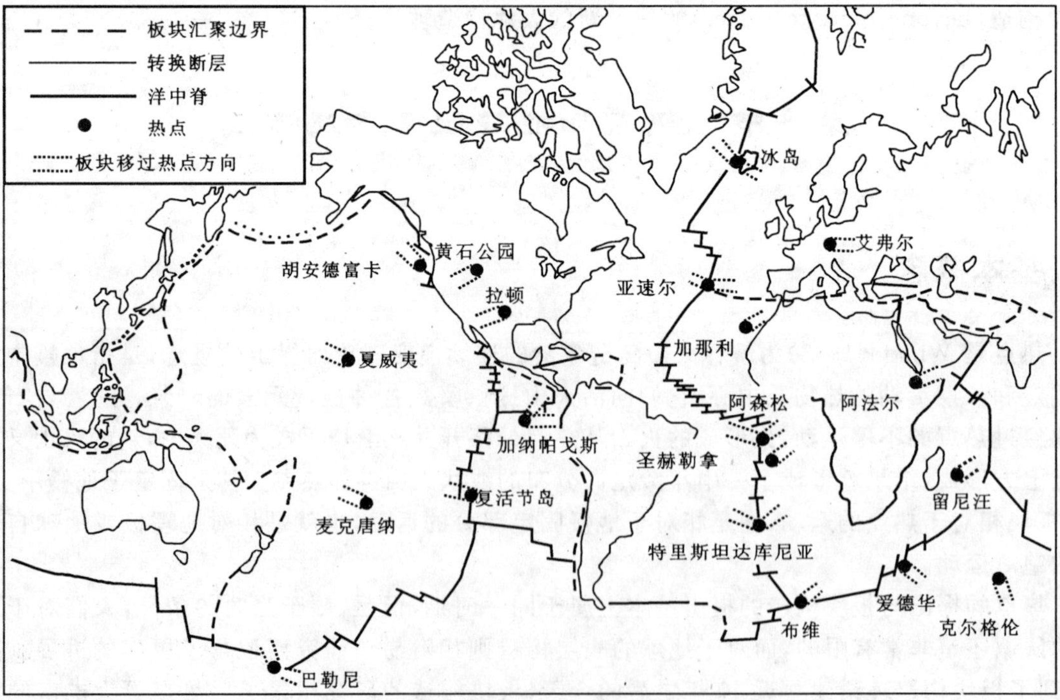

图3-1　地球表面上的热点

(据Morgan,1972)

地幔柱存在不同的认识。如果根据全球分布的海山能推断出数字更大的热点轨迹(Craig 和 Sandwell,1988),但是这些海山实际上是热点轨迹,其特征是具有一定方向性排列,而且年龄随该方向而连续变化。一个海山并不代表一个热点,而只是其中的一部分,能直接代表热点或地幔柱的更可能是面积巨大的大陆溢流玄武岩省或大洋台地。1980 年,Crough 和 Jurdy 提出比较可靠的属于近、现代活动的热点有 40 多个;Stothers(1993)认为如果地幔柱到达地表后引起大规模溢流玄武岩的巨厚块状堆积,那么,地球上自 250Ma(如 Jan Mayen)至 17Ma(如黄石)期间形成的 14 个溢流玄武岩省代表了陆地上的 14 个热点,按照这些热点所代表的、占地球表面积 30%的陆地面积推算,占地球表面积的 70%的海洋中可能有 30 多个热点,这样,地球表面的热点至少有 45 个,这是目前被大多数学者接受的数据(表 3-1)。

表 3-1 地球上主要的近代热点与地幔柱

序号	热点与地幔柱	英文名	板块	地区及产物	年代(Ma)	北纬(°)	东经(°)
1	夏威夷	Hawaii	太平洋	夏威夷群岛		20	−155
2	胡安德富卡	Juan de Fuca	太平洋	科博海山(Cobb Seamount)		46	−130(−128)
3	马克萨斯	Marquesas	太平洋	马克萨斯群岛		−11	−138(−139)
4	塔希提	Tahiti/Mehetia	太平洋	社会群岛(Society Island)		−18	−148
5	皮特凯恩	Pitcairn	太平洋	甘比尔群岛(Gambier Islands)		−25(−27)	−130(−129)
6	麦克唐纳	McDonald	太平洋	土阿莫土群岛(Cook-Austral Is.)		−29	−140
7	加拉帕戈斯	Galapagos	科科斯	科科斯洋脊(Caribbean?)	90?	−1(0)	−92(−91)
8	复活节岛	Easter	纳兹卡	萨拉-戈麦斯岛(Easter Island)		−27	−109
9	德林达德岛	Tristandade	大西洋	南美-瓦兹特里尼达山,马丁瓦兹		−21	−29
10	特里斯坦达库亚	Tristan da Cunha	南美洲	里奥格朗德(Serra Geral/ Namibian)	135	−33(−37)	−15(−13)
11	阿森松	Ascension	大西洋	大西洋-非洲,阿森松岛		−8	−14
12	圣皮埃尔和圣保罗	St. Paolo	非洲	塞拉利昂		1	−29
13	布维特	Bouvet	大西洋	南极洲及非洲南部	180	−55(−54)	3(2)(4)
14	留尼汪	Reunion	印度洋	留尼汪-莫里斯-德干	66	−21(−20)	56(55)
15	阿尔发	Afar	非洲	埃塞俄比亚(Ethiopia)	35	10(12)	43(42)
16	黄石	Yellowstone	北美洲	哥伦比亚-斯内克河	17	45(43)	−110(−111)
17	冰岛	Iceland	北美洲	冰岛-格陵兰脊	62	65(64)	−20
18	爱德华皇子	Prince Edward	南极洲	爱德华皇子-克罗泽		−47	38
19	克尔格伦	Kerguelen	南极洲	高斯贝尔格(Rajmahal/ Kerguelen)	115	−49(−45)	70(65)
20	亚速尔	Azores	大西洋	北美东	200	39(38)	−28
21	大流星	Great Meteor	大西洋	新英格兰海山(New England Is.)	200	30(29)	−28(−29)

(引自王登红,1998)

热点是一种深刻的地球内部过程的表面表现形式，一般位于火山岛链的活动端，大洋脊顶附近，洋脊交汇处，或者三联裂谷点附近。Sahagian(1980)认为板块之上的热点数目和板块的运动速度有联系，缓慢运动的板块上热点的密度高。Stefanick 等(1984)的研究表明，热点大量集中在与大地水准面高相对应的半个地球内，往往与联合古陆的位置相联系。

(二)热点和地幔柱的特征

目前有关地幔柱基本特征的认识主要源于对地幔柱作用产物——热点火山链和大陆溢流玄武岩的直接观察和对地幔柱所进行的各种模拟实验研究。

1. 热点和地幔柱的形态特征

热点是地幔柱在地表的表现形式。热点的一个重要特征就是热点地区在地形上表现为比较长期的、明显的高隆起(Wilson,1973)。在地貌上，当地幔柱头部上升至大陆下，在大规模火山活动前可使地表隆升多达 1km 左右，可产生直径上百万米的穹隆。据 Cox(1989)对德干等 3 个典型大陆溢流玄武岩省的研究，热点之上产生穹状地形，穹状地形之上可发育特征水系。这些穹状地形在地幔柱上升之后两亿多年的时间里都可保持，其原因主要是地幔柱岩浆的底侵作用导致地壳加厚，从而有助于地表地形的保存。尽管地表在遭受剥蚀，水系中各条河流的流向可能不同，但都是流向穹隆的边缘，而且水系的分布范围与地幔柱的影响范围是一致的。在大洋中，受地幔柱/热点影响的区域，表现出大洋内隆起几百米至上千米的火山岛或洋底高原。如 Kerguelen 和 Broken Ridge 等洋底高原最初喷出形成时都位于海平面之上，并在海面上接受了长期的侵蚀后才逐渐下沉至现今深度；受地幔柱/热点影响的洋中脊相应高度也有抬升，如冰岛所处大西洋洋中脊已上升成岛。据 Davies G F(1988)的估算，热点地区火山岩的隆升量各地差别较大，如佛得角凸出于海底 2 600m 以上，而 Vema 凸出于海底才 600m 左右，尽管如此大的差异，但都显示造山作用的存在，不过，这是一种"点"造山或链状造山作用，与板块俯冲形成的线性山脉不同。

热点底下发育的中心热柱一般为 150～200km 宽，它由温度异常高的上地幔物质组成；上涌地幔流在板块底部散开，形成直径为 1 000～2 000km 的蘑菇状头部，其温度比正常温度高 100～200℃；地幔柱引起的岩石圈上隆幅度常常可达 1 000～2 000m。地幔柱活动具有周期性、脉动性，而且地幔柱活动对生物圈、水圈及其沉积作用等方面具有深刻的影响。

有关热幔柱形态特征最早来源于 Whitehead 与 Luther(1975)的实验研究。Whitehead 与 Luther 用被染色的水从高粘度和高密度的葡萄糖浆底部注入，结果在糖浆中产生了水柱形态。水柱具有一个较大的球状顶冠和细细的尾柱。Whitehead 与 Luther(1975)认为从地球深部的高温低粘度 D″层产生的热幔柱应与他们实验中水柱具有类似的形态特征。他们实验还证明，热幔柱球状顶冠大小与尾柱直径粗细的比例关系主要取决于热幔柱和周围物质的粘度差，粘度差越大，尾柱越细。

Campbell and Griffiths(1990)学者用不同粘度的油、不同粘度的甘油和不同粘度的糖浆做了流体力学模拟实验，获得的热幔柱形态特征与 Whitehead 与 Luther(1975)最初实验结果基本相同。该实验结果表明，地幔中的地幔柱最早阶段是体积很大的柱头的发育和上升，下部拖一条狭窄的、长期活动的管道(柱尾)，总体形态类似一个连着输液管的、上升的球形囊，易漂浮的源物质通过柱尾管道不断补充到上升的柱头中。起源于核-幔边界的地幔柱头在通过地幔上升时，其直径估计可达 800～1 200km，上升至接近地表处，扩展成一个热物质的圆盘(图 3－2)，其直径为 1 500～2 500km，厚度达 100～200km。这接近于几个大陆溢流玄武岩区的大小。而起源于 650km 地震间断面的地幔柱在地表扩展的直径小得多，仅达 600km。柱头中的地幔位势温度

(T_p)，即地幔物质沿一条绝热通道到达地球表面时可能具有的温度估计为 1 350～1 400℃，而地幔柱通道中上升热物质的 T_p 可达 1 550℃，由热地幔柱物质的正浮力引起的地面隆起高度估计可达 1 000m 左右。这足以导致上覆地壳在大规模玄武质火山作用前 3～30Ma 时发生拉张。

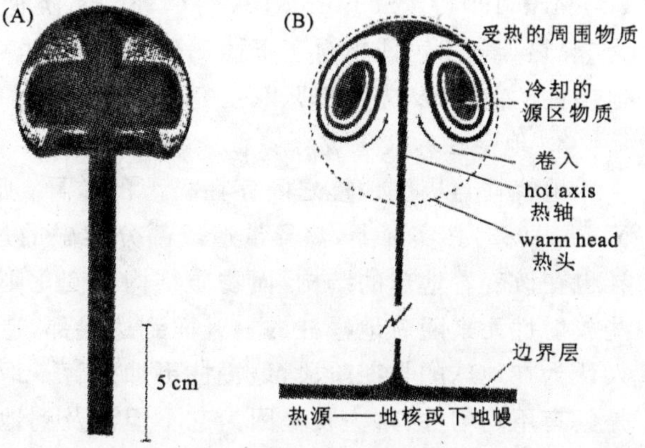

图 3-2　初始地幔柱实验照片

（据 Campbell 等，1990）

值得注意的是实验条件与自然状态相差太大，实验所获得的各种柱体都是以恒定速度由底部注射产生，而实际热幔柱是由深部核幔边界不稳定热对流所产生，并上升在具有较高的瑞利指数的可变粘度（随温度变化）的三维对流流体（地幔）中。目前，这种三维对流流体还无法从实验中获得，所以，现今所有相关实验都不能准确地反映热幔柱的真实特征。Olsen 等（1988）曾对热幔柱做过二维对流模拟可能是目前最接近真实条件的实验，实验中所产生的热幔柱在上升过程中的形态变化如图 3-3 所示，柱的尾部逐渐变细，而柱的头部逐渐变扁，呈蘑菇状形态。柱的头尾比例逐渐增大。

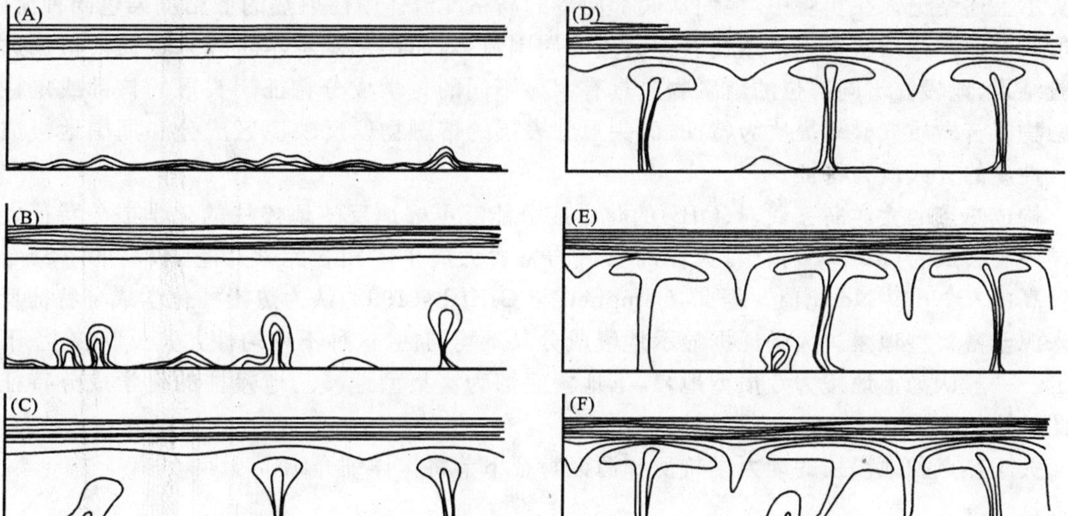

图 3-3　计算机模拟的热幔柱在二维对流系统中的变化

（据 Olsen 等，1988）

2. 地幔柱的热力学特征

热点是一个热异常区，只有高的热流值和高于周围地幔的温度才能导致大规模的熔融。不过，对某些含水或特殊化学成分的热点，可能并不表现出热异常，如亚速尔热点区的温度不高，甚至还偏低。其原因主要在于亚速尔热点之下的上地幔含水比正常洋中脊高 2～3 倍，并含有异常丰富的挥发组分如 Cl、F、B，有时还有轻稀土元素的富集，它们可以显著地降低熔点

(Bonatti,1994)。Schilling J G 等(1980)将类似亚速尔这样的流体起了重要作用的热点称之为"湿热点",水可能来自于下插的俯冲洋壳,也可能来自于地幔射气;一些学者认为,湿热点是地幔柱的前锋或"先头部队"(王登红,1998)。

3. 地幔柱的化学成分特征

地幔柱与周围地幔之间存在显著的差异,所以,有的学者取名为地幔热化学柱(Olson 和 Yuen,1982)。实际上,热异常造成部分熔融的过程可以引起物质成分的分异,物质成分的分异也在改变着地球的结构,而物质结构的变化则必然影响到地球不同圈层的热状态。比如某些放射性元素随着地幔柱的上升而到达浅部,造成在地壳中的富集和地核中的亏损,因而多数人认为在地球的早期阶段,地幔柱更加发育。地幔柱源区及其产物在地球化学上的显著特点是具有不均匀性,这主要是因为它不但涉及到地幔的不同层次,还涉及到地壳物质的混染,这可以通过洋岛玄武岩与洋中脊玄武岩地球化学特征的对比来确定。在上升的地幔柱头部范围内,近地表的减压熔融作用会导致产生大陆高原玄武岩和大洋玄武岩台地。在地幔柱颈干范围内,上升的较热物质产生的熔融作用会导致热点轨迹。玄武岩和科马提岩都是由太古代地幔中上升的地幔柱形成的,进一步的研究表明,玄武岩是地幔柱头部的产物,而科马提岩是热轴熔融的产物。地幔柱头部在上升过程中会不断地加热周围地幔物质,使其粘度降低浮力加大,并与热幔柱头部融合一起上升,因而,地幔柱头部化学成分是不断变化的,具有源区化学成分和捕获的地幔成分混合特征。热幔柱狭窄的尾柱在上升过程中保持近于直立,基本不捕获周围地幔物质,因而其化学成分变化较小,主要反映源区化学成分,Griffiths 等(1990)用实验证实了上述结论。在实验中,他们从底部向冷的高粘度流体中注射热的低粘度染色同种流体,所形成的液体柱球状头部果然捕获一定量的周围流体,而尾部基本不含外来物质。根据这一实验结果,地幔柱不同部位的熔融物应具有明显不同的化学成分特征。头冠的核部或尾柱的熔融物以苦橄质或科马提质为特征,而头冠外表层的熔融物以反映源区成分和周围地幔成分混合性质的玄武质为特征。

构成热点的大洋岛玄武岩(OIB)的化学成分能够更好地反映地幔柱的化学成分特征。与大洋中脊玄武岩(MORB)相比,大洋岛玄武岩富含大离子不相容元素,并有较高的 $^{87}Sr/^{86}Sr$ 和较高的 $^{143}Nd/^{144}Nd$ 比值。据此,Campbell 与 Griffths(1992)认为热幔柱化学成分特征反映它来源于富集型地幔。大量证据显示地幔成分具不均匀性,这种不均匀性尤其反映在上、下地幔上。一般认为上地幔为亏损型地幔,下地幔底部为富集型地幔。地幔柱的化学成分特征是对此结论的有力支持。

关于热点和地幔柱的动力学特征和源区特征下节将作详细介绍。

第二节 地幔柱的成因机制

地幔柱的成因和性质问题涉及到地幔柱生成条件、结构、寿命、起源以及地幔柱与地幔对流系统的相互作用等问题。这些问题迄今仍有很大的争议,下面仅对这些问题作概要叙述。

一、地幔柱的生成条件

大多数热点和地幔柱的寿命至少在 100Ma,其相对移动速度一般远低于 1cm/a。在这种

“稳定”条件下，热点可以缓慢地、连续地激发“原始”物质（DePaolo 等，1996）。它们可以出现在大洋，也可以出现在大陆。海洋中的热点一般小于 500km，大陆上的热点则要大得多。但它们在地幔中的通道尚未被地震资料清晰地揭示过，一般推测它们是由粘度低于周围地幔几个数量级的物质组成的。

理论和实验研究表明，地幔柱的产生要求地幔中存在一个高温、低粘度的热边界层，其温度要高出周围地幔物质的温度 300～400℃，粘度要比周围地幔低几个数量级，可能达到 3 个数量级（Sleep 等，1988）。这个高温低粘度层具有极不稳定的物理性质，一旦受到某种热扰动，就会在浮力作用下呈柱状上升。在关于地幔柱的高温高压实验中，地幔柱表现为巨大的球状顶冠和狭窄的尾部构造，在狭窄的尾状通道中流体快速上升。

670km 深处的上-下地幔之间的不连续界面和 2 900km 深处的核-幔边界附近的 D″层可能是地幔中符合地幔柱产生条件的两个边界层。强调地幔柱只能来源于上-下地幔之间的热边界层的学者（Parmentier，1975；Turcotte，1982；Hofmann，1982）认为，上-下地幔是分层对流的，上-下地幔之间的不连续面为一个化学界面，而不是相界面。这样，即使核幔边界附近的 D″层能够产生地幔柱，它也无法穿过上-下地幔之间这个化学界面，它将夭折在这个热边界层之中。所以，上升至地壳表层的地幔柱只能产生于上-下地幔之间的热边界层。

目前大多数学者（Davies，1990，1992；Richards，1991；Loper，1983，1991；Griffiths，1990；Compbell，1990；Hill，1992 等）认为地幔柱是来自核-幔边界附近的 D″层。其理由可概括如下：①与洋中脊玄武岩和岛弧玄武岩相比，大陆溢流玄武岩、洋底高原玄武岩和大洋岛玄武岩等典型地幔柱成因的玄武岩常反映“富集型”地幔特点，而上地幔由于分异出地壳后常表现“亏损型”地幔化学组成，因此，地幔柱不可能来源于上地幔。②与大洋中脊玄武岩（MORB）相比，大洋岛玄武岩（OIB）具有较高的 $^{3}He/^{4}He$ 比值。He 这种同位素在地球形成之后没有因其他放射性元素衰变或地壳再循环而再增加。因此，大洋岛玄武岩中较高的 He 含量表明地幔柱来源于地幔更深部位，反映原始地球形成物质特点。③理论模拟计算表明，如果地幔柱起源于上地幔底部，那么，由地幔柱释放出的热量将占整个地球放热的 60%。而实际上，地幔柱释放出的热量仅占整个地球放热的 6%～10%。这个热量释放范围恰好与地核释放出来的热量比例相近。这说明地幔柱来源于核-幔边界附近，主要负责地核那部分热量的释放，而地幔热量主要由板块边界来释放（约占整个地球放热的 80%以上）。④理论模拟表明，在所许可的上升速度范围内，从上-下地幔之间热边界层启动的地幔柱穿过上地幔这样的距离最多只能形成直径为 300km 的球状顶冠，而实际上许多地幔柱的球状顶冠的直径都超过了 1 000～2 000km。这样巨大的球状顶冠要求地幔柱必须穿过整个地幔才能形成，这说明这些巨大的地幔柱只能起源于核幔边界附近。⑤上-下地幔之间的不连续面的性质目前并不完全清楚，也有一些地震资料显示该面为一个相转变界面，并非是化学界面。这样，从核-幔边界附近的 D″层启动的地幔柱完全可以穿过该界面而到达地表层。⑥起源于上地幔的热柱难以解释热点相对固定的位置。⑦热柱活动与磁极倒转之间的相关性暗示，只有起源于 D″层的地幔柱才能通过经核幔边界的热传递而改变外核物质的对流方式，最终影响地球的磁场。⑧同铁陨石一样，地核应该富集 Os，并具有比地幔更高的 $^{187}Os/^{188}Os$ 值。因此，起源于 D″层的地幔柱物质会受到地核放射性成因 Os 的污染。一些热柱成因的玄武岩的 $^{187}Os/^{188}Os$ 值比原始地幔高出 20%。这意味着地核污染，说明地幔柱起源于下地幔。这一观点也得到了一些溢流玄武岩中很高的 $^{3}He/^{4}He$ 值的支持，因为高 $^{3}He/^{4}He$ 值说明其源区有一未去气的下地幔源。⑨地震层析揭示冰岛地幔中的低速物质一直延伸到核幔边界。

也有一些学者采取折中方案，认为既有起源于核-幔边界附近D″层的地幔柱，也有起源于上-下地幔之间热边界层的地幔柱(Chase,1983)，他们认为那些具有巨大球状顶冠的地幔柱(直径一般大于1 000km)可能起源于D″层，而那些球状顶冠较小的地幔柱则是起源于上-下地幔之间的热边界层。然而，Maruyama(1994)认为，即使那些球状顶冠较小的地幔柱也并非起源于上-下地幔之间的热边界，而是起源于D″层的超级地幔柱在上升过程中发生多级演变的结果。

由此可见，尽管不能完全排除一些小规模地幔柱可能起源于上-下地幔之间的热边界层，大多数地幔柱的形成肯定与下地幔底部的D″层有关。目前有关热幔柱起源的比较一致的认识是，热幔柱产生于核幔边界附近的D″层，狭窄的热幔柱经地幔上升到达冷的岩石圈底部时会呈冠状散开，形成巨大的球状顶冠和狭窄尾柱。球状顶冠直径可达上千公里，上升时会引起地壳上隆伸展，形成大规模大陆(或大洋)溢流玄武岩，同时可伴有区域性变质作用、地壳重熔作用和构造变形；狭窄尾柱长期活动会导致大洋热点火山链的形成。

二、地幔柱的起动机制、上升过程及其脉动性

研究地幔柱的起动机制需要研究地幔柱源区D″层的动力学特征。对核-幔边界附近的D″层的稳定性进行二维对流模拟结果表明(Olson,1987)，如果D″层受到某种局部热扰动，热扰动会使D″层物质的粘度降低，流动增强，在热梯度的驱动下，地幔柱就会由于动力学失稳而开始成形。浮柱流体的球状隆起引发了上覆粘滞流体中地幔柱的产生(类似于穿刺构造)，并通过尾部管道中浮柱物质的不断补给而使地幔柱扩大。如果浮柱流体得到充分的补给，当穹隆到达流体层的表面时，管道就可以演化为成熟的地幔柱。

热扰动可能是地幔柱启动的一个必要条件。那么导致热扰动的热源，一个可能是来自放射性元素的衰变热。堆积在地幔底部的一些原始地球物质具有较高的放射性含量，当这些元素衰变时，就有可能在D″层中造成热扰动。另外一个更可能的热源来自地核一侧的不均匀加热作用。据估算，外核温度高达3 800K左右，而下地幔底部温度为3 000K左右，二者之间存在800K左右的温度差，这样，地核会不断向地幔中释放热量。由于原始地核物质组成不均或其他某些因素，这种放热作用在不同位置可能有所不同，从而产生热扰动，导致地幔柱的产生。D″层与周围地幔之间的粘度差会使水平对流层产生一个垂向速度，这个垂向速度是D″层产生热幔柱的主要驱动力。流体的水平流动在地幔柱的底部形成浮柱，并源源不断地供给低粘度物质。日本学者Maruyama(1994)和Larson等(1996)强调俯冲板块的沉降作用引发地幔柱。

Yuen和Peltier(1980)的研究认为，地幔柱一旦起动，由于巨大的浮力过剩和粘度亏损，可以绝热上升到地表，并在较短的时间内喷发，形成大规模玄武岩。但实际情况并不那么简单，因为上升的热流体球将很快失热，除非通过一个原本就是热的通道，或者得到热物质的快速补充。同时，地幔柱的上升将导致D″层热物质源区的亏损，从而引起幕式流动。Christensen(1984)的二维数字模拟表明，由于粘度阻力高达10^4级，新生地幔柱球状头冠的上升受到下地幔粘度的控制而变得很慢，上升时间一般是100Ma，如果D″层具有分层，时间将更长。可见，地幔柱上升速度是非常缓慢的，并且，地幔的实际粘度并非恒定，而是随温度降低呈指数增加，具有非牛顿流体性状。在一个新启动的地幔柱上升过程中，随着热量的不断散失和温度的不断降低，其上升速度会变得愈来愈慢。根据地幔具有非牛顿流体性状模式估计，每个地幔柱的直径仅为几万米，年流通量也仅为17km^3(Loper et al.,1983)。

一个新的地幔柱在上升过程中其自身化学成分会发生一定变化。地幔柱的柱头在上升过

程中，会不断地加热周围地幔物质，使其粘度降低，浮力增大，并与柱头融合在一起上升。因此，柱头不仅含有源区的化学成分，还含有捕获的地幔物质成分。相反，柱尾在上升过程中始终近于直立，基本不捕获地幔物质，其化学成分变化很小(Griffiths et al.,1990)。

地幔柱从 D″层启动后上升到地表要穿过整个地幔对流层，由于地幔并非是分层对流，而是全地幔大尺度对流(Davis,1992)。这种全地幔大尺度对流的速度很慢，尤其下地幔基本上是在无应力条件下对流的。因此，地幔对流对地幔柱上升形态不会有明显的改变，地幔柱这种固定属性使其成为测量全球板块运动方向和速度的最佳坐标系。

地幔柱向上的运动是单波脉动式运动，Scott 等人(1986)还利用蜂蜜和水进行了模拟实验。当在一个充满蜂蜜的容器的底部，以给定但可变化的速度通过一个细喷嘴加入稀释溶液，结果在已经存在的幔柱中出现了孤立波；当明显提高已有幔柱的流速时，还可出现非线性波列；上升球冠之下的通道中存在阶段性的波列，它们以略快于球冠的速度上升。Whitehead 和 Telfrich(1986)发现地幔柱的脉动呈封闭的流线型，因此可以随着波速变化向上输送物质。这样，地幔柱通道中的孤立波在动力学上就类似于蠕动波，而通过孤立波自 D″层向表层输送的物质可在地球化学上加以识别。

三、演化阶段

地幔柱自核-幔边界上升到地表，最终以大规模岩浆作用的形式喷发或侵位，这是一个非常复杂的过程，也是一个演化的过程。一些学者将地幔柱的演化过程划分为 4 个演化阶段(王登红,2001)：①初始阶段：核-幔边界由于某些原因而分异出具有明显活动性的物质，并逐渐聚集形成“预地幔柱”，那些原先在地核中富集但又难以在高温高压条件下“安定”下来的元素很可能起了非常重要的作用，离子半径大的元素和轻元素以及放射性元素也可能积极参加进来。从行星对比和地球演化的角度看，地幔柱的形成似乎是必然的，它是导致地球大尺度物质和能量交换的一种重要方式。比如，W,Sn,Mo,Bi,Au,Ag 等等，这些元素在地核中的丰度可远远高于地幔和地壳，但它们与地核中的主要元素 Fe,Ni 在地球化学性质上还存在明显的差别，难以为地核所“容纳”，从而可能随着地幔柱的上升而向地表聚集。②上升阶段：趋向于形成地幔柱的物质集中到一起，形成具有一定规模、一定形态的“雏地幔柱”，表现为喷管状、蘑菇状或气球状，它们由于与周围地幔存在明显的密度、温度、粘度等差异而具有“浮力”，能够缓慢地脱离核-幔边界并穿越厚大的地幔上升到近地表，期间，一些小规模的雏地幔柱可能被地幔吃掉而消失。③壳幔相互作用阶段：规模巨大的雏地幔柱不但本身具有足够的物质和能量，而且能够导致周围环境中的正常地幔物质发生部分熔融，熔融的部分被地幔柱吸纳，从而使地幔柱的体积更加庞大，同时物质成分也会发生明显变化，能量则可能慢慢衰竭，但由于压力的降低，地幔柱的活动性可能更显著，因而，此时的地幔柱趋于“成熟”，当它到达 670km 处的不连续面时可能会分化出次级的“幔枝”，并且与上地幔和地壳发生充分的反应。此时的地幔柱一方面向地壳不断输送物质和辐射能量，引起地壳范围的一系列变化(如碱性岩浆的上侵、变质作用、裂谷化、盆地的形成)；另一方面地幔柱本身演化出巨大的头冠构造和细长的尾部构造，定位也较浅，能够被人类所探测到，因而是目前研究的重点。④喷发-消退阶段：随着地幔柱的继续上升和地壳的局部张裂，地幔柱物质将在非常短暂的时间间隔内发生大规模的喷发与侵位，从而使地幔柱顶冠的体积萎缩，能量耗尽，只留下残余部分停留在地壳的底部，慢慢失去活动性而成为固化的地幔柱，成为“化石”。但这部分残留地幔柱一旦遇到合适的条件，如深大断裂或超岩石圈断裂，仍然可能发生上侵，并且可能带来与基性超基性岩有关的 Cu - Ni - PGE(铂族元素)矿床。

第三节 新全球构造概念

由于大量地震层析资料的获得和实验模拟与认识上的新突破,以 Maruyama(1994)为代表的日本学者在已有的地幔柱学说基础上依据地震层析成像、超高压实验、计算机模拟、地球的板块构造史和比较行星学的结果提出了一种新的、以地幔柱构造为核心的全球构造理论框架。该理论揭示了地球垂直运动为特征的深达核-幔边界的物质和能量运动方式,提供了一种解释固体地球不同圈层间相互作用的动力学框架,为板块运动的原动力和全球重大的地质事件提供了迄今为止最为合理的、统一的解释。

与上一节讨论的热点-地幔柱理论比较,新全球构造理论主要讨论的是像太平洋和非洲这样巨大的超地幔柱,它们影响从地核至地表的整个地球的动力学过程。新全球构造理论提出了冷地幔柱概念,其与热地幔柱构成了现代地球的主要地幔对流形式,并且,冷地幔柱在地球最重要的地球动力学过程中起着最基本、最主要的作用。

一、超级地幔柱(Supper Plumes)

(一)热地幔柱

超级地幔柱是 Larson(1991)提出的概念。在白垩纪中期,地幔对流系统曾遭受过一次大规模的扰动,而该事件是源自核幔边界的多个大规模地幔热柱(称为超级地幔柱)上涌的结果。在超级地幔柱活动期间,洋底扩张和黑色页岩沉积速率显著加快,全球温度上升,海平面上升。超级地幔柱活动开始时间与白垩纪长期正地磁极期的起始时间相吻合。这一相关性的形成与从核幔边界以超级地幔柱形式导致大量热量的释放和大量深部物质的提取有关。超级地幔柱活动导致 D″层厚度的急剧减小,阻止地球磁场的倒转。到超级地幔柱活动结束后,磁场的倒转又重新开始。Fukao 等(1994)的 P 波层析成像显示,地幔柱有两个来源,一是 D″层,另一是 400km 深度的上地幔。来源于 D″层的地幔柱又有两种类型:一是超地幔柱,其底面直径约为 5 000km;另一为小地幔柱,其底面直径小于 500km。实际上,要严格地定义超地幔柱和一般地幔柱,或者地幔柱构造假说和热点-地幔柱假说中所提的地幔柱是很困难的。Maruyama(1994)根据全球 P 波层析资料所作的地质解释,认为全球在南太平洋及非洲存在两大超级上升地幔柱,而在亚洲存在一个超级下沉地幔柱,大西洋中脊则是一个次一级的上升地幔柱(图 3 - 4)。这一格

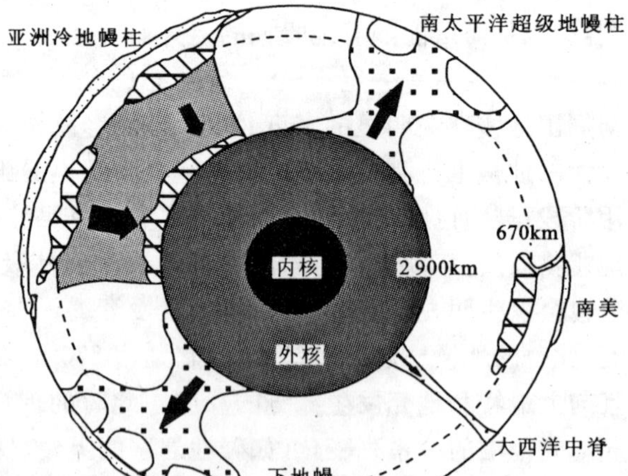

图 3 - 4 现代地球中主要的物质和热对流方式示意图
(据 Maruyama,1994)

局主宰了现今全球构造。板块构造理论只能解释地球表层 200km 内的现象，而只有地幔柱构造才能说明星球各个层次的演化历史。

超级地幔柱的形态很复杂，从深到浅可以划分为三级地幔柱。如图3-5所示，地幔柱从 D″层上升并变细，到达地幔的中部后逐渐向 670km 深度扩展；在 670km 深度处，地幔柱分成若干较小的二级地幔柱并继续上升；当它们到达板块底部后再次扩展，并沿着板块的断裂或薄弱地区上升，地幔柱再次变细成为三级地幔柱。现在地球上的大约 50 个热点，可用这些三级地幔柱来解释。上述划分是以地震层析成像研究地球深部构造得出的，只是现象上的归类，并没有在动力机制上给出证据。地幔柱分级和分叉可能与其上升过程中遇到的地幔或岩石圈不均一有关。这种分叉位置也很可能并不仅仅局限于 670km、400km、100km，同时，地幔或岩石圈不均一性的差异，会影响和决定着次级地幔柱的规模和大小。

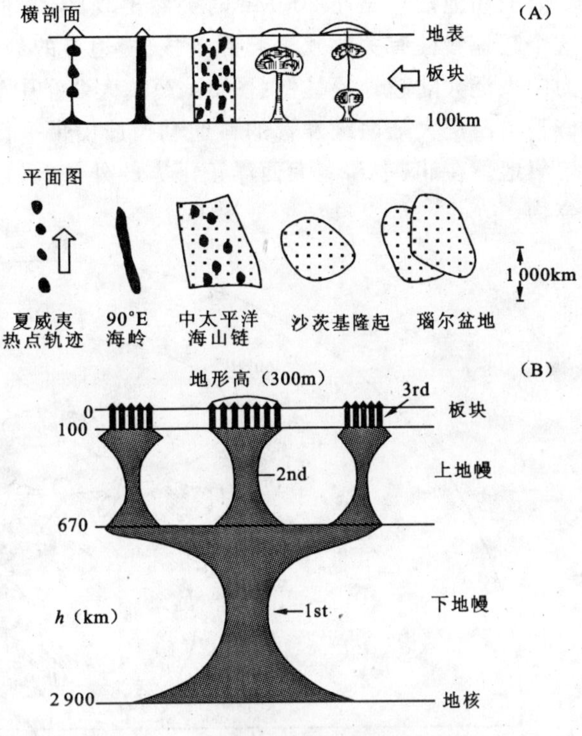

图 3-5　地幔柱的多级演化结构图

(Maruyama，1994)

(A)穿入-移动板块的各类上升地幔柱(上部)和它们的地表显示(下部)；(B)超地幔柱的颈缩-膨胀构造

南太平洋超地幔柱呈蘑菇状坐落在下地幔的 D″层上，在 2 000km 深度处呈圆柱状，最小横直径约为 1 500km，并从这一深度向 670km 界面展开成南北向延伸的椭圆形伞面。在上地幔内，它分支成几个小地幔柱，一个小地幔柱向北延伸，并明显地与夏威夷热点相连，而向南延伸的分支则通过路易斯维尔海岭与南极上的埃里伯斯海山的火山热点相接。那些小地幔柱会破裂入刚性板块，把玄武岩熔体搬运至地表。

太平洋是由 600～700Ma 时冈瓦纳古陆裂解产生的，开裂点位于北美、西伯利亚和澳大利亚大陆所限定的洋脊-洋脊-洋脊（RRR）型三联点处（图 3-6）。根据北美大陆上的视极移曲线，估计这个三联点当时的古纬度为 20°～30°S，这与目前南太平洋超地幔柱的纬度类似。可以推测南太平洋超地

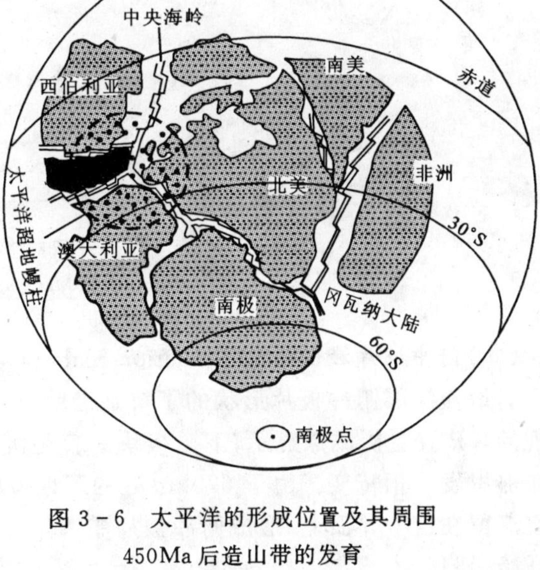

图 3-6　太平洋的形成位置及其周围 450Ma 后造山带的发育

(据 Maruyama，1994)

幔柱在 600Ma 时就已经存在。

非洲超地幔柱是在 200Ma 时突然出现的，它使非洲大陆被裂解为冈瓦纳大陆的一部分。与这个超地幔柱有关的几个起源于核-幔边界的地幔柱相继出现在地表，形成一个地幔柱链，称为中央泛大陆超地幔柱链(图 3-7)。大西洋中脊也许已由相连的一个地幔柱产生，地幔柱链似乎与沿泛大陆西缘发育的科迪勒拉造山带平行，表明地幔柱来源于 450Ma 以来消减板片的聚集地。在北、中和南大西洋正下方的外核上，较小的高速异常可能是这些板片的半同化的残余物。

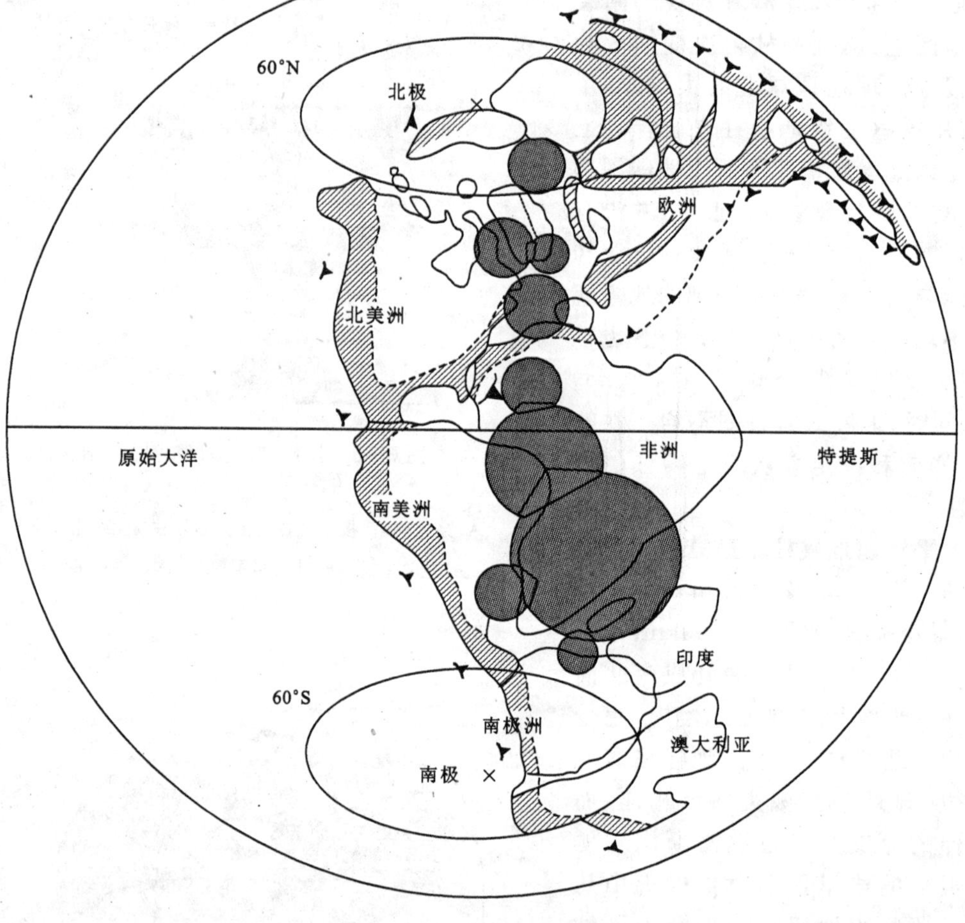

图 3-7 中央泛大陆超级地幔柱链

(据 Maruyama，1994)

(二)俯冲板片滞留体(Subduction Slab)与冷地幔柱

对地幔深部俯冲板片形状的了解是借助 20 世纪 80 年代开发的地震层析成像方法才得以实现的。P 波层析成像显示，下插板块一直可沉降至 670km 深处(上-下地幔之间热边界层)并在那里发生相转变。由于 670km 处的下地幔粘度增加和相转变反应具有负的梯度，下插板块将滞留在这个界面上，形成俯冲板片滞留体。滞留的板片随时间生长，并在其超过临界体积时开始塌陷。

Fukao 等(1994)根据 P 波层析成像结果，将滞留的板片划分为下述 4 种类型(图 3-8)：

①东北日本型：俯冲板片从地表连续至670km间断面，并且，由于厚度增加部分板片已插入到670km间断面的下面；②巽他型：板片从地表连续插入下地幔，达到1 200km深度；③特提斯型：板片与上面不连续，一个大的块体正在下沉至1 000～1 500km深度，它大致与从阿尔卑斯经中东至喜马拉雅地区的板块边界平行；④南极型：现代无活动的俯冲板块，在670km处滞留的板片是100Ma前板块俯冲造成的。

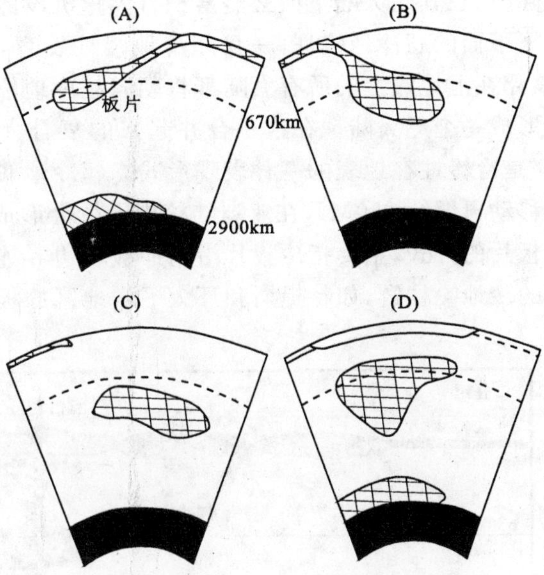

图3-8　俯冲板片滞留体的形态类型
(据Fukao et al.,1994)
(A)东北日本型;(B)巽他型;(C)特提斯型;(D)南极型

上述4种板片形态类型，揭示了板片俯冲、滞留聚集和最终塌陷沉没的命运。如果假设热点为不动的地球深部坐标轴，根据洋底磁条带的年代分布，对全球板块的绝对运动追溯复原至过去180Ma前，就可定量求得往地幔沉没的板片位置和沉没量。最近180Ma间，板块沉没的场所只局限在太平洋边缘和特提斯（从地中海经近东、喜马拉雅一直到爪哇-苏门答腊地区）两个区域。

但由于相转变的生成物粘性显著减小，滞留板块被软化，流动变得不能再保持刚性状态，于是当板块的滞留量超过某一限度时，就会发生塌落，导致岩石圈地幔、大陆下地壳或洋壳沉入下伏软流圈或地幔，有的甚至能沉入到2 900km的核幔边界。这种下沉的板片由于比周围物质的温度低，因而形成了冷地幔柱。如果许多下沉的冷地幔柱汇聚将合并为一个超级冷地幔柱，就会控制全球的地幔对流，并且所有上覆岩石圈的运动方向都将指向这个超级冷地幔柱，从而控制整个板块的运动（图3-4）。根据全球P波层析资料所作地质解释（Fukao et al.,1994），在中亚和东亚地区下部的外核上面，存在高波速异常，它是由大洋板片聚集、滞留并最终塌落到外核上形成的，与地幔的超下降流相对应（图3-4）。滞留板片下落到下地幔时，为了补偿其下落部分，必然会从下地幔向上地幔产生上升的地幔柱。超大规模地幔的上升流可以通过带状挤压（belt - squeezing）而形成，如中Pangean地幔柱链；也可以通过围限式挤压（surrounded - squeezing）而形成，如太平洋超级地幔柱。二者均起源于核幔边界，停滞的岩片一旦发生冷崩塌，将干扰核幔边界的稳定性。

所以，从全局来看，冷的滞留板片的下落和热地幔柱的上升必然是成对的现象。这样，两个超上涌流和一个超下降流就构成了现代地球中主要物质和热对流的方式。这与Vigny等（1991）的研究结果是一致的，它反映了地幔内存在巨大规模的对流。

导致冷地幔柱形成的670km深处的俯冲板片滞留体是由地表冷板块的提供物质供应的。因此，地幔中冷地幔柱的类型、位置和大小，取决于表面板块构造。板块进入地幔转换带有面状和线状两种方式。面状方式是指一种大面积或大区域范围内供给大量板片的方式，地表俯冲板块提供地幔中的冷板片。如在200Ma时，中亚地区9个以上大陆通过广泛的陆-陆碰撞及威尔逊旋回后期的合并作用而形成的劳亚古陆（Laurasia，图3-9），当大陆从周围聚集形成超大陆时，在其超大陆下面必然蓄积有大量沉没的板片，正是这些大面积的大量板片形成了一个亚洲下面的超冷地幔柱；一旦超冷地幔柱发育，上地幔内的大规模地幔对流将受其强烈控制，漂浮在上地幔上的所有大陆都将朝向超冷地幔柱移动，最终所有的大陆会集结在一起，在地表形成一个超大陆。在这一合并起来的复合大陆的中部将产生一个巨大的克拉通沉积盆地，它是冷幔柱在地表的一种表现形式。超冷地幔柱的寿命估计为400～500Ma，如果目前的板块移动再继续250Ma，在亚洲陆核周围就会形成一个超大陆。线状供给方式是一种沿条带供给板片的方式，主要指冷板片沿俯冲板块边界连续不断的供给。线状供给可诱发一条带状排列的冷地幔柱链，如特提斯和环太平洋地区的板块消亡地。

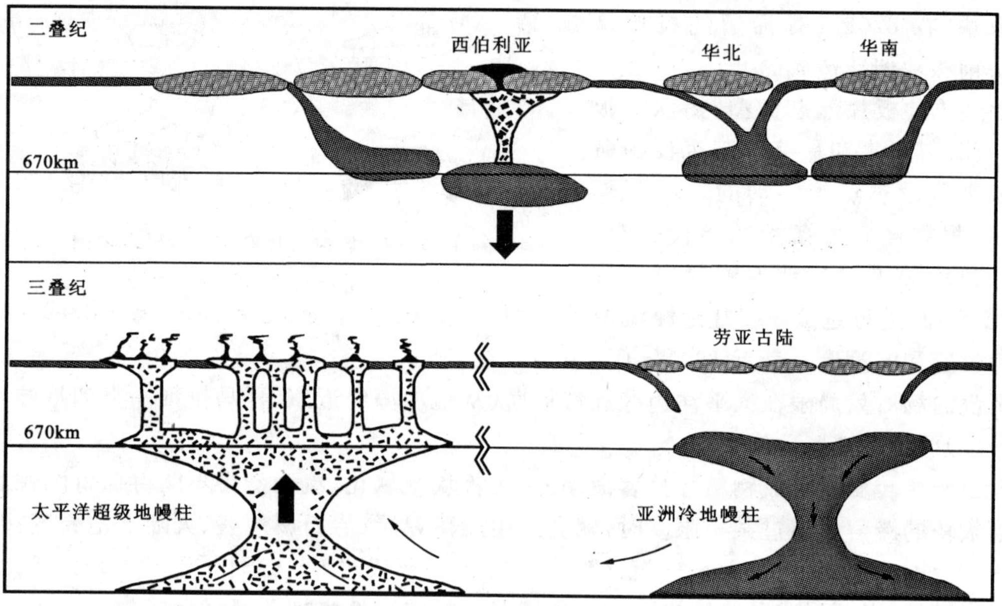

图3-9 冷幔柱与热幔柱的关系
（据 Maruyama，1994）

二、地幔柱构造与板块构造的关系

（一）基本区别

（1）板块构造学说局限于威尔逊旋回模式，是由上、下地幔各自形成对流层的双层地幔对流模式，而地幔柱构造是深部过程不平衡导致的，幕式地穿透上下地幔的巨旋回全地幔对流模式。同板块构造系统一样，地幔热柱也是一种对流形式以诱发地幔缓慢运动，但是板块构造理论和地幔柱学说所涉及的对流形式截然不同。在板块构造理论中，地幔物质在离散边界上升，在汇聚边界下降，板块物质是位于地幔顶部冷的热边界层，板块运动的最终驱动力是上地幔热能丢失，如板块因冷却而变得比地幔密度更大而下沉。而在地幔柱理论中，热物质流以柱状形式从地幔深部上升，地幔柱运动的驱动力在于地核向下地幔的热能转移，地幔柱活动主要体现为由热柱浮力导致的岩石圈垂向运动、上覆岩石圈的加热和火山作用。研究表明，由热幔柱释放出的热量占整个地球放出的热量的6%～10%（Davies，1990），这个热量释放范围恰好与地核释放出来的热量比例相当，说明热幔柱来源于核、幔边界，负责释放地核那部分热量。而地幔热量主要由板块边界来释放,约占整个地球放热的 80%(Riohards,1989)。

(2)随着地球深部地质研究的不断深入,人们逐渐认识到板块构造所能支配的领域仅限于地球表层的刚性岩石圈,而在板块的下方,绝大部分领域受热幔柱构造所支配,尤其是在人们证实金星等太阳系星球表面不存在转换断层的事实之后,板块构造在地球早期的作用更引起人们的怀疑。金星表面温度高达 470℃,因而不存在称为板块的盖子,而却观察到较好地反映热幔柱构造的地表。例如直径约为 2 000km 的称作克罗纳圆形构造在金星赤道地区极为发育,它们很可能是热幔柱球状顶冠在金星表面作用结果。如果认为地球形成后不久也具有高温表面,初期地球可能也不存在板块,其表面可能由热幔柱构造所支配。基于这些认识,许多学者认为,热幔柱在地球早期可能起着更重要的作用,尤其是在地壳早期形成过程中更是如此,而板块构造主要是在通过热幔柱所形成的地球岩石圈固结之后才发生作用的。

(3)即使在地球形成之后,热幔柱构造仍起着重要作用。同板块构造系统一样,地幔热柱也是一种对流形式以诱发地幔缓慢运动,但是板块构造理论和地幔柱所涉及的对流形式截然不同。在板块构造理论中,地幔物质在离散边界上升,在汇聚边界下降,板块是位于地幔顶部冷的热边界层,板块运动的最终驱动力是上地幔热能丢失,如板块因冷却而变得比地幔密度更大而下沉,地球表层主要以固体形式运动。而在地幔柱理论中,热物质流以柱状形式从地幔深部上升,地幔柱运动的驱动力在于热能由地核向下地幔的转移,地幔柱活动主要体现为由热柱浮力导致的岩石圈垂向运动、上覆岩石圈的加热和火山作用。地幔柱实际波及地幔的 3/4 范围以上,这个范围为热幔柱适用领域。

板块构造只是一个非常表面的现象,占地球直径的不到 1/10,而地幔柱构造则起主导作用。所以,尽管热幔柱构造与板块构造在支配领域和适用范围等方面存在明显的差别,但二者并非相互否定,在一定程度上是互补相容的,且具有一定的成因联系。

在俯冲带未发育时,板块构造受地幔柱构造控制,如大西洋就是由中央泛大陆超地幔柱链的上涌而张裂的,大西洋内的板块驱动力可能是核-幔边界成因的地幔柱(图 3-10);当俯冲带发育时,板块构造就不受地幔柱构造约束,如在北面有俯冲带的印度洋和两侧都有俯冲带的太平洋

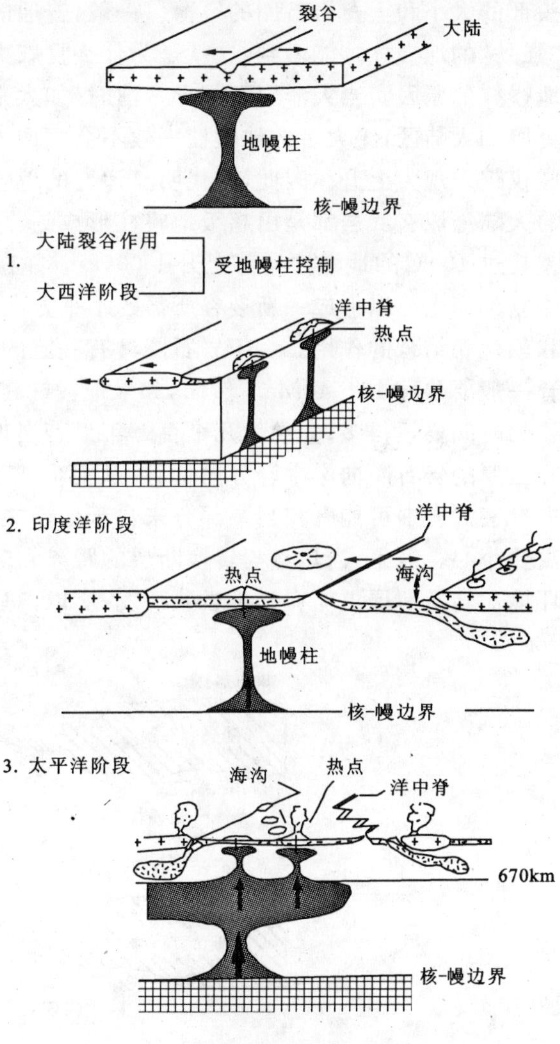

图 3-10 板块构造和地幔柱构造之间的关系示意图

(据 Maruyama,1994)

中，洋中脊与超地幔柱没有关系。与这种变化相对应，板块运动发生了明显变化，印度洋和太平洋的板块运动速率比大西洋阶段快5倍。

(4)板块构造以存在转换断层、洋中脊、海沟及沿板块边缘发生岩浆作用为特点，而地幔柱构造以缺乏转换断层，存在地幔上隆、地幔下沉或海沟为特点，但海沟没有俯冲带火山作用。

(5)板块是运动的，而地幔柱的显著特点之一是相对固定的，即其之间的相对移动速度很小，仅为板块移动速度的1/5。因而，地幔柱上升到岩石圈之后，热物质喷溢到地表形成孤立的火山。如果板块处于不断的漂移状态，那么地幔柱持续不停地涌上来的岩浆就可以在活动的板块上记录下它移动的方向和速度，成为测量板块运动的标志。

(二)地幔柱和板块的相互作用

地幔柱的密度因热膨胀比周围地幔小而具有较强的上浮力，使上部物质发生变形，当其上侵到岩石圈底部或上地幔顶部时，地幔柱温度比周围的物质高得多。因此，它不仅能衍生出玄武岩浆，而且还会造成地壳上隆甚至裂开。但产生上述地幔柱构造现象要取决于地幔柱本身头部的大小和上覆岩石圈的厚薄。一般，普通的地幔柱不可能穿透大洋岩石圈，只有那些异常"强劲"的地幔柱才能做到，这就是为什么夏威夷链是太平洋北部地区见到的现今惟一活动的地幔柱的原因。当大洋岩石圈异常薄时(如太平洋南部)，地幔柱的穿透相对容易。在岩石圈更厚的大陆区，绝大多数地幔柱一般不会穿透大陆岩石圈，而只能在岩石圈下面聚集，地表效应仅仅表现为上升。因此，时代明显递变的地幔柱行迹在大陆很少见，但大陆上所有体积巨大的大陆溢流玄武岩都是由超级地幔柱形成的。根据计算，假若有一个直径2 500km、与周围温差超过100℃的地幔柱头部上升1 000km，并在大陆岩石圈下面聚集的大规模地幔柱，却仍不能立刻产生足以形成一新裂谷所需的水平方向的作用力，地幔柱必须对上覆岩石圈施以加热和软化相结合的作用。由于岩石圈具有一定的厚度和缓慢的热传导，所以形成一全新的扩张脊一般要孕育10～40Ma。然而，如果地幔柱在一个老的扩张中心下上升，那么再次扩张所需要的时间要短得多，大约为几个百万年。若当地幔柱位于洋中脊附近时，地幔柱物质会尽量避开巨厚的岩石圈向洋中脊方向偏移，从而促进了洋中脊的扩张(图3-11)，也就是说，某些洋中脊玄武岩中可能有相当一部分来自于地幔柱，这就要对以往认为是典型MORB的岩石组分需要小心。但是，当热点与转换断层的距离和热点与洋中脊的距离相当时，由于扩张脊的张性环境比转换断层更加有利于岩浆喷发，所以，热点物质首先提供给扩张脊而不是转换断层。

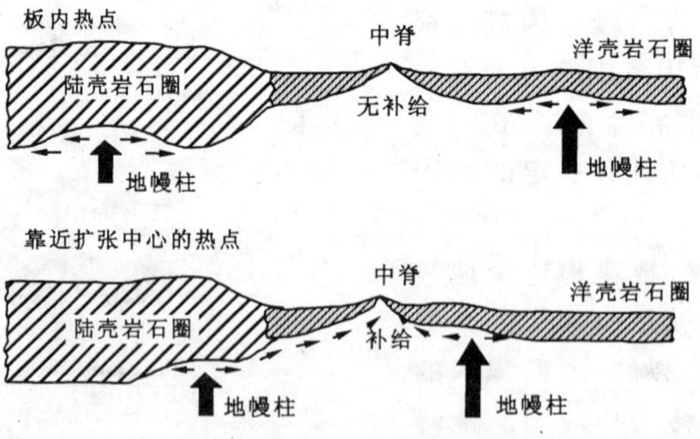

图3-11 地幔柱与洋中脊的位置关系

(据Vink，1984)

如果地幔柱远离活动的扩张脊，那么扩张作用很可能被延迟或阻止，这可能是因为地幔柱上侵而形成过量地壳变形所造成的极大驱动力引起的。如中大西洋张开之前，美国东南部大陆边缘纪录的地质事件序列是一个延迟扩张的实例，在那里，沉降作用以及缓慢的伸展作用开始于230Ma，但在210～215Ma之间沉积作用就停止了，这是因为费尔南多(纽瓦克-帕利塞兹)地幔柱顶冠于(201±2)Ma时到达并上隆的结果。上隆的结果是盆地消失，但随后进一步扩张，于175Ma时形成洋壳。与该地幔柱对应的热点的现代轨迹位于南美东北海岸之外的弱显示的费尔南多-迪诺尼亚热点。

另外，地幔柱的上侵力可作为缺乏软流圈地区的大陆板块漂移的动力。例如，1992年巴西利用远震波研究巴西地盾时发现其下没有软流圈，因而岩石圈运动不可能受软流圈驱动和控制，但在该地盾之下却存在一个至少向下延伸500～600km已“石化”的地幔柱，其年龄为130Ma。正是这个古地幔柱的上侵力导致了巴西大陆的裂解、漂移和变形。

在实验室模拟出来的地幔柱有一个对称的球状顶冠，但实际情况可能不那么简单。板块的漂移可能使地幔柱顶冠偏向于板块漂移的方向而不再对称(图3-12)。

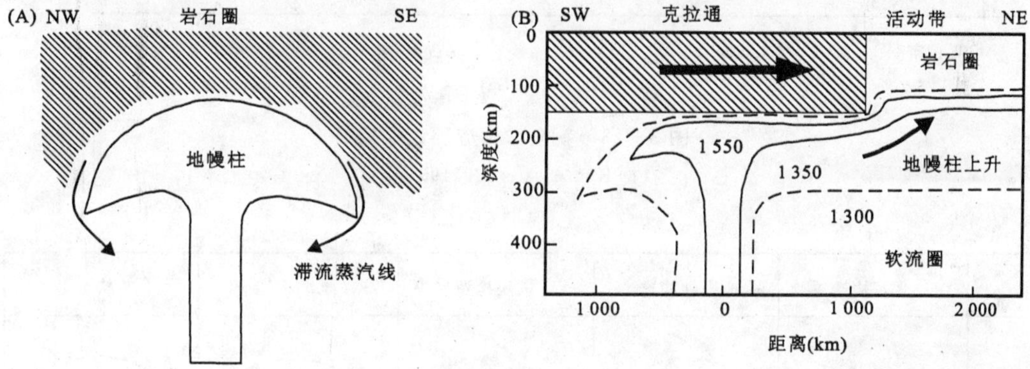

图3-12 地幔柱与停滞板块(A)和漂移板块(B)相互作用关系

(据 Wilson, 1997)

三、新全球构造概念

板块构造主要涉及岩石圈范围，但是日本学者提出的新全球构造概念(Kumzawa et al., 1994)涉及的空间为从地表至地核，时间是从地球诞生以来。新全球构造又被译为地球整体构造(whole earth tectonics，马宗晋等，2003)，包括生长构造(growth tectonics)、地幔柱构造(plume tectonics)、板块构造(plate tectonics)、收缩构造(contraction tectonics)和终端构造(terminal tectonics)，作为行星的地球最终将进入收缩构造和最终构造阶段(图3-13)。图3-14表示了从生长构造至终端构造的行星演化过程。上述新全球构造概念的核心是地幔柱构造。

1. 生长构造

生长构造指地球和行星演化的最初阶段，以形成地球的成层结构为特征。对早期地球而言，推断其生长构造期为10Ma或更短。

2. 地幔柱构造

在地球的生长构造期间及其后，湍流型对流可能起主导作用，并由此而形成湍流构造。当

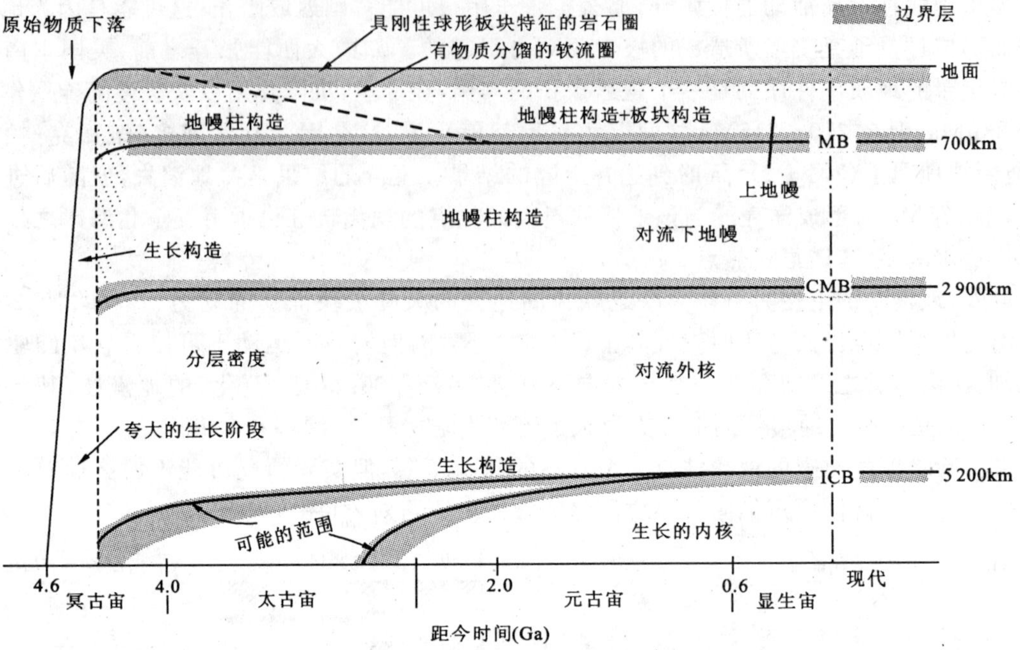

图 3-13　新全球构造理论框架

（据 Kumzawa et al.,1994）

类型/特征	生长构造	地幔柱构造	板块构造	收缩构造	热构造
1	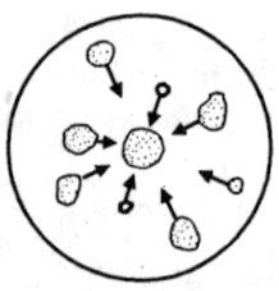		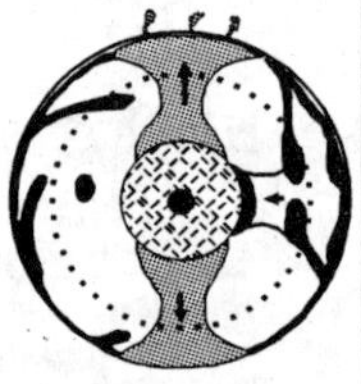	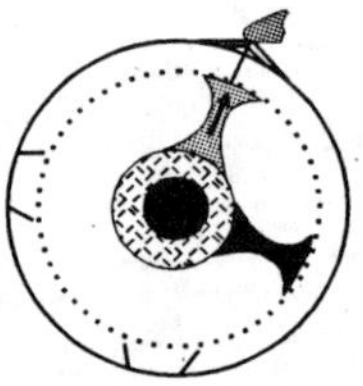	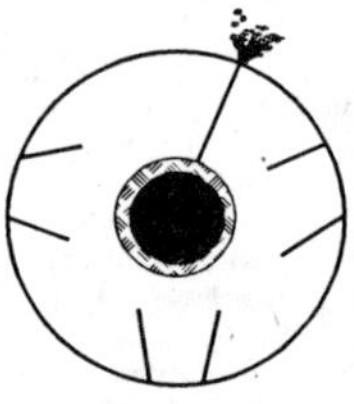
2	形成具分层结构的星体	来自边界层的柱状和岩浆团迁移所形成的对流	由转换断层补给的线状汇合线状源所产生的对流	伴随沉降的水平挤压，很少岩浆运移的排放口	脆性断裂作用喷气，主要的外部因素
3	广泛熔融和重力分馏	在SBL和MBL处由部分熔融引起的分馏和混合	在SBL处分馏在MBL处断续混合	分馏熔融产生巨型盾形火山	因凝固释放挥发物潮汐生热
4	岩浆洋	无板块	多板块	一厚壳	脆性圈
5	在4.6Ga时的所有类地行星	金星冥古宙地球	地球	火星，水星	月球，小行星

图 3-14　新全球构造体系

（据 Kumzawa et al.,1994）

SBL 为星球表面边界层；MBL 为环绕上-下地幔边界的地幔边界层

湍流减弱时，旋涡的流动距离和生命可能会延长，上升流和下降流会成为更持久的没有梯流的流动，形成一股上升或下降的柱状流，这时地幔柱形成。“热点”代表了地幔柱已到达地球表面，“地幔柱构造”就是指这种对流形式和它所引起的构造。地幔柱的寿命或高度取决于物质供应的连续性，也取决于物理性质的持久性和周围介质与地幔柱通道中的物质之间的相互作用。

在地球早期阶段，没有覆盖热地幔的刚性岩石圈，板块构造应不存在，以地幔柱构造为主，甚至目前地球内的大部分地幔中仍以地幔柱构造为主。地幔柱构造最容易在各种类型的边界层中产生。冷地幔柱产生于岩石圈-软流圈边界层中，也产生于和下沉冷岩石圈接触的部分地幔内。

当一冷块体停滞在700km的地幔界面上时，温度梯度增加，边界层的厚度和范围增长。由于这个深度上的吸热相变，出现阻止板片穿透下沉的阻力，当冷块体聚集到一定量，并且由于在更宽的区域和更深的范围内的热作用而使总阻力降低时，冷块体开始穿越地幔界面向核-幔边界下沉。当一冷块体到达核-幔边界时，核-幔边界正上方处的物质被挤出，会产生新的上升地幔柱。

3. 板块构造

最早的地质证据表明，板块构造的出现可追踪到39亿年前。早太古宙的岩石圈板块很薄，并在较高温度下是柔软的，被称为表皮构造，那时的板块可被刮落并堆积到下降地幔柱上方的地表上。若有岩石圈俯冲到另一岩石圈之下，它在比现有岩石圈板块短得多的时期内就会被崩解，板块构造格局仅出现在上地幔最上部的浅处，这种板块构造可称为“前板块构造”(pre－plate tectonics)。俯冲的冷洋壳不会下沉很深，因温度较高，不允许发生向非常致密的榴辉岩或石榴子石岩的转变。在以后的阶段，上地幔最上部温度较低，榴辉岩转变可能发生，玄武岩物质具有大的负浮力，推测它们会自动下沉。地幔柱构造通过表皮构造转变为板块构造，主要取决于两点：①物质的密度关系和相关系。②作为冷却剂的海洋水的形成。在现今的地球中，地幔柱构造和板块构造密切联系，相互作用。

4. 收缩构造和终端构造

在月球和水星中，地幔柱和板块构造已经消亡。当板块构造结束时，行星表面将被一厚的刚性球壳覆盖，此球壳仍可称为岩石圈。冷却作用主要通过从表面向内部的热传导进行，岩石圈很难水平移动或下沉。星球的体积由于平均温度的降低而趋于收缩。在内部体积收缩后，岩石圈出现非常低的蠕变变形和断裂作用。岩石圈下面的橄榄岩地幔仍然很热，能对流，可产生熔融。推测星球表面的主平均应力为水平挤压，会发生局部裂谷作用和冲断作用。星球的这一阶段为收缩阶段，其特征构造称为“收缩构造”。

星球进一步冷却，内部温度衰减到橄榄岩固态点之下，不可能再发生任何活跃的火山活动，在较大的行星中，液态金属核仍可能存在。随着温度的降低，金属核固化出被溶解的轻元素，如H、C和O，它们沿裂缝或断裂上升。这些挥发成分，可降低上面的硅酸岩系的熔融温度，并可能使星球的火山活动重新活动或延长，月球可能早已到达了此阶段。推测在收缩构造中，会出现两种有特征意义的现象，与脆性断裂作用相伴的地震和挥发物的散出。行星构造的最后阶段是自重力作用、旋转和冷的脆性球体的终端构造，它主要受外部作用控制，如偶尔的陨星撞击以及某个较大天体接近时的引潮力作用。月震发生在远地点和近地点时期，表明了地球引潮力对它的影响。陨星撞击是终端构造的典型外部作用，微小行星也许就是小的短命行星被撞碎的结果。地球和行星的寿命可能为50亿年或更长的时间。

第四节 地幔柱的地质效应

一、地幔柱与大型火成岩省(LIPs)

大型火成岩省(Large Igneous Provinces,简称 LIPs)是指规模巨大,岩性主要为镁铁质的喷出岩和侵入岩。它包括大陆溢流玄武岩和相伴生的侵入岩(CFB,如德干高原、西伯利亚溢流玄武岩等)、被动火山边缘(如 Voring 边缘)、洋脊高地(Ontong - Java 高地)、大洋盆地溢流玄武岩(如加勒比海溢流玄武岩)以及火山链(如夏威夷-皇帝海链)。LIPs 是显生宙后期以来地质历史的一个显著特点,它代表了新生物质(主要是各种类型的玄武岩)增生到地壳上的一种重要机制。海洋占有地球表面积的 70%,因此,海洋中的大型火成岩省也占有更大比重,且体积巨大。

LIPs 具有以下重要特征:①它由面积巨大的熔岩流组成,覆盖面积通常超过 $10^6 km^2$,最大厚度可达 5km(图 3 - 15),一些地区的剖面长达十至上百公里。据统计,现今海洋中海台(或称大洋台地)和无震脊的岩石体积达到 $370\times10^6 km^3$(Schubert 等,1989;Coffin 等,1993),以白垩纪的大洋台地占了主要部分,其中翁通爪哇(Ontong - Java)的体积接近 $50\times10^6 km^3$。这些规模巨大的岩浆是在相当短的时间内形成的,即具有极高的喷发速率。如德干高原玄武岩体积约为 $10^6 km^3$,喷发时限<1Ma。过去 100Ma 增生的物质占有大陆地壳 4.9%的体积,由此推算的增生速率为 $3.7 km^3/a$。按照这样的速度,要形成相当于整个地壳规模的体积,仅仅靠台地增生也只需要不到 20 亿年的时间。②尽管 LIPs 的岩石种类很多,如苦橄岩、霞石岩、流纹岩等,但成分上以基性火山岩为主,玄武质熔岩为主导地位,大多数 CFB(大陆区的 LIPs)SO_2 含量较高的石英拉斑玄武岩,在一些地区具有双峰式分布特征。③玄武岩浆喷发之前,地壳通常发生穹隆,垂直幅度为 1km。穹隆区基本与玄武岩覆盖范围相当。④CFB 的同位素组成范围很大,由典型洋岛玄武岩组成到接近古老地壳组成。大多数 CFB 中等或强烈富

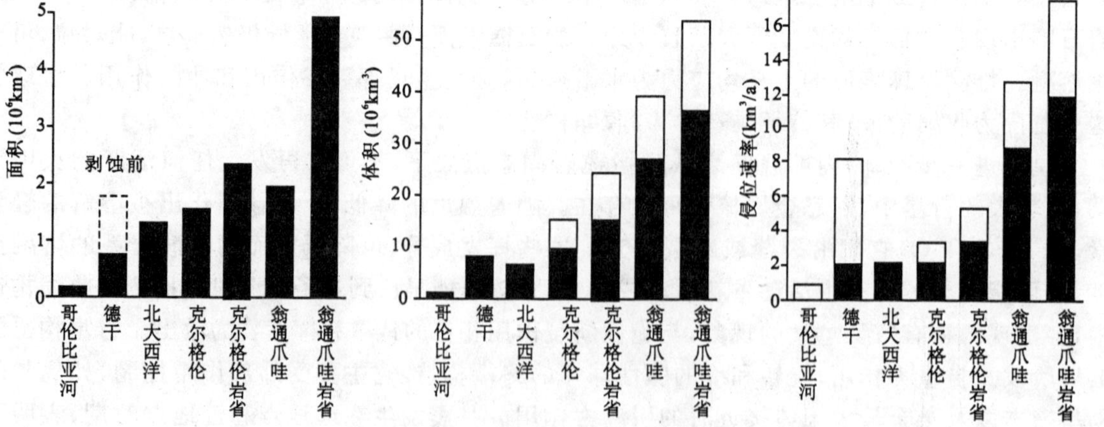

图 3 - 15 LIPs 的规模与侵位速率

(据 Coffin 等,1993)

集不相容元素，但显示强烈的 Nb－Ta 负异常。⑤产出环境既可以是水下，也可以是陆上，还可以横跨上述两个地貌单元。海洋中产出的 LIPs 包括大洋台地、无震脊、海山和洋岛岛链，地壳厚度可从 10km 变化到 40km（White 等，1992）。

由此可见，LIPs 是地球上所知最大的火山作用，记录了在某一特定历史时期巨量物质和能量由地球内部向外迁移。LIPs 的成因显然不同于"正常"洋底扩张过程，难以用传统的板块构造理论来解释，而与特殊的地幔动力学过程有关。在很短时间内形成巨大的岩浆喷出量要求地幔深部有巨大的热异常的存在。Coffin 等人（1993）对 LIPs 形成的构造背景和成因机制作过探讨，他们认为如果 LIPs 的溢流玄武岩是通过 20％的地幔熔融而成的，那么像翁通爪哇这样的大洋台地将涉及到大约 $140\times10^6 km^3$ 的地幔，相当于直径 644km 的地幔球体。这充分表明，在 LIPs 的形成过程中必然有下地幔在起作用。虽然有些学者持反对意见，但地幔热柱学说是目前解释这一热异常最好的模型。一般认为，LIPs 需要两个必要的条件：巨大的热柱和减压过程以便于熔融。

目前有 3 种解释 LIPs 与地幔热柱之间成因联系的模型（图 3－16）：①热柱头模型，认为热柱起源于核幔边界。②扩张模型，假定地幔柱起源于上、下地幔边界。该模型不考虑在上升过程中热柱捕获地幔物质的可能性，强调岩石圈的扩张是火山作用的前提，而这一条件在热柱头模型中并不需要。③多级地幔柱模型，兼顾上述两种模型，认为起源于核幔边界的地幔柱上升并滞留在上、下地幔边界，然后形成多个次级柱上升至岩石圈底部，导致 LIPs 的形成。目前尚无验证这些模型的有效方法。

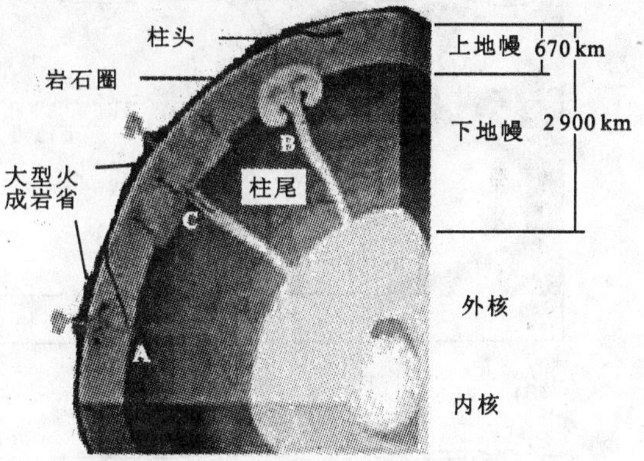

图 3－16　解释 LIPs 的各种地幔柱模型

A 为扩张模型；B 为热柱头模型；C 为多级地幔柱模型

二、地幔柱与超大陆的裂解和聚合

在漫长的地质历史中，曾有过多次超大陆的聚合和裂解。其中较为公认的两个超大陆是冈瓦纳-潘基亚（Gondwana－Pangea）和鲁迪尼亚（Rodinia）。这些超大陆旋回与地球深部动力学过程关系密切。热幔柱概念提出者 Morgan（1971，1972）一开始就注意到全球范围内多数大陆溢流玄武岩区附近都有与之对应的热点构造，如印度 Deccan 玄武岩/Reunion 热点、北大西洋三叠纪玄武岩/冰岛热点、Parana Etendek 玄武岩/Fristan da Cunha 热点、Karoo 玄武岩/Marion 热点、Columbia River 玄武岩/Yellowstone 热点、Rajmahaly 玄武岩/Kerguelen 热点等等。显然，这些大陆玄武岩和热点火山链都是热幔柱作用地表的结果。一般认为，大陆溢流玄武岩是热幔柱巨大球状顶冠上升地表发生减压熔融的产物，而热点火山链则是热幔柱尾柱长期活动的结果。如果确实这样，在每一大陆溢流玄武岩/热点构造组合中，大陆溢流玄武岩喷发时间应该早于对应的热点火山岩喷发时间。Duncan 与 Hargraves（1990）对上述一些大陆溢流玄武岩和相应的热点进行了 K－Ar 和 $^{40}Ar/^{39}Ar$ 年龄测定，测定结果证实了理论分析。

同时，一些学者也注意到了地幔柱活动产物——溢流玄武岩与大陆裂解的时空耦合关系

(Morgan,1971;Hill,1991)。如Karoo溢流玄武岩与非洲和大洋洲板块之间的裂解有关;德干高原玄武岩与印度板块和Seychelles/Mascarene高地的离散有关,北大西洋火山省与欧洲西北部和格陵兰板块的裂解有关;埃塞俄比亚和阿丹溢流玄武岩与非洲和阿拉伯板块的裂解有关。尽管如此,地幔柱活动在大陆裂解过程中的真正作用还存在较大的争论。究竟地幔热柱是主动上升,导致岩石圈的穹形隆升以及地壳的张裂,最终导致板块分离,还是由于板块边界重组产生的力导致岩石圈的裂解,地幔柱或软流圈沿着这些新形成的板块边界被动上升?可能地幔柱参与大陆裂解的方式兼有主动和被动的因素。

Maruyama(1994)将板块构造的产生、消亡与地幔柱作用联系起来,对威尔逊旋回聚合和裂解作了重新解释。如图3-17所示,由于超级地幔柱的上涌、超大陆裂开,分离出的大陆随

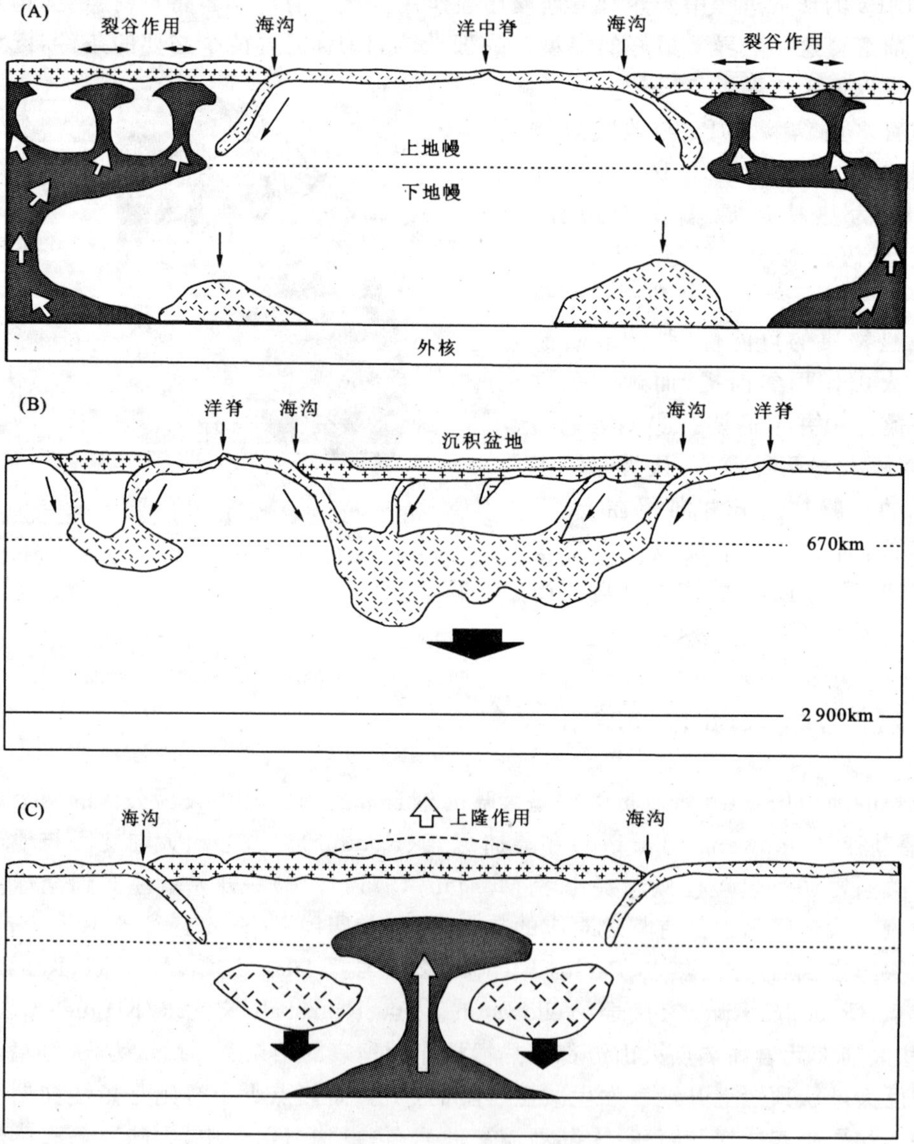

图3-17 超级地幔柱生成演化与威尔逊旋回

(据Maruyama,1994)

(A)超级大陆破裂;(B)超级大陆形成;(C)超级地幔柱产生

时间移动到超大洋内,并任意散布在其中。在大陆分散期间,在陆块边缘发育的俯冲带提供冷物质(板块)进入地幔,并在670km深度处形成俯冲板片滞留体。这些滞留体不断地发生周期性重力塌陷,在下地幔形成任意分布的下降流,最终较小规模冷地幔柱聚合成巨大而规则的下降流,形成超级冷地幔柱。下地幔中的这种冷幔柱一旦形成,将明显地控制上地幔的对流方式,以至于所有的大陆都趋于被吸纳到这一超级冷幔柱中,直到所有大陆联合成超大陆。由于俯冲板片滞留体具有随时间下沉的趋势,在这一合并起来的复合大陆的中部将产生一个巨大的克拉通沉积盆地,它是冷幔柱在地表的一种表现形式[图3-17(B)]。并且,俯冲带将环绕此超大陆发育,最后形成一条位于超大陆旁的链。下沉到核幔边界的超级冷地幔柱的挤压作用结果,可以在核幔边界上激发超级地幔热柱发育[图3-17(C)]。在冷行星空间环境中,冷幔柱的作用是主要的,而超大规模热幔柱是被动的。热幔柱的上升引起大陆的打开以至于裂解,并且可以锚固其上的扩张轴直到新俯冲带形成,新的旋回开始。

三、中白垩世的超地幔柱事件及全球变化

Larson(1991)提出了超地幔柱概念,并广泛地探讨了地幔柱的各种全球规模的地质效应,下面主要介绍Larson(1991)确定的中白垩世超地幔柱事件所引起一系列全球性异常事件(图3-18)。这里的全球变化主要涉及由超级地幔柱活动引起的一系列地球岩石圈的地质效应和表层的变化,包括地磁正极性超时、洋壳快速增生、黑色页岩沉积、气温变化、海平面变化、生物大规模灭绝事件、大气圈成分变化等等。

1. 地磁正极性超时

Larson(1991)详细地研究了大洋火山台地、海山链和大陆溢流玄武岩的体积、产生速率和形成时间与地磁极性变化时间之间的关系。研究结果表明,地磁极性正向频率与热幔柱活动强度呈正相关。这种关系在中白垩纪表现最为明显。全球许多大陆溢流玄武岩都形成于中白垩纪。而在这一时期(125~80Ma),地球磁极出现一段很长时间的正磁极性,即地磁时间表中所指的正磁极性超时。Larson(1991)将该正磁极性超时与同时期热幔柱活动相联系,认为幔柱将大量的热能和地幔深部物质从核幔边界附近带走,阻止了地球磁场的反向作用。磁极反向是地磁发动机内部固有频率的振动,这种发动机是起着大型非线性振动器的作用,其振幅(对流强度)与频率成反比,高温物质从核幔边界上方移出加大了其温度梯度,使地核外部的热传导加快,进而加快了外地核对流速度,使外地核丧失更多的热量,这就加速了地磁发动机的运转速度。地磁发动机运转速度的加快会通过某种尚不了解的但可能与对流系统动能增强有关的作用控制了磁极的反向,导致中白垩世出现长时间的正磁极性超期。直到中白垩世末,热幔柱活动减弱至消失,温度梯度恢复到初始状态,地磁场又开始反向。

通过对大洋玄武岩进行的古强度研究表明,在中白垩世期间,地磁场除有由极性变化异常外,地磁场古强度也显示出明显异常。在中白垩世正磁极性超时开始和结束时,地磁场古强度分别仅为现今地球磁场强度的45%和25%(Pick et al.,1993)。这种古地磁场强度异常可能也与核-幔边界热边界层的不稳定性有关。

2. 全球洋壳快速增生

根据磁条带宽度除以时间间隔,便可得出一个时期的海底扩张的速率(半扩张速率)。据此,Larson等(1972)研究计算了白垩纪110~85Ma期间的地磁平静期海底扩张速率,在太平洋-菲尼克斯板块边界为18cm/a,太平洋-法拉隆边界为7~10cm/a,太平洋-库拉边界为

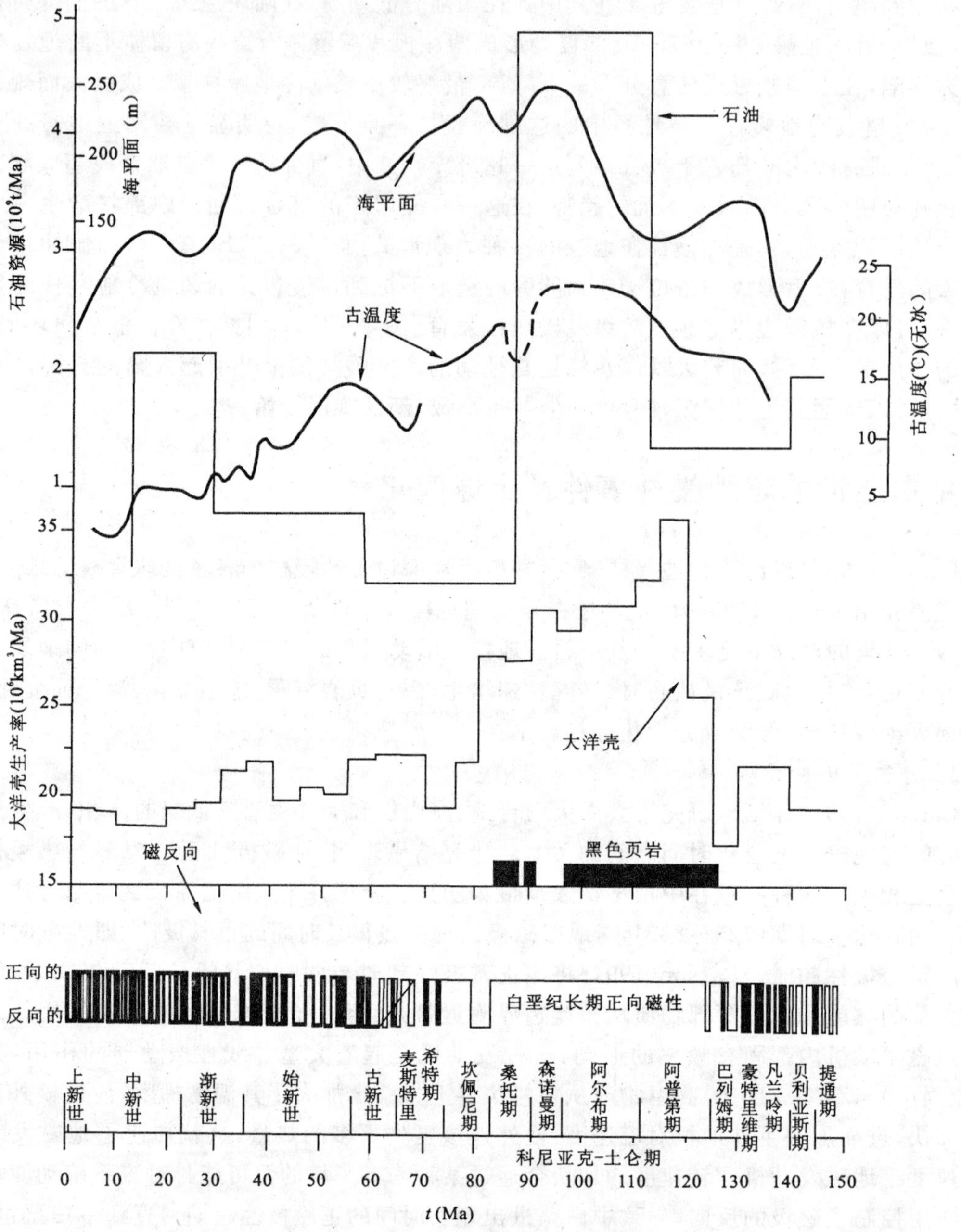

图 3-18 中白垩世超地幔柱及其地质效应综合图
(据 Larson,1991)

5cm/a,这些扩张速率都远比 180Ma 至今任何时期的值高。同样,这一时期大西洋的扩张速率与其前后期比较,约为它们的 2.5 倍。按修改后的古地磁年表,这一异常期改为 120～80Ma,相应的扩张速率有所降低,但仍是各大洋扩张速率的高值期。在这一时期,还产生了大量大洋高原,特别是在环太平洋地区。根据洋脊扩张率的增加和大洋高原的年龄分布计算地球大洋地壳的体积,得出过去 150Ma 大洋地壳生成率在 120～80Ma 期间增加了 50%～75%(图 3-18)。

3. 古温度升高和海平面上升

图 3-18 中的古温度曲线显示出白垩纪的古温度的明显异常，120～80Ma 时期是全球气候显著变暖时期。对此温度异常变化的原因原来一直用大陆的重新配置即古地理位置因素予以解释。但 Caldeira 与 Rampino(1991)的计算模拟结果表明，仅用古地理位置因素不足以解释白垩纪古温度异常的幅度。白垩纪中期温度上升幅度为 6～14℃，而大陆位置改变以及其他古地理因素仅可使白垩纪中期温度上升 4.8℃，但如果将古地理因素和同期热幔柱释放的 CO_2 所引起的温室效应因素综合考虑，可使白垩纪中期温度上升 7.6～12.5℃。与估算的中白垩世温度一致。Larson(1991)研究结果支持了 Caldeira 与 Rampino(1991)的结论。

热幔柱强烈活动所引起的全球气候变暖的一个结果是海平面明显上升。图 3-18 中的海面升降曲线是一种“长期”的海平面变化曲线。从晚阿普第期到土仑期海平面大约有 125m 的上升，Larson(1991)认为，白垩纪中期海平面明显上升是同期全球超级热慢柱强烈活动的间接效应，是洋壳生成率剧增的结果。

4. 全球大洋缺氧事件和全球石油资源剧增

大洋缺氧事件(Oceanic Anoxic Events，简称 OAE)这一概念最早是由 Schlanger 和 Jenkyns 于 1976 年提出来的，用于解释深海钻探中发现的白垩纪沉积层中的“黑色页岩”的成因。OAE 主要是指在相对短暂的某些特定地史时间内，全球或局部海域海洋水体中贫氧层(主要指中底层水)膨大或强化的一种作用。此时，海洋生物大量死亡或灭绝，有机碳大量埋藏，海水的 $\delta^{13}C$ 值出现大的正漂移，形成重要烃源岩——黑色页岩层。广大范围的深海钻探揭示出“黑色页岩”在大洋盆中广泛分布(图 3-19)，是一种富含有机碳的沉积载体。它不同于陆地上的黑色页岩，其厚度很薄，超不过几毫米到几十厘米，和贫有机碳的绿色、褐色或红色粘土或白垩组成的层序伴生在一起，有时这种中白垩统黑色页岩可达 250 个单层。

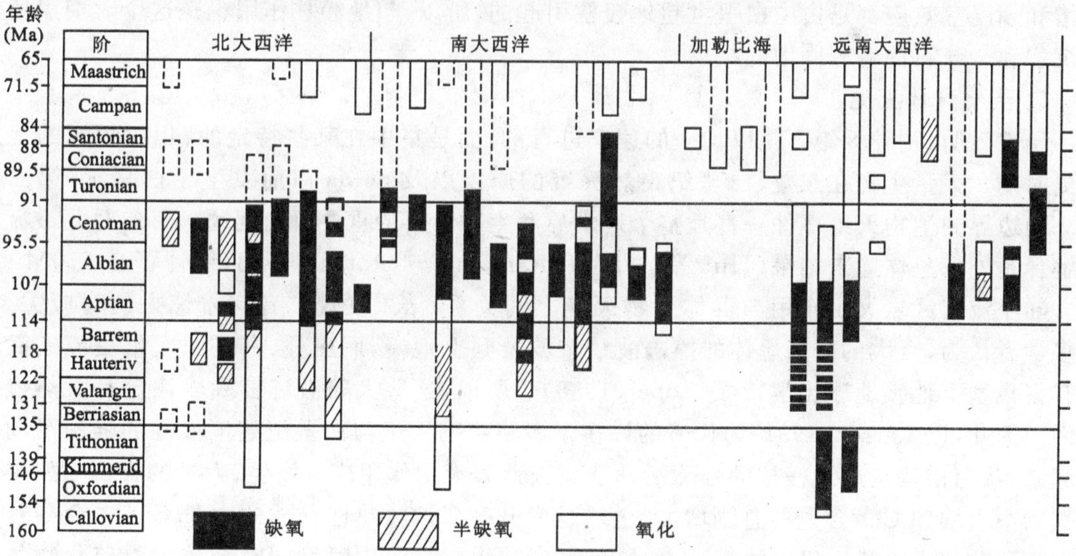

图 3-19　据有机碳含量和沉积物特点解释的大西洋和加勒比海底部水缺氧、半缺氧和氧化条件的分布

(据 Krashenninikov 和 Basov，1985)

现代黑海中高有机碳含量的黑色页岩是由于盐度的分层性造成局部的缺氧环境所致。中白垩世时大规模广泛分布的黑色页岩远非能用这种原理来简单解释。一般认为高有机碳的堆

积是洋流停滞的结果。当时海洋中生物生产力极高、生物大量繁殖和大批死亡，这些生物遗骸在海底沉积，大大消耗了海底水中溶解的有限浓度的 O_2，造成严重缺氧的还原环境。由于地壳的构造运动，海底扩张速度加剧、洋盆的打开，此时伴随地史上较大的海侵。例如，对白垩纪中期大洋缺氧时期的研究表明，当时海平面可能比现代高出 350m，足以淹没现代陆地面积的 35%。大规模全球性的海侵和大洋缺氧事件，造成有机质的大量埋藏并带走大量的 ^{12}C，这是由于生物通过光合作用固碳，优先吸收大气 CO_2 中的 ^{12}C，致使大气中 CO_2 由于得不到或很少得到 ^{12}C 的补充，从而造成大气 CO_2 的 $\delta^{13}C$ 值明显升高。

一些研究表明，全球性大洋缺氧事件发生之初，往往伴随剧烈的火山喷发，使地球深部的大量还原性气体进入大气圈，从而破坏了原先建立的大气圈水圈生物圈之间的平衡关系，因此火山喷发可能是造成全球缺氧和生物灭绝的主要原因。中白垩世大量的火山爆发与深源地幔柱活动有密切关系。太平洋中全球最大的海底高原 Ontong－Java 主要是白垩纪超静磁带大量火山活动的结果，是超级地幔柱穿透洋壳，在接近地幔柱中心处形成。Ontong－Java 海底高原的形成，使中白垩世海平面大幅度上升，并促发了大洋缺氧事件，且大量的火山活动使得大气中二氧化碳的含量增加，造成了这一时期的温室效应。

统计表明，全球已知石油的 60% 是在阿尔布到土仑期（112～88Ma）生成的（Irving et al.，1974）。图 3－18 中的石油资源直方图表示石油资源峰值与洋壳增生异常有关。在整个白垩纪，还有一个天然气聚集的宽峰值带。按 Larson 等（1972）推测的洋脊扩张率历史，这种石油形成高峰时期与洋壳大量产生有关。大洋壳的脉动产生了作为烃类资源基本原料的碳。除地幔碳外，这种脉动还产生了作为浮游生物养料的硫和磷（可能还有氮）。浮游生物将这些原料转变为有机质。在由超温室效应引起的中白垩世暖洋中，这些浮游生物大量繁衍。高海平面又大大增加了海相大陆架的面积，从而增加了这些有机物质沉积的场所。由于洋壳扩张率的陡增和超温室效应都是由中白垩世超地幔柱引起的，所以，超地幔柱作用也是这个时期黑色页岩沉积和全球石油资源剧增的结果。

5. 生物群体灭绝

研究表明，物种灭绝不是以均一的速率进行的，而是集中在某些特定的、相对短暂的地质历史时期。大量生物在三叠、白垩纪突然灭绝的原因以及 66Ma 以前发生于白垩纪-第三纪（K/T）边界的生物灭绝事件一直是整个地学界和生物学界的重要争论问题。目前对此最流行的解释是外来星体撞击结果（Hut 等，1987）。Rampino 与 Stother（1988）统计了自 250Ma 以来大陆溢流玄武岩火山作用与群体生物灭绝之间关系，结果发现二者有着惊人的对应关系。许多学者认为，巨大的外来星体的撞击波最多波及到上地幔，而三叠、白垩纪大量溢流玄武岩具有富集型下地幔地球化学特征（Loper，1988）。所以，这些大陆溢流玄武岩肯定是大热幔柱成因。因此，以 Larson（1991）为代表的许多学者将生物灭绝与白垩纪超地幔柱的强烈活动联系起来，认为白垩纪超地幔柱的强烈活动造成玄武岩火山作用广泛发生，大量的火山喷发导致大气圈中尘埃和 CO_2 含量的急剧增加，全球温度升高。地幔热柱释放的大量 CO_2 也会导致在大洋沉积盆地中大量有机碳的沉积，如黑色页岩和煤层。火山喷发同时释放大量硫化物气溶胶，从而导致酸雨的形成，降低地表水系的 pH 值。这些因素的综合作用导致了生物在很短的时间内灭绝。

6. 小结

地球是一个系统。白垩纪中期（120～80Ma）是地质历史中一个极其特殊的时期，期间发生的众多异常事件深刻影响着当时的地球表层环境，引起了明显的全球变化，并对其后的地球产生深刻的影响。白垩纪中期异常事件是地球系统下各圈层相互耦合的产物，事件相互之间不是孤立的，单个事件引起的全球变化对其他事件起着明显的正/负反馈机制作用。图 3-20 显示白垩纪中期各个因素、地质事件的相互关联与反馈作用。存在于核幔相互作用和外核流体运动导致白垩纪中期超级地幔柱的发生，并造成白垩纪超静磁带的发生。大规模海底火山作用是引起白垩纪中期异常海洋和气候的最根本原因。最直接的影响是释放 CO_2 进入大气圈，导致全球气候变暖；气候变暖反过来又降低海水中 CO_2 溶解度，使得海水中更多的 CO_2 进入大气圈，促进气候进一步变暖。海底火山作用还将持续释放大量的 SO_2，导致海水酸化并使得碳酸盐岩发生溶解，释放 CO_2 进入大气圈促进气候进一步变暖。全球气候变暖将导致大量的天然气水合物排放到大气中，被快速氧化后导致大气 CO_2 含量升高，氧气含量降低，同时将造成同期生物圈、海相碳酸盐同位素负偏移。白垩纪中期海底火山作用将直接向海洋提供幔源 Sr，导致 $^{87}Sr/^{86}Sr$ 负偏移。海底火山作用及其引起的全球气候变暖将使海平面上升，更多陆地营养盐进入海洋，导致海洋原始生产力的增加。另外，海平面的上升还将促进上升洋流发育，更多深部营养物质被带到表层，进一步促进海洋表层生产力的增加。海底火山作用和海底热液活动的增强将提供更为丰富的溶解铁及其他生物可利用金属元素，这也将大大增强海洋原始生产力。海洋原始生产力的增加和海平面上升将造成底层水缺氧环境的形成、溶解氧最小层的扩大，造成缺氧事件的发生，其结果是导致大量的有机质被埋藏，形成黑色页岩，全球碳同位素发生正偏移。另外，海底火山作用将产生大量的还原性金属元素以及 H_2S、甲烷等气体，这些气体的氧化将消耗大量的海水中溶解氧，促进海水缺氧环境的形成。另外，全球温度的升高，将导致海水溶解氧的溶解度降低，这也将促进缺氧事件的发生。大洋缺氧事件期间有机质大量被埋藏将导致有机质不能被氧化，碳没有返回到大气中，从而引起大气 CO_2 含量降低，导致温室效应减弱。海底火山作用、全球气候变暖、大气 CO_2 含量升高、海平面上升、营养组分增加将加快生物演化速度，部分生物由于环境的改变而绝灭，新的生物快速产生，生物更替速率明显加快。另外，缺氧条件的发育也将造成不同程度的生物绝灭。有机质的埋藏还将

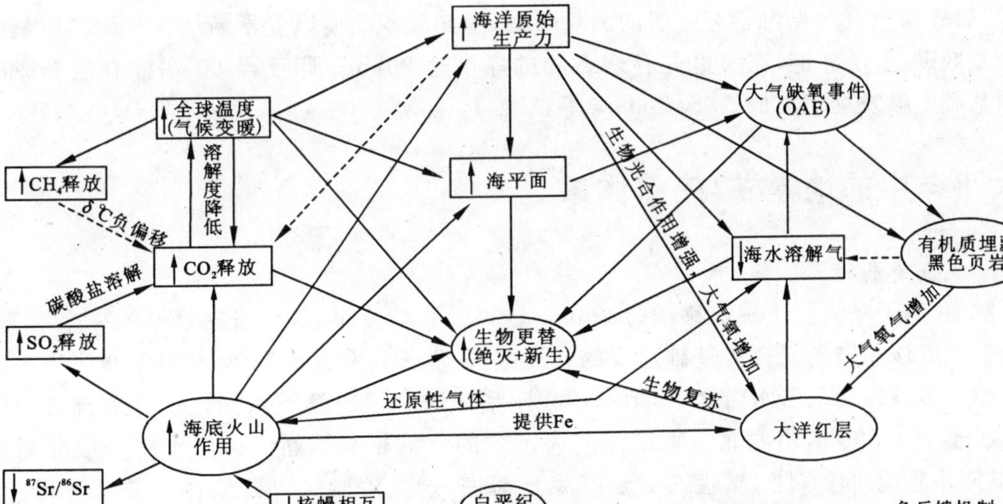

图 3-20　白垩纪中期异常事件相互关联与反馈

(据胡修棉，2005)

导致与埋藏碳相同摩尔数的氧气进入大气圈，从而增加后者的氧化能力。海洋表面光合生物原始生产力的增加，一方面从大气中吸收 CO_2，降低温室效应；另一方面排放 O_2 进入大气圈，导致大气 O_2 含量增加。可以推测，随着白垩纪中期黑色页岩的不断形成以及长时期高海洋表面生产力，大气圈氧气含量不断增加，氧化能力不断加强；加之白垩纪中期海底火山作用和热液作用将提供大量的 Fe^{2+}，在海水溶解氧充分的氧化条件下，Fe^{2+} 将快速被氧化成 Fe^{3+}，从而造成大洋红层的形成。

第五节　大洋中发育的地幔柱/热点体系

一、大洋中地幔柱/热点的表现形式

海洋覆盖了地球表面的 2/3 以上的面积，因此，地球上较多的地幔柱/热点分布在大洋环境（图 2－72）。大洋环境中地幔柱/热点体系以洋岛、链状海山、大洋台地或海台的形式出现。一般来说，洋岛规模较小，代表了地幔柱头部的产物或地幔柱岩浆初始喷发的产物；大洋台地则规模较大，类似大陆溢流玄武岩的规模，是地幔柱喷发主体阶段的产物。链状海山由一系列洋岛组成，其排列具有方向性，并且是按照一定的年代顺序排列的。一般认为，链状海山中洋岛年龄变老的方向代表了板块的运动方向。这一系列有规律分布的洋岛，一般称之为热点轨迹（图 2－72），其中最大或最新大规模喷发的洋岛往往被直接称为热点。

许多大洋台地和无震脊在洋中脊或靠近洋中脊的地方形成，前者如 Kerguelen、Manihiki、Shatsky、Greenland－Iceland－Faeroes，后者如 Walvis、RioGrande、Ninetyeast 的一部分、Chagos－Laccadive。大洋台地的形成模式归纳为冰岛型地壳生长模式和垂直型地壳生长模式两种。前者的典型实例即冰岛地区，该区的地壳生长主要是通过扩张轴区岩浆大量喷发、堆积而完成的；后者指原有地壳由于玄武岩的大量喷发、垂向堆积而使厚度不断增大。海洋中最好的例子为夏威夷-皇子岛链，在那里先存岩石圈的厚度达 80km。印度洋 90°东洋脊也是在原有岩石圈基础上喷发堆积形成的（Saunders 等，1994）。

二、太平洋中的地幔柱/热点体系

（一）夏威夷岛链

夏威夷-皇子岛链位于快速移动（100mm/a）的太平洋板块上，是研究最早的一个实例，热点理论就是以该岛链的研究为基础建立的。夏威夷-皇子岛链长 6 000km，由 100 多座火山组成。目前大多数火山位于水面之下，但海山在刚形成时一般出露于水面之上。岛链西北端的火山形成于 75～80Ma，由西北向南东方向火山岩的年龄越来越新。火山作用一般分为 4 个阶段：早期是盾前阶段（Ⅰ），碱性玄武岩喷发于海底，这个阶段的岩石只在洛希（Loihi）出露，其他地方可能被后期火山岩覆盖。第二个阶段是建盾阶段（Ⅱ），是岛链形成的主要阶段，产生大量的橄榄石拉斑玄武岩，占夏威夷火山的 98%。这一阶段持续了 0.4Ma（Frey 等，1990）。第三个阶段是盾后阶段（Ⅲ），火山岩成分向过渡型和碱性方向演化，以致于在火山顶部形成一个碱性岩的帽子，火山喷发速度也降低了两个数量级。最后阶段（Ⅳ），喷出碱性或霞石质的熔

岩，且各个火山均有出现。

夏威夷热点的火山喷发以强流动低粘度基性熔岩喷发为主，极少有强烈爆发，被命名为夏威夷式喷发。其喷发的产物被称为夏威夷型块状熔岩，它是一种厚4～6m的熔岩流，其表面由<1.5m的半熔结碎块组成，边沿呈皱纹状，与渣状熔岩相当。夏威夷岩是其典型的热点火山岩。夏威夷岩(hawaiite)也称橄榄中长玄武岩，具玄武岩结构，与典型安山岩结构相对。夏威夷岩只是夏威夷地幔柱的产物之一，此外，还有拉斑玄武岩、碱性玄武岩等。夏威夷岛链火山岩的同位素组成被作为典型OIB的识别标志。

(二)复活节(Easter)岛

与西南太平洋相比，东太平洋的(Easter)热点不是很发育，东南太平洋更少。东太平洋的近脊火山并非都与地幔柱有关，但复活节岛(Easter，27°28′S；109°22′W)是较早被确定为热点成因的洋岛(Morgan，1972；Schilling 等，1985；Fretzdorff 等，1996)。

Easter 岛最老的火山岩为2.5～3Ma，但主要部分<0.5Ma。新发现的年轻的1 700km^{2}面积的Umu火山岩田(27°S；111°W)是Easter热点的一部分，位于Easter微板块扩张脊以东150km、Easter岛以西170km。根据缺失沉积和样品的新鲜程度推测，其形成年龄<0.4Ma，其他Easter热点海底火山岩样品的年龄均<0.25Ma(Fretzdorff 等，1996)。靠近该火山岩田的扩张脊中的火山岩主要是富集型MORB，但也有不相容元素亏损的苦橄质玄武岩。岩石的成因还有争议，一些学者认为Easter热点的熔岩是MORB与地幔柱混合的结果(Hanan 等，1989；Haase 等，1994)，也有学者指出富集型和亏损型拉斑玄武岩与混合无关，其中富集型可能是MORB源区地幔15%的部分熔融与富集地幔2%部分熔融的混合产物，亏损型拉斑玄武岩则来自于地幔柱源区但经历过一次近期的亏损事件(Fretzdorff 等，1996)。

(三)萨摩亚(Samoa)群岛

萨摩亚群岛位于汤加海槽北部白垩纪海底之上，这里是太平洋板块的一个构造复杂区域。该群岛由6个主要岛屿组成。出露的盾状熔岩主要由碱性岩组成，但其深处是拉斑或过渡玄武岩。K-Ar年龄从东到西由1.0Ma增大到2.8Ma(Natland 等，1985)。

(四)皮特凯恩(Pitcairn)

皮特凯恩(Pitcairn)位于太平洋板块南纬20°，西径130°，磁异常资料表明其下伏地壳为30Ma。火山岩均为碱性岩，包括碱性橄榄玄武岩及其他分异产物。火山岩K-Ar年龄为0.45～0.95Ma。同位素特征以低$^{143}Nd/^{144}Nd$比值、中等$^{87}Sr/^{86}Sr$比值、低$^{206}Pb/^{204}Pb$比值和相对较高的$^{207}Pb/^{204}Pb$与$^{208}Pb/^{204}Pb$比值(Reisberg 等，1993)。

(五)翁通爪哇与马尼哈基

翁通爪哇(Ontong-Java高地)与马尼哈基(Manihiki)位于西太平洋。大洋台地占有世界海底面积的大约3%，其中有相当大的一部分位于西太平洋，最典型的要数翁通爪哇与Manihiki，翁通爪哇海台表面积>2×10^{6}km^2，Manihiki的面积有0.55×10^{6}km^2。翁通爪哇海台地壳厚度(>35km)类似于大陆壳。地震和重力资料以及直接采样的结果表明，翁通爪哇海台是一种超厚的玄武质洋壳类型，被认为通过Aptian地幔热柱的火山喷发作用，在2～3Ma的短时间内形成的(Tarduno 等，1991)。对于其下地壳的了解还很少，只有地震资料表明高密度的下地壳位于很深的部位，可能是石榴子石麻粒岩。海台上的火山岩属于典型的溢流玄武岩，熔岩层的上部层位中夹有硅质泥岩和碳酸盐岩，表明火山-沉积建造形成于深水环境。在Aptian附近，碳酸盐的补偿深度是2～3km。深海钻探的结果也指示喷发环境为海相。

关于翁通爪哇与马尼哈基的成因与地幔柱有关，大洋台地可能是地幔柱头部与岩石圈基底相互作用的产物，海山岛链及线性延伸的无震脊则可能代表地幔柱尾部的产物。这一地幔柱激发模式并不强调近脊环境，因为主要由 OIB 组成的地幔柱当其与大洋地壳相互作用时，必然会混入一定量的 MORB，因而也完全可能产生 OIB 与 MORB 混合的现象；现在惟一的困难在于如何去理解，像翁通爪哇与 Manihiki 这样的较老的太平洋海台并不都跟着一条由海山或无震脊组成的“尾巴”。这一点似乎是太平洋大洋台地的一个共同特点，与大西洋和印度洋明显不同。如北大西洋的冰岛海台跟有格林兰-苏格兰脊、东南印度洋的克尔格伦海台跟有 90°东脊。一些大陆溢流玄武岩省也跟有尾巴，如德干跟有 Chagos - Laccadive 脊、Etendeka - Parana 跟有 Walvis 脊等(Morgan,1981)。

三、印度洋中的地幔柱/热点体系

(一)东、南印度洋中的大洋台地

东印度洋在早、中白垩世以发育体积巨大的火山作用和板内张裂为特征，洋内一系列的火山作用是印度和澳大利亚-南极板块在通过 Kerguelen 地幔热柱时留下的痕迹(Mahoney 等，1983;Duncan 等,1991)。火山或火成作用的产物以海底台地、向海倾的地震折射层以及无震脊的形式保存在海盆地之中及其周边地区。表 3 - 2 表示了东印度洋中的一些主要大洋台地的基本特征。

表 3 - 2 东印度洋中主要热点——大洋台地的基本特征

台地	面积 (km²)	火成地壳 厚度 (km)	地壳规模 (km³)	DSDP/ ODP 站位	年龄 (Ma)	定年方法	喷发 时间 (Ma)	资料来源
Naturaliste 台地	100 000	<5?	1 610 000	26,28	<131	Ar - Ar	未知	Coleman 等, 1982
Rajmahal/ Bengal 盆地	6 700	0.2	>200 000	—	100.6 117～115.4 115.7	Ar - Ar (全岩) Ar - Ar (矿物/全岩) Ar - Ar (矿物)	未知 <3?	Pyle 等,1993 Baksi,1986 Pringle,1994
Kerguelen 台地	1 780 000	11.6～26.2	17 500 000	119,120	118.2～109.2 110.1～85	Ar - Ar (矿物/全岩) Ar - Ar (矿物)	9 25	Whitechurch, 1992 Pringle,1994
Broken 脊	510 000	>10?	6 900 000	121	89.2～88.0	Ar - Ar (矿物/全岩)	<2?	Duncan,1991
90°东脊	1 000 000	12.5～16.8	≥12 500 000	22,26,121	90～43	Ar - Ar (矿物/全岩)	～47	Duncan,1991

(据 Kent 等,1996;引自王登红,1998)

从表中可见，各个台地之间的规模和地球化学特征差别很大。其中 Kerguelen 海台平均地壳厚度 21～22km，体积 $17.5\times10^6km^3$，喷发周期 25Ma，地震波速 6.5～6.8km/s；5 000km 长的（东经 90°海岭）Ninety - east 洋中脊的地壳厚度为 12～17km，地震波速＞6.8km/s。地球化学特征的差别主要是由于大陆地壳对上升地幔柱的混染作用所致，在火山喷发早期阶段的产物中更明显。

克尔格伦（Kerguelen）海台：位于东径 69°、南纬 49°的南印度洋，它是 Kerguelen - Gaussberg 洋脊的一部分，磁异常资料表明下伏地壳的年龄为 35～43Ma。与翁通爪哇海台相比，克尔格伦海台的地壳厚度要小得多，约为 15～20km。大洋钻探资料表明其喷发环境为陆相（Schlich 等，1989），岩浆活动可能持续了 40Ma（Saunders 等，1994）。岩浆岩的成分变化较大，4 个主要盾火山基本上是拉斑质或过渡性的，被两个大的碱性层状火山覆盖，也可以见到高度分异的岩石，从响岩到粗面岩、流纹岩。在岛的西南部还见到正长岩环状杂岩体。盾状熔岩的年龄为 24～27Ma，侵入岩则更年轻，为 5～19Ma（Dosso 等，1979）。同位素组成变化很大，有的类似于富集型 EMI 地幔组分。

地幔热柱活动被认为是克尔格伦海台形成的主要机制。Mattielli 等（1996）的研究证实克尔格伦幔柱的存在不超过 115Ma，在地幔柱的几次（115Ma、80Ma、40Ma）脉动过程中，海台逐步长大，地质构造环境也在发生变化，从扩张脊变化到现在的板内位置。图 3 - 21 表示了克尔格伦地幔柱的演化模式，在 130～110Ma 之间，地幔柱主要是对陆下岩石圈的热侵蚀，产生一些钾镁煌斑岩；在第二阶段（110Ma），主要是溢流玄武岩的大量喷发，形成克尔格伦-赫德大洋台地，期间地幔柱与软流圈之间发生了混合作用；最后是大洋形成，但地幔柱仍在起作用。

（二）西、北印度洋中的大洋台地

科摩罗群岛（Comoro Archipelago）是西、北印度洋中大洋台地的代表，由大科摩罗（Gran Comoro）、莫埃利（Moheli）、昂儒昂（Anjouan）和马约特（Mayotte）4 个岛屿组成，在马达加斯加与莫桑比克之间呈北西-南东方向排列，构成由北西向南东年龄增大的岛链。其中大科摩罗岛规模最大，也最年轻，并发育两个火山中心，最高的卡尔塔拉火山高出海平面 2 560m。火山岩主要有碱性岩、从年轻火山的富镁碧玄岩变化到较老岛屿上的高度分异的响岩。科摩罗群岛上存在有砂岩和石英岩，表明火山于非纯洋壳环境中喷发。

四、大西洋中的地幔柱/热点体系

（一）冰岛

冰岛是一个近代仍在活动的热点地区，而且它与完全位于板块内部的夏威夷热点不同，它位于大西洋中脊之上，是研究地幔柱与洋中脊扩张作用的相互关系的天然实验室。根据 ODP152 提供的新资料，在玄武岩之下存在河流相沉积，意味着火山喷发之前地壳曾经上隆并露出水面。918 观测站的玄武岩基底显示海陆过渡相，表明在大陆打开之初，地壳的下沉速度与洋壳相比显得非常缓慢。

冰岛地幔柱在早第三纪（65～63Ma）时上升到西北欧和东、西格陵兰的近地表并发生减压熔融，所产生的玄武岩在英国的 Mull、Skye、Antrim 及 Faeroe 岛、巴芬湾、西格陵兰、东格陵兰沿岸的大部分地区都可见到。此外，ODP152 等钻探计划证实格陵兰东南大陆架、挪威大陆边缘、北 Rockall 海槽及 Faeroe 大陆边缘也都是由第三纪玄武岩组成的。在古新世时，地壳的上升规模为 375～525m，早始新世为 160～310m（Nadin 等，1995）。

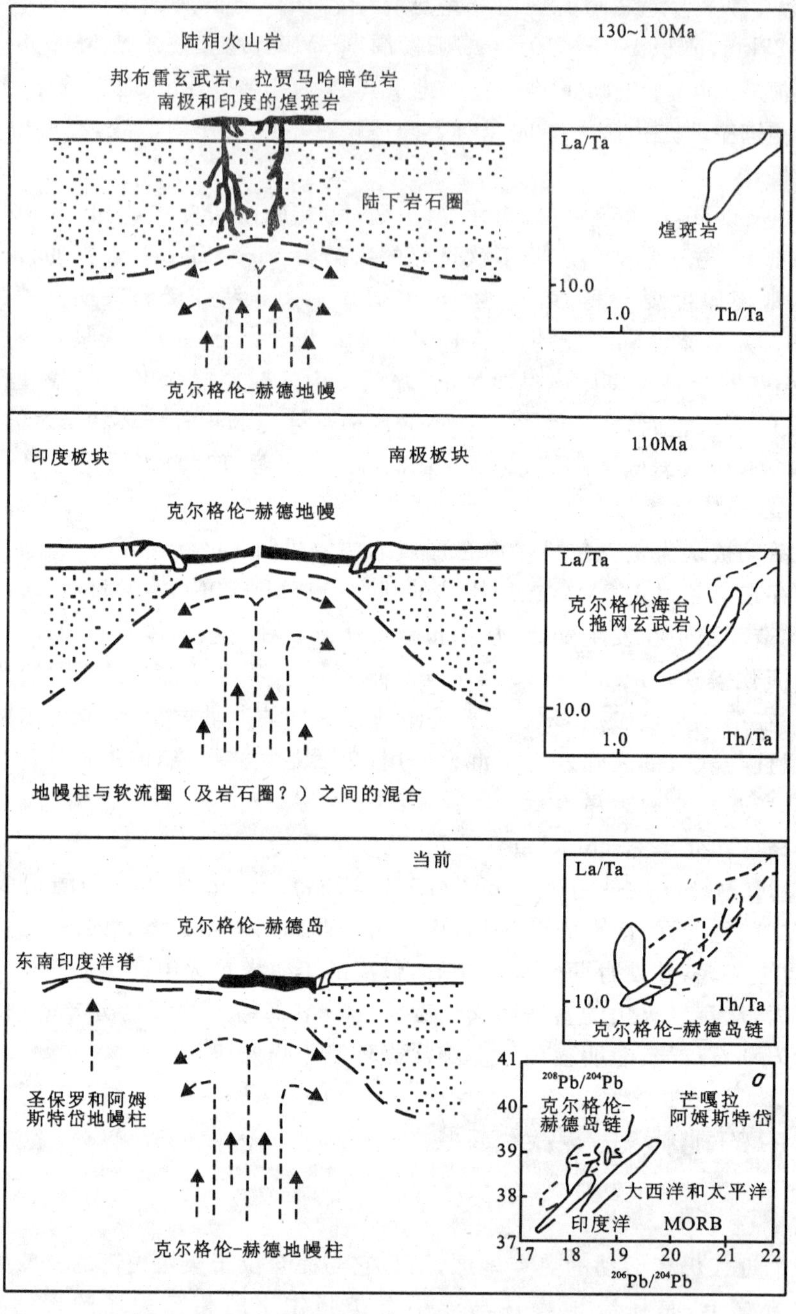

图 3－21　克尔格伦地幔柱的演化模式

（据 Storey，1989）

在冰岛中部、北部和西南部，喷发熔岩主要是拉斑玄武岩，而在东火山岩带，玄武岩的成分有系统变化，即从冰岛近中心部位（Veidivotn 和 Griresvotn）的拉斑玄武岩，到赫克拉（Hekla）和卡特拉（Katla）变为 Fe－Ti 质拉斑玄武岩，到威斯特曼那依加（Vestmannaeyjar）则是碱性岩。各个火山中心的地球化学特征都不尽相同，表明源区的组分及比例在发生变化。北大西洋打开之前主要的岩浆活动产生了赫伯里蒂恩（Hebridean）的第三纪火成岩省，其中包括小部分的含有橄榄石斑晶的镁质玄武岩，橄榄石斑晶核部的成分为 Fo_{89}（甚至更高）。橄榄石-液相平衡计算表明这些斑晶形成于 MgO 含量 14%～15%(少数达 18%～20%)的液相。

冰岛岩(icelandite)是冰岛地幔柱的典型产物,也称为铁安山岩,是一种 Fe/Mg 比值很高的安山岩。这种安山岩显然不同于俯冲造山带大量产出的安山岩,而是一种岩浆混合成因的岩石。尽管 MgO 含量变化较大,但是,冰岛东火山岩带$^{87}Sr/^{86}Sr$ 比值、$\delta^{18}O$ 值和 Rb/Zr 比值较为均匀。

早期形成的 1、2 类岩石可能是地幔柱头部在岩石圈底部扩展过程中、热点周围的残留体二度熔融的结果,期间伴随有岩石圈的减薄,而岩石圈的减薄又有助于在较浅的部位发生更广泛的熔融,于是产生第三类岩浆岩。但第三类岩浆岩富集型的地球化学特征却需要一个较大的起源深度来解释。综合起来考虑,可能是在第一、二类岩石形成后,地幔柱有大约 25Ma 的活动间隙,期间地壳又重新加厚,直到地幔柱再度活动并引起部分软流圈的低度熔融,产生第三类岩石(Kerr,1995)。穿切花岗岩的西格陵兰煌斑岩相对富集不相容元素,其$^{40}Ar/^{39}Ar$ 年龄<40Ma(Upton 等,1995)。

Pb 同位素研究表明,冰岛地幔柱只是到了最近才富含 U 和 Th(Thirlwall 等,1994),属于"不成熟的 HIMU 地幔柱"。冰岛地幔柱玄武岩具有低的$^{207}Pb/^{204}Pb$ 比值(Thirlwall,1995;Hards 等,1995),可能是相对近期的 μ 值和 Th/Pb 比值的提高,增大了$^{206}Pb/^{204}Pb$ 和$^{208}Pb/^{204}Pb$缘故。冰岛地幔柱玄武岩的 μ 值小于已知的 HIMU 型地幔柱。不成熟 HIMU 组分与地幔之间的混合可以解释冰岛地幔柱的铅同位素特征(Thirlwall,1995)。但微量元素(不随时间而变)特征又类似于 MORB 而并不支持 Thirlwall 的看法。当然还存在别的可能性,如地幔柱本身的不均匀性等,或者是起源于下地幔的亏损地幔柱,也可能是熔浆在地幔柱轴部附近发生抽提(melt extraction)而引起。Hards 等人(1995)进一步研究了冰岛地幔柱的不均匀性,他们认为这种不均匀性主要表现在两个方面,即碱性火山岩主要受与对流地幔隔开的富集型源区控制,而苦橄质岩浆可能主要来自亏损的对流下地幔(被地幔柱卷上来)。这种不均匀性应该在任何一个地幔柱都存在,但只有在那些岩石圈地幔及地壳"污染"微弱或不存在的地区才能见到,如大洋扩张中心。

在地球物理特征方面,Barton 和 White(1995)研究了裂谷边部海陆过渡带的垂直入射和广角地震反射资料,大部分地区发育向海倾斜的反射面,并有一个高速的下地壳(7.3～7.5km/s)。这可以解释为岩浆底侵或原先的地壳在打开时受到了高镁岩浆的强烈侵入。计算表明,西格陵兰苦橄岩和 Mull 苦橄质玄武岩的地幔势温度高于周围地幔(1 280℃)200C 以上(Gill 等,1992;Kerr,1995)。Hebridean 火成岩省镁质玄武岩橄榄石-液相平衡计算表明,冰岛地幔柱轴部向外 900km 处的地幔势温度仍然高达 1 350～1 460℃(Kent,1995)。60Ma 以来如此高的、长时间区域性热异常只有用地幔柱才能较好地解释。Chalmers 等(1995)认为北大西洋和 Labrador 海广泛的古新世火山作用对应于一个巨大的单一地幔柱顶冠,直径约 2 000km,温度为 1 500℃。

(二)亚速尔热点

亚速尔热点位于大西洋中部。样品测试结果表明热点部位下部上地幔的熔融程度最高可达 25%,大多数地方的熔融程度在 10%～20%之间(Bonatti,1994)。但是热点地区地幔的温度并不高。造成亚速尔热点高熔融地区却不存在高地幔温度一种原因可能是成分在起作用。研究表明,橄榄岩中只要存在微量的水及其他挥发分,就会使其熔融温度发生显著的下降。因此,如果这种"湿"地幔在洋中脊之下向上涌,会比正常的"干"地幔在更深处开始熔化。在橄榄岩到达地面以前,它所达到的熔化程度比干地幔在相同温度下所达到的熔化程度要大得多。

Schilling 等(1991)已经发现亚速尔热点 35°～45°N 之间玄武岩所含的水比正常洋中脊玄武岩高 2～3 倍，而且，它们还含有异常高的挥发元素，如 Cl、Br。他们还发现亚速尔热点玄武岩含有比正常洋中脊高得多的轻稀土元素。这些元素异常高的含量表明亚速尔热点源区地幔就含有丰富的这些元素。所以，流体的交代作用对于地幔的熔融有很大的影响，这种影响甚至可能超过温度对于地幔熔融的影响。其中水及轻稀土等本身可能来自于地幔射气，比如，CH_4 作为一种在地幔深部可能存在的气体，一旦上升到上地幔受到氧化即可产生水。

亚速尔热点的另一个特点是$^3He/^4He$ 比值相对较低，一般热点区$^3He/^4He$ 比值都高于洋中脊，但是，亚速尔热点$^3He/^4He$ 比值小于洋中脊。由此，一些学者指出(Bonatti，1994)亚速尔热点可能是一个地幔内较为表生成因的异常熔化区，并且跟起源于深部地幔或核幔边界的地幔柱没有关系。

由此可见，亚速尔热点是一个较为特殊的热点，一是因为它位于洋中脊，二是因为它可能是浅成的，三是因为热点之下的地幔熔化温度并不很高，四则是地幔交代起了较大作用。类似于亚速尔这样的热点可能是次生热点，或者说属于浅成热点，而地幔交代作用的存在表明其下可能还存在真正的来自于核幔边界的地幔柱，只不过是其位置还较深(王登红，1998)。显然，热点与地幔柱可能并不完全一一对应，即热点有深成和浅成之分，只有深成热点是地幔柱的直接产物，浅成热点中可能夹杂有较多的地壳组分。

(三)圣海伦娜

圣海伦娜(St. Helena)位于大西洋中脊以东约 800km、南纬 16°的地方，磁异常表明下伏基底地壳年龄约为 30Ma。圣海伦娜具有接近于 HIMU 的高放射性铅同位素组成，表明再循环洋壳没有掺杂到地幔源区。火山岩成分主要是含霞石标准矿物的原生碱性玄武岩和响岩，岩石年龄为 7～14Ma(Baker，1967)。

尼日利亚贝奴埃(Benue)裂陷槽晚侏罗世-早新生代的岩浆作用与圣海伦娜地幔柱有关。岩浆活动主要集中在 3 个时间段：147～106Ma、97～81Ma 和 68～49Ma(Coulon 等，1996)。可以分出拉斑玄武岩和碱性玄武岩。地球化学资料表明中、新生代岩浆岩的形成涉及到 3 类地幔源区而没有明显的地壳混染。这 3 类源区包括：产生拉斑玄武岩的富集型大陆岩石圈地幔、产生碱性玄武岩的 HIMU 型(地幔柱)组分及亏损的软流圈地幔(N－MORB 型源区)。贝奴埃裂陷槽中晚侏罗世-早新生代的岩浆岩的地球化学特征与圣海伦娜玄武岩很相似，推测在赤道大西洋打开时，正是圣海伦娜地幔柱产生了上述玄武岩，而且，贝奴埃裂陷槽中的碱性岩浆岩与喀麦隆沿线的碱性岩也很相似，意味着贝奴埃和喀麦隆这两个岩浆岩省都跟圣海伦娜地幔柱有关。

(四)布维尔特(Bouvet)岛

布维尔特(Bouvet)岛上出露的火山岩主要是橄榄石-斜长石玄武岩，但橄榄石-斜长石-单斜辉石玄武岩也较常见。地球化学研究表明，主要是弱演化的 N 型 MORB($Mg^{\#}$－69～35)，局部地区少量样品具有“富集”型特征(T 型及 P 型 MORB)。根据不相容元素和同位素特征可以区分这 3 类 MORB。其中富集型 MORB 在美洲-南极洲洋脊的分布相对少于西南印度洋脊，但它们的地球化学特征一样。T 型和 P 型 MORB 的成分则符合这样一个“区域混合”模式，即正常的亏损地幔与 Bouvet 地幔柱岩浆发生混合作用。其中的 N 型 MORB 主要来自于地幔，地幔柱组分可以忽略；T 型 MORB 主要来自于中等地幔柱/地幔比例的源区；而 P 型 MORB 主要来自于地幔柱。富集型熔岩之所以能散布到 Bouvet 地幔柱以外 500～1 200km 的地方，主要是软流圈的移动将 Bouvet 地幔柱物质水平扩散开来的结果。

第四章　主动大陆边缘

大陆边缘是地球动力学环境研究的主要对象之一，分为主动大陆边缘和被动大陆边缘两种基本类型，它们的沉积组合、结构和形态是各不相同。主动大陆边缘与汇聚型板块边界有关，是大洋板块向毗邻大陆俯冲消减的产物，代表威尔逊旋回的后期历史，所以化石活动陆缘标志了古板块消减带的存在。主动大陆边缘也称汇聚型大陆边缘、活动边缘、聚敛边缘等，发育于板块俯冲边界，是沿贝尼奥夫带深部作用的反映，它与大洋中脊一起构成了全球板块构造体系的两个最基本的要素。

第一节　主动大陆边缘的构成单元及特征

主动大陆边缘的基本结构如图 4－1 所示，从大洋向大陆方向依次有海沟、弧-沟间隙(包括由消减杂岩组成的非火山外弧和弧前盆地)、火山弧及其上的弧内盆地，以及弧后区。在西太平洋的情况下，弧后区为底部具有洋壳的宽阔的边缘海，从而火山弧在地貌上以岛链形式出现在远离陆地的大洋中。在美洲西部，从科迪勒拉山到安第斯山，弧后区为宽度不大的陆相上叠盆地，火山弧就叠置在大陆边缘之上，海沟位于海岸外不远处。所以，活动大陆边缘可再划分为陆缘弧(安第斯型)和岛弧(西太平洋型)两种类型，后者由海沟、岛弧、边缘(弧后)盆地构成三位一体，简称沟-弧-盆体系。

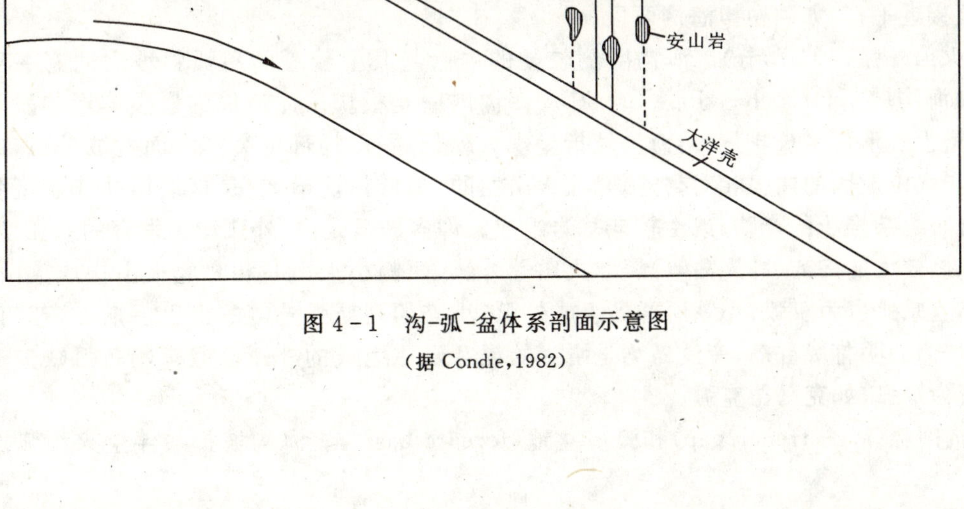

图 4－1　沟-弧-盆体系剖面示意图

(据 Condie，1982)

一、岛弧-海沟系(Arc - Trench System)

前已述及,横过岛弧-海沟系,由洋侧向陆侧出现外缘隆起、海沟、非火山外弧、弧沟间隙(其中发育了弧前盆地)、火山内弧和弧后盆地或弧间盆地。横越岛弧-海沟系,地壳类型和厚度交替变化。海沟洋侧坡为典型的大洋型地壳;至海沟轴部,地壳厚度开始增大,大约在7km(如琉球海沟)至13km左右(如千岛海沟);至海沟陆侧坡,地壳厚度进一步增大;至岛弧地区,可出现大陆型或过渡型地壳;进入弧后盆地或弧间盆地,地壳厚度复又减薄,多偏于洋壳性质,局部有变薄花岗岩层;至残留弧或大陆边缘地区,地壳厚度再度增大,在陆架和陆坡上出现大陆型或次大陆型地壳。

外缘隆起(quter rise or outer swell)。外缘隆起位于海沟洋侧边缘地带的宽缓隆起,是板块俯冲下弯导致后部拱曲的结果。地震反射剖面揭示,外缘隆起上多正断层和地堑构造,这与震源机制的分析结果一致,与板块弯曲部凸面表层遭受引张作用有关。外缘隆起上除有浅源地震外,局部地区还可出现火山活动。外缘隆起平行海沟走向延伸,宽约数百公里,高出相邻深海平原300～500m左右。其靠洋侧较缓,靠海沟侧较陡。

海沟(trench)。海沟是洋底最引人注目的地形单元。俯冲的大洋板块遭受来自上覆板块的重压和推挤,它在下潜时牵引洋底向下倾伏,从而形成了深邃的海沟。海沟的宽度在数十公里至一百公里左右,长数百至数千公里不等,深度一般在6 000m以上,最大深度的马里亚纳海沟达11 022m。海沟洋侧斜坡比较平缓(平均坡度约2°～5°),它无疑是大洋板块的直接延伸,大洋板块顺坡进一步插入岛弧(或大陆)之下。洋侧坡与外缘隆起相延续,多显示拉张性质。

海沟陆侧坡比较陡峭,平均坡度在10°～20°左右。海沟横剖面呈现不对称的V字形。海沟纵剖面上,沟底波状起伏,由一系列深洼地和其间的鞍部组成,这是由于斜交构造的存在的缘故。沿外壁还可以发育另一组平行于磁异常条带的斜交断裂,代表大洋地壳扩张形成的原始构造走向,在外壁常作为走滑断层复活。海沟内覆有远海沉积、浊流沉积等,一般厚不过数百米,其垂向序列为,下部是早先在大洋中脊上沉积的钙质软泥,其上被硅质软泥或褐粘土所覆,最上部是海沟处接受的陆源、半远洋沉积。有的海沟由于沉积物充填而呈现较平坦的沟底。浊流可从陆侧坡注入海沟,然后顺海沟纵向搬运。在平面上,海沟多呈弧形,与岛弧平行展布,因此,板块的俯冲方向也不可能到处与海沟相垂直,海沟的某些段落与板块运动方向斜交,甚至接近平行,如阿留申海沟西段。

非火山外弧(outer arc)。海沟陆侧较陡的内壁与其上较缓的岛弧斜坡之间有一明显转折,叫做海沟坡折(trench - slope break)。海沟内壁是板块俯冲造成的增生楔形体发育的场所。当增生楔形体增长扩展时,海沟坡折呈现为纵长岭脊,局部可突露水面构成外弧,或称第一弧。与火山成因的内弧相对,外弧是非火山性的,具低热流值,它是板块俯冲作用下各种沉积物、岩石混杂堆积的产物,或由较老基岩组成。许多岛弧是内、外弧均有发育的双弧型,如琉球弧,东侧较大的岛屿(冲绳岛等)属非火山性外弧,西侧小火山岛和海底火山构成火山内弧;伊豆-小笠原弧也为双弧,小笠原群岛组成外弧;小安德列斯弧外侧的巴巴多斯岛,苏门答腊、爪哇弧外侧的明打威群岛、帝汶岛均是增生的混杂岩体组成的外弧。但有些岛弧缺失非火山外弧,成为单弧,如克马德克弧。

弧沟间隙(arc - trench gap)和弧前盆地(forearc basin)。海沟坡折与伴生火山弧之间的无火山地带，叫做弧沟间隙。它位于火山前前锋的大洋一侧，热流值偏低。在地貌上，弧沟间隙包括陆架、陆坡、深海阶地、海槽，局部有块断高地以至抬升的山脊。弧沟间隙内往往发育弧前盆地。弧前盆地的外侧是海沟坡折或外弧，可成为拦截沉积物的堤坝。弧前盆地的沉积物厚达数公里，包括海岸三角洲沉积、陆架陆坡沉积、海底扇沉积等，浊流沉积及水下滑塌沉积占相当比重。沉积物主要来自火山弧，也有来自外弧及局部高地，故碎屑成分是不成熟的，为含安山岩和安山-玄武岩成分的火成碎屑岩。当沉积物供应不足时，弧沟间隙中发育成较深的海槽；当沉积物充分供应时，弧前盆地被填满，可构成宽阔的陆架或深海阶地。弧前盆地沉积层虽有一些褶皱和断层，但通常无强烈的变形，这与前方增生楔形体的强烈变形和杂乱堆积成了鲜明的对照；弧前盆地也未遭受强烈的岩浆活动和变质作用，从而与后方的火山弧有显著差别。弧前盆地沉积可不整合地覆盖于增生楔形体侧翼和火山弧侧翼之上。印度尼西亚巽他弧的内渊是弧前盆地的实例，它位于缅甸-苏门答腊-爪哇火山弧与若开-安达曼-尼科巴-明打威外弧之间。

关于弧前盆地基底的性质，难以直接观察。如果当初是大洋板块俯冲于另一大洋板块之下，岛弧发育于洋壳之上（称洋内弧），那么，弧前地区的原始基底无疑具洋壳性质。如果大洋板块沿陆缘俯冲于大陆地块之下（可发育陆缘弧或边缘弧），考虑到大陆边缘的轮廓参差不齐，而俯冲带（海沟）在平面上却呈圆滑的弧形，可能会有一些洋壳段落被海沟圈围，成为弧前地区的基底。在许多情况下，弧前盆地可能掩覆了岛弧-海沟系形成前陆壳与洋壳过渡的地方。加利福尼亚中生代的弧前盆地，一侧便以蛇绿岩套作为基底。

火山内弧（vocanic arc）。火山性内弧亦称第二弧，包括正在活动的火山链，也包括现代火山活动已熄灭的一些地区。火山弧与海沟俯冲带相伴生，多呈现为伸长的岛链。在安第斯型大陆边缘，则表现为陆缘火山带。火山弧地壳之下，往往是地震波速偏低、缺乏震源的异常地幔层。日本弧下，软流圈顶面几乎达到莫霍面。火山弧由火山-深成岩系组成。熔岩以安山岩为主，伴生玄武岩、英安岩、流纹岩等。除陆上熔岩外，也有水下喷发的枕状熔岩。深成岩有花岗岩类、闪长岩质和辉长岩质岩石。如剥蚀程度较深，则深成岩与变质岩（主要是高温低压变质岩）出露地表。火山弧上可发育以断层为界的张性盆地，叫弧内盆地，充填了火山碎屑地层、陆相红层等。当弧内盆地淹于海下，可充填海相地层。弧内盆地的形成可能与岛弧地区岩浆活动所导致的表面引张有关，亦可能代表弧间盆地发育的初始阶段。

源于岛弧的物质可堆积在弧内低洼处，亦可沉积于弧前、弧后、海沟等岛弧外缘地带。这些弧源物质以岛弧型火山岩碎屑为主，石英含量较低。弧源物质通常搬运距离不远，因而其成分不成熟，性质不稳定，通常磨圆度较差，分选性不佳。由于地震频繁，一些较陡火山斜坡的下部可有泥石流和滑塌堆积物，但大部分物质被河流、波浪、浊流、海底滑塌等作用带到深水区。因山系尚不甚高峻，岛弧系中少见磨拉石建造。在气候条件适宜之处，可发育生物礁或碳酸盐沉积。

如果剥蚀作用强烈，岛弧区可产生花岗岩类深成岩碎屑及变质岩碎屑（多见于岛弧发育的后期），从而出现类似于陆源的长石质砂和石英质砂。从地壳均衡作用考虑，在地壳巨厚的边缘弧，抬升作用和剥蚀作用强烈，加以花岗质深成岩体比较发育，有可能提供较多的长石、石英质砂；在地壳较薄的洋内弧，抬升和剥蚀作用相对较弱，加以花岗质深成岩体不甚发育，不大可能提供大量的石英、长石质砂。

弧后盆地（back - arc basin）或弧间盆地。弧后地区有弧后盆地或弧间盆地发育。弧间盆地后缘为残留弧，也叫第三弧。距大陆较远的弧间盆地，通常覆以薄层远海沉积，深海平原上有钙质软泥(浅于碳酸盐补偿深度的海区)、深海粘土等。火山碎屑沉积主要见于前缘弧陆侧斜坡或残留弧陆侧斜坡。岛弧与大陆之间的弧后盆地沉积较厚。在弧后盆地的靠陆侧,可接受三角洲及浅水陆架沉积,大陆坡麓部则有成熟型浊流沉积及滑塌沉积,这些特征颇类似于大西洋型大陆边缘的沉积物,但弧后盆地中多有来自岛弧的火山物质,且由于水域闭塞,盆地中缺失等深线流沉积。在弧后盆地近岛弧侧,停积了成分不成熟的浊流沉积及岛弧喷出的凝灰岩。若盆地规模较大,中部深海平原上可承受远海沉积物。有时,来自大陆的陆源物质可与来自岛弧的火山源物质及远海沉积成互层。

二、安第斯型大陆边缘

(一)一般特征

与岛弧-海沟系一样,安第斯型大陆边缘有海沟、贝尼奥夫带以及钙碱性火山活动,同属板块俯冲边界。但它还存在一系列不同于岛弧-海沟系的特点。

安第斯型大陆边缘的主要组成单元是海沟、大陆坡、山弧(火山链),后方无边缘海。海沟洋侧的外缘隆起发育良好,海沟与火山链之间也有弧沟间隙及弧前盆地出现。安第斯型大陆边缘陆架狭窄,陆坡较陡,地形高差十分悬殊。高约 7 000m 的安第斯山与毗邻的深达 7 000m 的秘鲁-智利海沟之间,为全球高差最大处。中生代的北美西缘属安第斯型大陆边缘,增生杂岩体(如弗兰西斯科统)相当发育。

横越安第斯型大陆边缘,由大陆向海沟方向,花岗岩层尖灭,地壳厚度减小。秘鲁-智利海沟是最典型的大陆壳和大洋壳之间的接合带。海沟西翼为大洋型地壳,地壳厚不过 6～7km,东翼偏于陆壳结构,海沟轴部地壳厚约 10～12km,从轴部向东,地壳厚度急剧增大,至安第斯山地壳厚达 60～70km。

在安第斯型大陆边缘,贝尼奥夫带的倾角较缓,约 30°左右,这是不同于岛弧-海沟系的一个重要特点。震源还可出现于地表与贝尼奥夫带之间的楔形区,这里多属高 Q 区(相反,岛弧以下的地幔楔形区为很少地震的低 Q 区)。缓倾斜的贝尼奥夫带或许与板块的快速俯冲有关。在安第斯大陆边缘,可能伴随着大陆板块向大洋侧的逆掩仰冲作用。

在岩浆活动方面,火山-深成岩带是安第斯型大陆边缘的最重要标志之一,它分布在缓倾斜的贝尼奥夫带的上方,以钙碱性系列为主。在火山带靠陆侧一缘以碱性系列和双峰系列占优势;而在某些岸外海区,局部可有拉斑玄武岩质岩浆的水下喷溢。与岛弧一样,火成岩成分也出现横向递变的规律。安第斯型陆缘深成岩类由洋侧往陆侧表现为以下的分带性:①花岗岩-花岗闪长岩带,常与钙碱性火山活动带共生。②闪长岩-二长岩小型侵入岩带。③稀有金属型花岗岩带。④碱性岩浆活动带。所以,安第斯型大陆边缘的岩浆来源既有深部的地幔成分,也有浅部的地壳成分。玄武岩、安山-玄武岩成分的钙碱性火山岩、闪长岩-二长岩、碱性玄武岩和大部分碱性侵入体可能发源于俯冲带,或属于地幔起源;部分花岗岩类和酸性火山岩可能形成于地壳中,但其发生也与来自贝尼奥夫带的流体和热能有关。据研究,安第斯山自中生代以来,岩浆活动最强烈的轴部似有向大陆侧(向东)迁移的趋势。

总的看来,安第斯型大陆边缘中的钙碱性火山岩及花岗岩-花岗闪长岩岩基,在成分上类似于岛弧中的火山-深成岩系。但在安第斯型陆缘中,酸性火山岩、钾质花岗岩等大陆性岩浆活动以及碱性岩类也占有显著地位,这是其与岛弧不同之处。从而在火山岩的化学成分上,安第斯型陆缘中 SiO_2、K_2O/Na_2O、$^{87}Sr/^{86}Sr$ 及 Rb、Ba、Sr 等大离子亲石元素的含量总的说来要比岛弧，特别是洋内弧高。这可能与安第斯型大陆边缘拥有较厚的大陆地壳有关，也可能与安第斯型大陆边缘有更多来自大陆的沉积物被俯冲、参与到岩浆活动中有关。

在沉积作用方面，安第斯型大陆边缘的沉积作用出现于海下和陆上。在海沟和陆坡深水区以浊流沉积为主。其中可有富含石英的陆源物质，从而能见到成熟型浊流沉积；但大量的还是火山碎屑物质，加上陆缘窄陡，在搬运过程中所受的加工作用是有限的，故以未成熟型浊流沉积常见。随着板块的俯冲，洋底和海沟的远海沉积和浊流沉积，可能会转变为海沟陆侧坡的增生杂岩体。由于坡度陡，滑塌堆积或野复理石在陆坡与海沟区相当发育。在近岸地带，以礁灰岩和浅水沉积为主。

有的陆缘山系强烈块断抬升，地势十分高峻，剥蚀作用强烈。安山质和硅质火山岩、侵入岩、变质岩等碎屑物质除输往海区外，也搬运至内陆侧广阔的山前地区（前陆盆地）及山间盆地中，构成山前冲积扇、坡积物和河流沉积。由于地形切割强烈，这些沉积物在矿物成分上多是不成熟的。前陆盆地和山间盆地中充填的磨拉石建造，与不时喷出的火山岩交织在一起。磨拉石建造是安第斯型造山带的重要特征之一，在岛弧-海沟系中磨拉石是很少见到的。

安第斯型大陆边缘的沉积物，在成分和成熟度上界于岛弧和大西洋型大陆边缘之间，其中石英的含量高于岛弧而低于大西洋型陆缘，火山碎屑的含量则低于岛弧而高于大西洋型陆缘，但火山碎屑中的酸性组分通常要高于岛弧。

（二）弧背盆地（Retroarc Basin）及 A 型俯冲带

自俯冲带上升的岩浆及其所伴随的高热流，在一定程度上破坏了上覆岩石圈的完整性。在不同的区域应力场中，火山弧与弧后地区（相当于次板块 L_1 和 L_2）之间，可出现扩张、挤压或平移等不同型式的相对运动。

山弧后方与稳定大陆之间的沉积盆地，称弧背盆地。当火山弧趋向于与弧后稳定大陆分离，火山弧沿正断层与弧背盆地分隔开[图 4－2(A)]，陆缘山系后方处于扩张状态。这种分离拉张类似于大陆裂谷环境，可视为边缘盆地的“先驱”，亦即安第斯型大陆边缘转化为海沟-岛弧-边缘盆地的开端。在理论上，安第斯型大陆边缘与沟-弧-盆体系之间可有一系列过渡类型。爪哇这类裾弧的后方，为陆壳基底的浅海。尽管在习惯上将爪哇、苏门答腊等当作岛弧，但这类裾弧在性质上似乎较远于典型的岛弧，却更近于安第斯型大陆边缘。事实上，苏门答腊岛上多见酸性火山岩。琉球群岛后方已出现较深水的冲绳海槽，但该海槽在水深和面积上皆不及典型的边缘盆地，其地壳厚度则大于一般的边缘盆地。冲绳海槽属于扩张早期阶段的边缘盆地。可见，琉球弧虽与安第斯型大陆边缘相去甚远，但也不完全等同于典型的边缘弧。

如果地块 L_1 和 L_2 之间发生汇聚挤压，则热而较轻的火山弧逆掩仰冲于冷而较重的稳定大陆岩石圈之上，或者说，弧背盆地所在的岩石圈俯冲于火山弧之下[图 4－2(B)]。这种发生于大陆岩石圈内的俯冲带也称 A 型俯冲带（表征大洋板块俯冲的贝尼奥夫带也称 B 型俯冲带），它导致陆缘山系后方的挤压和地壳缩短。沿 A 型俯冲带出现叠瓦状逆断层带和复杂的推覆体，为弧背盆地岩屑的主要源地。A 型俯冲带及被其逆掩的弧背盆地的沉积中心，随时间有逐渐向稳定大陆一侧推移的趋势。这样，安第斯型造山带可夹于相对倾斜的一对俯冲带之间受挤抬升。一侧是洋缘的 B 型俯冲带，另一侧是陆内的 A 型俯冲带；前者是原生的，规模宏大，代表主板块间的边界；后者则是次生的，可能由前者产生的挤压应力所派生，其活动规模和涉及的深度相对较小，处于主板块的内部。A 型俯冲带的发生往往晚于伴生的 B 型俯冲带，或与它同时发生。在南美安第斯山系东缘，以及北美西部中生代造山带东缘的科迪勒拉前陆，均发现活动造山带向东仰冲于地台之上，一部分大陆地台基底看来已潜没于 A 型俯冲带之

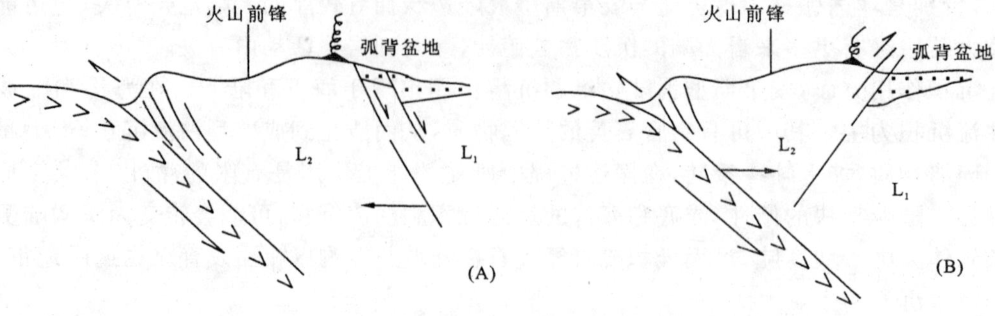

图 4-2　火山弧(L_2)与弧后(L_1)地区相互分离(A)和火山弧与弧后地区相互汇聚(B)

(引自金性春,1983)

下。图 4-3 展示了全球 A 型俯冲带的分布。A 型俯冲带除分布在安第斯型大陆边缘以外,也见于大陆碰撞缝合带,A 型俯冲带多构成褶皱带的边界。

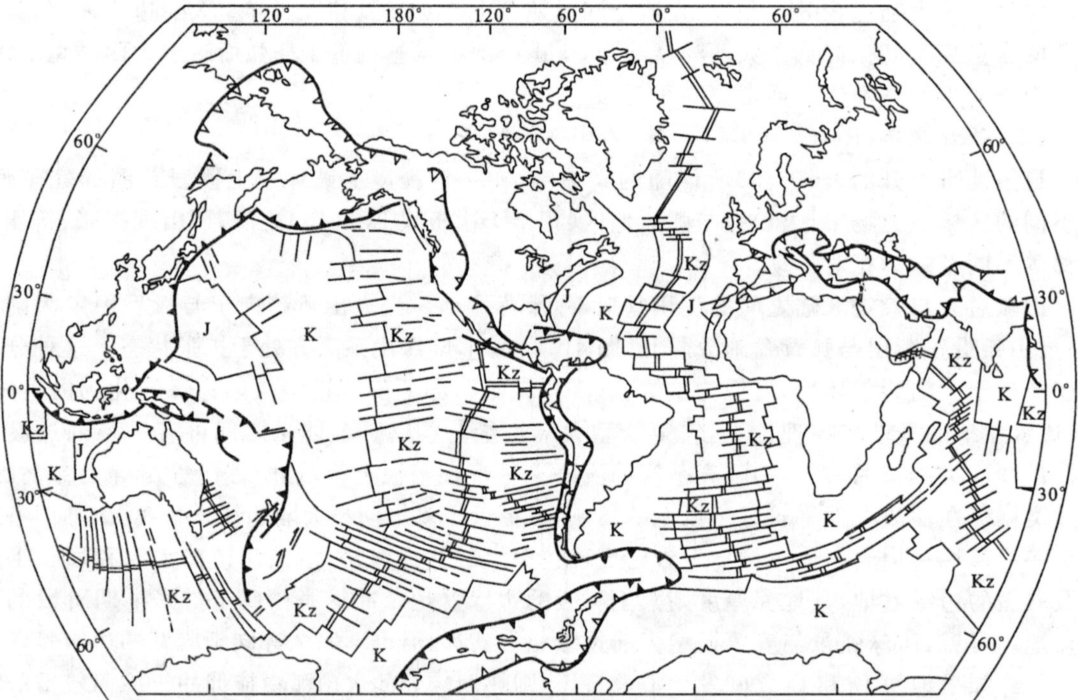

图 4-3　全球 A 型俯冲带的分布

(引自金性春,1983)

(三)俯冲作用的起始

有关俯冲作用发生的原因和后果依然是地球科学中很少了解的基本问题。新俯冲带的突然出现控制了板块运动的速率和扩张脊的位置,进而对海平面的长期变化产生明显影响。

1. 从大西洋型大陆边缘转化为安第斯型大陆边缘

安第斯型大陆边缘的形成有两种途径：一是从大西洋型大陆边缘转化而来；二是岛弧与大西洋型大陆边缘碰撞，演化为安第斯型大陆边缘。后一途径将在后文讨论，这里介绍大西洋型大陆边缘转化为安第斯型大陆边缘的发展模式。

大西洋和印度洋最老的洋底年龄未超过 1.7 亿年，太平洋边缘行将俯冲的洋底也不老于侏罗纪。据此推测，新生大洋的扩张至多达到两亿年左右的年龄，至此在洋缘势必出现洋底的俯冲消亡作用。不过，洋底的俯冲也可能发生于更早的阶段，如印度洋东北缘。

在大西洋型大陆边缘演化的末期，相邻的洋底（它形成于幼年洋阶段）已完全冷却，并向下沉陷；大洋岩石圈的密度超过了软流圈的密度。大陆岩石圈与大洋岩石圈的交接处曾是板块边界，为岩石圈薄弱地带。一旦在挤压作用下岩石圈沿该带发生破裂，大洋岩石圈就能够俯冲至软流圈中，于是开始了转化为安第斯型大陆边缘的过程。

Dewey J F 等(1970)通过对阿巴拉契亚山系在奥陶纪的演化和中生代科迪勒拉山系演化的分析，提出了大西洋型陆缘转化为安第斯型陆缘的模式（图 4－4）。他们将大西洋型陆缘转化为活动陆缘时所形成的造山带称为科迪勒拉型造山带。

沿大西洋型大陆边缘附近，当大洋岩石圈折断并向下俯冲时，随之出现新海沟和新俯冲带。在新海沟内壁有向大洋侧逆推的洋壳楔，并接受复理石沉积，其厚度向大洋方向增大，在海沟内壁还形成了夹有蓝片岩的混杂岩[图 4－4(A)]。当大洋板块下插超过 100km 的深度，玄武岩质和安山岩质岩浆上升，火山喷发，热流值升高；随之形成了以上升着的辉长岩和花岗闪长岩为核心的穹隆，这便是雏形的造山带[图 4－4(B)]。随着穹隆的扩展，原大陆麓下部的沉积层，以及大陆裂谷阶段形成的粗碎屑沉积和火山岩，开始遭到高温变质和变形。当这个造山穹隆升出海面之后，沉积物不但可以向大洋侧搬运，在火山前缘与海沟之间堆起复理石层，而且还开始向大陆一侧输送，沉积物充填于造山带与大陆边缘之间的坳陷地带。从造山带向陆侧，还可以出现重力作用形成的叠瓦状层和野复理石[图 4－4(C)]。原大陆麓沉积物进一步挤压变形。继之，随着造山带的扩展，出现向大陆一侧的逆掩推移，原陆架上的浅水地层也卷入冲断和褶皱作用中，并在坳陷中堆积起巨厚的河流沉积[磨拉石建造，图 4－4(D)]，进而还有大规模花岗岩体的形成和上侵[图 4－4(E)]。

在大西洋型大陆边缘转化为安第斯型大陆边缘过程中，构造环境发生了深刻的变化：引张转化为挤压，正断层变成逆断层，沉陷的地块变成了逆冲的推覆体，细粒的海相沉积被粗粒陆相（或浅海相）碎屑物不整合覆盖。

2. 马里亚纳俯冲作用的开始

马里亚纳弧沟系是典型的洋内弧系统，整个弧系的演化涉及到菲律宾海。对马里亚纳俯冲带的研究表明，俯冲可能沿一条长转换断层开始（Hilde 等，1977），初始弧活动的重要特征是具有异常高的岩浆生产率，且岩浆成分显示富含水和挥发物。

如图 4－5 所示，新生代早期，在亚洲东南的大洋区展布着一系列南北向转换断层，它们把近东西向的大洋中脊显著错开。距今约 42～43Ma 前，随着太平洋板块的运动方向从 NNW 转为 NWW 向，一条南北向转换断层演变成为俯冲带，原始小笠原-马里亚纳岛弧系随之形成。图 4－5(A)中，长转换断层以东为太平洋-库拉扩张脊；至 42Ma 前[图 4－5(B)]，太平洋-库拉扩张脊已俯冲于日本岛弧之下，该断层以东是较老的大洋岩石圈，以西则是仍在扩张形成的年轻大洋岩石圈（即现西菲律宾海盆下的大洋岩石圈）。年龄差异导致东面洋底比西面洋底深 2km 左右，转换断层又是断开整个岩石圈的薄弱带，这就为发育向西倾斜的俯冲带提供了

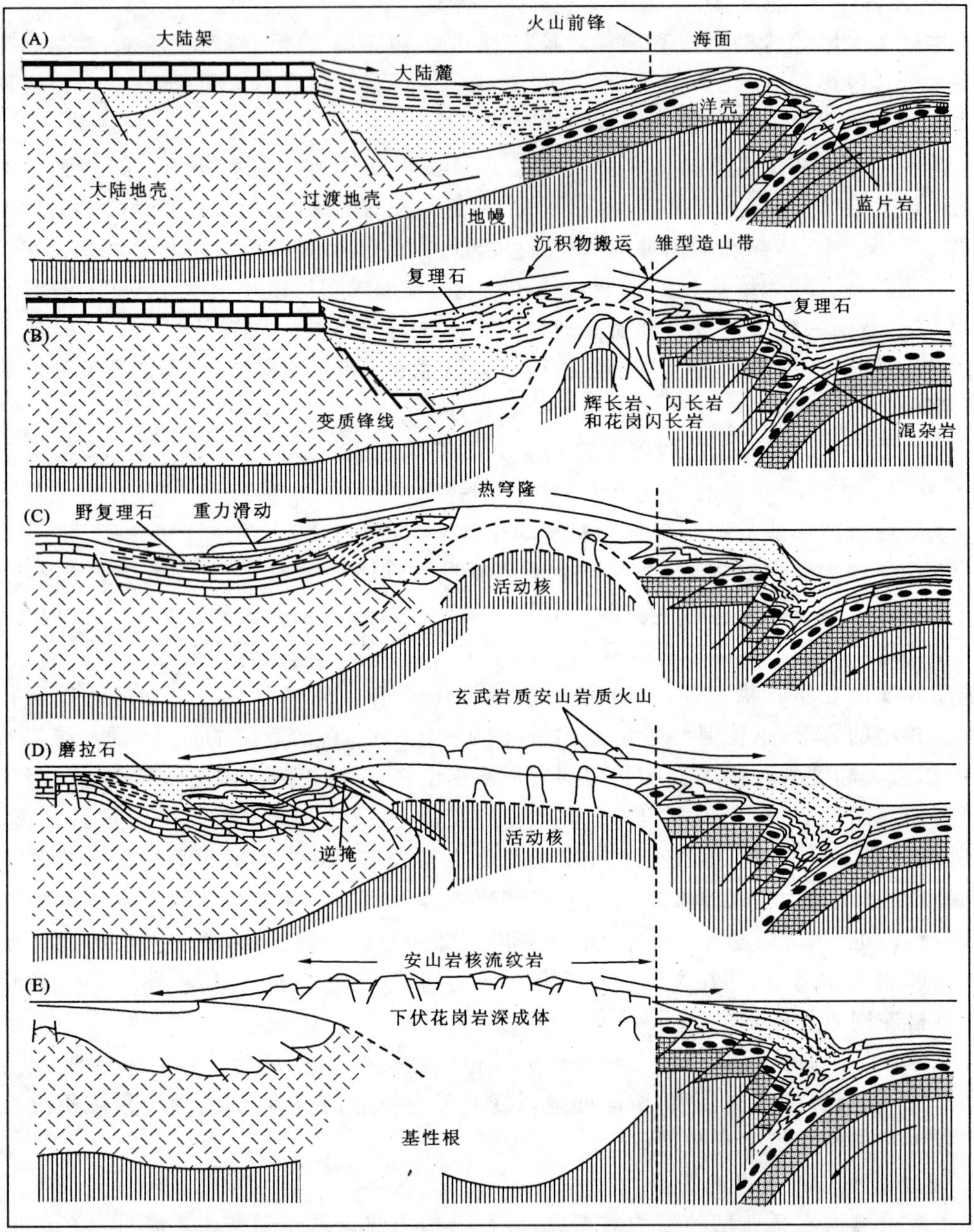

图 4-4　大西洋型陆缘转化为安第斯型陆缘的模式

(据 Dewey J F 等，1970)

十分有利的场所。

晚始新世初始岛弧火山活动带的一个惊人特点是，其分布范围异常广阔。钻探和其他方面资料表明，初始岛弧火山活动形成的地壳也见于九州-帛琉海岭之下。沉积物研究提示晚始新世火山岩源区位于现代马里亚纳弧的西面。Taylor(1992)认为该火山活动带宽达 300km 以上，最大可达 450km。相比之下，现代岛弧火山活动带的宽度仅约 50km，离海沟的距离一般有 200km 左右。这表明，初始岛弧火山活动具有异常强烈的特点。强烈的初始火山活动约持续 10Ma，此后，火山活动带逐渐变窄，轴带移离海沟，形成正常的岛弧及其火山活动带，并

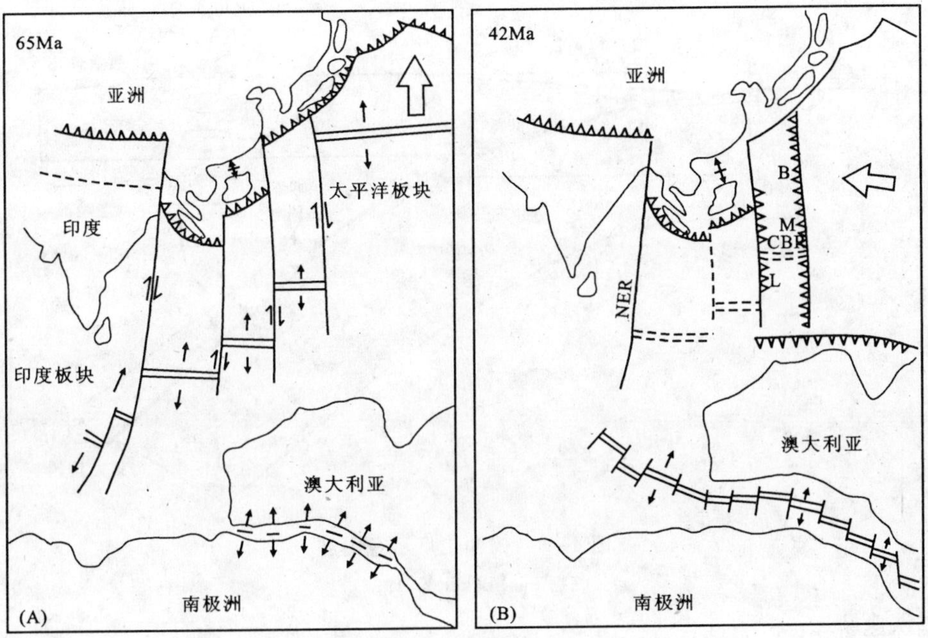

图 4-5 马里亚纳俯冲带起始发育图
(据 Hilde 等,1977)
空三角代表俯冲带

上叠于俯冲带初生时海底扩张形成的宽阔洋壳上。Pearce 等(1984)将俯冲带初生时伴随的海底扩张称为弧之前(Pre-arc)的海底扩张。至于俯冲带新生并出现强拉张或海底扩张的机制,可能与原转换断层一侧较老大洋岩石圈的重力不稳定性有关。

第二节 俯冲带地质构造作用

一、俯冲工厂(Subduction Factory)的概念

俯冲带是大陆形成的主要区域,各种地幔演化过程都可以在俯冲带区域直接观测。大洋板块包括海底沉积物、火成岩洋壳和岩石圈地幔部分在俯冲带部位进入地幔,经过俯冲带的大洋物质和上覆岩石圈之间的相互作用导致的脱水、变质和熔融等过程,弧前区产生逸出的水流体、气体及蛇纹岩底辟,弧与弧后区喷出岩浆,并生成矿床和陆壳物质等。这样一个过程类似于一个工厂的工艺流程,被比拟为俯冲工厂(图 4-6)。俯冲工厂内大洋物质和上覆岩石圈之间的相互作用不仅可以灾难性地影响汇聚边缘的持续发育,而且对于整个地球系统,从火山喷发到大气圈、岩浆增生到地壳和地壳增生到深地幔都有深刻的影响。预期将产生新发现的令人振奋的领域是追踪和平衡穿过主动大陆边缘的物质、挥发分和能量过程,最终更好地了解俯冲工厂的基本过程——逆冲作用和地震活动、地壳物质通过俯冲带的循环,导致大陆地壳产生的岩浆活动。因此,俯冲工厂在 Inter Margin 计划(国际大陆边缘研究计划)中被列为一项重

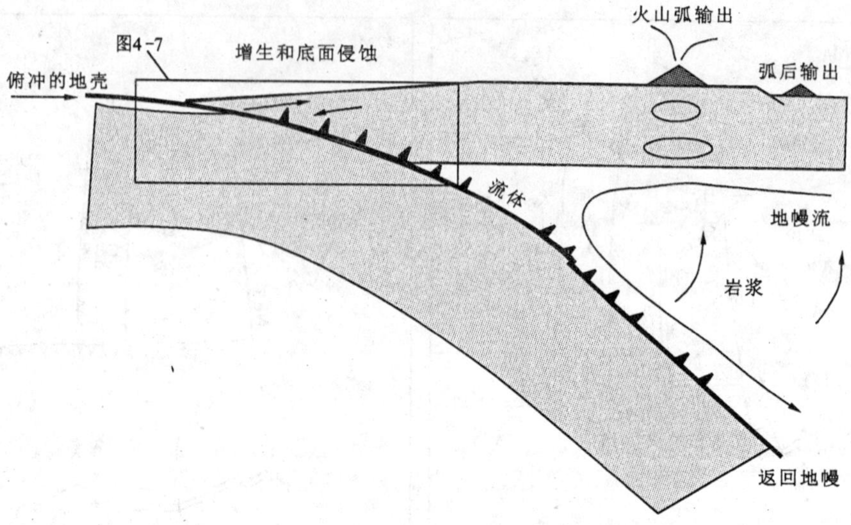

图 4-6 俯冲工厂示意图解

(据 Paul Baker 等,1996)

要的研究课题。

俯冲工厂研究的核心问题是俯冲再循环(subduction recycling),进入俯冲带的大洋板块,其上覆的陆源和生物源沉积物,连同其中所含的流体和水化、蚀变产物,来自大陆、水圈和大气圈,俯冲的火成岩洋壳则来自地幔(根本上说,大陆、水圈和大气圈也来自地幔,是地幔火成活动和排气作用的产物)。俯冲的大洋板片随着温度、压力升高,释出水和其他挥发物,部分水流体和气体返回水圈和大气圈,部分流体和沉积物则加入火山弧下的岩浆源区,并作为火成岩返回大陆。经过俯冲工厂加工后残留的大洋板片下潜返回地幔深处。这样,来自陆地、大气圈、水圈和地幔的物质,通过俯冲工厂的运作再循环返回陆地、大气圈、水圈和地幔。这一再循环过程改造了俯冲板块和上覆板块,联系着地表和地球内部,几乎涉及到地球的所有圈层。

图 4-7 中的等式表示俯冲再循环中物质的整体平衡。等式左面为输入物,包括进入的沉

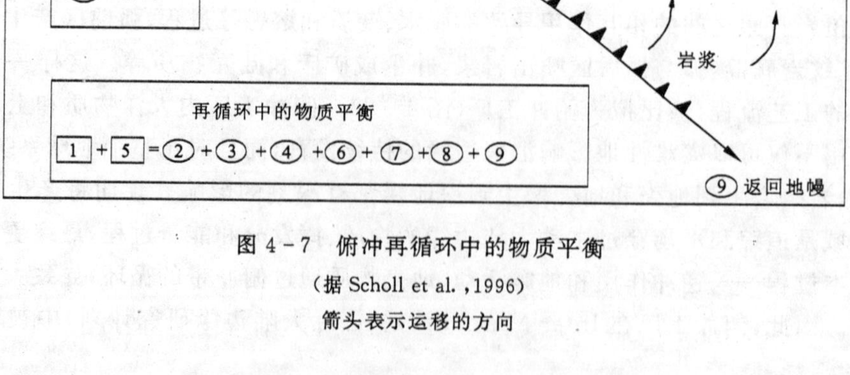

图 4-7 俯冲再循环中的物质平衡

(据 Scholl et al.,1996)

箭头表示运移的方向

积物、流体和水化地壳，加上前缘俯冲侵蚀和底面俯冲侵蚀产生的物质（主要是大陆物质）；等式右面为输出物，包括弧前输出物（流体等）、增生楔、底侵物质、俯冲带释出的流体、沿火山弧及弧后的输出物、返回地幔深处的洋壳板片。输入和输出二者应相互平衡。这里未考虑俯冲大洋岩石圈的地幔部分，它在通过俯冲工厂时可能较少遭受改造，这里暂未列入俯冲再循环的物质平衡研究中。

二、俯冲增生与增生楔

当大洋板块俯冲时，其组成物质一般有 3 种：①俯冲至地下，返回地幔之中。②潜入贝尼奥夫带被熔化，从深部补给岛弧的岩浆活动。③在俯冲时被刮下来，加积于海沟的陆侧坡，组成增生楔形体，或称增生棱柱体（accretionary prism）。

大洋板块表面所覆盖的沉积物，主要是远海的钙质沉积（有孔虫、颗石软泥等）、硅质沉积（放射虫、硅藻软泥等）以及深海红粘土，海沟附近还有浊流沉积。这些沉积物固结程度较差，特别是新生代沉积层多未成岩，在俯冲时容易被刮下来，与俯冲板块的基底脱离，形成增生棱柱体。不排斥有一部分沉积层会潜入贝尼奥夫带，另从增生楔形体的组成看来，显然也有一些洋壳基岩物质（蛇绿岩）和那些突出于下插板块表面之上的海山或海丘沉入海沟时被刮削下来。高精度地震探测显示增生楔内广泛发育叠瓦状冲断层和同斜褶皱（图 4－8），其结构类似于陆上的褶皱冲断带。

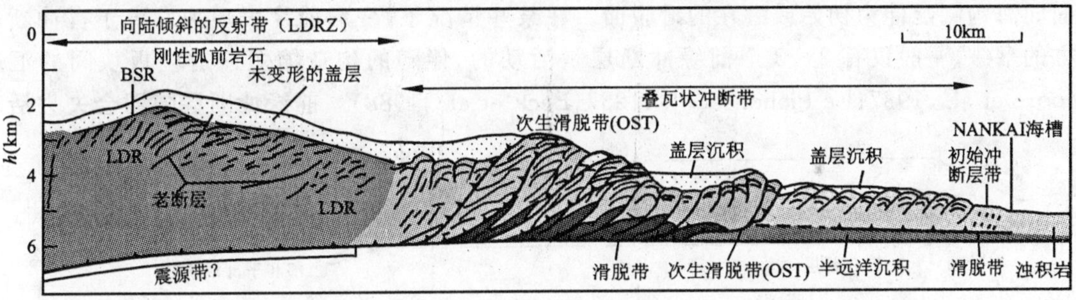

图 4－8 增生棱柱体横剖面（日本 Nankai 海槽）

LDR 为向陆倾斜反射带；BSR 为似海底反射；OST 为非序列冲断层（或次生冲断滑脱带）

大洋板块、海沟中的物质在板块俯冲过程中被刮落下来，通过叠覆状冲断层等机制增生添加于上覆板块的前缘或底部，这种构造作用被称之为俯冲增生。俯冲增生的结果导致俯冲板块上的物质传输到上覆板块。俯冲增生的方式包括刮落作用（offscraping）和底侵作用（underplating）。前者也称前缘增生，指俯冲板块上部的沉积层通过冲断作用被刮落下来，添加于上覆板块或已增生物质的前缘。后者也称底面增生，是指俯冲物质从上覆板块与俯冲板块之间楔入，添加于增生楔的底部，或更向陆侧，添加于较老的基岩格架之下。滑脱面通过断坡（ramp）向陆侧转移到更深的地层层位，可以导致新生滑脱面之上的物质底侵于上覆板块底部。此外，海山的俯冲潜没移动到上覆板块的底部也是一种常见的底侵作用现象。前缘增生和俯冲底侵二者共同建造了增生楔。但底侵于增生楔陆侧较老基岩之下的增生物质一般不作为增生楔的组成部分。

增生楔下方以一较平缓的滑脱面为界，滑脱面将其上的增生层系与下垫的俯冲层系分开。

滑脱面常对应于地层间断面，往往孔隙度高且富水。增生楔后方是由上覆板块较老基岩构成的支壁。增生楔的上表面通常位于海沟陆侧斜坡下部，其前方以变形前缘与洋侧未变形的海沟底沉积层为界，后方（向陆侧）过渡到弧前盆地。

增生物质在楔入俯冲带浅部时遭受显著的剪切变形。这种由广泛遭受剪切的细粒基质和原地、外来岩块组成的变形岩体，称为混杂岩体（melange）。混杂岩体也称混杂堆积，其中基质、原地和外来岩块或碎片，大小悬殊、具棱角的原地和外来岩块紊乱地混杂于柔性的细粒基质中。有的巨大岩块延伸达数百米至数公里。基质以泥质为主，也有蛇纹岩质等，广泛遭受剪切。在古老造山带中，混杂岩带常与深大断裂相伴生，出现于逆掩的推覆构造前缘。

沿板块俯冲带，下插板块上的远海生物沉积、红粘土、浊流沉积物及蛇绿岩被刮下来，上覆板块上的岩块则在重力和水流作用下顺坡而下，蓝片岩等高压低温变质岩亦混杂其间，这些性质迥异的沉积物和岩石在俯冲带浅部遭到强烈剪切和变形，构成了俯冲带混杂岩体。这种混杂岩体常含有蛇绿岩碎块，故又称蛇绿混杂岩体。它是古海沟或板块缝合线的重要标志。加利福尼亚沿岸著名的弗兰西斯科统，便是俯冲带混杂岩体的典型。它由砂砾岩、页岩、有孔虫碳酸盐岩、放射虫硅质岩、基性超基性岩、蛇纹岩及其他变质岩组成，规模宏大，绵延上千公里，是侏罗纪至第三纪期间太平洋洋底板块沿北美西岸俯冲消减的产物。

图 4－9、图 4－10 表示了前缘增生的发育模式。前缘增生通过变形前缘处的冲断作用将下插板片上刮落的沉积物归并到增生楔中，伴随着增生物质的构造缩短和变形。增生楔向海沟侧最下部的冲断层为前缘冲断层。前缘冲断层海沟侧，自滑脱面向上可发育盲冲断层。滑脱面向海沟侧延伸为初始或潜在的滑脱面。在某些情况下，变形前缘表现为发育于盲冲断层上方的褶皱，一般仅有 2～3 个前缘冲断层是活动的，伴随的构造缩短以适应板块间的汇聚（Moore et al.，1987；Le Pichon et al.，1987；Beck et al.，1988）。前缘冲断层随即会失去活动

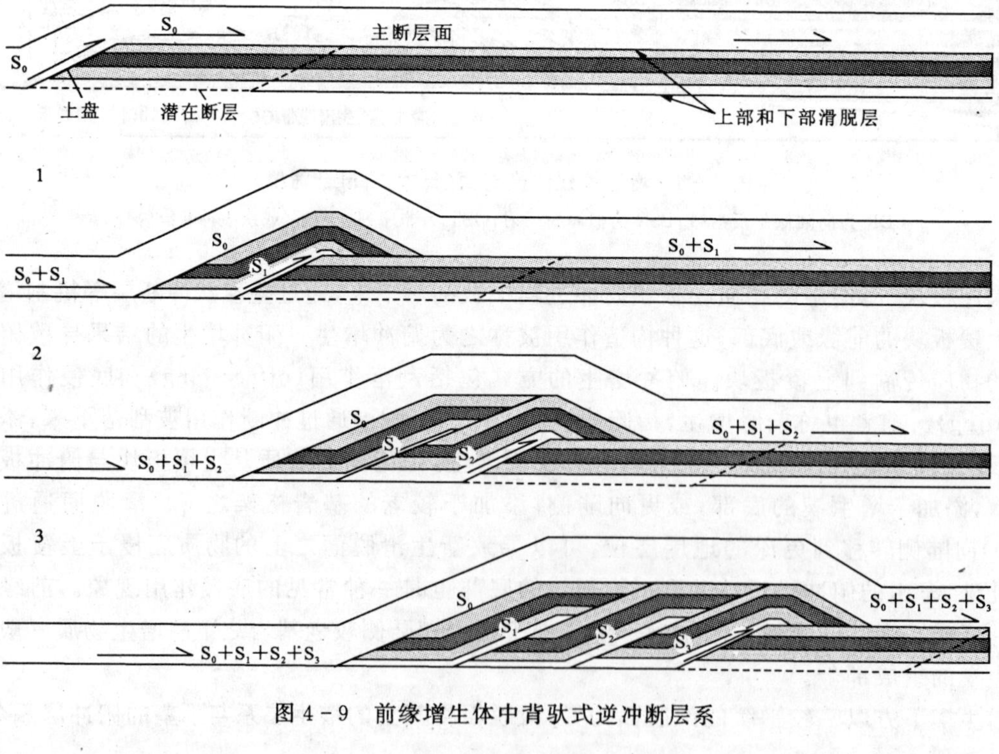

图 4－9 前缘增生体中背驮式逆冲断层系

性，这可能与运动中应力的旋转或因失水导致应变硬化有关。随着原冲断层停止活动，其前方（海沟侧）形成新的冲断层，其上盘背负原先的一系列停止活动的逆断层继续向上逆冲，新的沉积层楔体归并于增生楔的前缘，并推挤老的沉积楔体逐渐向上拱起，直至形成扇形构造（图 4－10）。增生楔沉积物（岩石）组成及序列如下：大洋基底玄武岩，向上为在洋盆中接受的远洋沉积（一般下部为在中脊顶部接受的钙质沉积，上覆深水的硅质沉积或褐粘土），再向上为大洋板块运移到海沟时接受的半远洋沉积（含岛弧型火山碎屑、泥质浊流沉积和粗粒浊流沉积）及滑塌沉积。

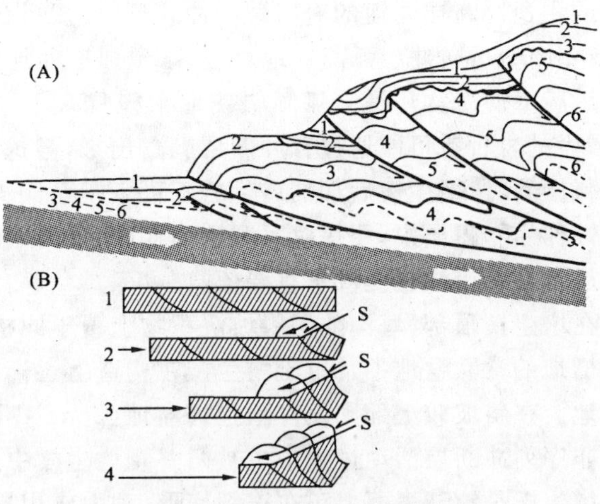

图 4－10　前缘增生体形成模式

（据 Seely 等，1974）

（A）数字顺序表示从新地层到老地层；（B）数字代表发展阶段，S 为海沟内壁滑塌作用的滑动面

如果新的层次不断从下方楔入，增生楔形体逐渐增长，向大洋方向扩展推移，这意味着大陆的增生。增长着的荷重会迫使下伏的俯冲板块向下沉陷。与此同时，海沟与俯冲带向大洋侧迁移。在这种情况下，海沟仅表现为增生楔形体推进的前缘，而不再代表大洋板块下弯潜入软流圈的原始形迹。增生楔向洋推进的结果，使海沟附近的俯冲带变得十分平缓。如图 4－11 所示，浅处俯冲板块的倾角不到 10°。在增生楔和海沟向洋迁移的过程中，海沟与火山弧之间的距离及弧前盆地的宽度也会随时间而增大。一些年轻俯冲带上，弧沟间隙的宽度在 100～200km 以内；而在一些长期发展的成熟岛弧或活动大陆边缘上，弧沟间隙的宽度增至 200～300km。但弧沟间隙宽度的增大还可能与火山弧朝内陆一侧迁移有关。据迪金森研究，在一些岛弧或陆缘中，岩浆活动最强烈的轴带大约以 1km/Ma 的速度向陆侧迁移。

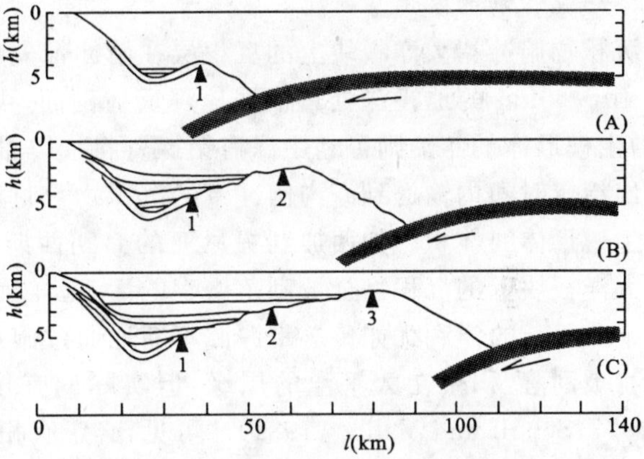

图 4－11　增生楔的增生导致弧沟间距及弧前盆地的宽度增大

（据 Karig 等，1975）

数字代表海沟坡折的连续位置

在增生楔内还常见一些其他的构造特征。在叠瓦状冲断带的序列陆侧，随着新物质不断增生，当不活动冲断层逐渐变陡、增生楔地壳缩短到一定程度，作为对增生楔稳定性的一种调节，变陡的不活动冲断层被一系列次生的活动冲断层所切割，后者被称为非序列冲断层（out of sequence thrust），有的学者称之为次生滑脱，构成多重滑脱带。

增生楔以指向海沟侧的冲断层构造占优势，但指向弧侧的冲断层也有出现，比如与指向海沟侧的主逆冲断层共轭的对偶背向冲断层，其规模比较局限；在增生楔后缘，可发育背冲断层(back thrust)，逆冲于弧前盆地之上，导致弧前盆地沉积物发生褶皱。

后障壁向海沟还是向弧倾斜使增生楔具有不同的构造形式。前者构成一双侧发散的楔体，增生的岩石有可能通过背冲断层剥露出来，但这些岩石原先下楔的深度并不大；而当后障壁向弧倾斜时，增生楔后部的增生岩石可下楔至颇大的深度。当这些增生岩石通过构造活动和侵蚀作用剥露出来，便提供了观测俯冲带较深部位(发震带中、下段)的重要窗口，沿非序列冲断层运移的流体也提供了重要信息。

在增生楔顶部，海沟陆侧斜坡沉积物上覆于同构造的褶皱间盆地中，或上覆于序列冲断带向斜槽地的背驮盆地中。由于增生楔在构造上逐渐向弧侧掀斜，这些盆地发育成不对称的掀斜盆地。在斜坡较上部则发育阻拦式盆地(ponded basin)。这些覆于刮落物之上的沉积层在后期非序列冲断层活动过程中也被归并到增生楔中。

增生楔是地球表面上正在连续变形、动力作用异常强烈的构造环境，是初始造山作用的场所。在那里，深海沉积物遭受变形、脱水、石化和抬升，最终转化为造山带和大陆地壳的组成部分。因而，增生楔是联系板块构造和造山作用的重要环节。

三、沉积物的潜没与俯冲侵蚀作用

(一)沉积物的潜没

沉积物俯冲指大洋板块上的沉积层在俯冲带先后逃脱前缘增生和底侵作用，俯冲下潜至超过 40～60km 的地幔深处。根据地震反射剖面，可以粗略地求得某些海沟增生楔形体的体积，增生楔形体的年龄则可利用深海钻探资料加以推断。从洋底沉积层的厚度和俯冲速度不难算出给定时间内输送到海沟俯冲带的沉积物数量。研究表明，输入的沉积物体积一般远超过增生楔形体的体积。如西加利福尼亚的弗朗西斯科增生杂岩中远洋沉积物只占不到 1%，假如大洋板块上的沉积物全被刮落增生的话，远洋沉积物所占的份额至少要增大 20～50 倍。当数千公里长的洋底犹如传送带源源不断地通过俯冲带时，预计会有数百万立方公里的远洋沉积物被刮落，积聚在太平洋的周缘，但实际调查仅见到这一体积的很小一部分(Scholl et al.,1977;Scholl and Vallier,1981)。可见，必定有相当多的洋底沉积物已俯冲潜没于地幔中。如果大洋基底起伏不平，充填于基底凹陷或地堑中的沉积物显然更易于潜入地下。

20 世纪 70 年代晚期，深海钻探计划(DSDP)在日本、马里亚纳、中美等活动边缘钻探揭露了海沟斜坡自身的沉积物，而不是来自远洋的增生沉积物，推断必然已有大量的洋底沉积物遭受俯冲潜没(Von Huene et al.,1980;Hussong and Uyeda,1981;Von Huene et al.,1982;Moore et al.,1982)。尤其令人瞩目的是，巴巴多斯大型增生楔前缘处俯冲的沉积物内存在着孔隙流体超压。孔隙流体超压可以承担上覆岩石的静压负载，在某种程度上使上覆板块在滑脱面之上处于浮动状态，由此合理地解释了大洋板块上的沉积物何以能俯冲到地幔深处(Moore and Vrolijk,1992)。20 世纪 80 年代至 90 年代，ODP 在秘鲁边缘(Suess et al.,1990)和南智利边缘(Lewis et al.,1995)的钻探成果进一步表明沉积物确有能力俯冲到地下深处。地球化学证据也为沉积物的俯冲潜没提供了可靠证据(Morris and Tera,1989;Plank and Lang muir,1993;Johnson and Pland,1999)。

(二)俯冲侵蚀作用

DSDP 揭示在日本海沟和马里亚纳海沟陆侧斜坡并不是增生的大洋性物质，而是岛弧或大陆性的岩体(Hussong and Uyeda,1981)。在日本海沟和马里亚纳海沟一些段落,不仅洋底沉积物已遭潜没,海沟陆侧坡上缺失增生的沉积杂岩体,而且陆侧坡上的大陆基底被突然截断。在火山前锋洋侧的弧前区和海沟陆侧坡上还见有岛弧型火山岩和侵入岩体。这些岩体正下方的俯冲带埋藏很浅,不可能成为岩浆的源地。由此看来,海沟俯冲带曾一度处于更偏东的位置。根据区域地球物理资料,日本边缘向太平洋侧的基底岩石已被切截移走,乃是下伏大洋板块的俯冲作用产生的(Murauchi,1971)。智利海岸山脉中生代地层中的花岗岩质碎屑源于西侧,可见海岸山脉以西一度存在着硅铝质的边缘古陆,以后可能通过俯冲侵蚀而消失(Miller,1970)。可见,在这种俯冲带,上覆板块(或岛弧)的前缘可被切截,蒙受构造侵蚀;贝尼奥夫带之上岩石圈板块的底面也可能遭到侵蚀;从而上覆板块前缘和底面的一些物质亦卷进了俯冲潜没的过程中,这种现象称俯冲侵蚀作用(subduction erosion)(图 4-12),指在俯冲过程中将上覆板块物质移走并输送到壳下或地幔深处的过程。

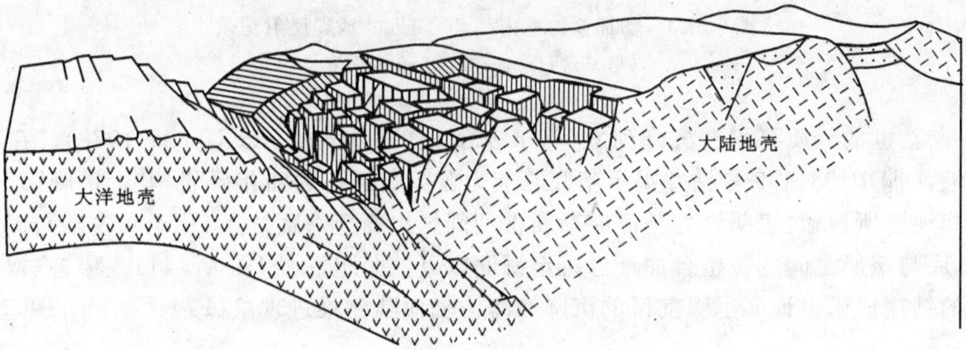

图 4-12　俯冲侵蚀作用

(引自金性春,1983)

与前述的前缘增生和底侵增生相对应,俯冲侵蚀又分为前缘侵蚀和底面侵蚀。前缘侵蚀指海沟陆侧坡或上覆板块前缘物质遭受破坏并在俯冲作用下潜入地下的现象。底面侵蚀沿上覆板块底面发生,俯冲板片就像一把巨型的锉刀,这种壳下磨蚀作用可导致上覆板块地壳变薄而发生沉降(Von Huene 等,1990)。

海沟陆侧坡上的物质在地表侵蚀或重力坍塌作用下进入海沟并遭受俯冲,是前缘侵蚀的一种可能机制。图 4-13 是汤加海沟的地震反射剖面,可以清晰看出俯冲下去的洋壳表面,其上发育一系列地堑,深度可达 500～1 000m。俯冲下弯的大洋板块表层常处在引张状态,洋壳表面新生的地堑在推移至海沟陆侧坡基部时,来自海沟陆侧坡的重力坍塌和侵蚀物质可充填于地堑中,然后随板块俯冲至地幔中。前缘侵蚀导致海沟陆侧地质单元的消失,使海沟轴向陆侧推进。这时,陆壳不仅没有增长,反受到破坏,以致原火山弧的火山岩或深成岩出现于今日火山前缘外侧的弧前区。如南美西缘安第斯山脉 30°～34°S 附近,侏罗纪火山-深成岩带西距海沟不过 15km,而现代火山弧西距海沟远达 50～250km。这就是说,中新生代期间该地段弧火山活动是向内陆方向迁移的。这是俯冲侵蚀导致海沟轴向陆侧推进的反映。

底面侵蚀机制可能与上覆板块底部孔隙和裂隙流体超压及伴随的水压致裂作用有关。此外,年轻的热的板片下插至弧前区之下发生伴随着体积缩小的相变,可导致上覆板块底部物质转移添加到下行板片,也会引起上覆板块地壳变薄(Engebretson and Kirty,1995)。

DSDP 和 ODP 钻探成果展示了多处活动边缘弧前区的沉降现象。在马里亚纳弧前区,晚

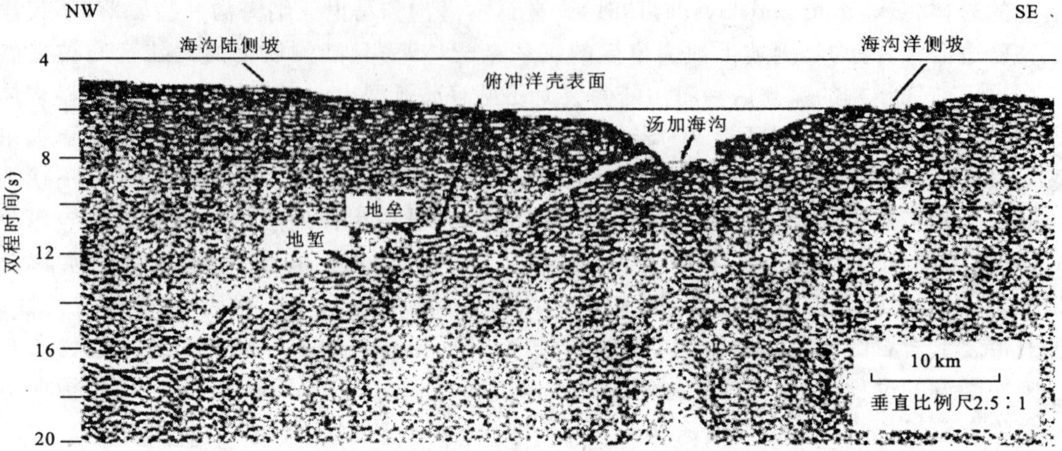

图 4-13　汤加弧沟系南纬 26°附近的地震反射纪录

(据 Von Huene and Scholl,1991)

始新世-渐新世的钙质沉积已沉降到 6 000m 水深处(Hussong and Uyeda,1982)。在日本海沟陆侧坡,DSDP438、439 号钻井揭示基底之上为含英安砾石的陆相砾岩,其上被晚第三纪-第四纪海相地层所覆盖,表明该处基底在渐新世期间曾出露于海面之上(称亲潮古陆);而后发生下沉,基底与该层之间的不整合面现已沉至海面以下数公里深处(图 4-14)。秘鲁-智利海沟陆侧坡的钻探成果也证实了弧前区的沉降和海沟轴向陆侧推进现象(Fryer et al.,1992;Haw-

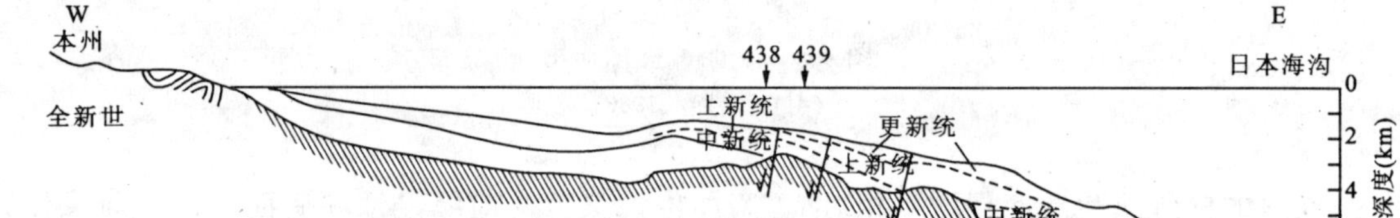

图 4-14　日本海沟陆侧坡晚渐新世以来大幅度沉降示意图

(引自 Aubouin,1989)

kins et al.,1994;Lewis et al.,1995)。

侵蚀型俯冲带与增生型俯冲带形成鲜明的对照。在前者,上覆板块前缘被切蚀而不是加积;大陆被破坏而不是增生;陆壳面积在耗减而不是扩展;弧前区及海沟陆侧坡在下沉而不是抬升;在那里显示出引张而不是挤压。上覆板块前缘和底面受侵蚀过程中地壳的变薄,可能是俯冲带上方陆壳大规模沉降的原因之一。

增生边缘(accreting margin)和非增生边缘(non-accreting margin)(图4-15)是分别与增生型俯冲带和侵蚀型俯冲带对应的概念。增生边缘发育由刮落和底侵的洋底沉积物组成的增生楔,全球增生边缘总长24 000km。西南日本以南的南海海槽,新西兰的Hikurangi、阿留申中段和东段、阿拉斯加、喀斯喀特(Cascada)中段和南段(华盛顿—俄勒冈州)、中美洲海沟的中段—墨西哥段、智利边缘的中段和南段等地是发育中等尺度增生楔的边缘,增生楔宽5~40km,年龄5~10Ma;而南中国海马尼拉海沟东侧、印度尼西亚巽他边缘、巴基斯坦西部的Makran边缘、喀斯喀特边缘最北段、小安德列斯弧沟系和爱琴海边缘等是发育大型增生楔的增生边缘,所发育增生楔宽度在40km至100km以上,厚度可达25~30km,年龄约30~50Ma,这类边缘延伸总长约8 000km,其形成的基本条件是缓慢的正交汇聚速率和快速的洋底沉积速率(Scholl et al.,1996)。

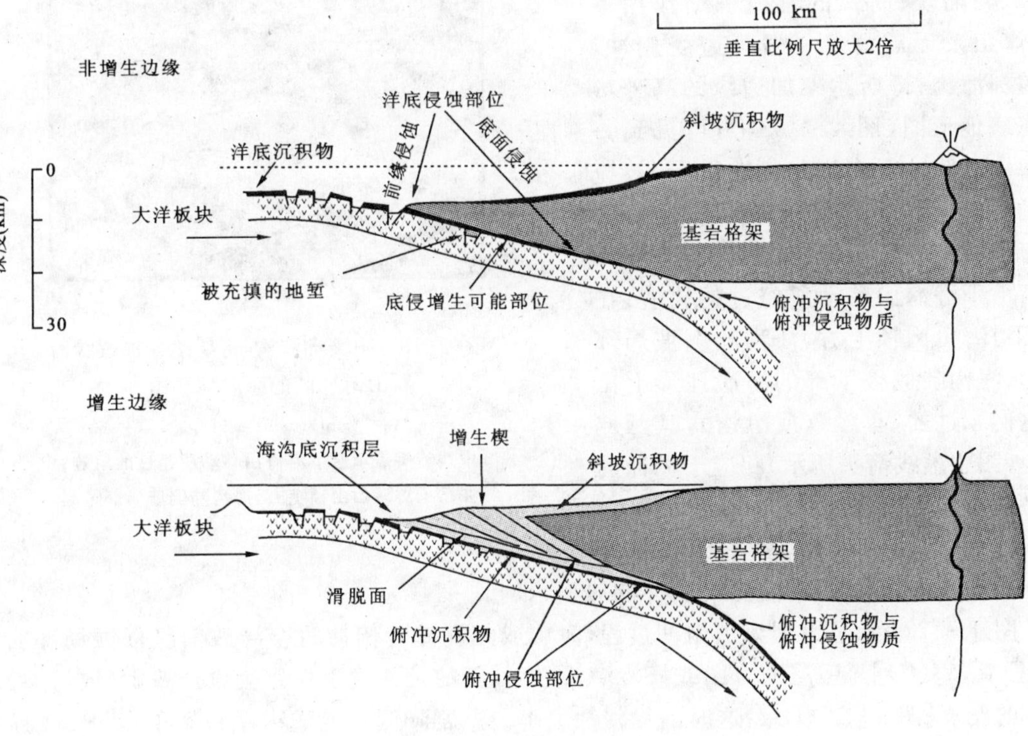

图4-15　增生边缘与非增生边缘横剖面示意图

(据Scholl et al.,1996)

剖面上标注了相应部位所发生的过程

非增生边缘无增生楔形成,或仅有小量刮落的洋底沉积物堆积下来,增生楔宽度小于5km。在非增生边缘,刮落增生的沉积物量远小于可能增生的沉积物量。这类边缘延伸长度可达19 000km,通常发育于沉积物输入比较贫乏的海沟地段,海沟底沉积层厚度小于500m,

大洋板块上几乎全部的沉积物都能有效地俯冲于上覆板块的岩石格架之下。基于这一条件，非增生边缘主要分布在远离大陆的西太平洋的洋内弧沟系，包括伊豆-小笠原海沟、马里亚纳海沟、汤加-克马德克海沟、千岛海沟等地，也分布在濒临干燥陆区、缺少沉积物来源的边缘，如智利边缘的中段和北段，以及海沟陆侧坡上部发育能有效捕获沉积物的盆地，如琉球海沟，沉积物补给有限的边缘，如中美海沟的危地马拉段。

四、大型海山和无震海岭的俯冲

板内的大型海山及无震海岭均被动地驮伏在大洋板块之上，随海底扩张向大洋侧缘推移。早先一般认为，大型海山、无震海岭这些海底正向地形单元是难以俯冲的，它们或被刮落，或碰撞增生于上覆板块前缘。近年来高精度的海底探测结果否定了上述观念。与大型洋底高原、微陆块、岛弧的碰撞拼贴作用不同，海山及无震海岭一般可遭受俯冲。中美洲海沟-哥斯达黎加边缘的高分辨率海底地形图（图 4－16）上，可见到一些海山已俯冲于海沟陆侧坡以下，被掩埋的海山上方，陆侧坡呈现局部隆起；而在海山楔进上覆板块的过程中，会在海底留下下潜海山移动所经过的轨迹；在已下潜海山山顶上方，海沟陆侧坡局部隆起，海沟陆侧坡下部的海底地形上留下它们犁过的“车辙”（或滑槽），其延伸方向（图中虚线箭头所示）相应于俯冲的科科斯板块与加勒比板块间的汇聚方向。西南太平洋的路易斯维尔海岭（Louisville Ridge），是无震海岭俯冲的典型示例。

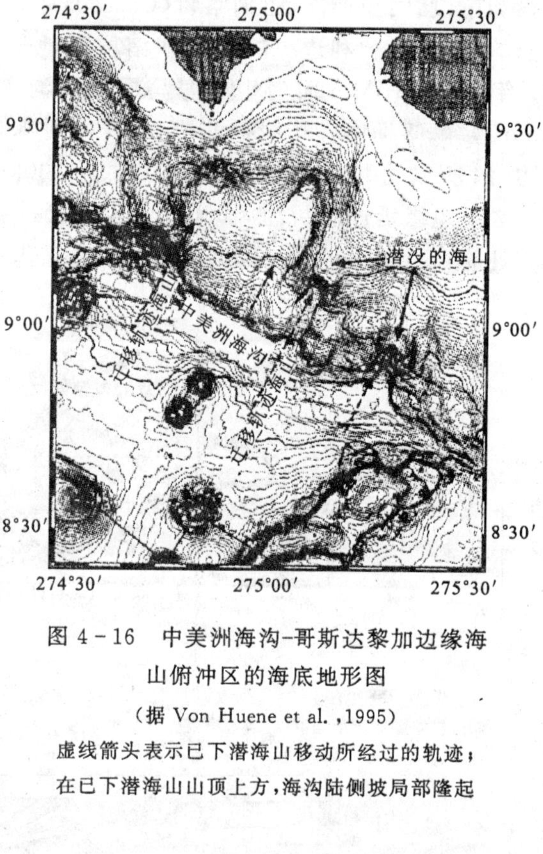

图 4－16 中美洲海沟-哥斯达黎加边缘海山俯冲区的海底地形图

（据 Von Huene et al.，1995）

虚线箭头表示已下潜海山移动所经过的轨迹；在已下潜海山山顶上方，海沟陆侧坡局部隆起

图 4－17 表示了大型海山俯冲过程，海山或无震海岭俯冲时会导致前缘侵蚀局部明显加速[图 4－17(C)]。但尾随海山或海岭潜没之后，新的俯冲增生作用会愈合海山（或海岭）犁过留下的伤痕[图 4－17(D)]，这时前缘侵蚀速率便急剧降低。地球物理勘测和 ODP141 航次的钻探揭示了南智利海岭俯冲处对俯冲侵蚀伤痕的增生作用（Lewis et al.，1995）。

除前缘侵蚀和增生外，下潜的海山或海岭会进一步导致底面侵蚀加剧。楔进的大型海山和海岭顶部是板块间强烈耦合的场所，足以引发大地震，板间的耦合和伴随的水压致裂作用可能是加剧底面俯冲侵蚀的重要因素。

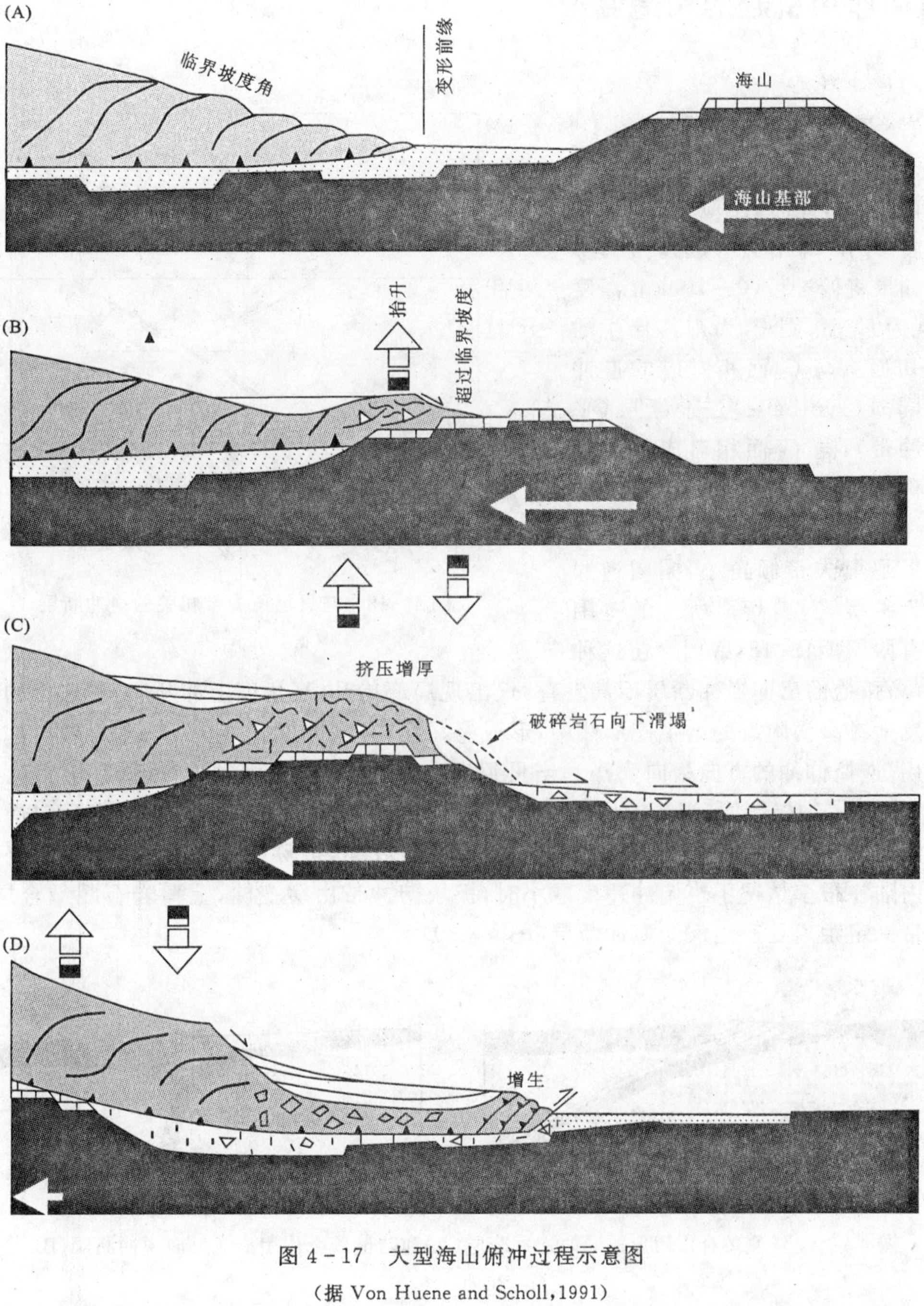

图 4－17　大型海山俯冲过程示意图

（据 Von Huene and Scholl，1991）

（A）海山抵达海沟，海沟陆侧坡的坡度通常接近于重力滑塌的临界角；（B）海山楔进海沟陆侧坡，导致陆侧坡底部变形和破碎，并失去稳定性；（C）整个海山，包括海山后坡均楔进陆侧坡下，海山上方破碎变形的岩石向海沟沟底滑塌；（D）海山继续下潜，海沟陆侧坡坡脚出现新的俯冲增生作用

五、俯冲作用引起的构造变形

(一)逆冲断层

按岩石变形的理论模式，如图 4-18(A)所示，剪切面 C_1 可伴随另一共轭的剪切面 C_2，此时，压应力(FF′)的方向沿着 C_1 和 C_2 相交所成锐角的等分线。如果将俯冲带(0～100km 深度范围)视为 C_1 面，则 C_2 为与其伴生的另一剪切面。与 C_1 面相对应的逆冲断层称同向(synthetic)逆冲断层(平行于俯冲带)，与 C_2 面相对应的逆冲断层则称作反向(antithetic)逆冲断层(Boillot，1979)。

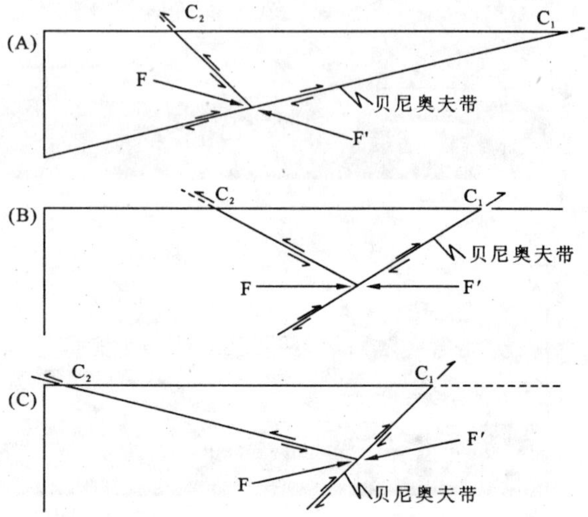

图 4-18　与贝尼奥夫带相关的逆冲断层

(据 Boillot，1979)

若贝尼奥夫带倾角小，同向逆冲断层较为平缓，C_2 剪切面所占的范围就比较有限[图 4-18(A)]。在这种情况下，岛弧处的反向逆冲断层不甚发育，仅出现局部抬升(高角度上冲断层)。典型的同向逆冲断层发生在海沟附近的增生楔形体中，形成叠瓦状构造、推覆体等[图 4-19(A)]，称为洋侧敛合作用，逆掩仰冲的方向指向大洋。当贝尼奥夫带倾角较陡，则共扼的 C_2 剪切面范围宽阔[图 4-18(C)]。在这种情况下，岛弧上反向逆冲断层十分发育[图 4-19(B)]，反向逆冲断层可涉及沉积层和大陆基底，导致岛弧或陆缘地壳挤压收缩，可称陆侧敛合作用，其逆掩仰冲方向指向内陆。很多情况下当俯冲速度减小时，板块俯冲带由缓变陡，上覆岩石圈敛合压缩，在距俯冲带一定距离处产生反向逆冲断层(图 4-20)。

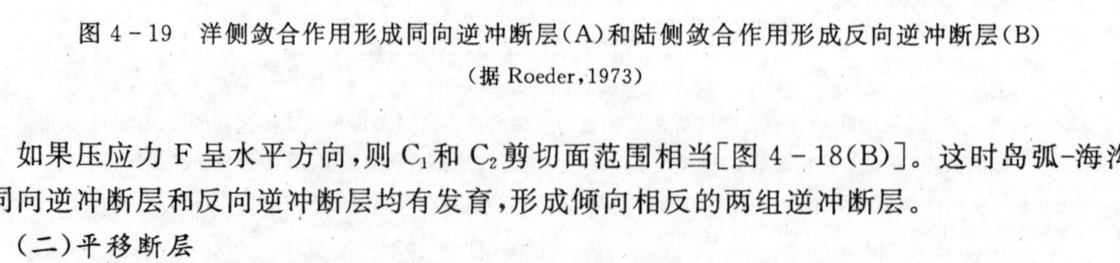

图 4-19　洋侧敛合作用形成同向逆冲断层(A)和陆侧敛合作用形成反向逆冲断层(B)

(据 Roeder，1973)

如果压应力 F 呈水平方向，则 C_1 和 C_2 剪切面范围相当[图 4-18(B)]。这时岛弧-海沟系上同向逆冲断层和反向逆冲断层均有发育，形成倾向相反的两组逆冲断层。

(二)平移断层

当板块斜向俯冲时，上覆板块内出现剪应力，从而产生平行于海沟轴向的平移断层。由于斜向俯冲的方向不同，岛弧或陆缘可出现左旋或右旋平移断层(图 4-21)。当两板块之间的

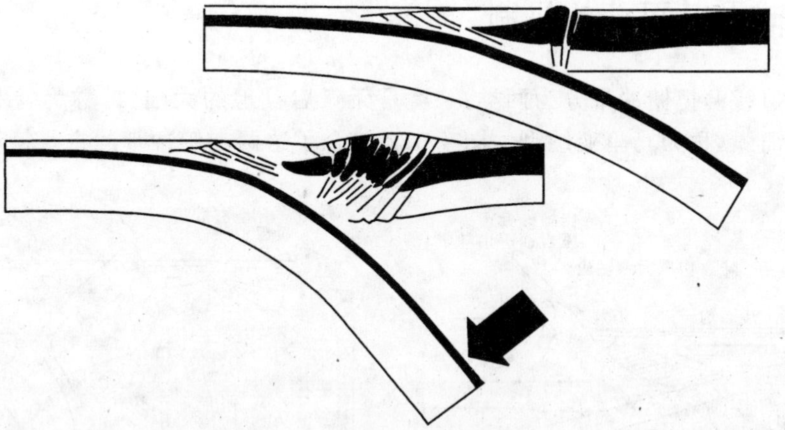

图 4-20　随俯冲带倾角变陡产生反向逆冲断层

（据 Roeder,1975）

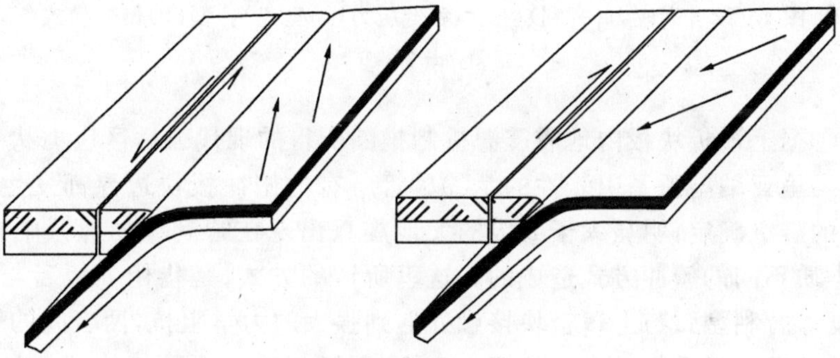

图 4-21　斜向俯冲在上覆板块内产生平移断层

（据金性春,1983）

汇聚方向与板块边界斜交的角度小于 45°时,更有利于形成这种平移断层。纵贯苏门答腊岛的苏门答腊断层(右旋平移断层),便是以这种方式形成的。平移断层常沿岛弧火山活动带发生,因为这里岩石圈的强度最弱。

菲律宾海板块向西偏北方向推移,运动方向与其西北、西南边界斜交,从而在西南日本引起右旋平移断层(中央构造线),在菲律宾群岛、台湾(台东纵谷)发生左旋平移断层。

边缘盆地(包括弧间盆地)的扩张活动,可能与板块俯冲引起的地幔热底辟或次生对流活动有关,后文将作讨论,这里不再重复。

沿俯冲带走向,岛弧与岛孤之间(以及边缘盆地之间)之所以出现间隔,其原因还不甚明了。横切岛弧的横向构造(如垂直于岛弧走向的断裂系),与板块俯冲作用有何联系,也值得探讨。研究发现,俯冲下行的板块可被横断裂(有的横断裂可能是横切中脊的断裂带的延续)分割为一系列的板条,各俯冲板条具有不同的几何形态(如上缓下陡,上陡下缓等)和不同的长度,相邻板条的倾角可发生突变。这种琴键状的俯冲板体对于上覆板块的构造和火山活动产生显著影响,从而使岛弧(及活动陆缘)纵向上的各分段呈现出不同的构造特点。

六、俯冲方式及其可能的机制

Uyeda 等(1979)把俯冲带分为两类:一类是无弧后盆地的大陆弧,称为智利型;另一类是有弧后盆地的岛弧,称为马里亚纳型。图 4－22 综合了这两类俯冲带的主要特征。

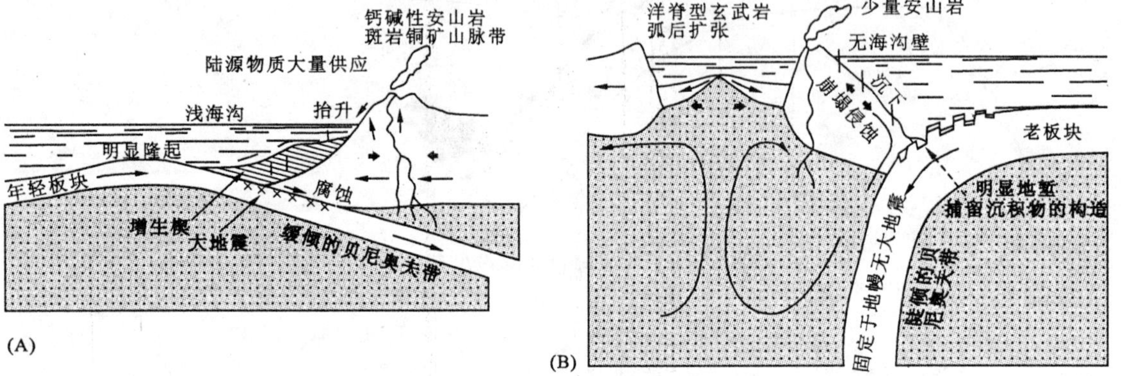

图 4－22　高应力(智利)型(A)和低应力(马里亚纳)型(B)俯冲模式

(据 Uyeda 等,1979)

研究表明:①据上覆板块板内地震震源机制推断所得的现代弧后区应力状态显示,智利型弧系挤压性的,马里亚纳型弧系引张性的。②尽管所有的俯冲板块边界都发生有板内逆断层型地震,但按新的震级确定,明显大于 8 级的大地震只出现在智利型的弧系中。显然,两类俯冲带是由两种本质不同的俯冲方式造成的。这里所谓的方式,是指俯冲板舌与上覆板块之间的机械连接强度。智利型弧与上覆板块接触处遇到强大的力学阻抗,两者间的耦合是强耦合;马里亚纳型弧的情况是板舌相对自由地沉入地幔,下插板舌与上覆板块之间的力学耦合为弱耦合。这一差异与这两类俯冲带的倾斜状况是一致的,即马里亚纳型俯冲带的倾角比智利型俯冲带的倾角陡。

两板块间的连接若强,会有助于刮削俯冲带上的深海沉积,甚至洋壳;若弱,则可允许沉积俯冲于上地幔之中。因此,智利型边缘是最易找到俯冲增生棱柱体和地壳碎块的地方;而在马里亚纳海沟向陆坡内壁,则不易发现俯冲增生棱柱体。在活动边缘的钻探已获得大量有关的新资料,基本证实了上述推论。最有趣的是,日本海沟向陆坡内壁的厚沉积楔至少在钻孔穿透深度内完全是由陆源物质组成的,归因于深海沉积作用的加积体空间极小。这一结果可解释如下:日本海沟在中新世大部分时间里的俯冲方式是马里亚纳型的,只是在最近(可能只有几 Ma)为智利型的,因此,深海加积的时间是相当短促的。

上田诚也(1982)从浮着的上覆板块(L)与沉降的大洋板块(O)的连接关系出发,提出了造成这两种俯冲方式差别的 3 种可能性:

(1)板块 L 与板块 O 之间连接强度的不同,是由于它们之间接触带的性质不同引起的。不同的俯冲方式代表着演变过程中的不同阶段:俯冲开始时是智利型方式的低角逆冲,但随着演变的继续,连接强度逐渐减弱,最后终于成了马里亚纳型的方式。

(2)俯冲着的板块 O 的年龄决定着俯冲的方式,因为板块 O 越老就越冷和越重,于是也就会以越快的速度下沉,与板块 L 的连接也就越弱,从而导致了马里亚纳型俯冲的发生。相反,当板块O较年轻时，就会造成智利型俯冲。西太平洋俯冲带中板块O的年龄相对较老，在南美大陆之下俯冲的纳兹卡板块的年龄较轻，这似乎都支持着这种可能性。

(3)板块L相对于海沟的运动控制着俯冲的方式。当板块L，如菲律宾海板块，离开海沟运动时，出现的将是马里亚纳型的俯冲方式；当板块L，如南美板块，向着海沟前进时，出现的则是智利型俯冲方式。当板块O的板舌下沉到地幔极大深度时，就可说板片是被禁锢在地幔里了(对作横向运动而言)，如果进一步假定，深地幔内的运动比板块的运动慢得多，则海沟的位置就可看作是静止不动的，此时上盘的板块L相对于海沟的运动速度就接近于板块L单独运动的绝对速度。环太平洋诸L板块的绝对速度矢量支持这种可能性。

上述3种可能性似乎都包含某些合理的成分，但又存在一定问题。第一种可能性似乎是某些俯冲过程所固有的，并可解释某些沟弧系演变中的旋回性，然而，如果这个假设是普遍适用，就必须证实所有的俯冲带，包括秘鲁-智利俯冲带在内，都曾有过类似的演化过程。第二种可能性在物理学上是合理的，并得到了现今资料一级近似的支持，然而，如果没有其他的因素，那么要解释弧后区扩张的分期性，或者要解释俯冲方式随时间的推移从一种类型向另一种类型的变化，则是十分困难的。第三种可能性从某种意义上讲不存在这种困难，然而，这种可能性只有在板片穿透到地幔的相当深度后才适用，而究竟应该多深，则必然会成为争论的焦点。

地震层析成像的最新成果表明，马里亚纳型和智利型两类活动大陆边缘的俯冲形态、地幔构造特征等均有明显差别。马里亚纳型俯冲带俯冲板片以80°的高倾角俯冲直达670km的上、下地幔过渡带，之后，板片折成近水平在过渡带上分布，长达近1 000km，俯冲板片的分布形态与地表岩石圈的变形十分吻合。在南美的秘鲁-智利海沟地区，纳兹卡板块在深约100km的浅部岩石圈内约以30°倾角俯冲达200～300km深度，之后在上地幔软流圈中近水平俯冲长达300～400km，最终再以中等倾角向深部楔入，一直到达670km上、下地幔过渡带，至于是否继续楔入过渡带或更深的部位现今还有很大争议。

上述俯冲板片的形态特征不同所诱发的地幔对流方式也不尽相同，从而控制了活动大陆边缘岩石圈演化的动力学过程(何健坤等，1998)。对马里亚纳型俯冲带，当高角度俯冲时，由于摩擦诱发的上地幔对流发展到670km时将全部或大部分被反折形成向上的环流[图4-23(A)、(B)]，并由此造成相应上升回流处上地幔的上隆和岩石圈拉伸。当上升回流产生的力足够大时，它将完全可以使上隆热地幔与海沟之间的岩石圈板块拉伸而形成弧后盆地。对于智利型俯冲带，由于俯冲倾角在岩石圈和上地幔中分布十分平缓，虽然因俯冲摩擦也会诱发地幔对流，且由于670km过渡带的存在也会使俯冲产生的上地幔下降流反折形成上升回流，但由

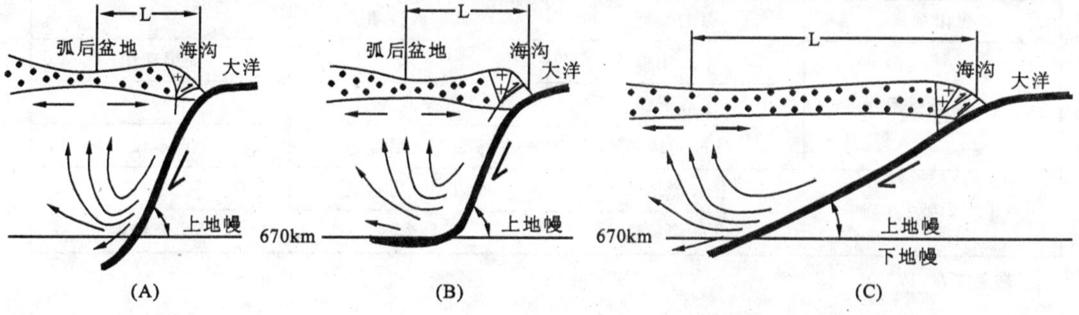

图4-23 俯冲板片的形态、地幔对流方式和岩石圈演化的动力学关系

(据何健坤等，1998)

于上升回流形成的热地幔上隆区距海沟距离因俯冲倾角过小而很大，即使上涌地幔流提供了相当的力，也很难使这么巨大的岩石圈拉伸形成弧后盆地[图 4－23(C)]。

第三节 弧的类型及其演化系列

如前所述，弧沟系分为两大类，即陆缘弧沟系和洋内弧沟系，相应的弧则称陆缘弧和洋内弧。陆缘弧镶接在大陆地块的边缘，火山弧与大陆之间没有具大洋地壳的深海盆地把它们隔开。洋内弧的后方则有具大洋地壳的边缘盆地与大陆分隔开。陆缘弧又可分两种类型：一种即安第斯型大陆边缘，直接是大陆地块的组成部分；另一种与大陆之间，隔以具大陆地壳的陆架浅海，如苏门答腊、爪哇。一些学者称安第斯型大陆边缘为山弧，而将苏门答腊、爪哇等称作裾弧。

根据弧的地壳结构、地壳厚度、火山岩系列及年龄等特征，则可分为：①未成熟岛弧，通常由小岛组成，年龄不老于第三纪或白垩纪，缺失或极少大陆型基底岩石，地壳厚约 10～20km 左右，火山岩以拉斑玄武岩为主，如汤加、克马德克弧、中千岛弧、马里亚纳弧等。②成熟岛弧，多由大岛组成，其年龄为中生代或更老，由大陆型地壳组成，地壳厚约 25～40km，火山岩包括拉斑玄武岩和钙碱性系列的安山岩等，如日本弧、菲律宾弧等。③陆缘火山弧，为大陆地块的边缘山系，年代较老，拥有厚的大陆地壳(30～70km)，火山岩以钙碱性系列为主，硅质组分的含量较高，如中安第斯山系。

据都城秋穗研究，在未成熟岛弧中，钙碱性系列岩石在所有火山岩中仅占 0%～40%；在成熟岛弧中，钙碱性系列岩石可占 40%～80%；至于陆缘火山弧中，钙碱性系列岩石可达 80%～100%。这样，在未成熟岛弧中，玄武岩是主要的；在成熟岛弧中，则以安山岩占主导地位。从未成熟岛弧到成熟岛弧，随着大陆型地壳的渐进发展，岛弧中钙碱性系列岩石所占的比例以及所有火山岩中 SiO_2 的平均含量均逐渐增加。这一研究揭示了岛弧演化与陆壳成长之间的内在联系。

金性春(1983)划分出两种弧的演化系列：陆缘弧系列和洋内弧系列。陆缘系列的弧或是展布于大陆侧缘，或是从大陆侧缘分离出来。洋内系列的弧则发育于大洋地壳之上。有 5 类性质不同的弧归属这两支演化系列中，现将有关性质和实例列表(表 4－1)如下。

表 4－1 弧的演化系列和类型

演化系列	弧的类型	弧后区性质	实 例
Ⅰ. 陆缘弧系列	$Ⅰ_A$. 山弧	陆地	安第斯山
	$Ⅰ_B$. 裾弧	陆架浅海	爪哇弧
	$Ⅰ_C$. 边缘弧	张裂型弧后盆地	日本弧
Ⅱ. 洋内弧系列	$Ⅱ_A$. 原地弧	残留型弧后盆地	阿留申弧
	$Ⅱ_B$. 漂移弧	弧间盆地	马里亚纳弧

(据金性春，1983)

在迪金森等的分类中，日本群岛一类边缘弧被划归洋内弧的范畴；从演化系列考虑，上表将它列入陆缘系列中。

陆缘弧演化系列：对于该系列来说，大洋板块的俯冲一开始总是直逼陆缘发生的，有如今日南美西缘的情况。随着边缘海弧后盆地的张开，岛弧漂离大陆，陆缘弧演化为边缘弧，但其陆壳结构仍然保留着。由于俯冲作用导致火山-深成岩浆活动，常使陆缘系列弧的地壳有所加厚。日本岛弧轴部地壳厚约 35km，向日本海沟及日本海两个方向，花岗岩层逐渐减薄以至尖灭。若弧后盆地在俯冲作用下关闭，边缘弧重新与大陆汇合，又可转化为裾弧或山弧。

陆缘系列弧多由安山岩和英安岩质岩石组成，尚有陆相火山碎屑岩层，伴生的深成岩体以花岗岩岩基为主，还可有少量辉长岩和闪长岩质岩体。该系列弧一般年代较老，如日本列岛有前寒武纪年龄的变质岩。它们往往有一比较古老的地块核心，在地质历史中遭受多次褶皱、变质和花岗岩活动，表现为新、老岩浆弧的交切和重叠。琉球弧、菲律宾弧、苏门答腊弧和爪哇弧也具有较老的地块核心，并被新生代和现代地槽型地层所环绕。

洋内弧演化系列：在这一演化系列中，板块俯冲带总是发育于离陆缘一定距离的洋盆中。当该处大洋岩石圈断裂[图 4－24(A)]，一侧大洋板块俯冲于另一侧大洋板块之下，海沟逐渐形成。随着俯冲作用的深入，仰冲侧出现海底火山活动[图 4－24(B)]，初始阶段以拉斑玄武岩为主。由于火山岩的堆积及上翘抬升，海底火山露出水面[图 4－24(C)]，并逐渐发育起弧沟间隙、海沟坡折等结构单元。这种岛弧位于原始俯冲带上，相对于弧后地区并未发生过位移，故称为原地弧。原地弧将一部分洋盆圈围于弧后，成为残留型弧后盆地(如阿留申弧后方的阿留申海盆)。若原地弧在俯冲作用下发生分裂，原地弧的一部向洋侧漂移，演化为漂移弧[图 4－24(D)]。漂移弧的后方是新张开的弧间盆地，如马里亚纳弧后的马里亚纳海槽、汤加弧后的劳哈佛海槽等。

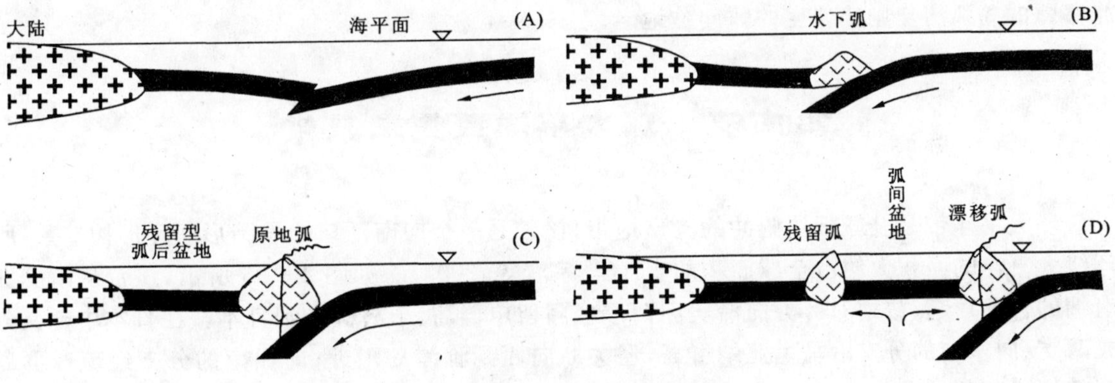

图 4－24　洋内弧演化系列示意图

(据金性春，1983)

原地弧或漂移弧发育于洋壳基底之上，上叠大量玄武质火山岩。洋内弧发育的前期，深成岩体通常较小，以辉长岩和闪长岩质为主，很少有花岗岩体。前已述及未成熟洋内弧的岩石组合带有蛇绿岩性质。由于俯冲带的火山活动和岩浆侵入，洋内弧的地壳逐渐增厚，它们多属过渡型地壳。在这种过渡型地壳的下部，往往有很高的地震纵波速度(约 7.5km/s)和密度(约 3.0g/cm^3)，以致莫霍面不甚分明。随着时间的推移，地壳愈益增厚；火山岩趋向钙碱性系列，其平均成分越来越富长英质和钾质，深成岩体也有类似的演化，花岗岩类的化学成分从钠比钾占优势逐渐演变为钾比钠占优势；区域变质作用则使岛弧岩石的结晶程度愈益增加。最终，洋内弧可能发育成熟，逐渐显现出陆壳性质。如果沿弧后盆地或弧间盆地发育起俯冲带，随着弧间盆地关闭，岛弧与岛弧碰撞，汇合成较大的岛弧(图 4－25)，在碰撞处可形成洋内褶皱系，例如印度尼西亚的马鲁古海区；随着弧后盆地关闭，岛弧焊接于大陆边缘，此时洋内弧转化为陆缘弧，于是纳入陆缘弧系列的演化过程中。

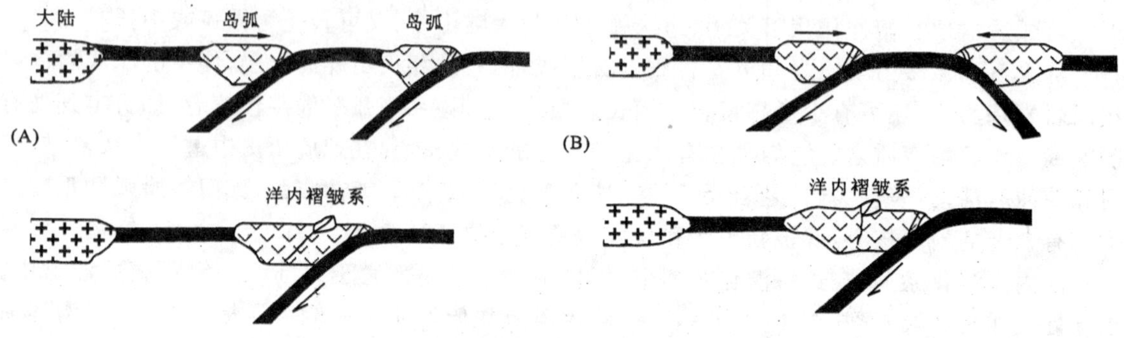

图 4－25 岛弧与岛弧碰撞的两种形式

(据金性春，1983)

鉴别上述 5 类弧，重要的是查明弧后区的性质(表 4－1)。山弧与裾弧的弧后区皆属陆壳性质，但有陆地和浅海之别。边缘弧、原地弧、漂移弧的弧后单元均偏于洋壳性质。不过，边缘弧后方弧后盆地的生成早期伴随着陆缘破裂和陆壳拉张，这种弧后盆地(特别是其周缘地区)往往还隐伏着拉薄的陆壳；原地弧的弧后盆地及漂移弧后方的弧间盆地则很少有这种特点。就年代来说，裂离出来的边缘弧与伴生的弧后盆地同时形成，原地弧比伴随的弧后盆地年轻，漂移弧的岛弧历史则比伴生的弧间盆地老。

第四节 环太平洋巨型汇聚带

环太平洋带是全球板块俯冲的典型地带，该带是一个向南开口的马蹄形似环形构造系，所环绕太平洋的面积大约占全球面积的 1/4(马宗晋等，2003)。如图 4－26 所示，该带从南美洲南端的合恩角起，按逆时针方向沿美洲西岸经阿留申群岛、千岛群岛到日本。在日本中部又分成两支：向东南的分支沿马里亚纳群岛，经关岛向西到雅浦岛附近；向西南的分支经琉球群岛到苏拉威西岛的东北部，然后向东转折经斐济岛到萨摩亚岛，其后向南转折经汤加岛至新西兰，总长近 40×10^3 km。此外，印度尼西亚鸟头岛向西的巽他群岛地区和加勒比地区也发育一支向南弧形凸出的消减构造带，尽管该带位于印度洋，也归属于广义的环太平洋消减构造带。上述环太平洋带构成了全球超巨型的一级构造系统，长期以来，该带一直是板块几何学、板块运动学和板块动力学的主要研究“基地”。该带也是全球地震最集中、最强烈的地带。在进行全球构造和动力学问题的研究中，这个带的地震活动和地震构造是学者们最为关注的问题，一些学者提出“环太平洋构造系”的概念来从整体上系统阐明环太平洋深消减带构造系或环太平洋地震构造系特征和演化(马宗晋，1982，1986，2003)。

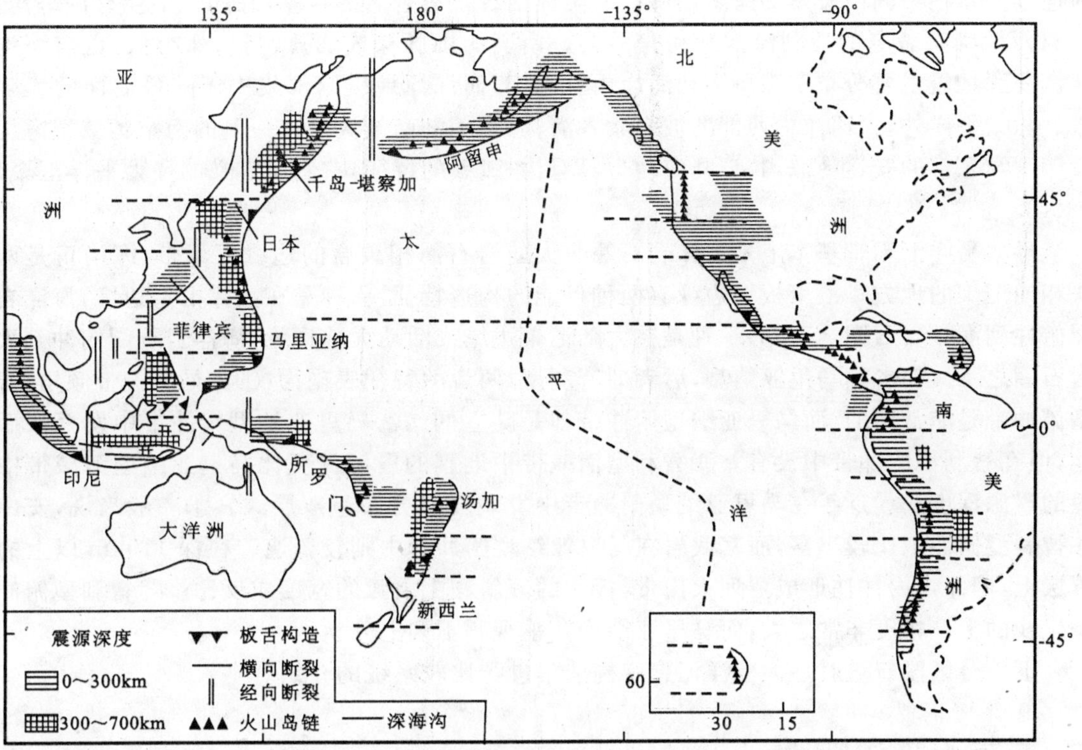

图 4-26 环太平洋巨型汇聚带及其区段划分

（据马宗晋等，2003）

一、基本特征

1. 地震最集中、最强烈

地震最集中、最强烈是环太平洋汇聚带最明显的基本特征之一。绝大多数大地震和特大地震都发生在这一汇聚带内。它的震中带平均宽 200km 左右，震源最深可逾 670km。全世界约 80％的浅源地震、90％的中源地震和几乎所有的深源地震都集中于此，地震能量占全球的 85％，但其总面积仅占世界地震区总面积的一半。

2. 海沟、岛弧和弧后体系

在环太平洋汇聚带西部和北部，海沟和呈线状分布的弧形列岛-岛弧，构成海沟-岛弧-弧后盆地系列。它是环太平洋汇聚带的最大特点，成为世界上最为引人注目的构造特征。规模大的海沟，长达数百万米，宽约 100km，大部分水深超过 4 000m。最深的马里亚纳海沟达 11 000m 以上。弧形突出部位常是向着大洋，而凹进的部分向着大陆。在太平洋的西海岸，太平洋板块与欧亚大陆之间有由岛弧和陆缘海组成的宽 2 000～3 000km 的过渡带。岛弧自外侧到内侧的各种现象呈带状分布，即海沟、重力负异常带，热流量负异常带、岛弧轴、浅源地震多发带、重力正异常带。弧后区多属过渡型地壳。

在太平洋东缘，海洋板块直接同北美和南美大陆接壤，构成陆缘沟弧系，岩浆弧和弧后区都是大陆地壳，弧后为陆地或浅海，弧后应力是挤压或中性的；没有发育完整的岛弧构造，表现为连续分布在美洲西海岸的海岸山脉。北美洲西缘虽有著名的落基山脉，但不伴有深海沟；南美洲西缘则有著名的智利海沟和秘鲁海沟。南美的山脉构成陆弧，与岛弧类似，也与海沟相伴。浅源地震主要分布于深海沟和海岸山脉之间，而深源地震则都集中于陆弧后面的大陆地区。除太平洋外，大西洋中西部的波多黎各海沟，南美洲南端大西洋一侧的南桑德威奇海沟以及印度洋东部的安达曼海沟、爪哇海沟也具有沟-弧系的特征，它们属广义的环太平洋汇聚带。

3. 俯冲(消减)带

环太平洋汇聚带基本上是大洋岩石圈与大陆岩石圈相聚合的边缘汇聚带，海沟正是两板块相向汇聚的地方。汇聚板块边缘有两种可能的构造特征：一种是在大洋汇聚边缘，海洋岩石圈俯冲到海洋岩石圈之下；另一种是在大陆汇聚边缘或活动大陆边缘，海洋岩石圈俯冲到大陆岩石圈之下。前者称马里亚纳型，后者即智利型，两者的特征表现为：①贝尼奥夫带倾角，智利型俯冲带是非常缓的，而马里亚纳型俯冲带却是陡立的。②马里亚纳型俯冲带中发育弧后盆地，但在智利型俯冲带中没有。③智利型消减带中地震的震源深度比马里亚纳型消减带中地震的震源深度浅。近年在马里亚纳型俯冲带中发现震源分布呈双层式。④一般来说，安山岩在智利型俯冲中比较丰富，而玄武岩在马里亚纳型俯冲带中则较普遍。在深 110km 以上的岩石层上，俯冲带内往往形成两列火山带，板片的倾斜和火山弧的宽度成反比。⑤智利型俯冲带海岸线的上升幅度非常之大，而马里亚纳型几乎观测不到上升。

下面分区段着重对环太平洋汇聚带构造学进行比较系统的介绍。

二、东南太平洋区段

环太平洋俯冲汇聚带的东南太平洋区段包括纳兹卡板块俯冲到南美板块之下形成的俯冲带和科科斯板块俯冲到北美板块和加勒比海板块之下形成的俯冲带，这两个俯冲带的明显标志分别是秘鲁-智利海沟和中美洲海沟(图 4 - 27)。

(一)南美洲俯冲带

除有巴拿马陆桥与中美陆地相连外，南美大陆四周环海，东西各与东南太平洋洋脊和南大西洋中脊相对，北边是加勒比海，南边是德雷克海(峡)。北、南两端又分别为两个弯月形岛弧的弧后海盆，大陆的东部和中部主要是前寒武纪地盾的出露区，厚度变化平缓，地壳厚度 40km 左右，地势上表现为宽缓的平原，低山丘陵和高台地。南美大陆西部边缘的安第斯山脉是著名的陆弧(图 4 - 27)，狭窄的山带南北长逾 7 000km，宽一般为 200km，主峰高程可达 5 000～6 000m，最高峰阿空加瓜山海拔高 6 964m。重力资料显示山带地壳厚超过 60km。山带西侧相伴而行的海沟深度一般可达 5 000～6 000m，秘鲁西侧海沟最深达 7 806m。安第斯褶皱带经受了多期的构造变动，形成强烈的褶皱-冲断带，并伴之以多期的岩浆活动和成矿作用。新生代以来强烈地震频繁，整条山带近 12 000a 以来的现代火山共 60 余座，分别集中发育在南、中、北 3 个分段(图 4 - 28)。南段自智利首都圣地亚哥附近向南至科尔科湾；中段自秘鲁南部最大城市阿雷基帕向南至智利、阿根廷、巴西三国的交界附近；北段自哥伦比亚南部至厄瓜多尔南部。3 段内火山连续成串分布，而在 3 段之间的地带则几乎没有现代火山，只有个别的孤立火山点。所以，总的可把安第斯山带分为 7 个分段(A～G)，其中 3 段有火山和 4 段无火山的地段，各分段所占的纬度的宽度大体近似，每段近百万米，马宗晋等(2003)称之为纬向分割。

据现场地质调查，成串分布的火山都是受断裂带和断裂交叉点所控制的中心式喷发，喷出

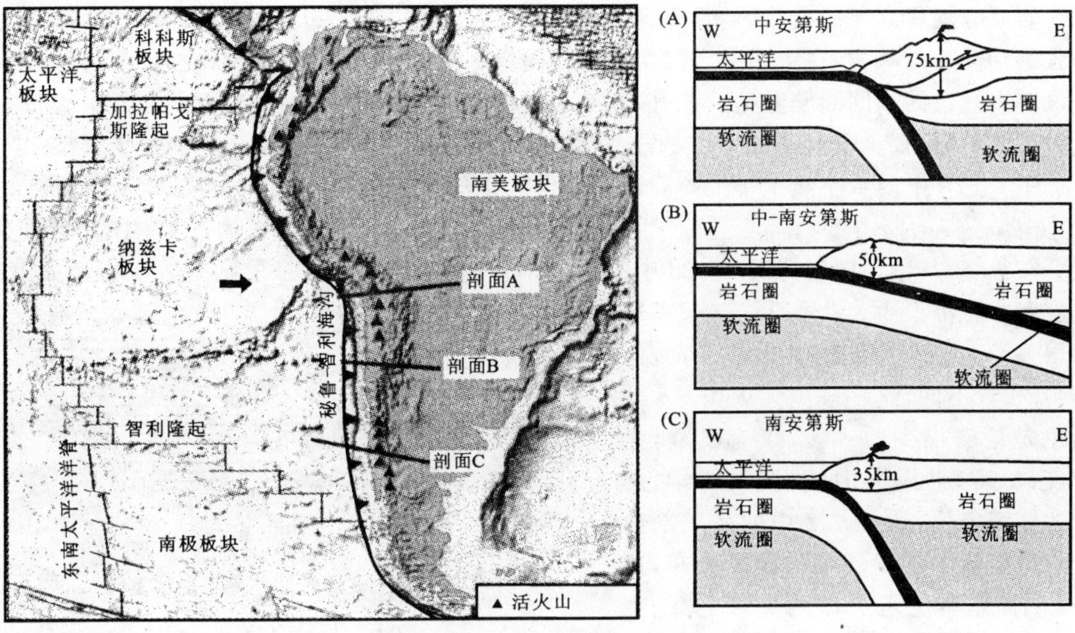

图 4-27　安第斯弧板块构造图

（据 Davidson 等，1997；引自马宗晋等，2003）

（A）和（C）的倾角大致为 30°；（B）大致为 10°

注意在板舌倾角缓的地方没有活火山

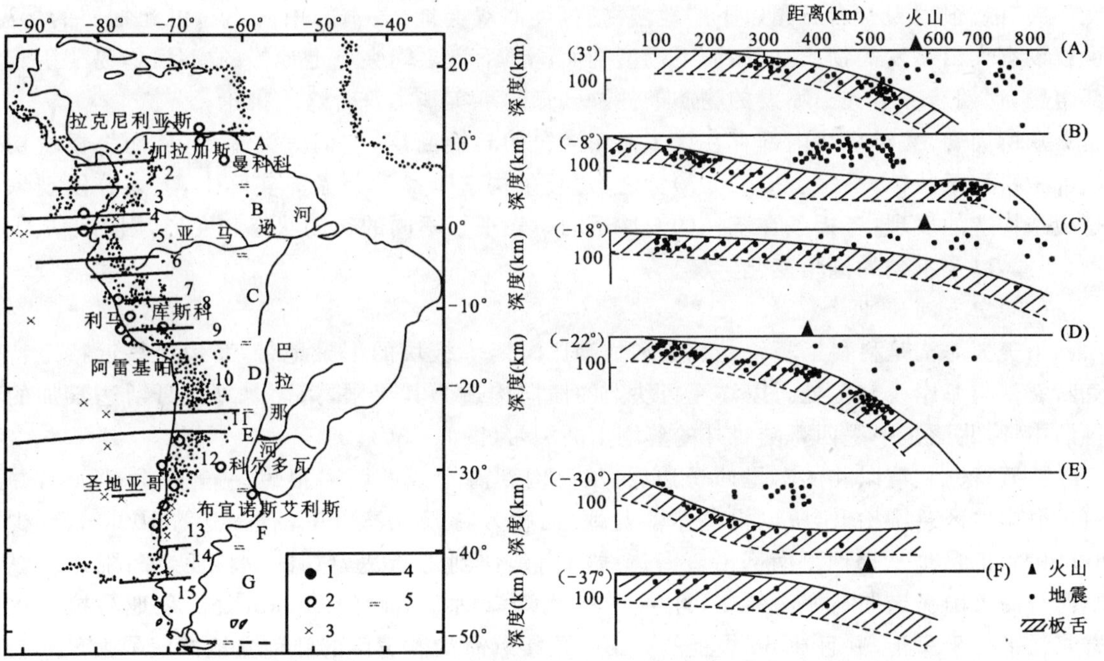

图 4-28　南美地震震中与火山的分段

（据马宗晋等，2003；Chinn 等，1980）

（A）和（C）的倾角大致为 30°；（B）大致为 10°

注意在板舌倾角缓的地方没有活火山

1 为＜8 级地震震中；2 为＞8 级地震震中；3 为现代火山（12 000a 以来）；4 为纬向分段界线；5 为火山发育与否的分段界线

的熔岩成分均属高铝的玄武岩，伴有钙碱系列的安山岩类。在有火山段内，地表构造显示明显的张裂活动与此有关，在火山喷出带两侧都伴随有平行的断陷盆地；相反，在无火山段内，则几乎没有大规模的山间断陷盆地。此外，在有火山段的地质剖面中，主要出露的是古生代和中生代的褶皱地层，很少有前寒武纪结晶岩，而在无火山段则往往有较集中出露的古老岩系。

图 4-28 中的数字显示了地震震源三维空间分布的分段现象，可细分成 15 个分段。其中 10 号段，是安第斯山带走向发生转弯而展布最宽的地段，火山发育、海沟最深、中深震最多而且分布最宽，其剖面表现见图 4-28 中的 C 剖面。与之相邻的 11 号段则突然变为无火山段，浅震和中震都很少。7 号段浅、中、深震都很发育，尤其浅震震中分布很宽，但与 10 号段不同，这一段内无火山。8 号段也是地震很少的一段，仅有浅震，无中震、深震，也无火山喷发。根据对震源的仔细定位，图 4-28 中的系列剖面较好地描绘了各段震中的深度分布，这 6 条剖面基本上可分成两类：一类是上拗型，另一类是下拗型(图 4-29)。不同的下拗型俯冲板舌虽然倾角也不相同，但基本形态一致，而且在倾角变化最大的地段，其上方均有火山喷发，而上拗型剖面则都不伴随火山喷发。上拗型剖面在俯冲板块和仰冲板块之间，即贝尼奥夫带的上盘与下盘之间可能不夹有或很少夹有岩石圈以下的地幔物质，类似双层地壳一样，中间不易引起物质的熔融，也就没有火山喷发的物质基础；而下拗型剖面，上、下盘之间夹有上地幔的楔状区，易于引起局部熔融，这就造成了火山喷发的物质条件。已知的事实基本符合这一推论。

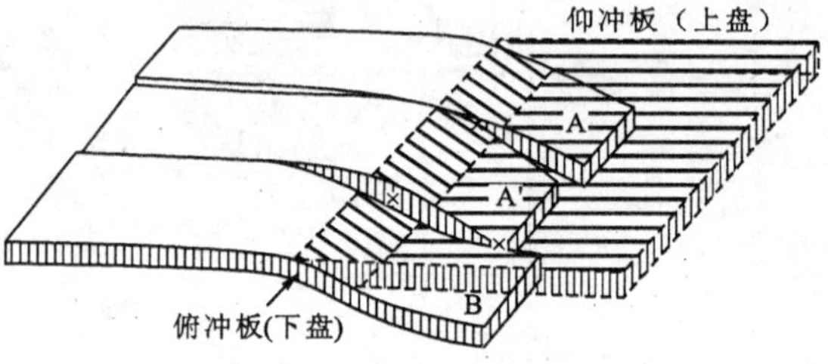

图 4-29 板条俯冲差异变形示意图
(据马宗晋等，2003)
A 为 A′下拗型；B 为上拗型；× 为易产生强震的部位

众所周知，大洋板块内部存在许多横切洋脊的转换断层，它们大致平行，从而将板块切割成了一系列条状体，马宗晋等(2003)称之为“板条构造”，简称板条。实际上，上述分段现象就是板条构造的表现，各板条在统一的俯冲运动中表现了不同的运动状态和变形，因而形成了上拗、下拗，以及不同的倾角变化。

(二)中美洲俯冲带

中美洲海沟是科科斯板块与北美和加勒比海两个板块的汇聚地带，其边界靠近特万特佩克断裂带与海岸线交汇处。以洋壳板块上的横向构造为其界限，南面是靠近哥斯达黎加的科科斯中脊，北面是中墨西哥陆缘外的莫塔瓜断裂带(图 4-30)。

特万特佩克湾以北的南墨西哥边缘，从海沟到海岸线的距离很短，一般不到 70km，并且由于海岸地区急剧抬升，所以没有弧前盆地，而特万特佩克湾以南，有一宽约 100km、至少深 9km 的弧前盆地从墨西哥南部沿着海岸线向南延伸到哥斯达黎加的尼科亚半岛附近。纵贯墨西哥的火山弧走向与海沟斜交，且位于 66 线深海钻探陆侧约 200km 处。危地马拉的火山岩浆弧平行于海沟，并且比 66 线上的火山弧更接近海沟。宽阔的弧前盆地捕获了大量来自火山弧的沉积物。被圈闭的洋壳可能为弧前盆地的盆底，被火山沉积物充填，形成一个宽阔的大陆架和沿岸平原。这一火山岩浆弧向南延至哥斯达黎加的尼科亚半岛。中美洲地震带沿西墨西哥和中美洲在 82.5°W 和 105°W 之间伸展。沿这个带的浅震震源机制解表明科科斯板块在加勒比海板块和北美板块下面的俯冲，汇聚方向大约是 N30°E。特万特佩克断裂带与中美洲海沟的交接位置在 95°W 附近，以 95°W 为界，中美洲地震带可分为西北和东南两个部分，西北

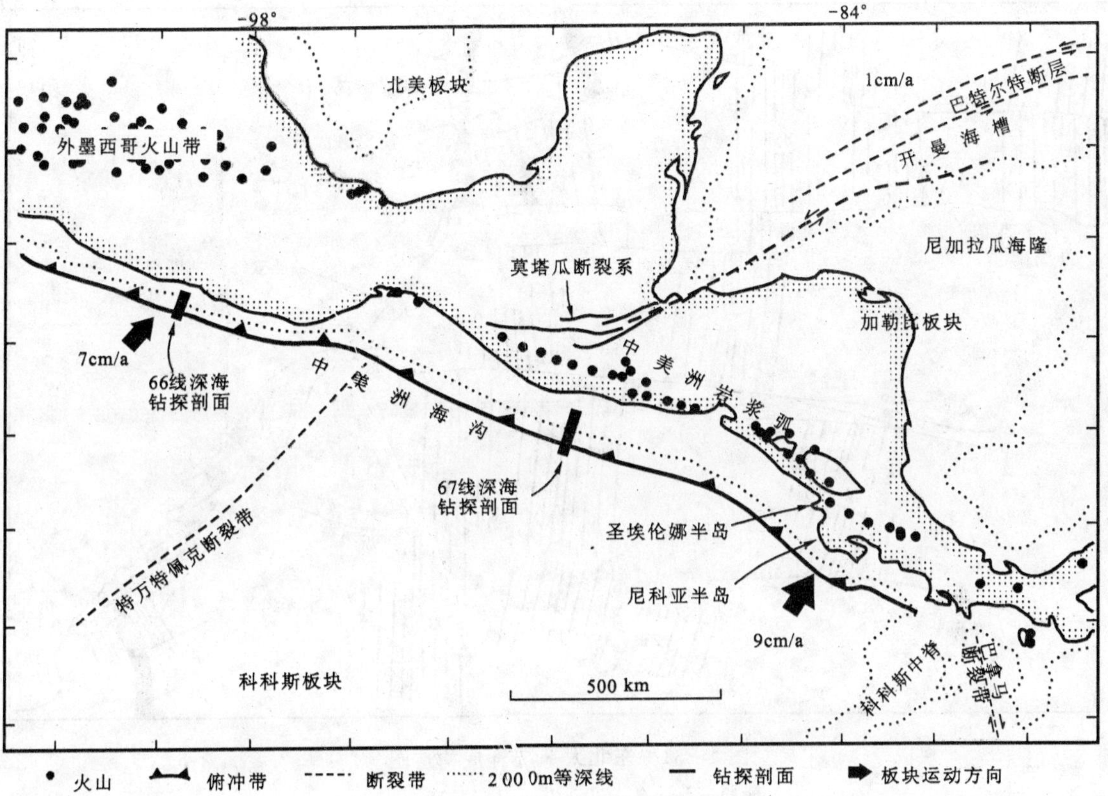

图 4-30 中美洲板块构造图

(据 Lundberg,1986;引自马宗晋等,2003)

段的大地震破裂带比东南段的大地震破裂带宽。因此,从大陆边缘构造、自然地理特征、沉积作用类型以及地震活动特点看,中美洲俯冲带至少可分为两段。

三、东北太平洋区段

这一区段大致从阿拉斯加到墨西哥中部,平面展布形态近似反 S 形。由于受门多西诺断裂和木里断裂的切割,它可分成北、中、南三大段(图 4-31)。

北段的北端并未表现出典型的板舌构造形态,但南端从不列颠哥伦比亚南部海岸外至北加利福尼亚,有一条延伸长达 1 200km 的 Cascadia 俯冲带,它将下行的胡安德富卡板块和上行的北美板块分开。胡安德富卡板块以大约 4cm/a 的速度俯冲在北美西海岸之下。这一巨型俯冲带上已有 150a 没有发生过大地震,但有证据表明过去也曾有罕见的大地震发生,最后一次发生在约 300a 前。地震的平均复发周期约为 550 年(Agnew et al.,1991)。

中段是在陆壳内发育的大型走滑断裂——圣安德烈斯断裂,它的两端受东西向断裂的影响,北端弯向北西,南端弯向南东。

南段仍然是大型走滑断裂,但它在加利福尼亚湾内呈现羽状斜列断裂,并一段段地错开,类似羽列式洋脊错列构造。

圣安德烈斯断裂是本区段内的一个主要构造,该断裂长达 1 200km,伴有一系列平行的分支状的断裂,是太平洋板块和北美板块的重要界限。一些学者认为圣安德烈斯主断裂是转换

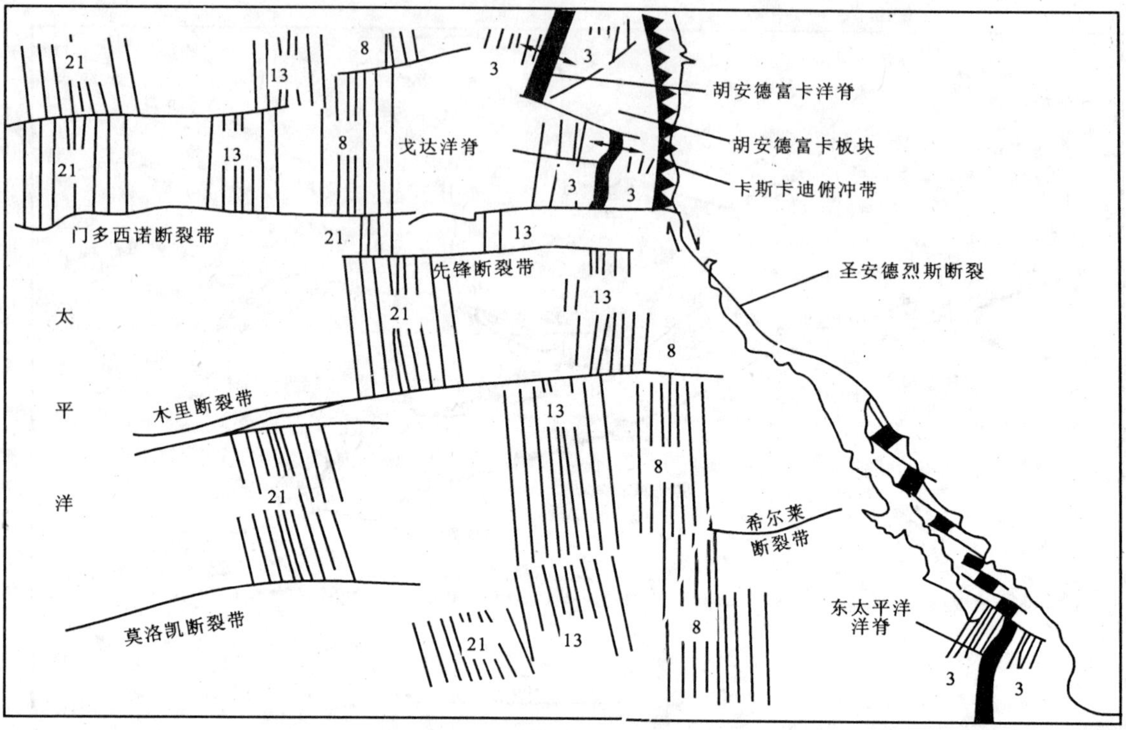

图 4-31 东北太平洋洋底构造图

(据 Davidson 等,1997;引自马宗晋等,2003)

断层。不过,尽管存在局部平行,但是圣安德烈斯断裂的平均走向不平行于由板块运动的全球模型所给出的滑动矢量,因此与转换断层的理想情况有明显的偏离。圣安德烈斯断裂具有明显的右旋走向滑动性质。右旋位移量达 400km,运动速率为 6cm/a。断裂北端在阿雷纳角的北边伸入太平洋,在岸外与近东西向的门多西诺大洋断裂呈角度相交,南端延至加利福尼亚湾。整个断裂将胡安德富卡扩张中心与加利福尼亚扩张中心相连。断裂走向近北西,大致与美国西海岸平行,中部略向西突出,表现出稍具弧形的构造特征。图 4-32 表示了圣安德烈斯断裂形成过程。在 29Ma 前,北美板块与太平洋板块的边界是一条俯冲带,后来由于向西运动的北美板块叠置在东太平洋中脊的位置上,使法拉隆板块分成科科斯和胡安德富卡两个小板块,并产生了连接被切断的扩张脊的转换断层——圣安德烈斯断裂。

四、西北太平洋区段

这一区段最主要的特征是岛弧链的发育,自东北而西南依次是阿留申弧、千岛弧、日本本岛弧、琉球弧。4 个弧的弧前区是太平洋深海盆,盆底一般水深 3km,前边缘带有深海沟发育。弧后区都以宽阔的陆棚区为背景,但是每个弧后盆地的发育状态则各有不同。这 4 个弧都具有典型的板舌构造形态,每个弧都被其他构造复杂化,表现出板舌构造很复杂的变形。

(一)阿留申弧

阿留申弧从阿拉斯加湾向西至堪察加半岛,绵延 3 800km,向南显著凸向西太平洋方面。它背后的边缘海或弧后盆地是白令海的阿留申海盆和 Bower 海盆。阿留申弧的弧背和边缘

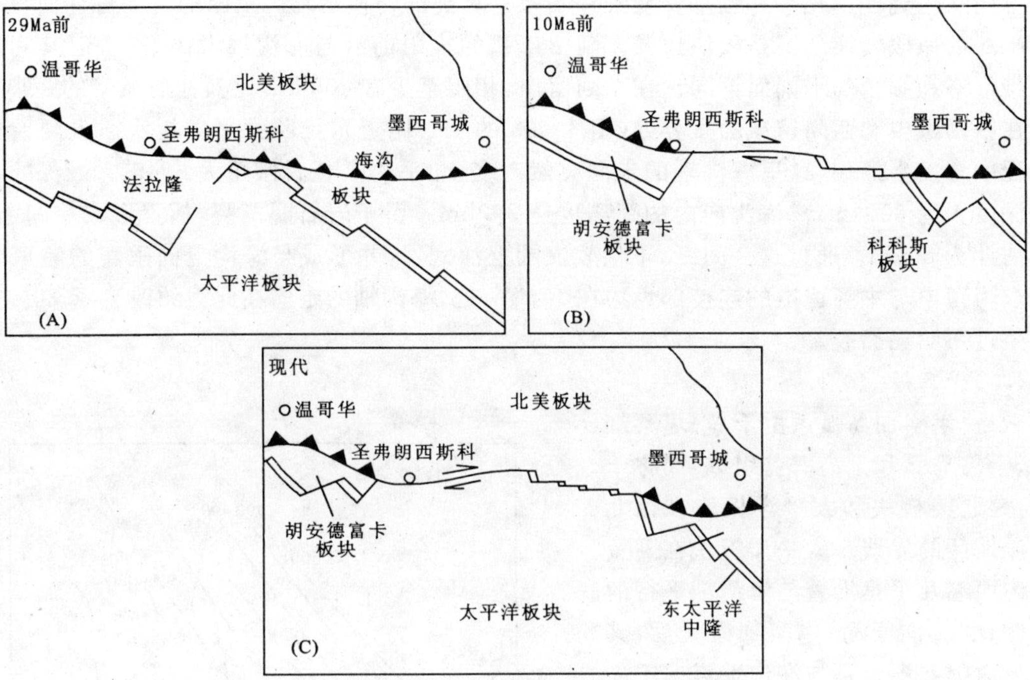

图 4-32 圣安德烈斯断裂形成过程

(据 Skinner 等，1989；引自马宗晋等，2003)

海都没扩张，只是临近海沟为挤压应力场，其弧背虽是拉张应力场，但尚未达到开始扩张的程度。图 4-33 是阿留申弧在 165°E 和 160°W 之间的部分。图中的东部、中部和西部等研究区是随意划分的(Creager et al.，1991)，不是俯冲带的分段线。太平洋板块相对北美板块的运动速率从东阿留申的大约 75mm/a 变到西阿留申的大约 86mm/a。由于弧的曲率，板块汇聚的

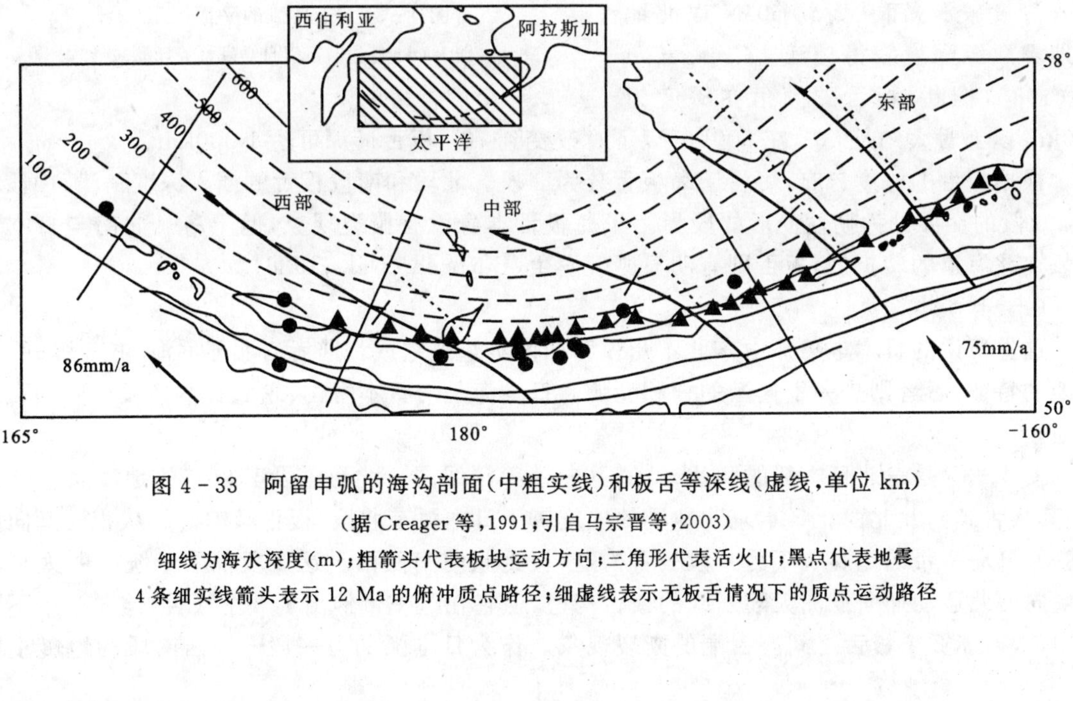

图 4-33 阿留申弧的海沟剖面(中粗实线)和板舌等深线(虚线，单位 km)

(据 Creager 等，1991；引自马宗晋等，2003)

细线为海水深度(m)；粗箭头代表板块运动方向；三角形代表活火山；黑点代表地震

4 条细实线箭头表示 12 Ma 的俯冲质点路径；细虚线表示无板舌情况下的质点运动路径

相对方向从东到西由几乎和弧垂直变到差不多是单纯的转换运动。出图的边界再往西直至堪察加半岛的一段转换断层是板块边界。阿留申弧的火山前沿与海沟轴大体平行，但其间距随俯冲带形态和倾角的不同而不同。在东阿留申，相距至少有400km，比其他岛弧带的距离大。

在中阿留申和西阿留申的交界处(图4－33的180°附近)，推断太平洋板块插入阿留申弧的过程中曾发生撕裂，这里海沟轴的走向突然改变，几乎40°，板舌倾角大约45°。最深的地震震源深度大约300km，离海沟向内的距离也是300km。由于岩石圈撕裂，板舌形成一间断，其宽度估计为80km。通过这一间断，下伏软流圈上涌入侵，并形成与海沟走向垂直的鲍厄尔海岭。东阿留申与中阿留申的连接部大约在170°W处，海沟轴的走向在此大约改变了20°，板舌也发生过不明显撕裂。

(二)千岛弧

千岛－堪察加岛弧系由千岛－堪察加海沟、千岛岛弧和千岛海盆组成，简称千岛弧，是北美板块和太平洋板块在西北太平洋地区的界线。太平洋板块在阿留申海沟西端几乎是沿着与海沟轴平行的方向移动，转向千岛－堪察加海沟后，其移动方向则差不多是与海沟垂直。千岛海盆是位于千岛岛弧后面的鄂霍次克海的洋壳部分。盆地的总形状为尖端在堪察加南的三角形。微弯曲的千岛弧可分为两个更近似直线的地段(图4－34)。根据千岛弧的地震活动性推断的板舌形态是连续的，整个地区的震源深度都延伸到大约500km，但中千岛弧下板舌的插入深度较深，而在大约50°N以北地区地震震源深度变得较浅。Creager et al.(1986)推断，板舌的倾角在深度为500km以上时大约是50°，在500km以下时改变到70°，板舌最深可达1 000km。

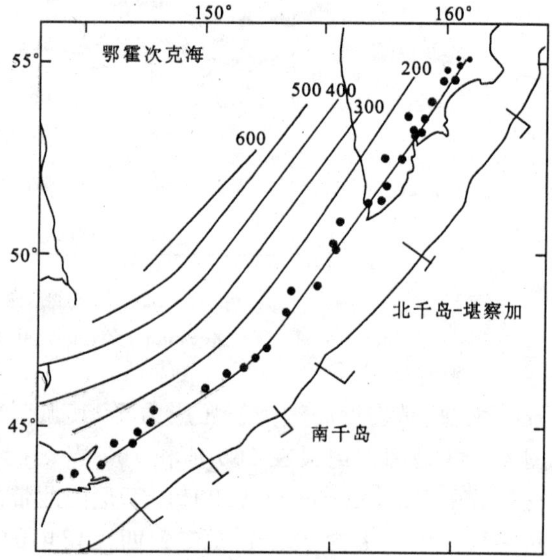

图4－34 千岛弧的平面图示

(据Isacks等，1977；引自马宗晋等，2003)

根据板舌的深度分布，可将千岛板舌分为3段。北段和南段板舌的插入深度稍浅，中段较深。3段的交界处为韧性变形的段界。千岛板舌本身没有撕裂现象，但千岛弧向南与日本本岛弧在北海道的转折处，板舌则有明显撕裂发生(Burbach et al.，1986)。

(三)日本本岛弧

这里所说的日本本岛弧由东北本州弧和西南本州弧组成。前者有明显的海沟－岛弧－弧后盆地的特征，后者则是一不典型的智利型弧。日本海是与日本海沟、东北日本岛弧相应的弧后盆地。

图4－35是东北日本弧的和达－贝尼奥夫带等深线图。北海道及其以东的地震属于千岛弧，其板舌倾向北北西。日本东北地区的地震属于日本弧东北段，板舌倾向西。从相模湾向南小笠原群岛一带的地震属于另一段板舌构造，板舌倾向南西西。这3段都属于统一的太平洋板块向西北运动插向亚洲大陆东缘的板舌构造，但它在这一带伸出了3个板舌，伸向3个不同方向，很可能3个板舌之间有舌端的撕裂现象。作为日本弧的另一段——西南段的地震主要

是浅源地震，它们不属于太平洋板舌构造，而属于菲律宾板块北端的短板舌构造[图 4－35(B)]，从震源等深线的弯曲情况可以认为这个短板舌发生了褶曲。

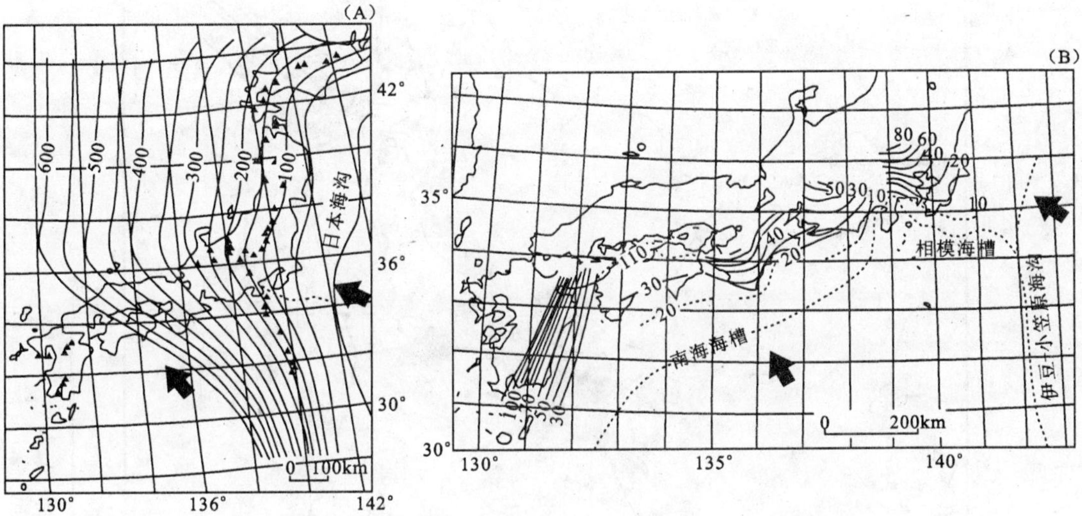

图 4－35　显示太平洋板块和菲律宾海板块俯冲的贝尼奥夫带

(据 Uyeda，1991；引自马宗晋等，2003)

(A)太平洋板块俯冲的等深线图(黑三角为活火山)；(B)菲律宾海板块俯冲的等深线图

两图中大箭头表示太平洋板块和菲律宾板块的汇聚运动

从日本海沟到日本海，板舌大约以 10°的平均角度向下斜插，到了大陆架底下则突然变陡，倾角约达 30°。板舌前端的深度约为 600km。沿着海沟轴的垂直方向测得的板舌长度超过 1 000km。在纪伊半岛，四国的南部海区，距海岸约 200km 处，南海海槽的海底地形呈北东-南西向的海沟状凹地。这里的板舌较短，方向为北北西向。

从上所述可知，日本弧是由两部分组成的，一是走向南北、倾向西的长板舌 A，另一是走向近东西、倾向北的短板舌 B，两者分属于两个板块，后者叠在前者的板舌顶面之上。当 B 板舌向下运动时，其空间长度就变小(或者 A 板舌向前推移)，使 B 板舌受到沿走向方向的压力，产生平行 B 板舌倾向的褶曲。类似的两个板舌复合在一起近直角的叠合关系，在台湾岛东侧也有表现，不过，具体形态有所不同。

关于日本列岛属于哪个板块，现有两种观点。较早的一种观点认为，它属于欧亚板块，太平洋板块向西南日本下俯冲。20 世纪 80 年代，又出现了另一种观点，认为日本海正在向东北日本下俯冲，位于北海道中轴部的北美-欧亚板块边界移向日本海东缘大深沟。根据这一观点，东北日本就属于北美板块。因此，也把这一观点称为东北日本属北美板块说。这一新生板块边界的引入，对日本列岛附近地区的构造研究是很大的冲击。板块边界何时出现转移，转移的原因何在等问题还在继续调查确认。

在有关日本本岛弧的俯冲构造中，显示其构造复杂性并引起极大兴趣的问题还有三联点问题。按新、老观点，都认为中部本州岸外存在一个海沟-海沟-海沟(TTT)型三联点。此三联点是当今全球范围内独一无二的典型 TTT 型三联点。按新观点，在骏河海槽、相模海槽和中央构造线的节点处还存在由欧亚、北美和菲律宾板块相汇组成的三联点，但它并不是典型的 TTT 型三联点(图 4－36)。

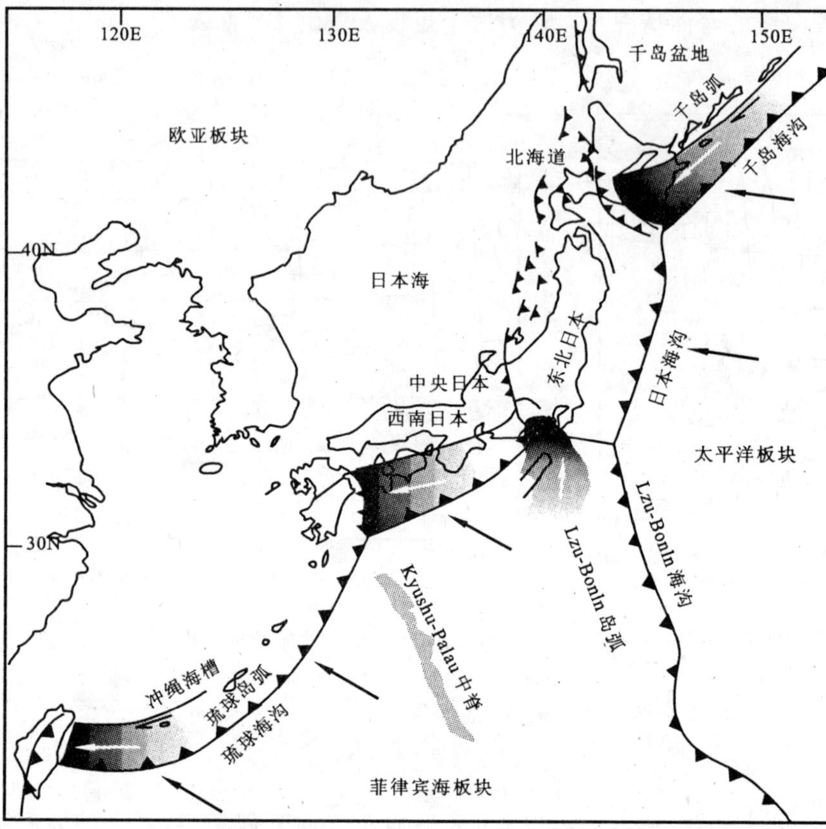

图 4-36 日本岛弧三联点分布图

(据 Ki mura,1996)

(四)琉球弧

琉球沟-弧系是自日本九州南部延伸至台湾以东(约 123°E)绵延约 1 200km 的活动沟-弧系(图 4-37),由琉球海沟、琉球岛弧和冲绳海槽组成。沿着琉球海沟,菲律宾海板块俯冲在欧亚板块之下。从地形上看,琉球弧被吐噶喇海峡和宫古凹陷分隔成 3 部分:北琉球(吐噶喇列岛)、中琉球(奄美群岛和冲绳岛)和南琉球(宫古群岛和八重山群岛)。

琉球岛弧下存在有清楚的贝尼奥夫带。北琉球弧的板舌形态和中琉球弧有较明显的差别:北琉球弧的板舌在 80～90km 处弯曲,100km 以下倾角约 73°;中琉球弧的板舌较平直,倾角较小,100km 以下约 55°左右。图 4-37 中的剖面 E-E′的中心在吐噶喇海峡,为北、中琉球弧的界限。剖面 J-J′基本上位于宫古凹陷内,为中、南琉球弧的界线。中琉球弧和南琉球弧的板舌形态无明显区别,但倾角略有不同。南琉球弧的某些特征不同于中琉球弧和北琉球弧。如北、中琉球的第四纪火山链(活动的和休眠的)很明显,而南琉球弧已知只有少数几座单一成因的火山。因此,无论从地貌和地质上,还是从板舌的形态特征上,琉球弧都存在明显的分段性。琉球弧的北段和南段也存在板舌的明显分界线。

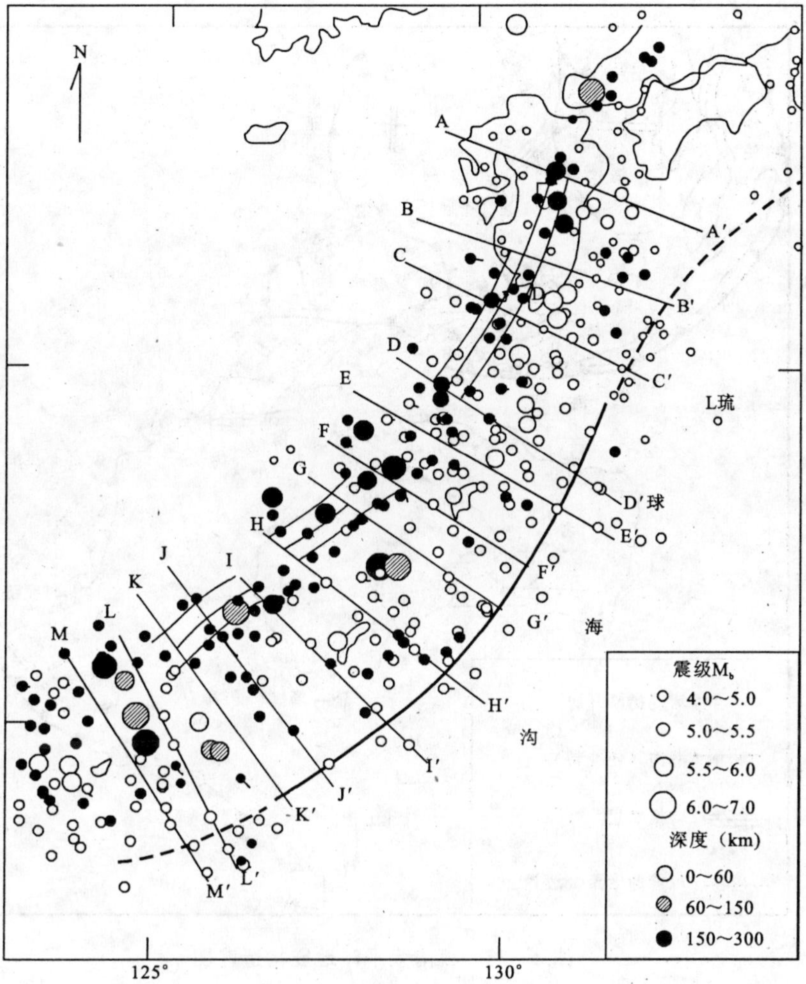

图 4－37　琉球岛弧附近震级 $M_b \geqslant 4.0$ 的地震分布图

（据臧绍先等，1989）

五、西南太平洋区段

这里是板舌构造的平面展布及其组合形态最为复杂的一个区段（图 4－38）。由 3 对遥相对峙的岛弧构造组成：一对是印尼弧和南菲律宾弧；一对是北菲律宾弧和马里亚纳弧；还有一对是新赫布里底弧与克马德克弧。它们都呈现典型的板舌构造的形态，而且板舌的倾向相互成对。第一对和第三对之间的西伊里安、所罗门群岛的地段，主要表现左型的剪切运动和扭转，夹杂着小型板舌构造。因此，西南太平洋区段是研究板舌构造如何发生扭曲变形以及小型板舌之间复杂运动关系的天然实验室。

（一）马里亚纳弧

马里亚纳岛弧系是两个真正的大洋板块的汇聚带（图 4－39），以马里亚纳海沟为明显特征。马里亚纳海沟北与伊豆-小笠原海沟相接，构成菲律宾海板块的东界。该海沟是世界大洋的最深洼地，海沟南部最大深度达 11km。该海沟的另一特点是弧形十分清晰，宽度达 70km，

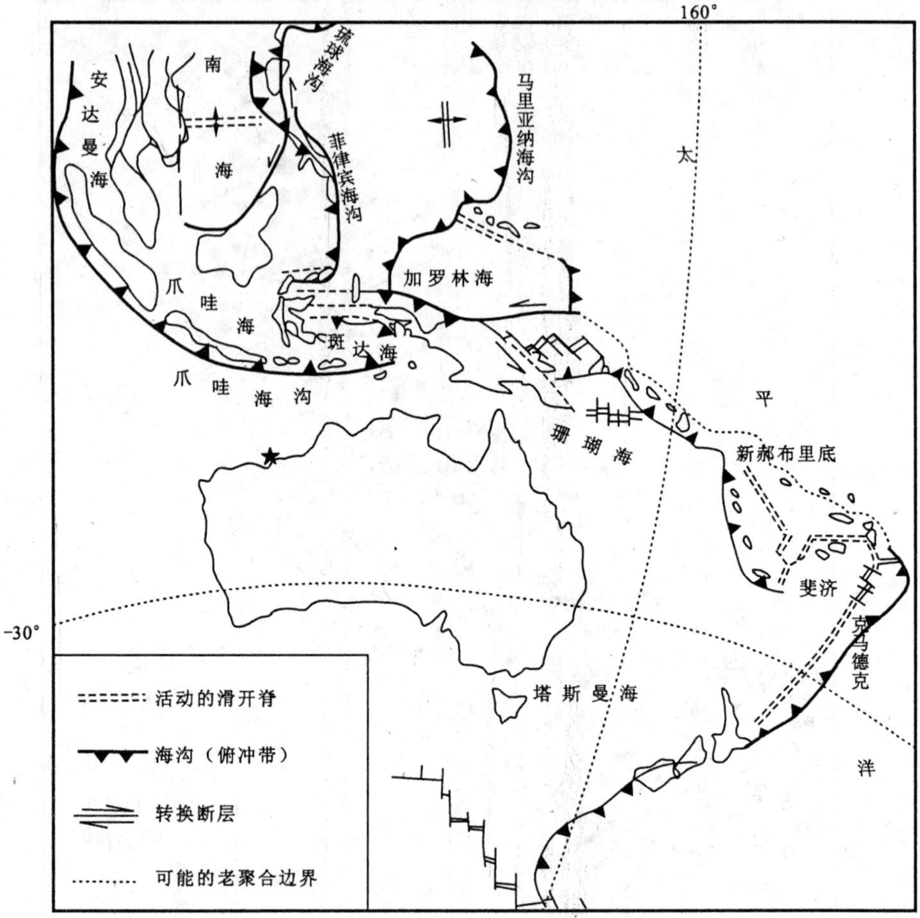

图 4-38　西南太平洋地震构造略图

（据马宗晋等，2003）

延伸达 2 550km，延伸度颇大。在全球构造和地球动力学研究中，马里亚纳弧令人产生浓厚兴趣，一方面是因它作为一类岛弧系和消减带的代表，另一方面是因为它是现今正在活动的弧后扩张的典型地区。

马里亚纳弧和小笠原弧的板舌虽然在 100km 以上的浅处倾角都为 30°～35°，但 200km 以下深处的倾角在小笠原弧北端部为 55°，南延至马里亚纳海沟时为 90°。两岛弧的弧前地质和弧后情况也有很大差异。小笠原弧的弧后盆地（四国海盆），是个扩张活动已经停止的非活动弧后盆地，而马里亚纳海槽是典型的活动弧后盆地。因此，马里亚纳弧北端与小笠原弧的分界构造线也应是板舌的一条分段界线。

马里亚纳弧板舌本身也存在明显的分段性。一条明显的段界是在与马里亚纳弧中部 14.5°～16.5°N 处。该界线以北，特别是 18°～20°N 地区，历史上有活火山存在，板舌近乎直立，深度达 650km 以下。该界线以南地区无震源深度大于 300km 的深震。段界地区缺失深震，而在接近海沟处存在正断层型浅震，板舌的走向和倾角也突然变化，呈现出一显著间断。

（二）菲律宾群岛的南北分割

由图 4-40、图 4-41 可见，菲律宾群岛地区的俯冲带是最复杂的俯冲带之一。吕宋岛（北菲律宾）的西缘发育倾向东的板舌构造，欧亚板块边缘的岩石圈（南中国海、苏禄海、苏拉威西

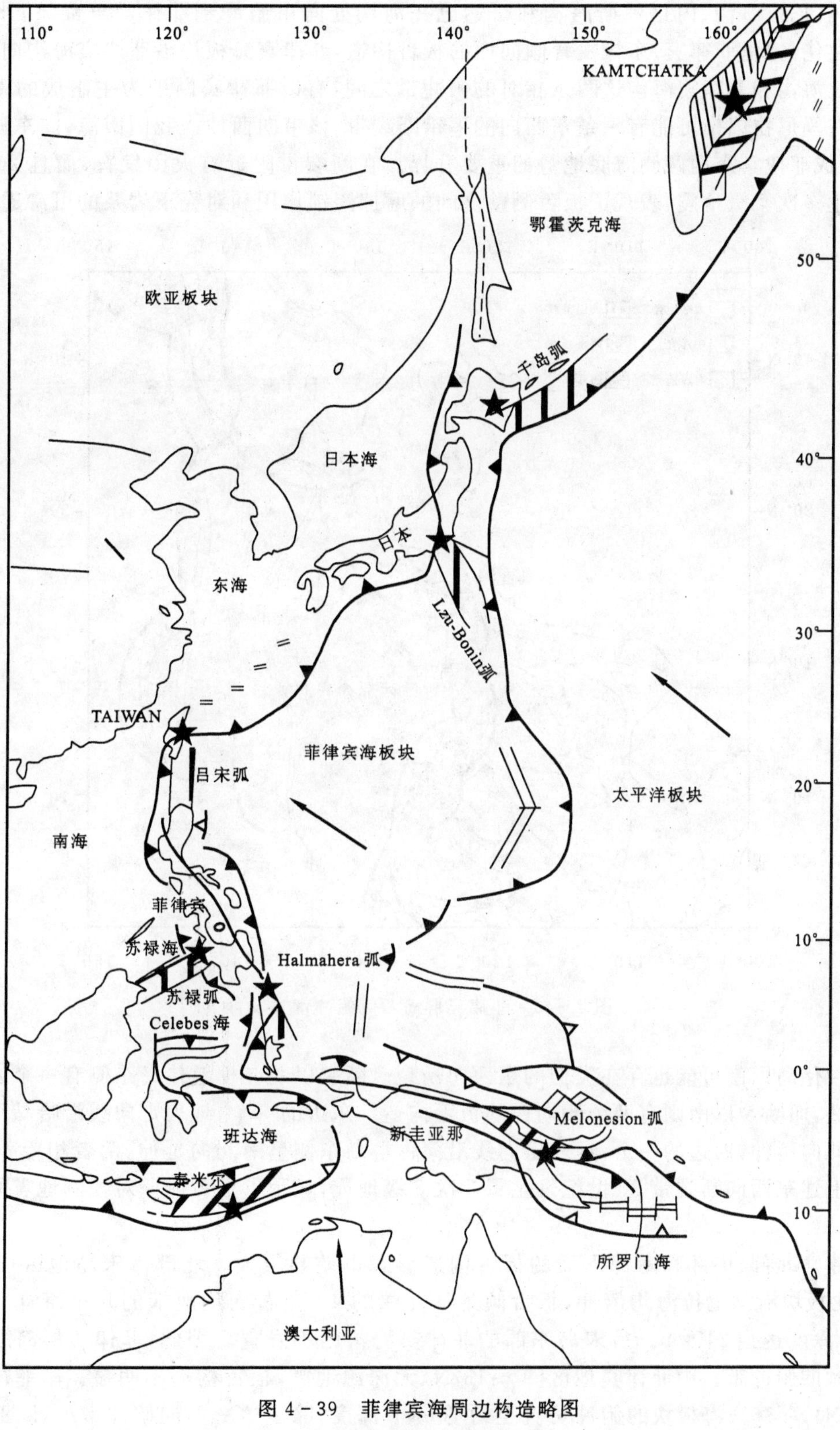

图 4－39　菲律宾海周边构造略图

五角形为弧-陆碰撞带

海)正在马尼拉海沟、内格罗斯海沟和哥达巴托海沟处向东俯冲到菲律宾群岛下；米沙鄢群岛—棉兰佬岛(南菲律宾)东缘发育倾向西的板舌构造，菲律宾海板块沿菲律宾海沟向西俯冲。在马尼拉海沟和菲律宾海沟这两条相对的俯冲带之间，有以菲律宾断裂为主组成的南北向断裂系。在马尼拉以南可能有一条东西向的平错断裂带，该带向西伸入我国南海，向东伸向菲律宾海，构成菲律宾东西两侧海底地势的重要分界。在断裂带附近有火山发育，而且 20 世纪以来已发生多次 7 级地震，表现了板舌侧壁之间的磨擦闭锁作用和对壳下岩浆的可渗透作用。

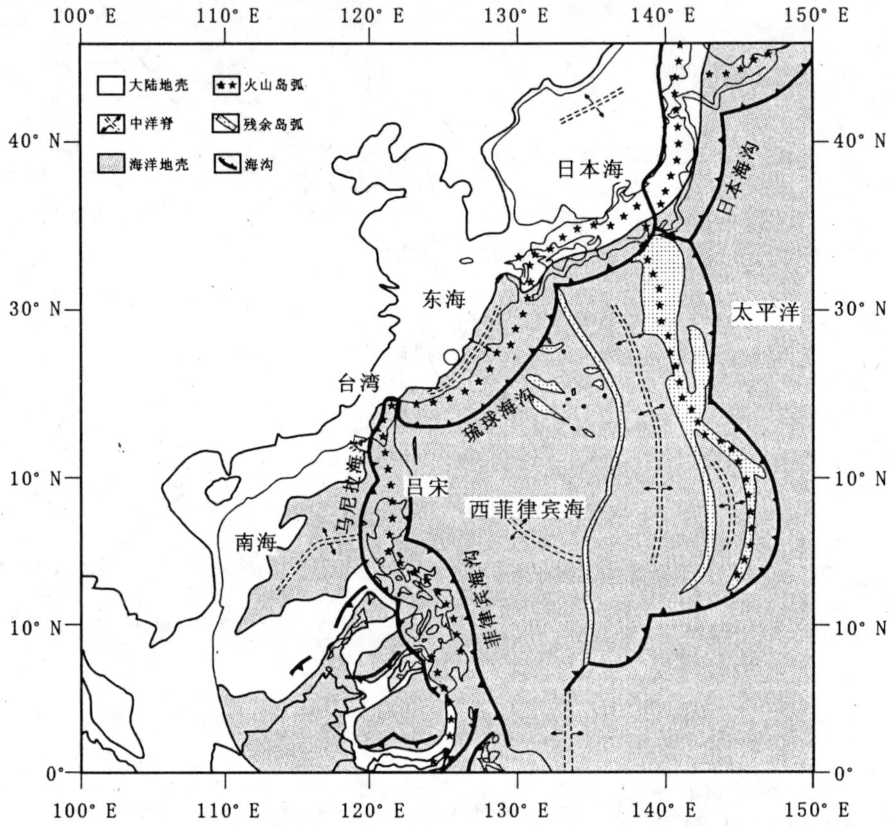

图 4-40　菲律宾群岛两侧俯冲带大发育

棉兰佬岛以南可能也存在类似的东西向断裂。断裂以北在棉兰佬岛东侧有一个倾向西的板舌构造，而断裂以南则有两个倾向西的板舌构造。东边的一个，地表走向线沿哈马里拉岛东侧呈南北向延伸；西边的一个，地表走向线沿桑古群岛东侧呈南北向延伸，两者相距 400km 左右。沿上述东西向断裂带 20 世纪发生了 5 次 8 级地震，显示了板舌侧壁对控制地震的构造意义。

菲律宾北部、中部和南部下面的板舌构造形态也差异很大。北部吕宋岛地区(13°～20°N)，欧亚板块沿马尼拉海沟俯冲，板舌倾角从北端的 40°左右变到南端的几乎直立。在中吕宋，板舌深度达到 240km。吕宋岛东部的菲律宾海沟已不发育。因此，菲律宾群岛北部地区只有东倾的俯冲带。中菲律宾地区(9°～13°N)无深源地震，板舌构造不明显。南菲律宾地区(5°～9°N)，菲律宾海板块的俯冲可直至约 700km 深度，除了这一西向俯冲带外，欧亚板块在这一地区还有向东的剧烈俯冲，但俯冲深度不超过 150km。

由上述分析可推断，在菲律宾海沟北端和马尼拉海沟南端之间(大约 13°N 处)，存在一条

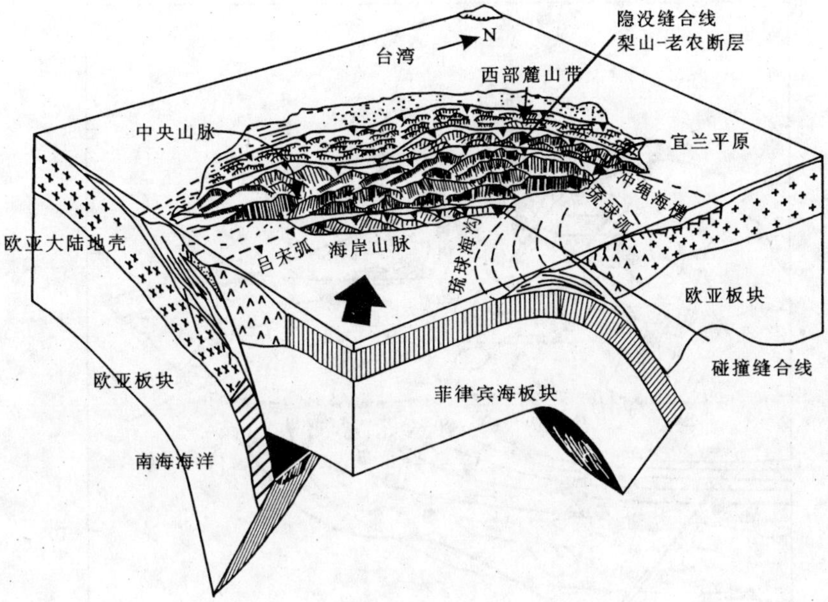

图 4-41　台湾板块构造立体示意图

(据 Angelier,1986)

板舌的分段界线。据 Burbach et al.(1986)分析,在菲律宾海沟南端附近存在另一条可能的东西向段界;更向南,在东倾俯冲带南端,存在第三条段界。但是,不同作者所分段界并不完全一致。此外,还没有发现过可能连结马尼拉海沟南端和菲律宾海沟北端的东西向海沟-海沟型转换断层。

(三)班达海板舌的扭曲

班达弧长约 2 400km,由非火山的外弧和有活火山的内弧组成,往东剧烈弯曲,形成一个环圈。外弧由罗地岛、帝汶岛、丹巴尼群岛、卡伊群岛等一系列岛屿组成,沿环形槽地展布。槽地的位置相当于海沟,但与通常的海沟有区别,深度仅在 1.5～3.5km,比相邻的前沿盆地的深度小得多。槽地底面平缓,宽 3～20km,基底为大陆型地壳,是澳大利亚板块的倾伏部分。班达火山弧弯环的内侧是班达海,相当于弧后盆地,并被海脊分为北班达海盆和南班达海盆。

印度-澳大利亚板块沿爪哇海沟从安达曼海到班达海向北俯冲。在班达海南侧东段,板舌明显弯曲,在阿鲁海槽处已渐向西北倾(图 4-42)。在班达弧北侧,有一些浅源和中源地震,表明这里存在一沿斯兰海槽向南倾的板舌,深度至少大约 300km。在东班达弧内,海沟、弧前脊和海盆及火山弧全都是同心圆似的紧闭曲线形状,板舌也呈同心圆状扭曲,构成一匙形带。有些研究者认为,这是同一板舌扭曲变形的结果。也有人持不同意见,认为斯兰海槽下的板舌是独立的。

(四)汤加与新赫布里底板舌

在西南太平洋,发育着相当于印度-澳大利亚板块与太平洋板块之间的复杂边缘海岛弧群,被称为“美拉尼西亚边界线”。在这条边界线上,新几内亚东北俾斯麦海的马努斯海盆、所罗门群岛以西所罗门海南部的伍德拉克、瓦努阿图(曾称为新赫布里底)与斐济之间的北斐济海盆,以及汤加-克马德克弧西侧弧后的拉乌-哈佛海盆,均为目前正在进行海底扩张的典型边缘海盆(图 4-43)。

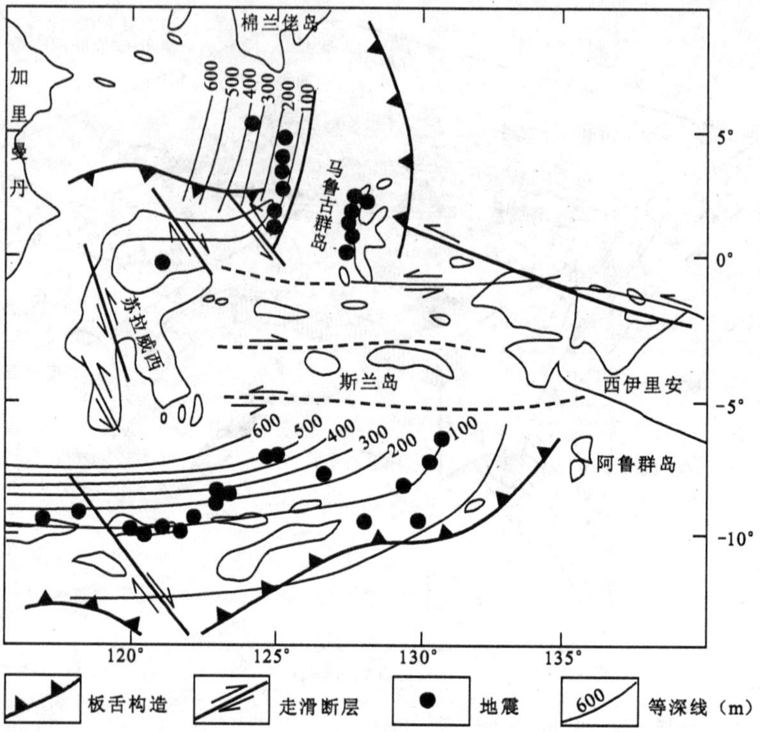

图 4－42 苏拉威西-班达海地震构造略图

（据 Shiono，1982）

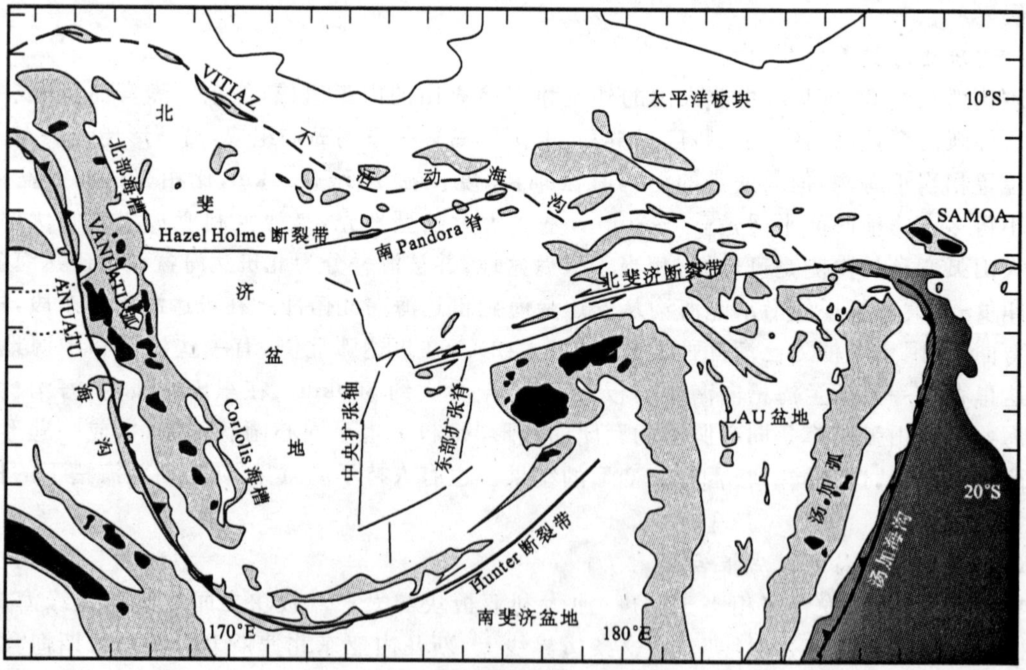

图 4－43 西南太平洋新赫布里底弧构造背景

（据 Taylor，1995）

这条边界线的西段，在澳大利亚板块与太平洋板块和菲律宾海板块之间，分布着一些微板块，包括西伊里安北侧的加罗林板块、巴布亚新几内亚东北的俾斯麦板块和东侧的所罗门板块。汤加-克马德克弧和新赫布里底弧是这条边界线的东段和东北段。

汤加-克马德克弧，像大多数岛弧一样，海沟纵列于岛弧向洋一侧，板舌倾向大陆。新赫布里底弧则是一反向岛弧，其板舌向东倾斜，正好与汤加板舌反向，形成对垒之势，但板舌的走向并不平行。

汤加弧下面的地带是全球深震最活跃的地带之一，震源深度可达 600km 乃至更深。板舌倾角在汤加海沟下大约为 55°～60°，在克马德克海沟下大约为 65°～70°。板舌的几何形状沿弧有快速变化，特别是在大约 400km 以下。Burbach et al.(1986)认为，汤加-克马德克板舌有 3 处撕裂的分段界线。TK1 位于汤加板舌的北端；TK2 位于汤加海沟的几何形状发生明显变化的地方以南，路易斯维尔海脊与汤加海沟相交处；TK3 则位于克马德克海沟南端，正好在新西兰北岛的北面，是深震活动终止的标记。

新赫布里底弧的板舌向东插入北斐济海盆下，板舌深仅 200～300km，倾角 65°～70°。它有两条板舌分界线，一条是最南端的 NH5，是中源地震终止的标记。新赫布里底弧的中段无海沟，它的南端是板舌可能撕裂的另一条段界 NH3。

（五）新西兰的交错板舌

纵贯新西兰的北岛与南岛有一条世界上著名的阿尔平斯走滑断裂，它的北段(即北岛段)表现为倾向西的板舌构造，南段(即南岛的南端)表现为倾向东的板舌构造，中段则表现为典型的走滑断裂(图 4-44)。南、北两段有较多的浅源和中源地震发生，中段走滑错动明显，但很

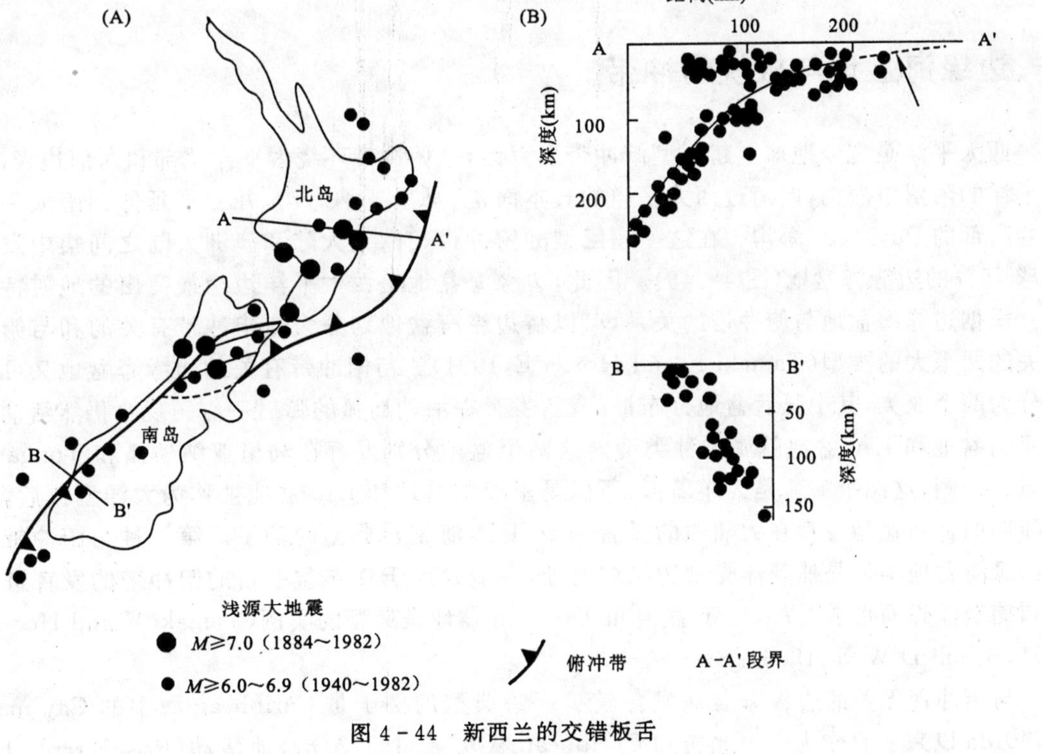

图 4-44 新西兰的交错板舌

（据马宗晋等，2003）

少发生地震。中段的东侧，在水深 2 000m 以下的海底，有一条水深不足 1 000m 的东西向条状海底高原，长逾 1 000km，宽 300km，它恰与中段的纬度位置相当，可能也是板条在海底的直接显示。上述北段与南段的交错俯冲现象，其生成历史可能是先有一条北东向的断裂，然后受两条东西向断裂的切割；也可能是先有一组东西向的断裂，然后受北东向断裂的切割。总之，先要形成 3 对板条的构造格局，最后 3 对板条在小区域右旋扭动力的影响下，北东端和南西端的两个板条相对俯冲形成交错的板舌构造。

第五节 边缘海盆地的特征和演化

自从弧后盆地的概念出现以来(Karig D E，1971；Pacham G H 等，1971；Sleep N H 等，1971)，主动大陆边缘海盆地的形成和演化机制就成为地球科学研究中广泛关注的前沿课题。早期的研究多集中在西太平洋超巨型俯冲带对边缘海盆地发育的控制作用。近十多年来，研究更多地集中于印度板块与欧亚大陆碰撞的远程效应导致的巨型 NE 向或 NNE 向断裂右旋走滑作用对边缘海盆地几何学特征和形成过程的影响上。近年来地震层析成像技术突飞猛进的发展和火山作用的研究，已经使人们对边缘海深部的状况有了更清晰的认识，地幔柱以及与碰撞有关的向东或南东方向流动的深部地幔流(mantle flow)引起的幔舌(mantle lobes)构造被广泛用来解释边缘海盆地的形成和演化。本文总结了边缘海盆地的基本特征，介绍和评述了边缘海盆地研究方面的一些最新进展，在全球构造和区域板块和深部构造框架内探讨了边缘海盆地扩张的过程和动力学背景。

一、边缘海盆地与板块俯冲带

西太平洋是现今地球上超巨型俯冲带发育区，该俯冲带环绕太平洋北部和西部边缘，从北太平洋的阿留申海沟，向南过西太平洋的日本海沟、马里亚纳海沟，并一直延伸到南太平洋新西兰南部的 Puysegur 海沟。在这一超巨型的俯冲带与欧亚大陆和澳洲大陆之间集中发育了全球 75%的边缘海盆地(图 4-45)。因此，边缘海盆地是西太平洋边缘最突出的地质特征之一。根据边缘海盆地与俯冲带的关系，可以将边缘海盆地划分为与俯冲带有关的和与俯冲带无关的两个大的类型(Tamaki K and Honza E，1991)。与俯冲带有关的边缘海盆地又可进一步分为两个亚类，其中弧后盆地分布最广泛，发育在活动岛弧的弧后一侧。现今仍然活动的马里亚纳盆地和 Lau 盆地就属这种类型。这两个盆地分别发育在马里亚纳岛弧和 Tonga 岛弧的弧后一侧，这两个岛弧是大洋岛弧，所以马里亚纳盆地和 Lau 盆地被称为大洋型弧后盆地。大陆型的弧后盆地发育在大陆弧的弧后一侧，日本海是最典型的例子。第二种与俯冲带有关的边缘海盆地类型是捕获洋壳型边缘海盆地，一般是由于在洋盆中新的俯冲带的发育进而限制和捕获洋壳而形成。Aliutian 盆地和 Tas man 盆地是典型的实例(Tamaki K and Honza E，1991；Scholl D W 等，1986)。

与俯冲带无关的边缘海盆地发育较少。最典型的例子是 Caribbean 海中的 Cay man 海槽，40Ma 以来一直作为一个北美和 Caribbean 板块之间的拉分盆地活动(Rosencrantz E 等，1988)。Caroline 边缘海盆地位于西太平洋赤道海沟系向海的一侧，显然是一个与俯冲带无关的盆地。然而，这个盆地曾经可能是一个弧后盆地，然后被“焊接”到太平洋板块，向西移动到

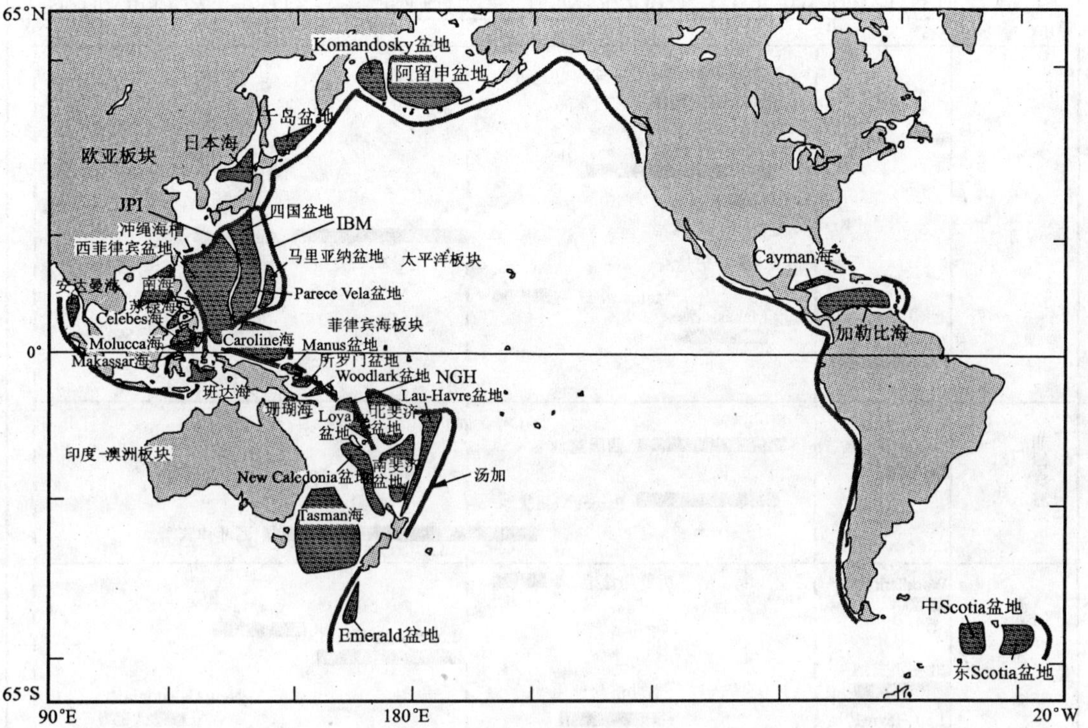

图 4-45　全球边缘海盆地的分布图

(据 Tamaki 等,1991,修改)

JPI 为日本-菲律宾-印度尼西亚俯冲带；IBM 为 Izu-Bonin-Mariana 俯冲带；

NGH 为新圭亚那-新赫布里底俯冲带

现在的位置。按中国南海、Sulu 海、Celebes 海、珊瑚海和 New Caledonia 盆地现在的板块构造位置,它们远离海沟,似乎与板块俯冲无关,但是大多数盆地的板块构造演化的重建表明,在它们的形成过程中都曾与俯冲带相邻,后来由于俯冲带的后退而成为残余弧后盆地。

二、边缘海盆地的主要特征和发育模式

(一)基本特征概述

与大洋盆地比较,边缘海盆地具有明显的特征：

(1)绝大多数边缘海盆地分布在西太平洋区域,另外少量的分布在大西洋的西侧。尤其值得注意的是大多数边缘海盆地分布在大陆的东侧。边缘海盆地的分布与俯冲带有密切的关系,但是并非有俯冲带的地方就有边缘海盆地。例如,秘鲁-智利海沟有强烈的俯冲,但南美大陆西侧没有边缘海盆地发育。

(2)西太平洋巨型俯冲带至少已有 180Ma 的活动历史,但是今天海洋中留存的边缘海盆地形成于 80Ma(图 4-46)以来。边缘海盆地的寿命很短,一般均小于 25Ma。一个例外是 Caribbean 海的 Cayman 海槽的活动延续了 40 多 Ma,至今仍然活动。

(3)现存的西北太平洋边缘海盆地主要发育于 3 个扩张幕(图 4-47):第一,始新世扩张幕;第二,渐新世-中新世扩张幕;第三,晚中新世-第四纪扩张幕。从图 4-46 中可以看出不同

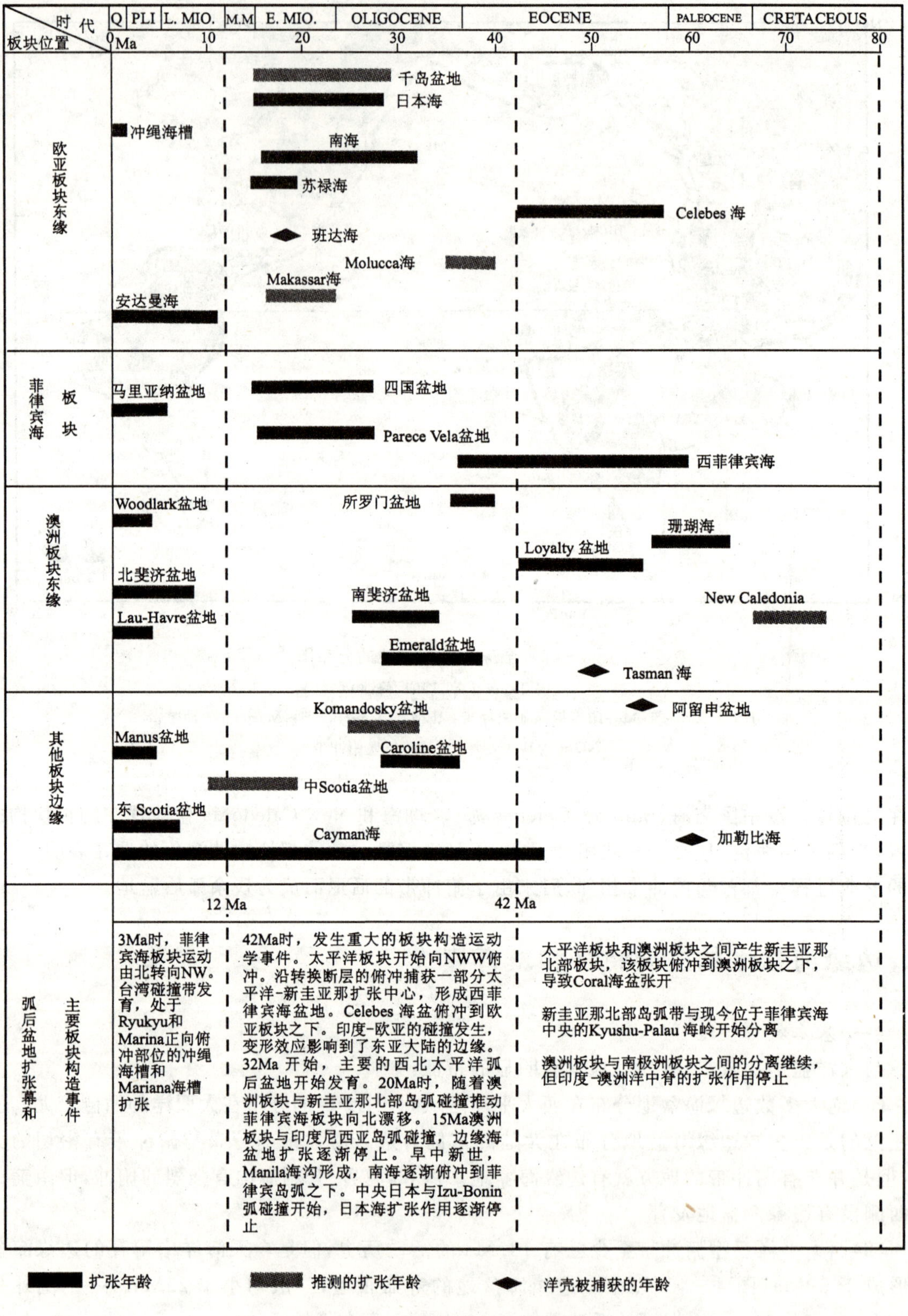

图 4-46 边缘海盆地张开的时间

（据 Tamaki 等，1991，修改）

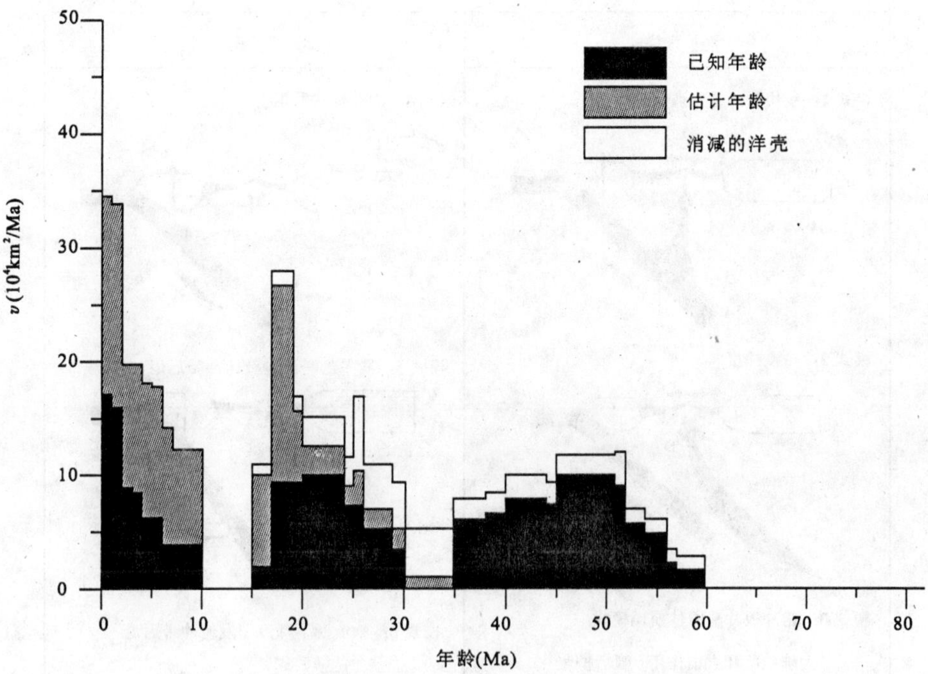

图 4-47 弧后盆地洋壳生产速率

(据 Park 等,1999)

扩张幕时期形成的边缘海盆地。

(4)一些边缘海盆地在扩张作用停止后即转向关闭、消失,一般是由盆地的俯冲造成的。15~12Ma 前日本海的扩张作用停止。目前,日本海正在沿着日本岛弧西侧的一个新形成的俯冲带向日本岛弧之下俯冲消亡(Tamaki K 等,1985)。中国南海盆地和菲律宾海盆正在沿着 Nankai-Ryukyu-Philippine 海沟俯冲。南亚 Molucca 盆地沿其东、西两侧的一对俯冲带俯冲,几乎消失。

(二)弧后盆地的发育模式

长期以来,弧后盆地的发育机制一直是一个难以解决的问题。研究者从不同的角度提出了许多的模式。如果仅考虑岩石圈板块的运动,这些模式可以概括为两个基本的类型,即主动扩张模式和被动扩张模式。前者如图 4-48 中的模式 1 到模式 3,后者如模式 4 到模式 6。

模式 1 即板块诱发的上涌模式,下插到岛弧之下的俯冲板片,由于摩擦生热熔融(Karig D E,1971)或者是下插板片引起的次生地幔对流(Sleep N H 等,1971)导致弧后扩张,形成弧后盆地。模式 2 即所谓的地幔热柱注入模式,与热点(hot spot)或热区(hot region)的活动有关(Miyashiro,1986)。模式 3 是俯冲板片滞留体崩塌模式,Maruyama(1997)用此模式解释中国东部的裂陷作用和日本海的张开。

模式 4 表示仰冲板块相对于俯冲带后退,引起弧后扩张。Manus 盆地是一个典型的例子(Taylor B,1979),太平洋板块以 10cm/a 的速度向北西移动,带动 Manus 盆地以同样的速度扩张。与模式 4 相反,模式 5 和模式 6 假定海沟向洋盆方向后退(Carlson R L 等,1984)。这种后退作用取决于俯冲带之下软流圈的流动。向东流动的软流圈(模式 4)或软流圈向下流动(模式 5)导致俯冲板块向东移动(Carlson R L 等,1984),造成岩石圈不稳定性引起海沟向东

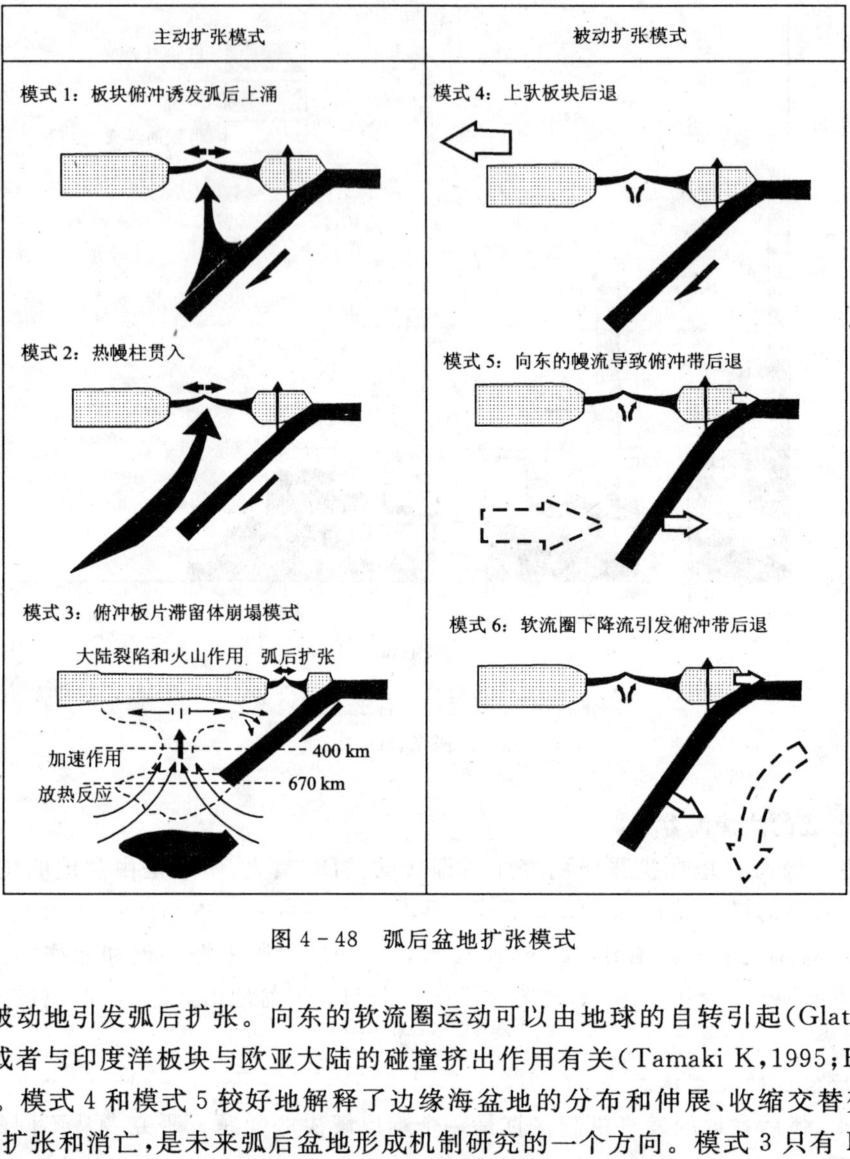

图 4-48 弧后盆地扩张模式

后退，从而被动地引发弧后扩张。向东的软流圈运动可以由地球的自转引起（Glatzmaier G A 等，1990），或者与印度洋板块与欧亚大陆的碰撞挤出作用有关（Tamaki K，1995；Flower M F J 等，1998）。模式 4 和模式 5 较好地解释了边缘海盆地的分布和伸展、收缩交替变化导致的弧后盆地的扩张和消亡，是未来弧后盆地形成机制研究的一个方向。模式 3 只有 Manus 盆地一个实例，因此，该模式也许仅仅在一定的条件下起作用。

三、大陆碰撞和陆内变形对边缘海盆地发育的影响

弧后盆地形成机制的问题主要涉及，为什么伸展盆地发育在汇聚板块的边缘？为什么弧后盆地主要分布在西太平洋？为何它们不是与所有的岛弧有关？近几年，大陆碰撞的远程效应和边缘海盆地演化的板块构造重建取得了很大的进展，弧后盆地中深海钻探和地球物理观测已经积累了丰富的资料，特别是典型边缘海盆地扩张年龄的精确确定和变形几何学的研究促进了对弧后盆地的形成机制的了解。下面将举出已经被详细研究的日本海为例，介绍这方面的研究进展，试图阐明：①NNE 向巨型走滑带的右旋作用对弧后盆地发育的影响。②NNE 向巨型走滑带右旋作用的动力来源。

(一)大型 NNE 向剪切带的右旋走滑作用与日本海的扩张

日本海是典型的大陆型弧后盆地，南部由于一系列弧裂陷作用形成的 NE 向海底高地和裂谷盆地交替排列导致复杂的海底地形(图 4－49)。北部以宽阔的深海洋盆为特征，海底地

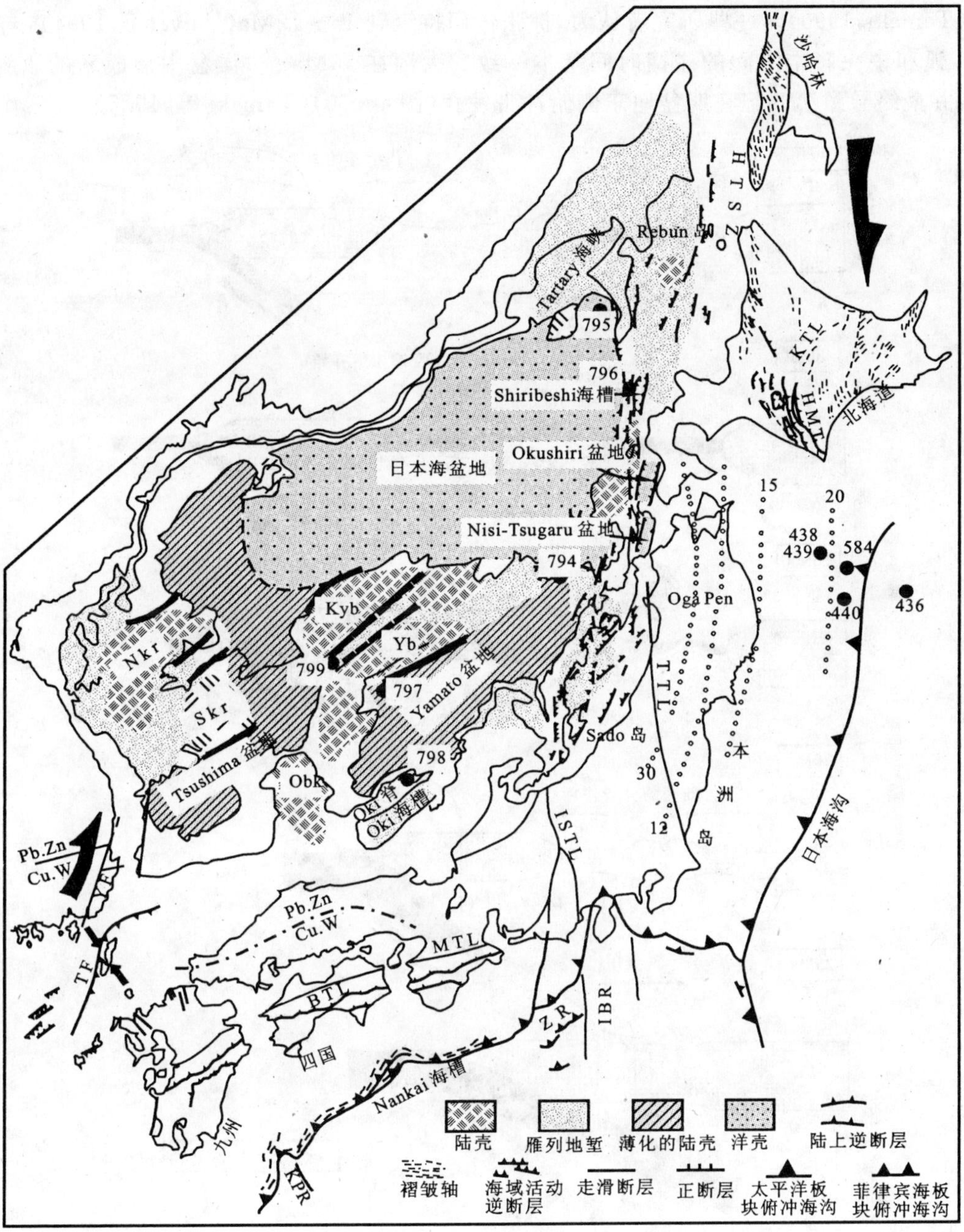

图 4－49 日本海构造图

(据 Tamaki 等，1995；Jolivet L 等，1992)

图中显示了 ODP127 航次和 128 航次的站位以及早先的 DSDP 的站位。标注了不同时期火山岩前锋线的位置的年龄(Ma)。BTL 为 Butsuzo 构造线；HMT 为 Hidaka 主断层；HTSZ 为 Hidaka Tatary 剪切带；IBR 为 Izu－Bonin 脊；ISTL 为 Itoigawa－Shizuoka 构造线；KPR 为 Kyushu－Palau 脊；KTL 为 Kamishiyubrtsu 构造线；Kyb 为 Kita Yamato 滩；MTL 为中央构造线；Nkr 为北朝鲜脊；Skr 为南朝鲜脊；YF 为 Yangsan 断层；ZR 为 Zenisu 脊；TF 为 Tsushima 断层；TTL 为 Tanakura 构造线；St 为 Shiribeshi 海槽

形相当简单。日本海洋壳发育区呈一向东张开的三角形形态。磁异常条带显示洋盆扩张作用首先始于东侧，向西逐渐扩展，海底扩张的方向为NW-SE向。磁条带、热流和ODP(深海钻探项目)资料表明，原日本岛弧的伸展裂陷作用开始于30Ma，海底扩张始于28Ma，并在18Ma停止(Tamaki，1995)。一些研究者认为，扩张作用持续到15～12Ma(Jolivet L，1994)，与Izu-Bonin弧和中央日本之间的碰撞时间基本一致。大约在10Ma前，洋盆中形成新的收缩构造体制，并最终导致第四纪晚期盆地东侧俯冲带发育(图4-50)(Tamaki等，1985)。

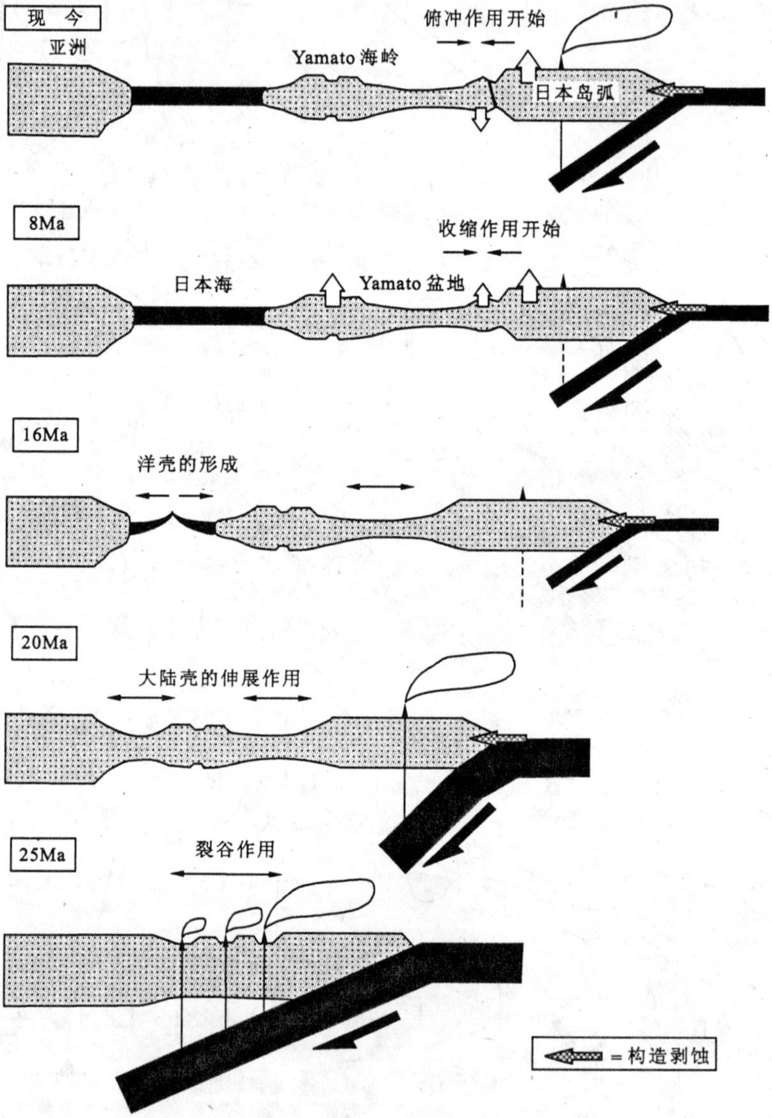

图4-50 日本海和日本岛弧构造演化剖面图

(据Tamaki等，1995)

左边为日本海北部；右边为日本海南部

盆地张开的几何学不仅受盆地内部构造的控制，而且受盆地边缘构造演化的控制。在晚渐新世到中中新世的扩张期间，盆地东侧边缘是一条巨型的走滑剪切带(图4-51)。这条剪切带从俄罗斯Sakhalin岛起始，向南过日本北海道一直延伸到日本中部，延伸长度达2 000km

(Tamaki，1995；Jolivet L，1994)。剪切带由两个主要的分支组成，北部的分支从 Sakhalin 岛延伸到北海道，以右旋走滑挤压为特征；从北海道向南是该剪切带的南部分支，以右旋走滑伸展为特征，并构成了日本海盆东侧边界。这条剪切带的右旋走滑位移量达到 400km。在日本海盆的西南侧南朝鲜和日本之间的 Tsushima 海峡，发育第二条右旋剪切带，位移量达到 200km。这两条巨型右旋走滑剪切带的活动时期是晚渐新世到中中新世，与日本海盆的张开时间一致。从变形机制分析，在右旋走滑作用条件下，东侧剪切带的南端将形成一个局部的引张区，日本海盆就处于这个引张区内。由于东部边缘右旋走滑剪切带比西南边缘右旋走滑剪切带有更大的位移(分别为 400km 与 200km)(Jolivet L 等，1992)，因此，在张开期间，弧后右旋走滑伸展应力场将导致西南日本弧逆时针旋转，而北部分支的右旋走滑挤压应力场将使日本弧东北部分顺时针旋转，这已经被日本岛弧的古地磁资料所证实(Otofuji Y 等，1991)。在盆地东缘剪切和伸展区的交会点上，高剪切应变速率使岩石圈完全破裂形成新的洋壳，其后伸展区的大部分位移被洋壳的扩张所吸收。这种沿盆缘走滑断层岩石圈被撕裂(图 4－52)，从而触发海底扩张作用的过程被 Tamaki (1995)认为是弧后盆地形成的一个普遍的过程(图 4－53)。

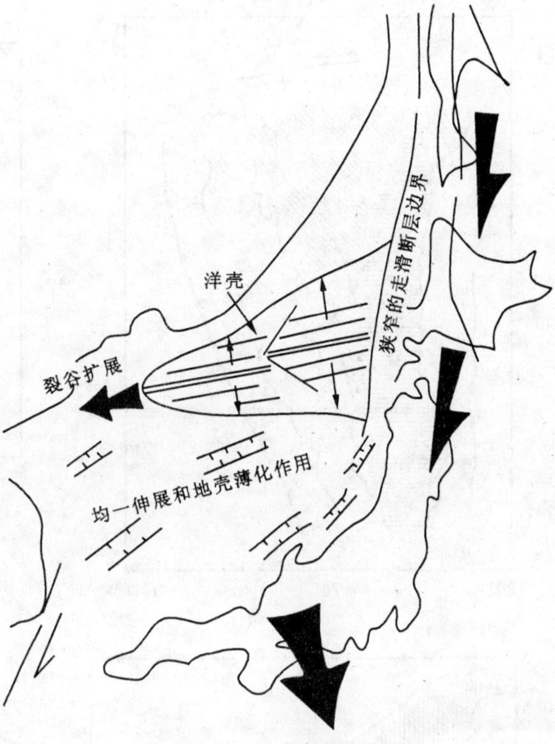

图 4－51　日本海盆构造格架
(据 Tamaki 等，1992)

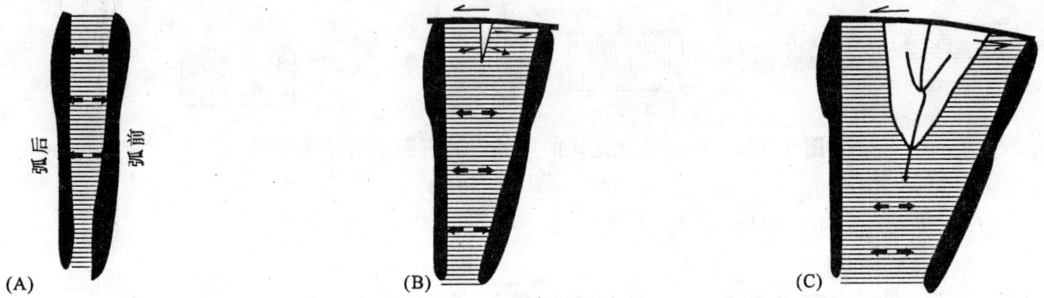

图 4－52　弧后盆地扩张的走滑作用模式
(据 Tamaki 等，1995)
(A)地壳伸展；(B)边缘走滑断层导致岩石圈破裂；(C)海底扩张持续

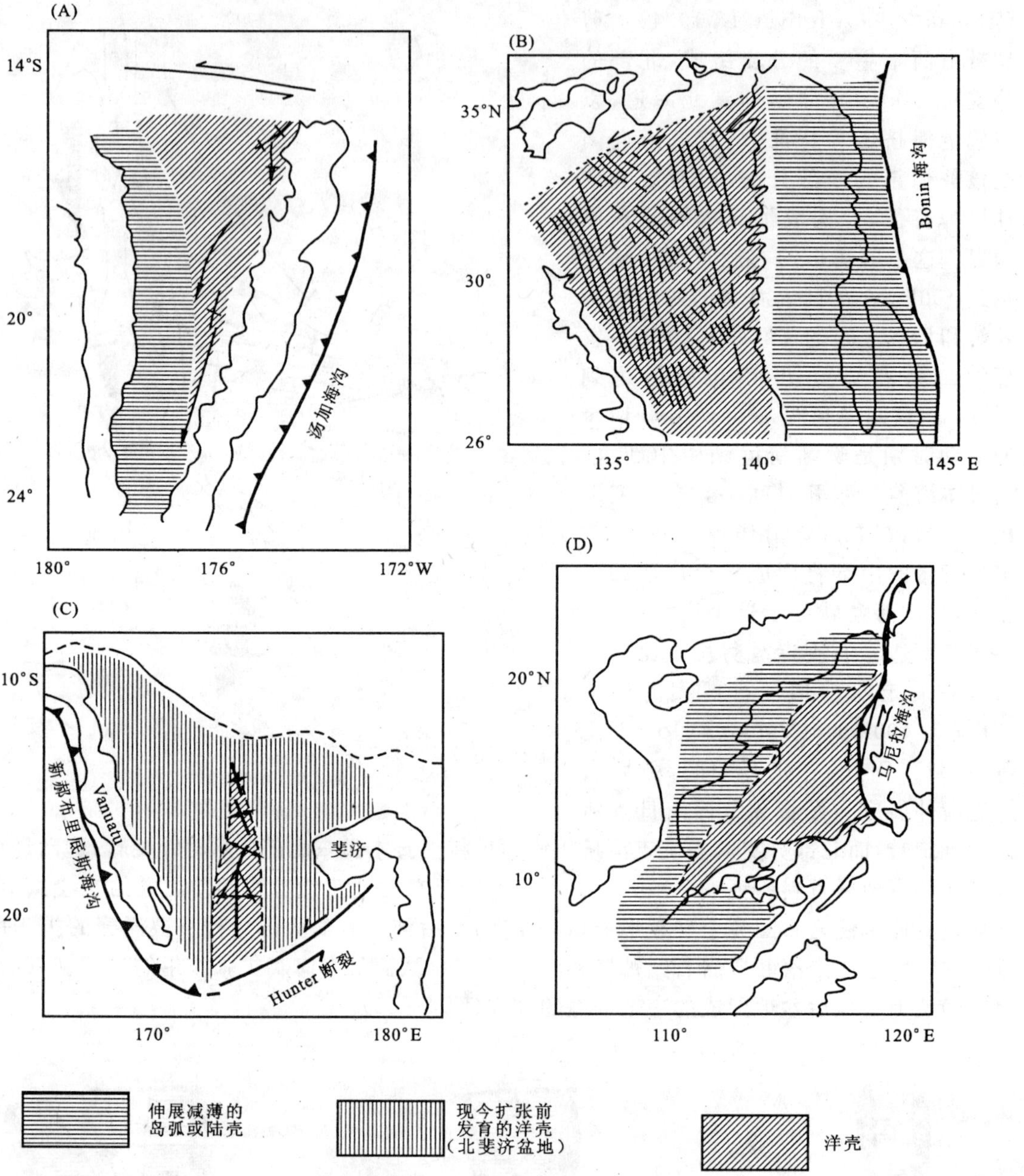

图 4-53 典型弧后盆地的扩张与岩石圈走滑断裂的关系

(据 Tamaki 等,1995)

(A)Lau 盆地;(B)四国盆地;(C)北斐济盆地;(D)中国南海

(二)印度-亚洲大陆的碰撞与亚洲大陆东部 NNE 向剪切带的右旋剪切运动

除了日本海盆和南海盆地东部之外,东亚大陆内部也有大型的 NNE 向走滑断裂发育,最典型的是郯庐断裂带。新生代裂陷作用期间,这些断裂表现为右旋走滑作用。因此,NNE 向大型陆内右旋走滑剪切带发育于亚洲大陆东部,并与遭受弧后伸展的亚洲东缘斜交。从日本海的情形我们看到,在右旋剪切带截击弧后伸展,并控制扩张几何特征的区域,将产生不对称的弧后扩张作用。为了探讨东亚地区沿 NNE 向走滑带发生右旋运动的动力学背景,Fournier

等(1994)作了关于大陆碰撞效应的模拟实验(图 4-54)。这一个模拟实验试图运用漂浮在低速软流圈之上的大陆岩石圈“三层”结构模型,模拟大陆的碰撞过程。应变样式通过上层(砂层)断裂排布显示。右侧微弯曲的边缘是自由边界。随着“楔入体(印度)”向北运动,在挤出构造的北部边缘区域发育了许多 NE 向的左旋剪切构造体系(由图中的细实线表示),与这些左旋剪切带相伴发育了几条相关的、近南北向共轭右旋剪切带(由图中的粗实线表示)。在模型的东北部区域发育不连续的块体(微板块),块体的北界为左旋剪切带,东界和西界为右旋剪切带,块体顺时针方向微弱旋转。这个实验证明印度-亚洲大陆的碰撞导致了亚洲大陆东部大型 NNE 向陆内走滑剪切带的右旋走滑作用。最近的研究表明,这一碰撞的远程效应最远已经传递到了 Okhotsk 海域(Worrall D M 等,1996)。

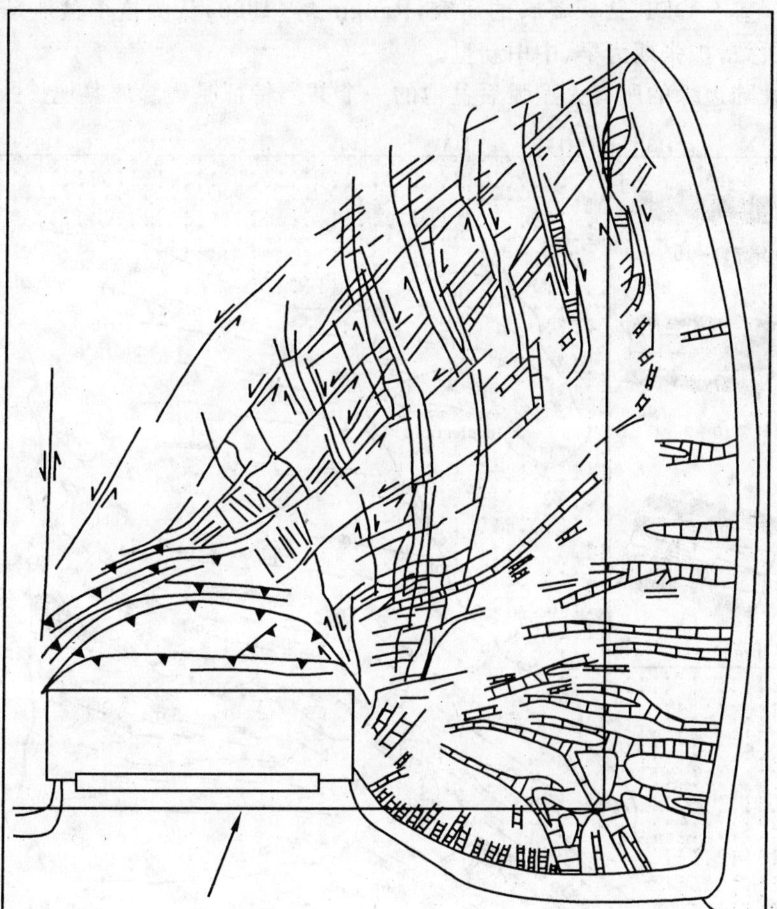

图 4-54 大陆碰撞模拟实验图示

(据 Fournier 等,1995)

四、西北太平洋边缘海盆地发育的板块构造背景

西北太平洋地区主要的弧后盆地分布在欧亚板块的东缘和菲律宾海板块的东部。在东亚大陆的边缘有 4 个大型盆地，相对于俯冲带，这些盆地表现为不对称的张开。Kuril 盆地的形态与日本海盆相对应，呈向西张开的三角形形态，张开时间也为 30～15Ma(图 4-45)。南海盆地的形态与日本海类似，Taylor and Hayes(1983)基于磁条带 11 到 5d 的鉴定，确定南海的扩张年龄为 32～17Ma。Briais 等(1993)进一步识别出磁条带 5d，因而将其扩张年龄确定为 32～15Ma(图 4-55)。Sulu 海盆地的性质仍有争议，一些研究者认为它是一个捕获型的盆地(Lee 等，1995)，基于 ODP 钻探资料的研究，Rangin 等(1990)认为这个盆地是欧亚大陆的边缘裂陷和扩张所致，扩张期为早、中中新世。

位于东亚大陆边缘的所有大型弧后盆地的一个共同特征是边缘海盆地扩张之前一般都经

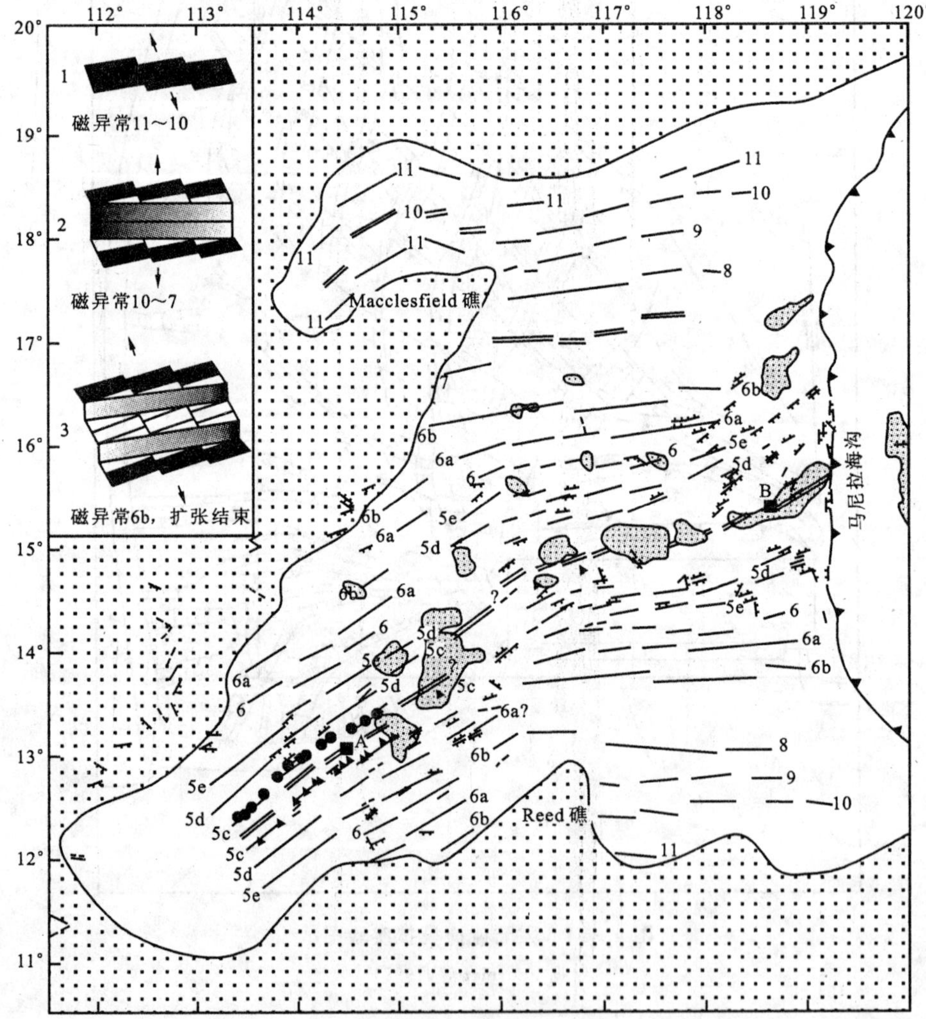

图 4-55 南海的磁条带

(据 Bariais 等，1993)

历了长期的伸展。日本海 28Ma 开始扩张前，首先是原日本弧的弧后伸展作用。南海在 32Ma 开始扩张前已经遭受了古新世以来长约 30Ma 左右的伸展(Ru K and Pigott J D,1986；龚再生，李思田，1997)。这些盆地的扩张作用似乎与俯冲带的方向斜交，而且在它们的演化过程中明显地受到大规模的走滑作用的影响，如同日本海盆一样。在南海的张开过程中，红河断裂的左旋位移达到 500km(Tapponnier P 等，1982)。沿日本海边缘的右旋走滑运动可以远离俯冲带向北延伸到 2 000km 远的 Sakhalin 岛，总位移达到 400km(Jolivet L,1994)，这些特征很难仅仅由太平洋板块的俯冲来解释，正如图 4-54 模拟实验所示可能与印度-亚洲大陆碰撞的远程效应有关。

同一时期在菲律宾海板块的东缘形成两个大的弧后盆地，Shikoku 盆地和 Parece-Vela 盆地，这是世界上最大的两个弧后盆地，其东侧是 Bonin-Mariana 沟弧系，盆地的扩张期为 27～15Ma(图 4-46)。这两个边缘海盆地在几何学上显示出对称特征，并平行于俯冲带分布。由于菲律宾海板块的周缘都以俯冲带为界与欧亚板块分隔，显然，印度-亚洲大陆碰撞的远程效应不会影响到菲律宾海板块。因此，Shikoku 盆地和 Parece-Vela 盆地的形成和演化主要与太平洋板块的俯冲有关。

由上所述，我们有以下重要的认识。第一，欧亚板块东缘的边缘海盆地既受太平洋板块俯冲的影响，又受印度-亚洲大陆碰撞的远程效应形成的右旋走滑作用的控制，所以，盆地的几何学以相对于俯冲带不对称发育为特征；菲律宾海板块仅受到太平洋板块俯冲的影响，没有受到上述碰撞远程效应的影响，因而形成平行俯冲带的对称的弧后盆地。由此可见，局部构造应力场对盆地的几何学形态及演化有重要的控制。第二，西太平洋地区几乎所有大型的弧后盆地，不论其发育在靠近东亚大陆的边缘，还是菲律宾海板块的东缘，它们几乎是在同一时间张开和闭合的，这个时间大体是 30～10Ma(图 4-46)。这表明共同的板块构造背景控制了边缘海盆地的发育，图 4-56 显示的板块构造时空演化说明了这一背景。

图 4-56 是基于大陆变形的地质资料和边缘海盆地及周缘板块的地质地球物理资料所作的边缘海盆地演化的板块构造重建(Jolivet L,1994)。在图中明确表示了 45Ma、25Ma、15Ma 和现今 4 个关键时期板块边界的位置。

从图中可以看出，边缘海盆地是在一个现今除了菲律宾海板块东缘外已经不再活动的板块运动学和动力学的格架内进行的。变形的伸展分量(在图 4-56 中表示为 km/EU)向日本海沟和 Sunda 海沟的弧后区增加，表明海沟的俯冲后退(rollback)是弧后盆地张开的主要机制。板块俯冲速率由慢到快的快速变化，地球自转引起的、或者是大陆碰撞引起的向东或东南的地幔流都是俯冲带后退的可能原因。西北太平洋地区的边缘海盆地从张开到关闭的变化大体是澳大利亚与印度尼西亚第一次碰撞发生时。此时，这个地区的应力场变化为不同的情形。在 15Ma 左右，Sunda 弧的东部海沟的后退和伸展终止，转为挤压。红河断层由左旋转变为右旋(Tapponnier P 等，1982)。东南亚不在向南移动，南海的被限制在左旋的秦岭断层和右旋的红河断层之间向东挤出。马尼拉海沟形成于早中新世，之后南海逐渐向菲律宾岛弧之下俯冲。Sulu 海盆在它张开之后不久开始下插到 Sulu 岛弧之下。Celebes 海盆从 15Ma 开始消减到 Sulawesi 岛之下。菲律宾群岛的左旋压扭运动至少从 20Ma 开始活动一直延续到现在，现今的菲律宾海沟形成于大约 5Ma。在 15Ma 时，Bonin 弧与中央日本碰撞发生时，日本海的扩张开始停止，逐渐转为挤压。由于澳大利亚板块的递进碰撞，太平洋-菲律宾海-欧亚板块三联点在渐新世和早、中中新世向北运移到现今的位置。因此东亚大陆东部边缘太平洋板块主动俯冲作用的自由边界长度随着菲律宾海板块的向北漂移被逐渐减少到日本海沟的长度。上述

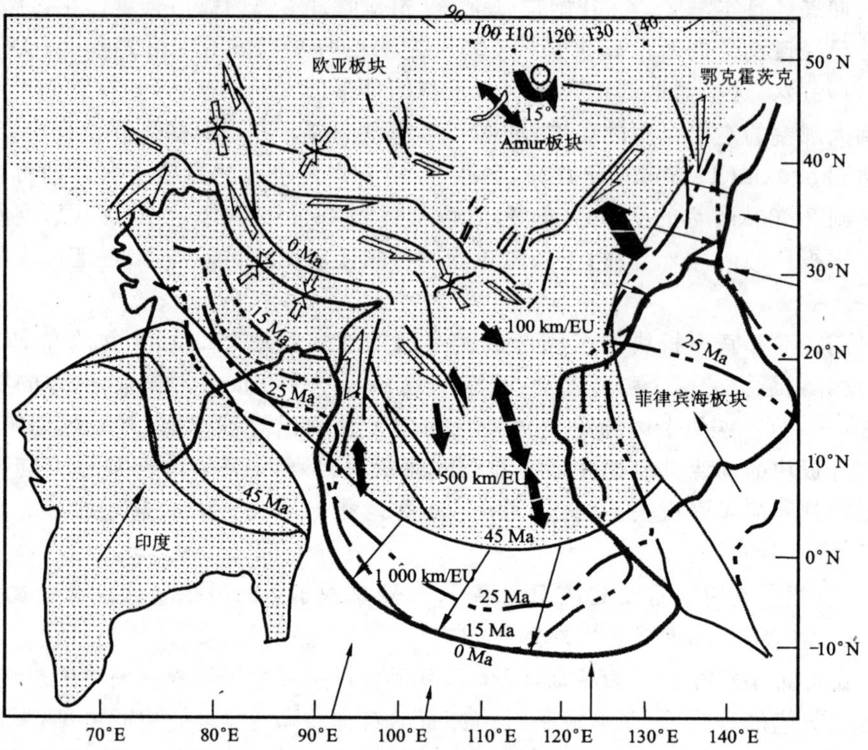

图 4-56　45Ma 以来西太平洋边缘海盆地周缘板块构造重建

（据 Jolivet 等，1994 简化）

这些情形是从 20Ma 到 10Ma 之间逐渐发生的。值得注意的是，在这一复杂的演化过程中，Bonin 弧后的 Shikoku 盆地和 Parece - Vela 盆地的扩张作用一直进行。现今仍然在活动的冲绳海槽和马里亚纳盆地处于正向俯冲带的部位。

综上所述，可以概括出西太平洋弧后盆地演化的 3 个重要的区域板块构造控制因素：

（1）太平洋板块的俯冲后退作用是弧后盆地发育的主要机制，纯俯冲后退作用产生对称扩张的弧后盆地，如现今仍然活动 Mariana 盆地和冲绳海槽以及已经停止活动的 Shikoku 盆地和 Parece - Vela 盆地。

（2）印度-亚洲大陆碰撞的远程效应导致了东亚大陆边缘强烈的右旋走滑作用，进而影响了边缘海盆地的几何学及其演化。假如没有碰撞的远程效应，日本海、南海等边缘海盆地将会如同 Shikoku 盆地、Parece - Vela 盆地、Mariana 盆地和冲绳海槽一样以对称的方式张开。

（3）澳大利亚、欧亚和菲律宾海板块的碰撞作用是边缘海盆地关闭的主要动力因素。图 4-57 概要表示

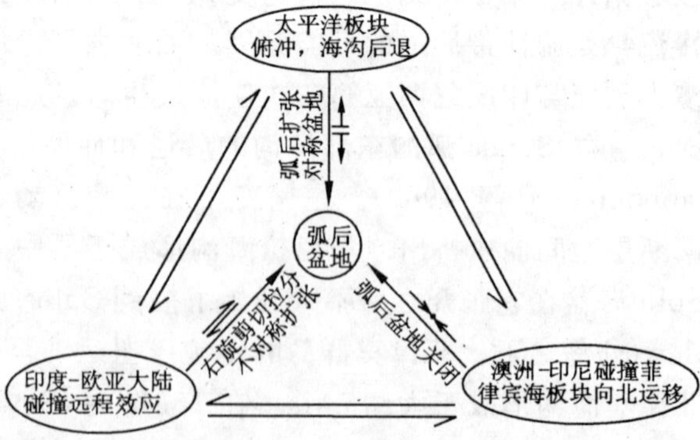

图 4-57　西太平洋边缘海盆地演化的主要控制因素

了上述因素的相互作用效应。

五、边缘海盆地发育的深部动力学背景

近十年来,以天然地震数据为基础的地震层析技术发展迅速,人们已经能够获得非常精细的深部软流圈的三维图像。环太平洋天然地震层析成像成果在西太平洋区域发现了一系列的软流圈上隆区(Fukao Y 等,1992),其分布区与边缘海盆地区吻合。边缘海盆地的研究者将其解释为区域性的地幔柱(Plu me)、地幔热区(Miyashiro A,1986)、幔流或幔舌(Tamaki,1995;Jolivet L,1994)。

热区注入模式是 20 世纪 80 年代中期曾经流行的一个模式。Miyashiro(1986)对比了整个西太平洋地区的边缘海盆地的形成年龄,发现所有 15Ma 之前发育的边缘海盆地从澳洲大陆东侧的 Tasman 盆地开始向北发育年龄逐渐变新(图 4-46)。因此,他认为一个直径可能是地幔柱 10 倍大小的地幔热区可以相对于大陆以及地幔深部自由移动,并认为这个热区晚白垩世时位于澳大利亚地区,然后逐渐向北运移,在一定条件下于不同的时期注入弧后地区,引起岩石圈加热、变薄和裂开。这个热区现今位于华北之下,由高热流、强烈的第四纪火山活动和热异常地幔等表现出来。这个模式的主要问题是现今亚洲大陆之下的地幔流动方向是由西向东和东南方向,而不是由这个模式假定的北西方向。

弧后盆地下部的热异常的另一个解释是与俯冲相联系。有关这方面的最新进展是考虑岩石圈内俯冲板片滞留体的影响。地震层析揭示的板块俯冲可抵达 670km 的岩石圈深部过渡层部位,形成俯冲板片滞留体,最终这滞留体会下沉到下地幔(图 4-48 中的模式 3)。Maruyama(1997)认为,俯冲板片滞留体灾难性崩塌过程中,可以诱导地幔发生从钙钛矿+方铁矿相到 γ 橄榄岩相的相变化,这种相变是一种放热反应,因而可以驱动下地幔物质上升。如果灾难性崩塌的规模足够大,就会在 670km 热边界层上形成一个“灯泡”状的地幔上涌,形成新的地幔柱,产生广泛的弧后热区,导致地表强烈的火山活动,并导致弧后盆地张开。

许多学者将印度-亚洲大陆的碰撞与边缘海盆地区地幔热异常相联系。Tamaki(1991)和 Flower 及 Tamaki(1998)认为,印度-亚洲大陆的碰撞不仅可以影响岩石圈的变形,而且也影响了软流圈的流动。亚洲大陆的东侧和南侧均以向西和向北的俯冲带为界,这些俯冲带在东亚大陆岩石圈之下围限了一个软流圈域。当印度-亚洲大陆的碰撞发生时,加厚的岩石圈会迫使软流圈向东或向东南方向流动。流动的软流圈遇到俯冲板片的阻挡将会有两种效应:一个是迫使岩石圈俯冲带后退,导致弧后扩张;另一个是向上注入到俯冲带后侧,引起边缘海深部热异常,从而进一步强化弧后裂陷作用。西太平洋边缘海盆地发育区的东部边界均表现为向东或向南东的弧形凸出,就是深部软流圈向东或东南方向流动效应的岩石圈构造表现,他们称之为“幔舌”构造。

如图 4-58 所示,西太平洋边缘海盆地在时空上与 4 个重要的弧形带一致,Izu-Bonin-Mariana 弧形带(IBM),日本-菲律宾-印度尼西亚弧形带(JPI)和新圭亚那-新海布里地弧形带(NGH)和 Tonga 俯冲带。IBM 和 JPI 弧形带反映了印度-亚洲大陆的碰撞,而 NGH 弧形带和 Tonga 弧形带则与澳大利亚与印度尼西亚的碰撞有关。

目前,关于弧后盆地区深部地幔的热异常仍然没有一个统一的认识模式,以上每个模式都有某一方面的合理性。边缘海盆地的研究者们也难于推测在西太平洋边缘海盆地的形成过程中是来自太平洋板块的俯冲,还是来自印度洋板块和欧亚板块的碰撞,或者是深部过程起了主

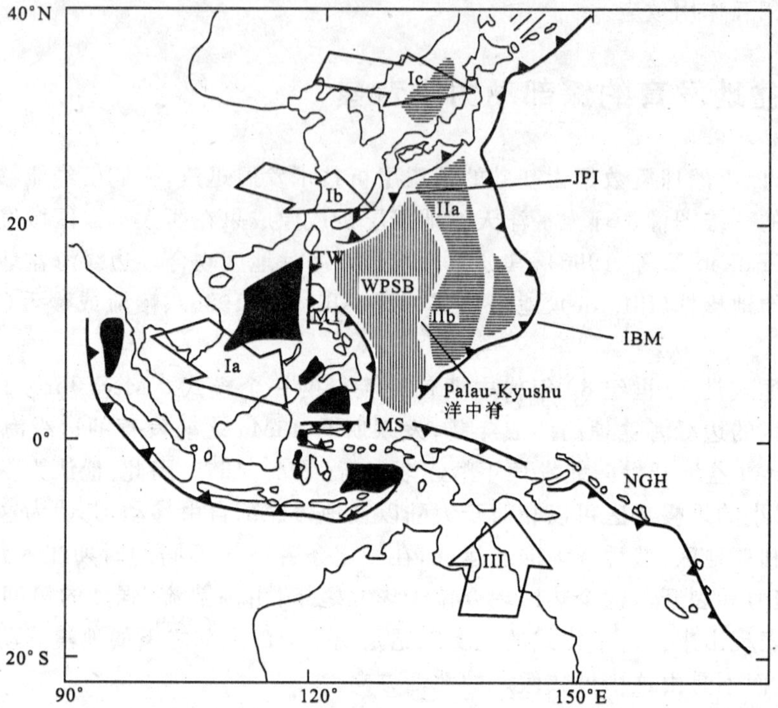

图 4-58 影响西太平洋边缘海盆地的板块运动示意图

(据 Tamaki,2000)

JPI 为日本-菲律宾-印度尼西亚俯冲带；IBM 为 Izu - Bonin - Mariana 俯冲带；NGH 为新圭亚那-新郝布里底俯冲带；WPSB 为西菲律宾盆地；MS 为 Manus 盆地；MT 为马尼拉海沟；TW 为台湾

要的作用。弧后盆地形成最明显的事实是，弧后盆地的发育都是在有俯冲作用的活动大陆边缘地区。板块俯冲引起火山活动，从而使上驮板块岩石圈变热软化。这就给予了弧后盆地形成的最大机会，因为即使是一个很小的力也会导致被加热的岩石圈的裂开，进而扩张。因此，从这个角度来看，似乎来自太平洋板块的俯冲起了主要的作用。但是，西太平洋边缘海盆地是在大致统一的时间内形成和演化的，而且，位于欧亚大陆边缘的盆地普遍受到了右旋走滑作用的影响，因此，我们又必须考虑来自印度板块和欧亚大陆碰撞的效应。看来，边缘海盆地的发育是一种综合的地球动力学过程，进一步了解其形成和演化必须结合地震学、岩石学和地球动力学等各方面的参数和边界条件。多学科的合作有可能提供更精确的发育模型。

当前边缘海盆地的研究正在进入一个新的时期，已经不再局限于简单的沟-弧-盆系统内。边缘海的张开和闭合机制不单是一个简单的俯冲问题，而是一个非常复杂的地球动力学过程。未来的研究必须把边缘海盆地置于更大区域上或全球板块构造和地球深部构造格架内才有可能阐明其形成和演化。

第五章　被动大陆边缘

被动大陆边缘，亦称大西洋型大陆边缘、离散型大陆边缘，与板块的离散运动有关，是在拉张应力体制下地壳减薄、大幅度沉陷的产物。被动大陆边缘的拉张作用代表了从大陆张裂到海底扩张作用的中间阶段，包含着大陆张裂和继之洋壳形成(海底扩张)的重要信息。它之所以称为被动，是因为这种边缘目前很少或几乎没有明显的地震和火山活动。被动大陆边缘以生成巨厚的浅海沉积、岩浆活动微弱、基本上不变形而与活动大陆边缘相对照。全球两亿年以来的沉积岩，一半以上是 Pangea 联合古陆自早中生代破裂以来在这类大陆边缘上堆积下来的。

被动大陆边缘是地球表面沉积作用的主要场所，沉积作用规模巨大，地质记录相对比较完整。大陆壳在大陆边缘与大洋壳相邻接，所以被动大陆边缘是研究大陆与大洋相互作用、区别大陆裂解与增生的关键场所。同时对被动大陆边缘的研究也将有助于提高对大陆张裂(rift)到海底扩张的过程(drift)的认识，有利于了解张裂过程中应力在时空上的分布和变化及其与软流圈上涌的关系，为海平面变动和古海洋、古气候的研究提供重要资料，对重建板块运动史和研究地球环境的演化具有重要意义。此外，被动大陆边缘储藏的大量的油气资源和天然气水合物也是能源探索的新领域。在新的综合大洋钻探计划(IODP)中，被动边缘仍然占有重要地位。这表明，有关大陆是怎样破裂的、在拉张作用下大陆岩石圈的形变特点、大陆分裂的动力学机制、大陆裂谷阶段如何过渡到海底扩张阶段等问题，始终是人们关注的热点。

第一节　被动大陆边缘的形态和结构

一、地形和表面沉积物

大西洋型大陆边缘通常可分为 4 个部分：

(1)海岸平原：大陆架向岸延伸部分和岸带本身，包括潮间带、大的河口海湾、泻湖和堡岛等。大量的沉积物被圈闭在这一地带内。海岸沉积碎屑体为大西洋型边缘值得注意的油气储集体。

(2)陆架：现今大陆架的上限是海岸线，下界是大陆坡折，陆架宽度沿山脉海岸窄，通常 60～100km 宽，但也可能延伸达 1 200km。一般水深 130m 左右，最大可深达 550m。坡度通常不超过 1°。陆架与陆坡之间的边界称为陆架坡折或枢纽带。陆架水浅和氧化环境为生物和生物碎屑沉积的有利地带。在温暖的气候下可沉积碳酸盐岩，冷气候下有更多硅质沉积，并有钙质泥岩、石英砂岩和一些自生沉积，如磷块岩、海绿石等。有些陆架的大部分地段并未被现代沉积物所覆盖，而被冰川沉积物和残余沉积物替代，大多数现代河流沉积物分布在岸带之中。

按大陆架以下的构造沿大西洋分布的大陆架可分为 5 类(图 5-1)：

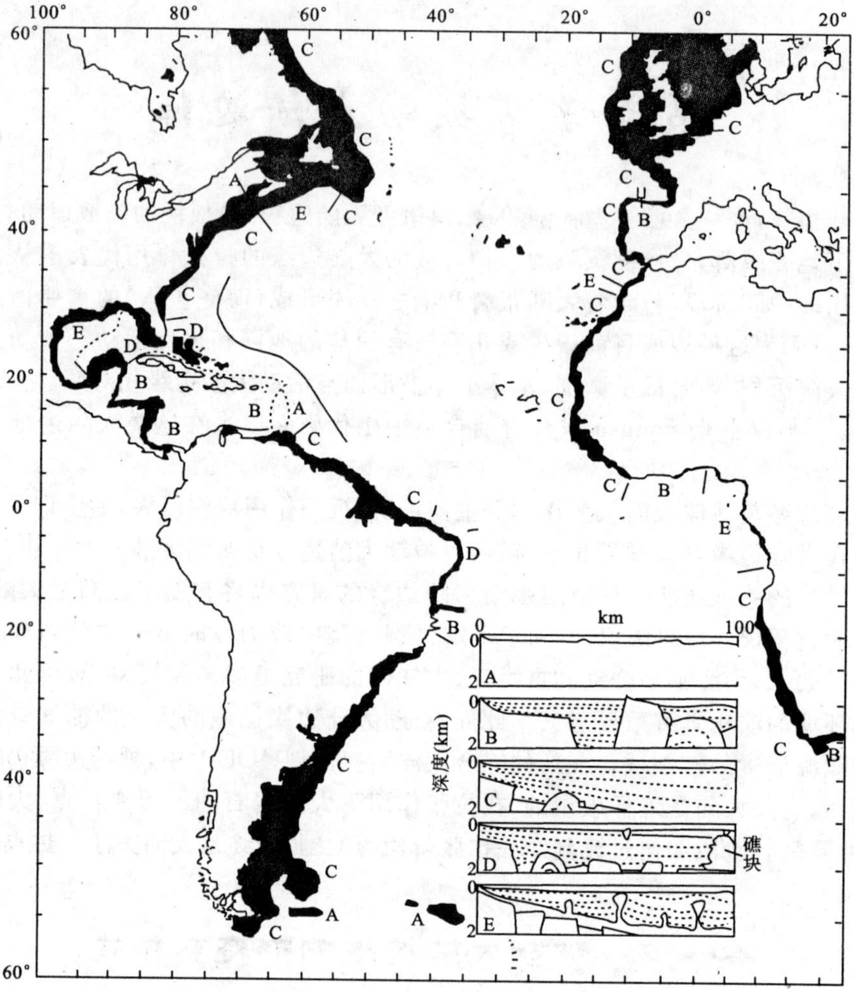

图 5-1 大陆架类型及其在大西洋的分布

A 型：下伏构造为前裂谷期和裂谷期的岩石，表面被侵蚀，凹凸不平，接受沉积。

B 型：较老的岩石被褶皱和断裂，形成不规则的台地和凹陷，其上接受沉积。

C 型：陆架位于前裂谷期与裂谷初期岩石之上，下伏岩石起伏与上覆沉积厚度相比较小。

D 型：陆架沉积受礁块堤坝生长限制。

E 型：与 C 型相似，但有蒸发岩或泥挤入构造。

(3)陆坡：一般宽约 15～100km，从陆架边沿至大约 5 000m 深处，坡度在 2°～6°之间。美国哈特拉斯角以北大西洋边缘的大陆坡为细粒沉积物所覆盖：上陆坡是砂质粉砂，而下陆坡为粉砂质粘土。浮游生物残体向海洋方向增加。钙质碳酸盐向近海、向南增加，并构成了佛罗里达-哈特拉斯陆坡上的主要沉积。除了全新世沉积物以外，较老的更新世沉积物残余也出现在陆坡上，此外有许多更老的沉积岩露头。例如，在哈特拉斯角以南，佛罗里达-哈特拉斯陡崖主要出露中新统。在布莱克海台出露中新世钙质砂岩和磷酸盐质砂岩。

(4)陆基：该地形单元不经常出现，一般与深海碎屑扇的分布一致。这些深海扇中碎屑物由浊流和滑塌沉积下来，但也可以是由于平行于陆基地形等高线的等深流沉积。陆基宽约 0～600km，深为 1 400～5 000m。

由于冰川、间冰期沉积和侵蚀作用，往往难以利用现今的模式去了解大西洋边缘较老的沉积物。对此，需要通过地震勘探和钻井资料进行研究，建立中生代和新生代沉积模式。

二、形态和结构

北美东侧的大西洋是现代正在发育中的被动大陆边缘，其形态和结构可作为这一类大陆边缘的典型(图 5－2)。美国东部靠海岸一带分布着一系列与大陆边缘平行的长条形盆地，盆内充填已变形的上三叠统陆相粗碎屑堆积和火山岩。沿海岸线的洋侧为坳陷型，单个盆地长度超过 350km，宽度大于 50km，位于大陆架外侧至陆坡上部，堆积了 7～12km 厚大致水平产状的侏罗系至第三系海相沉积。卡罗来纳坳槽是从大陆过渡到大洋最窄和结构最简单的一段盆地，其地质和地壳结构的图解式剖面如图 5－3 所示。该盆地并不像一般想象中的四周高、中央下凹的盆地形态，而是一向海加厚、侧向加积的沉积棱柱体。在地质剖面上前缘为珊瑚礁

图 5－2　美国东部岸外大陆边缘盆地和海槽分布图

（据 Grow 等，1979）

体，在地球物理场外侧止于标志了大陆壳与大洋壳界线的高磁异常带(图 5-3 上方剖面中的实线)前。棱柱体内的中生界为浅水和滨岸相，礁体外侧则为深水堆积。整个棱柱体以不整合覆盖在下伏结晶基底及地堑型的陆相三叠系之上。后者厚可达 5～6km，实际上即上述海岸线向陆侧地堑型盆地的向海延伸部分。

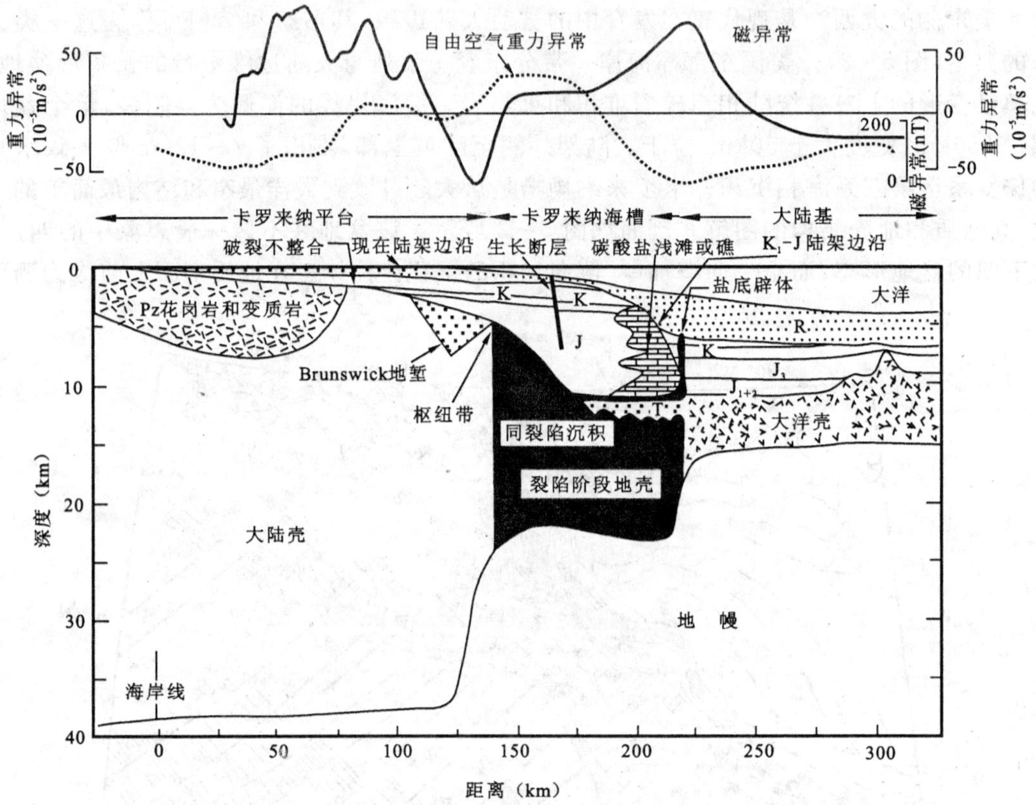

图 5-3　沿 USGS32 线横穿卡罗来纳海槽的地质与地壳剖面解释

(据 Grow 等，1981)

沿反射地震剖面计算出来的重力模型表明，地壳厚度在大陆边缘有急剧的变化。总的可分成 3 段：从枢纽带向大陆一侧地壳厚度大于 35km，为相对正常的大陆壳；东海岸磁异常向大洋一侧地壳厚度小于 15km，为相对正常的大洋壳；两者之间莫霍面深度从 20～25km 的地段称之为裂陷阶段地壳，代表北美与非洲之间洋壳出现以前地壳拉伸裂陷和岩浆侵入联合作用的产物。巨厚的楔状沉积体就叠置在这段厚度减薄并被改造了的过渡性地壳上面。

图 5-4 和图 5-5 分别为巴尔的摩峡谷海槽(BCT)和乔治滩盆地综合地质横剖面图，均显示出类似于卡罗来纳坳槽的地壳结构特征，即厚的陆壳位于枢纽带的向陆方向上；中间厚度地壳位于东海岸磁异常与枢纽带之间，薄洋壳位于东海岸磁异常的向海方向上。横过巴尔的摩峡谷海槽的地质剖面显示了一些盐构造和铁镁质侵入岩。横过乔治滩盆地剖面表明厚的陆壳向薄的洋壳呈逐渐过渡。早白垩世和侏罗纪陆架边沿(图 5-5)直接在陆壳和洋壳之间的边界上，大约在现代陆架边沿的向海方向 20km 处。这种情况暗示了在侏罗纪和白垩纪时初始大洋-大陆边界，无论是向陆或向海都没有显著迁移，而第三纪时则发生向后迁移。

因此，对于一个被动大陆边缘下述识别要素是重要的。剖面上，被动大陆边缘的沉积记录

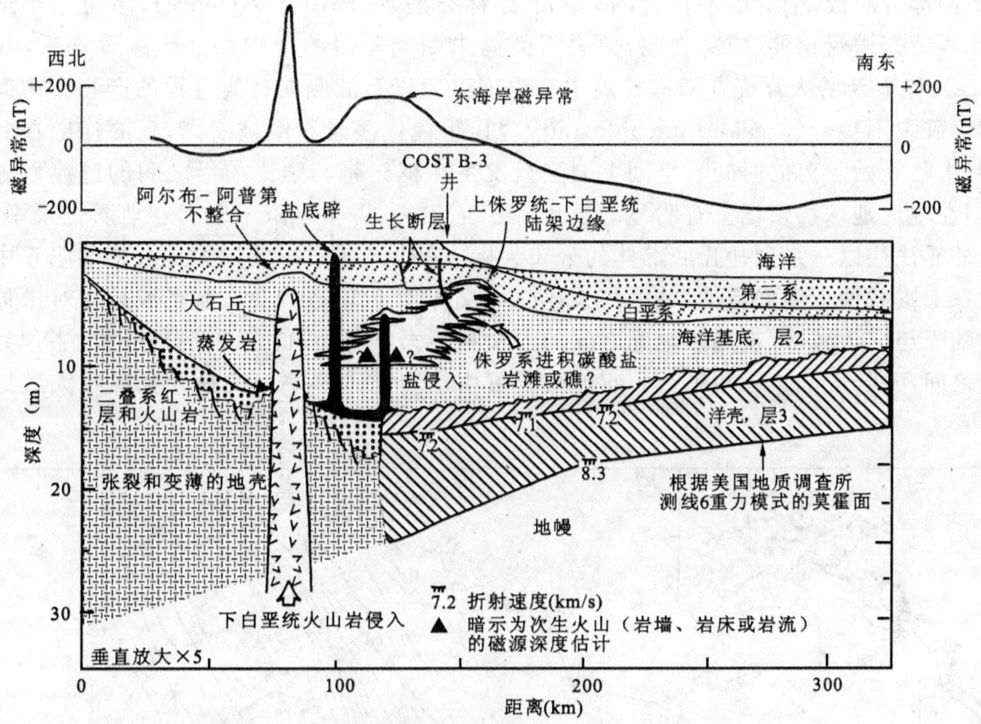

图 5-4　巴尔的摩峡谷海槽(BCT)综合地质横剖面图

（据 Grow 等，1981）

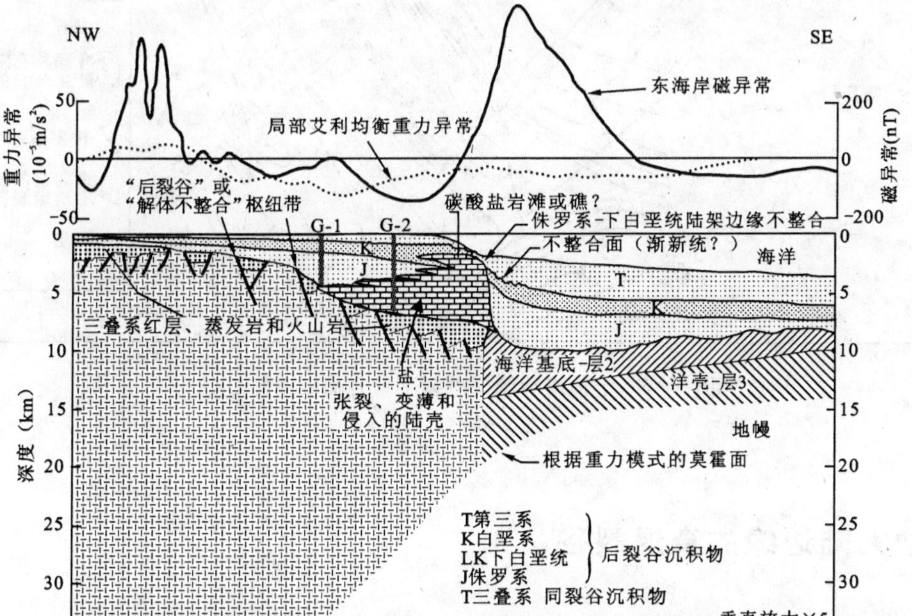

图 5-5　乔治滩盆地综合地质横剖面图

（据 Grow 等，1981）

由上、下两部分组成，中间由不整合隔开。下部称裂陷系(rifting sequence)，多位于半地堑盆地中，代表地壳遭受拉伸、减薄裂陷，但岩石圈尚未断离阶段的产物。上部称漂离系(drifting sequence)，代表新的大洋壳在海底扩展中心出现以后岩石圈侧向移离过程的产物。中间的不整合称为破裂不整合(breakup unconformity)，其年代代表岩石圈被断离，新的洋底在其间生成，两侧大陆开始漂离的时间。空间上裂陷只发生在枢纽带与陆壳前沿之间的过渡性地壳部分，它们在现代地球物理场上有明显的显示(图 5-3，图 5-4，图 5-5)。在地质记录中，异常地壳的外界往往以一系列盐丘底辟体的分布为标志(图 5-6)，一般认为是由于裂陷系中的盐类堆积在上覆载荷下侧向流动，并沿与大洋壳的交界面上升的结果。枢纽带是相对未伸展的正常大陆壳与广泛减薄、被加热地壳之间的力学和热力学界面，位于漂离开始时的古岸线与现代岸线之间，并与大陆边缘相平行。它的位置可由漂离系地层厚度的最大梯度带大致标示出来。

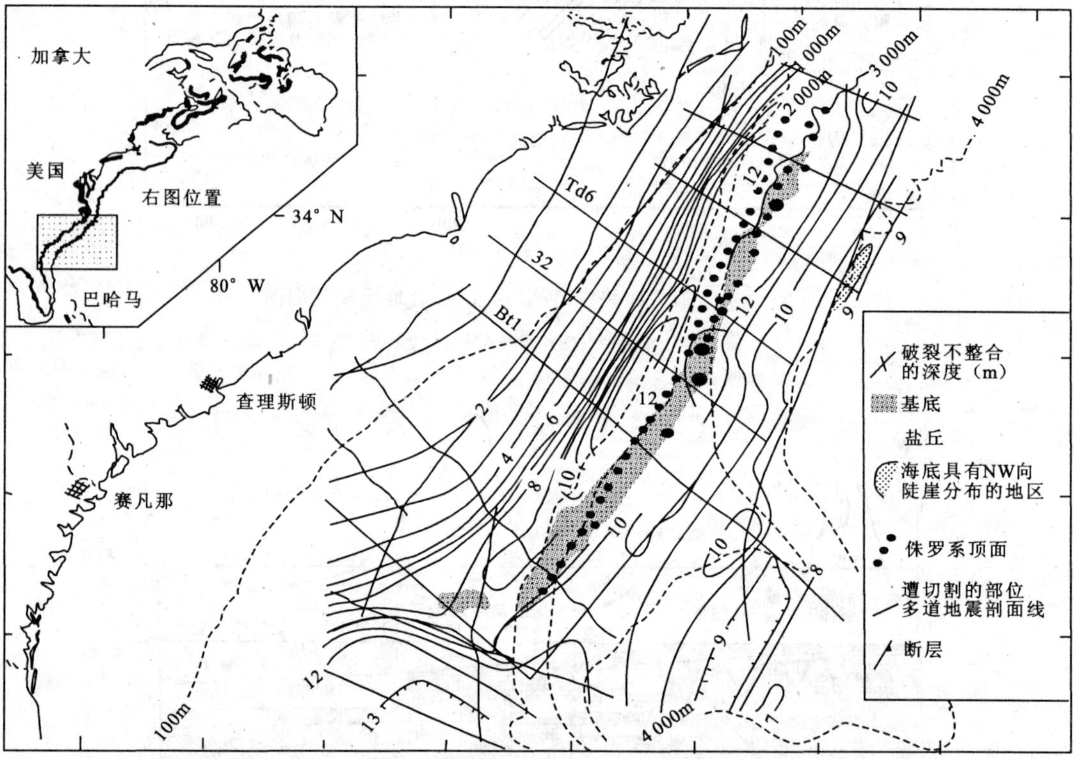

图 5-6 卡罗来纳坳槽破裂不整合面的空间形态

(据 Grow 等，1981)

三、被动大陆边缘的衰退裂谷

大西洋型边缘裂开时，留在两侧新大陆上的裂谷不会发展成大洋，而从各种角度伸入大陆，形成衰退裂谷(图 5-7)，也称停止发育或发育不全的裂谷，夭折裂谷、废弃裂谷和残留裂谷等。这些裂谷底部多为非海相，在大陆破裂后数千万年期间，裂谷快速下沉形成海相碎屑岩和碳酸盐岩，也可发育向外推进三角洲及深水浊沉沉积，如北美麦肯齐推进三角洲就是河流流入衰退裂谷所致。

衰退裂谷进一步发展形成所谓的坳拉槽。如图 5－8 所示：①首先在地幔柱之上，地壳拱起产生初生的三叉分支裂谷系。②然后三叉裂谷系中的两支继续扩张，可以向原洋裂谷或窄大洋方向演化，其中一支发育中断，形成衰退裂谷。③两支活动裂谷继续发育演化为完善的大洋盆地，于是衰退裂谷谷口两侧出现被动边缘，而衰退裂谷分布区失去下面地幔柱的支持，由裂陷转入广泛的坳陷。④由于沿海沟的俯冲作用大洋逐渐闭合，大洋岩石圈被消减。⑤最终大洋闭合，大陆碰撞，造山带发展，坳拉谷遂处于造山带的前陆部位，随着褶皱-冲断带推进发育和供给沉积物，坳拉谷进一步增加负荷，并造成最后阶段的变形。

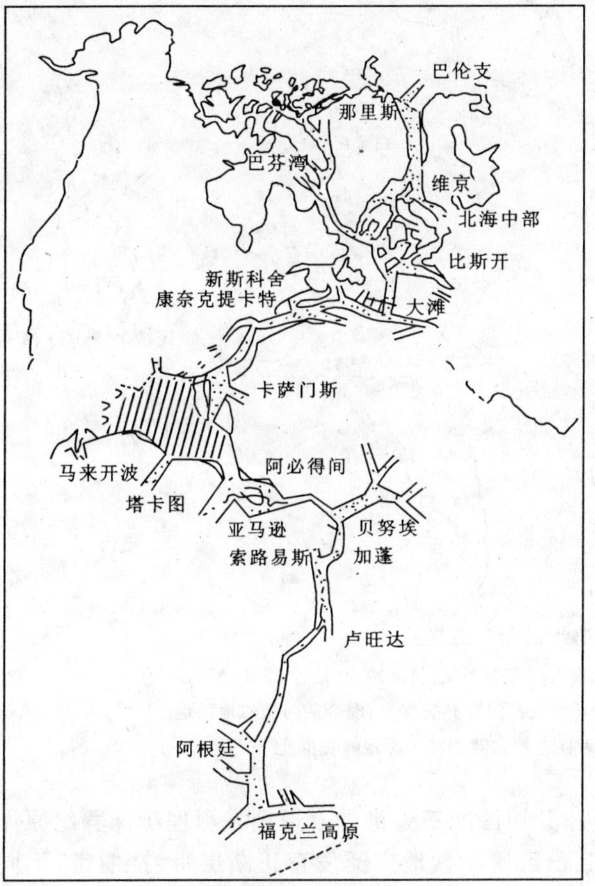

图 5－7　大西洋两岸发育的衰退裂谷

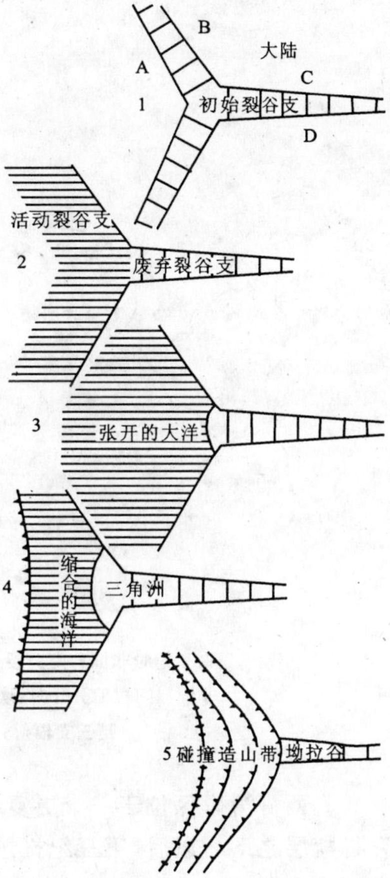

图 5－8　衰退裂谷和坳拉谷发育演化模式

衰退裂谷可接受巨厚沉识，沉积物供应方向是从克拉通内部向洋盆。先进入成熟的碎屑沉积，渐沉积碳酸盐岩。以浅部陆架沉积为主，一些非海相粗而未成熟的碎屑沉积沿部分边缘断崖分布。当大河发育时，河流入海处可形成三角洲，甚至深海扇。早期的断裂活动为正断层性质，可能出现有数公里厚火山岩。到坳拉谷形成时期，由于大陆碰撞，大洋关闭，褶皱造山，物源供应恰恰相反，从褶皱带散布到前陆盆地中，形成海相和非海相碎屑岩，有熔岩夹层伴随褶皱和冲断层出现。

沿着大西洋边缘各段的衰退裂谷支形成时期及特征各异。非洲西部贝努埃凹槽是一个中生代形成的衰退裂谷，至今还未发展到后期。在白垩纪时，地幔柱形成三叉裂谷系(图 5－9)。

随着非洲和南美大陆裂开，贝努埃凹槽成为一个衰退裂谷支，而另两支发育成大西洋。白垩系大部为海相砂页岩沉积，晚白垩世东部抬升有陆相含煤沉积和古三角洲沉积。古新世海侵形成一套阿卡塔组海相页岩夹深海扇砂岩。古新世后沉积尼日尔三角洲退覆岩系，贝宁组为河流相砂、砾岩。新生界总厚逾万米。

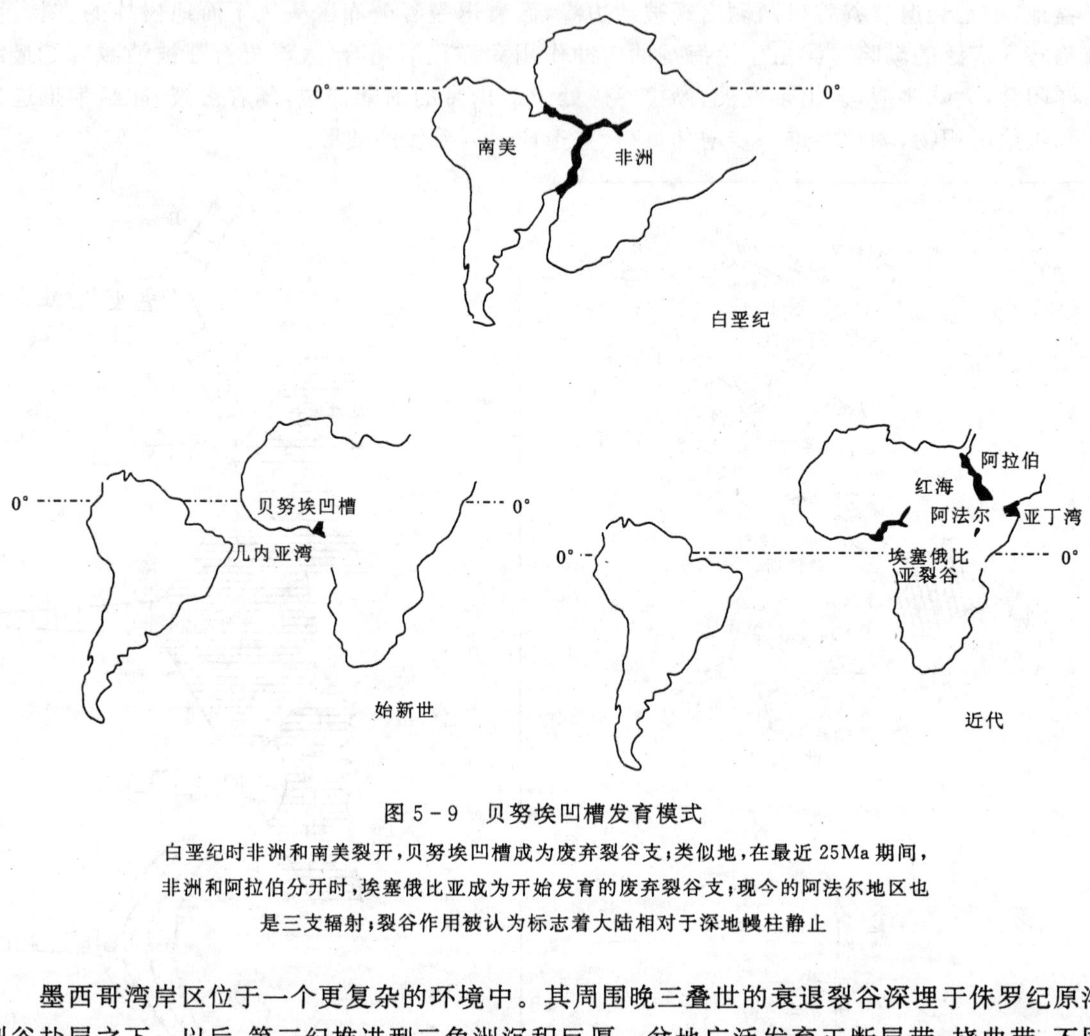

图 5-9 贝努埃凹槽发育模式

白垩纪时非洲和南美裂开，贝努埃凹槽成为废弃裂谷支；类似地，在最近 25Ma 期间，非洲和阿拉伯分开时，埃塞俄比亚成为开始发育的废弃裂谷支；现今的阿法尔地区也是三支辐射；裂谷作用被认为标志着大陆相对于深地幔柱静止

墨西哥湾岸区位于一个更复杂的环境中。其周围晚三叠世的衰退裂谷深埋于侏罗纪原洋裂谷盐层之下。以后，第三纪推进型三角洲沉积巨厚。盆地广泛发育正断层带、挠曲带，不同类型盐岩构造带、泥岩构造带和滚动背斜带等，具备一切油气生成的有利条件，是北美最大产油气区。

第二节 被动大陆边缘的类型

图 5-10 表示了现今全球范围内被动大陆边缘的分布状况。深海钻探(DSDP)和大洋钻探(ODP)计划对被动大陆边缘进行了多航次的钻探，获得的成果与地球物理的研究表明，不同大洋的被动边缘或同一大洋不同地区的被动边缘，构造和岩浆活动上存在的差异很大。被动边缘构造的区段性特征明显，多数被动边缘可以划分出 400～1 000km 长的分段，每一分段

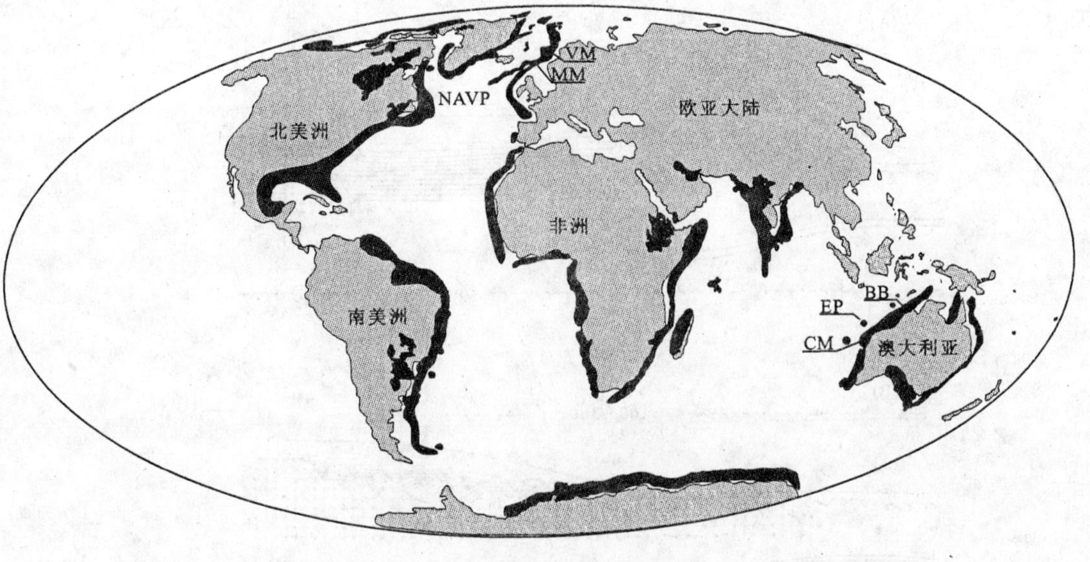

图 5-10　全球范围内被动大陆边缘沉积盆地(暗灰色)和与大陆破裂有关的大型火山岩省(黑色和黑点)的分布

(据 Planke,2000)

BB 为 Browse 盆地;CM 为 Cuvier 边缘;EP 为 Exmouth 高原;MM 为 More 边缘;NAVP 为东北大西洋火山岩省;VM 为 Voring 边缘

内结构特点比较均一。大洋两侧的相对两个被动边缘构成一对共轭边缘,二者在大洋未张开前彼此相连。

通过大洋钻探及其他方面的综合研究表明被动边缘至少可分为 3 种不同类型:火山型被动边缘、非火山型被动边缘和张裂-转换型被动边缘(图 5-11)。

一、火山型被动边缘

(一)概念和特征

大陆边缘的破裂普遍伴有大规模的、短暂的火山作用,这些岩浆活动的规模超过了大多数显生宙大陆裂谷,并形成火山型被动边缘(图 5-11A),也称火山型张裂边缘(volcanic-rifted margins,简称 VRM)。这种被动大陆边缘的特征是:

(1)显著的向海倾斜的楔状反射,位于洋壳和陆壳的过渡部位,一般称之为向海倾斜反射体(seaward dipping reflections,简称 SDR),厚达 3～5km。地震探测资料表明,SDR 大约占全球大陆边缘最外部的 40%。

(2)一般厚约 15～20km 下地壳中存在高 P 波速度体,v_p 大于 7km/s,为巨厚的辉长岩体底侵到原始的地壳底部所致(Eldholm 等,1995;Kelemen 和 Holbrook,1995)。火山型被动大陆边缘,一般比较狭窄,洋陆边界较陡,地壳拉伸变薄所起的作用是有限的,岩浆活动占据主导地位。

火山型大陆边缘是在 20 世纪 80 年代,通过北大西洋大陆边缘一系列地震剖面的解释识别出来的。挪威岸外的 Voring 海台、Rockall Bank 和东格陵兰边缘是火山型边缘的典型发育区。另外,南美东缘和非洲西缘靠近里奥·格兰德海隆和沃尔维斯海岭附近、印度西海岸、南

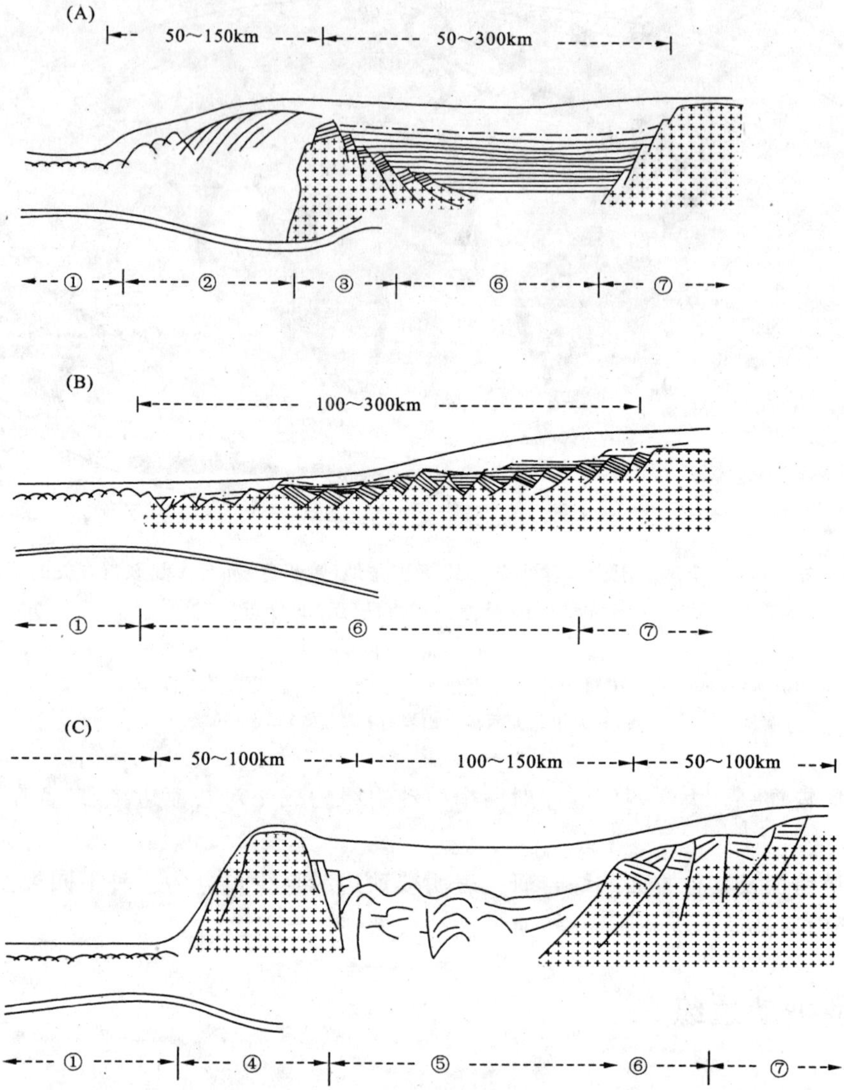

图 5-11　3 种被动大陆边缘类型组成单元的比较

(据 COSOD Ⅱ,1987;引自金性春等,1995)

(A)火山型被动边缘;(B)非火山型被动边缘;(C)张裂-转换型被动边缘

数字代表各组成单元:①为正常厚度洋壳;②为火山型边缘陆-洋边界处的巨厚火成地壳,上部为向海倾斜的火山型单元;③为陆壳上的构造高地,通常与巨厚火成地壳相邻;④为边缘断裂;⑤为变薄地壳上的拉分盆地;⑥为变薄、沉没的地壳;⑦为未受拉伸的陆壳。加点虚线代表大陆破裂时的地层层位

极洲附近、澳大利亚西北海岸和美国东海岸也都发现了火山型边缘。

根据东北大西洋和南大西洋澳大利亚海域大量地震剖面的解释,可识别出四种火山型边缘的地震相单元(图 5-12),即外部 SDR、外部高地、内部高地、向陆方向的玄武岩熔岩流。此外,在陆方向的熔岩流单元内,熔岩三角洲(lava delta)和内部玄武岩熔岩流(inner flows)也是常见的。

1. 向陆方向的熔岩流(Landward Flows)

该单元可以在地震剖面上内部 SDR 单元的向陆方向或其之下识别出来(图 5-12,图

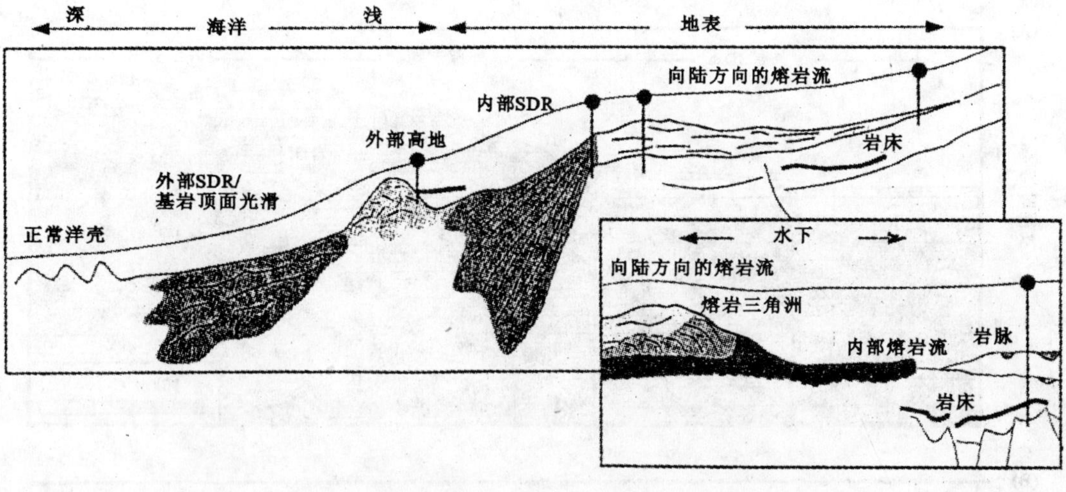

图 5-12 火山型边缘火山喷发岩地震层序(阴影区)横剖面

(据 Planke,2000)

插入框内为东北大西洋普遍出现的一些地震相单元;就位环境由箭头表示;

带直立线的实心黑点为钻井位置

5-13,图 5-14,图 5-15),表现为向陆地尖灭的楔形。顶面反射强,界面光滑,外部形态呈席状,而内部反射呈断续型、丘状或亚平行状。在高品质的多道地震反射剖面上,可以识别出底边界,表现为负极性。更深部的反射表现为低振幅和不连续特点。

2. 熔岩三角洲(Lava Delta)

其内部显示出进积反射结构,上部边界由反射终端界定,或由从平坦反射到断续、弧形反射的变化界线表现出来。下边界为进积反射的下部终端,但是常难于识别。

3. 内部熔岩流(Inner Flows)

内部熔岩流位于向陆熔岩流和熔岩三角洲之下,似席状体,反射连续性极差,或呈丘状反射(图 5-12,图 5-14),顶界反射呈高振幅,不连续,内部反射杂乱。底界为微弱的负极性反射,但是常难于鉴别。在 Norwegian 边缘中部,该单元可达 60km 宽,数百米厚。上覆反射主要是亚平行,而深部反射模糊。

4. 内部 SDR(Inner SDR)

呈楔状形态,最大厚度 6km,多在 15～50km 之间宽。其顶界面一般与基底顶界一致,表现为强而连续的、光滑或波状反射,局部反射平坦或有小的起伏,内部反射相当微弱,不连续,显示为弧形发散,有时是平面形发散的样式。反射终端明显,有时可识别出分隔亚单元的内部界面。底界反射难于鉴别,内部反射一般小于 10～15km,倾角小于 15°,热点尾部附近的 SDR 更宽些。内部 SDR 的存在是确定火山型边缘的充分条件,但不是必要条件。

5. 外部高地(Outer High)

该单元以明显的隆起为特征,高达 1.5km,15～20km 宽,沿走向局部连续,起伏变化较大,但其顶部多表现为平坦状。外部高地顶界反射相当显著,内部反射杂乱,位于 SDR 向海终止端附近(图 5-12,图 5-13)。在非火山型被动边缘洋-陆边界附近也有外部高地发育,但是,这些外部高地的地震反射特征不同,由旋转断块和基底高地组成。

6. 外部 SDR(Outer SDR)

在火山型被动大陆边缘,可以观察到两套 SDR 单元,例如,在 Voring 大陆边缘和 Rock-

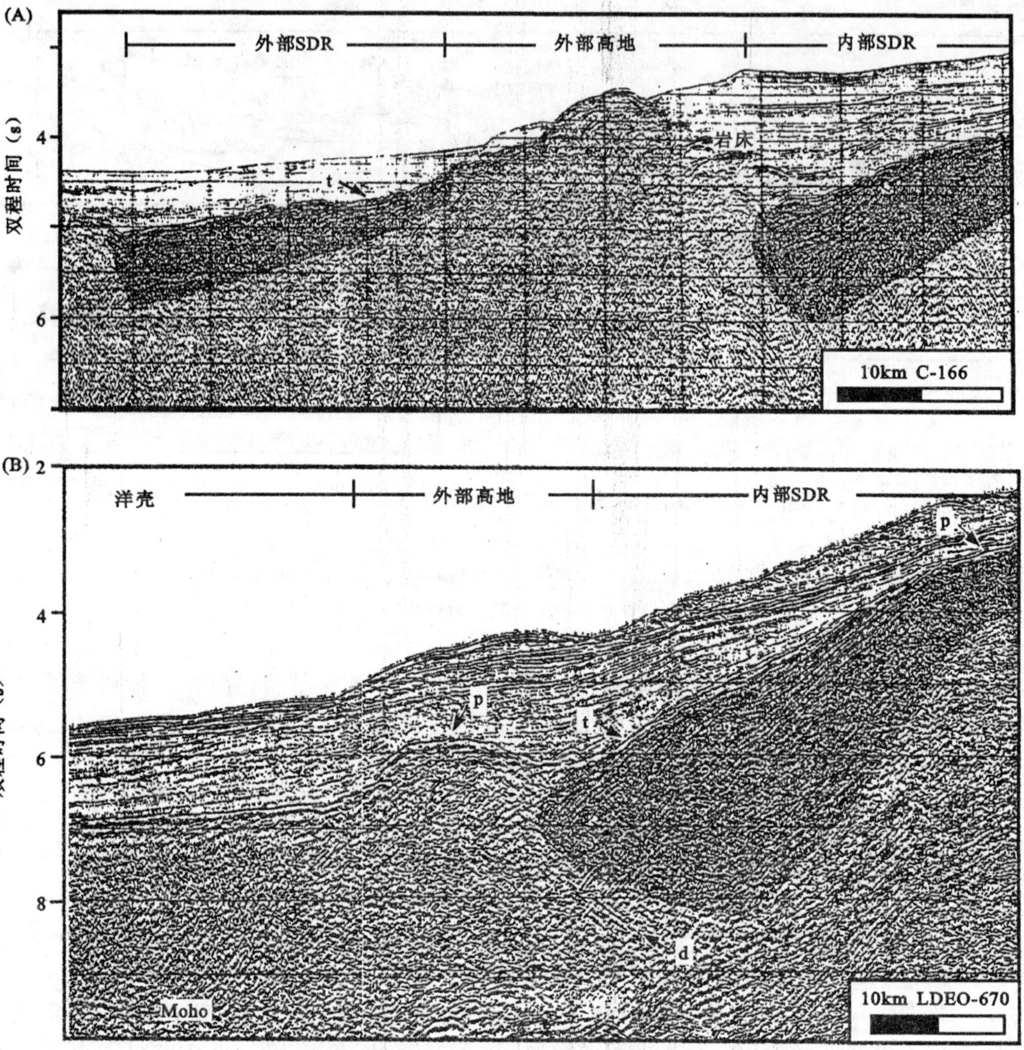

图 5 - 13　表示地震相从内部 SDR 到洋壳的火山型边缘横剖面

(据 Planke,2000)

(A)穿过 Voring 边缘中部的地震剖面,显示了被大型外部高地相隔的内部 SDR 和外部 SDR;(B)穿过 Cuvier 边缘北中部的地震剖面,内部 SDR 被宽阔的外部高地阻隔,且并入 10km 厚的、具有非常光滑基底反射的洋壳内部 SDR 终端之下的向陆倾斜反射为侵入式断层和岩墙

图中 t 代表火山层序的顶界;p 代表平坦状基底顶界反射;d 代表向陆地倾斜的反射

all/Hatton Bank 大陆边缘。总的来看,两套 SDR 单元的地震特征是类似的,但是外部 SDR 规模较小,内部反射微弱,且不明显(图 5 - 13A)。外部 SDR 位于外部高地向海的一侧,比内部 SDR 部位的水更深,顶界反射光滑,并逐渐过渡到丘状或光滑形的正常洋壳基底反射。

地震探测资料表明,全球大约 40%的大陆边缘属于典型的火山型边缘。利用地震资料可以圈出火山型被动边缘的分布范围。北大西洋火山型边缘沿格陵兰东缘延伸达 2 000km,沿另一侧的挪威西海岸和苏格兰附近也有将近 2 000km。南美东缘和非洲西缘靠近里奥・格兰德海隆和沃尔维斯海岭附近,印度西海岸、南极洲附近、澳大利亚西北海岸和美国东海岸也都

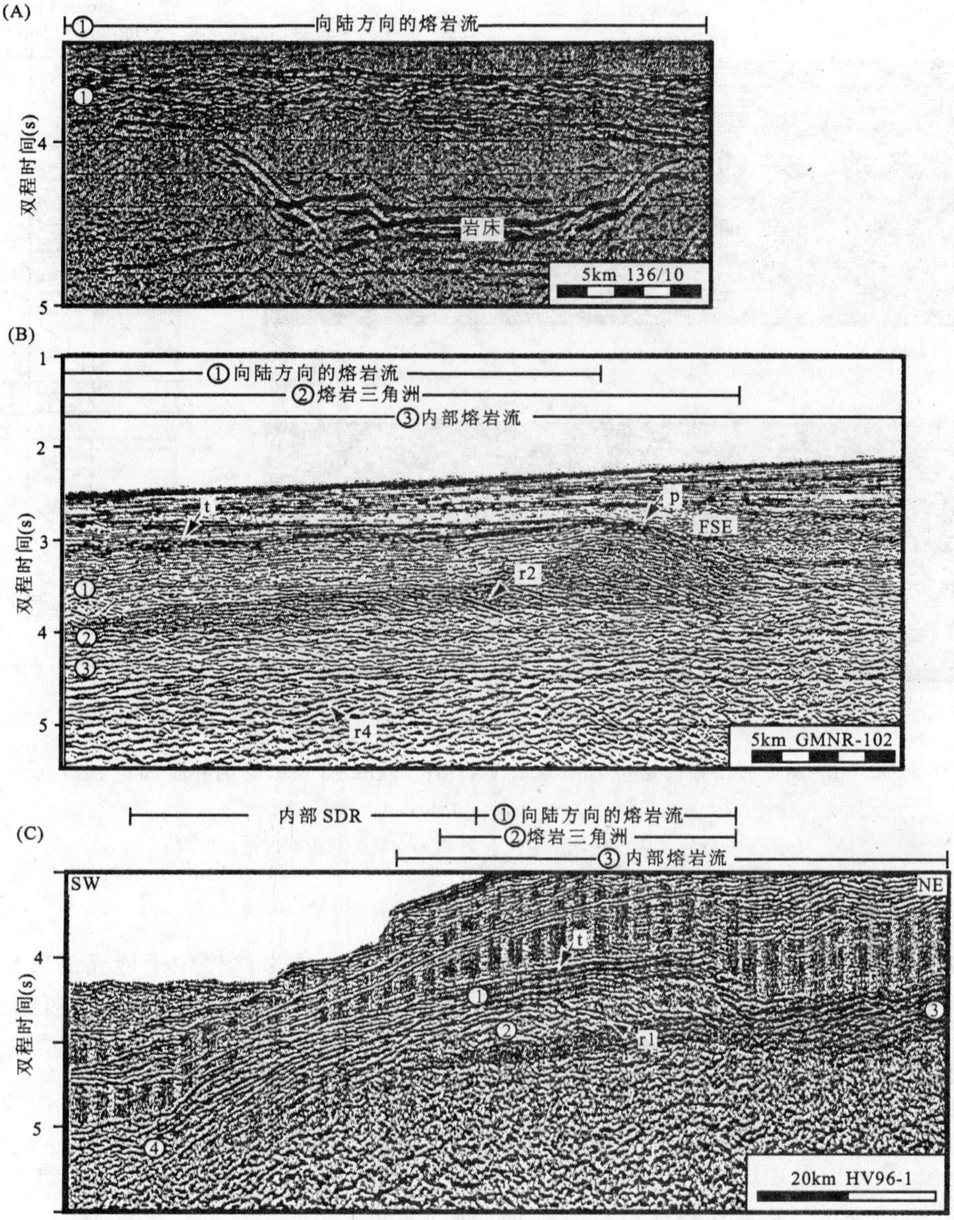

图 5-14 火山型边缘喷发岩地震层序(阴影区)的实例

(据 Planke,2000)

(A)Browse 盆地剖面,表示向陆方向的熔岩流,表现为:①高振幅,光滑的顶界反射;②高振幅,亚平行、不连续的内部反射;③负极性区段式基底反射。该单元厚 0.4s,根据地震特征和相关的钻井,其被解释为地表玄武岩杂岩,下部的高振幅碟状反射为岩浆侵入体。(B) More 盆地边缘剖面,向陆方向的玄武岩熔岩流覆盖在进积的熔岩三角洲和断续的内部流动相单元之上。注意光滑的高振幅向陆方向的玄武岩熔岩流顶部反射(t),向陆方向的玄武岩熔岩流底部和熔岩三角洲顶部的指状分叉,显示良好的进积反射(r2)和内部流之下的低频高振幅反射带(r4)。(C)Voring 边缘剖面,与穿 Jan Mayen 断裂带边缘的走向垂直图中显示了 SDR,熔岩三角洲中显著的进积反射(r1)和内部熔岩流中的高振幅、断续反射。FSE 为 Faeroe-Shetland 断崖;t 为火山岩层序顶部;p 为平坦状基底顶界反射

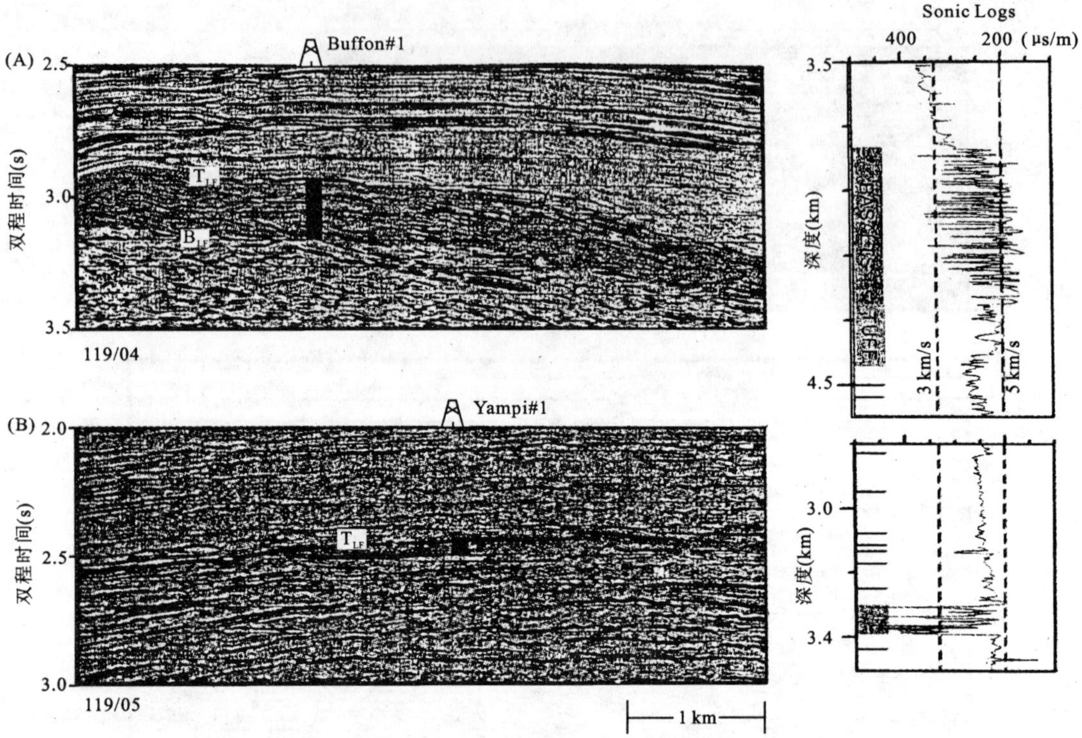

图 5-15　Exmouth 高原西南角海域过 Buffon＃1(A)和过 Yampi＃1(B)井的外部 SDR 地震剖面实例

(据 Planke,2000)

显示了光滑的基底顶底界反射(T_{LF}和 B_{LF})和显著的内部发散型反射

探测到火山型边缘(图 5-10)。

地震探测资料还发现,在挪威等火山型边缘,有很厚的火成岩体侵位于地壳的底部,它具有异常高的地震波速(7.1～7.5km/s)。底侵(underplating)的火成岩的数量远超过喷溢于地表的火山岩数量。火山型边缘的岩浆活动不仅规模大,而且局限于一个相当短暂的时期,因而具有十分急促而强烈的特点。

(二)火山型被动边缘主要地震相单元的发育模式

表 5-1 是火山型边缘地震相单元的分析结果(Planke 等,2000),据此,建立了图 5-16 表示的 5 阶段发育模式,解释这些地震相单元的形成过程。

阶段 1,在有水或潮湿环境中,初始火山喷发,形成玄武岩-沉积岩混合体,其在地震剖面上表现不明显。

阶段 2,地表溢流式火山喷发作用,包括火山蒸汽喷发和沉积作用过程,形成内部熔岩流、熔岩三角洲和向陆的熔岩流等地震相单元。

阶段 3,地表持续的溢流式火山喷发作用迅速充填了沿破裂轴发育的裂谷盆地,形成内部 SDR 地震相单元。

阶段 4,浅海火山喷发作用,形成外部高地。

阶段 5,规模巨大的深海溢流式火山喷发作用形成外部 SDR。

表 5-1　火山型边缘地震相单元分析

地震相单元	火山岩相	发育环境
外部 SDR	流玄武岩，混合有枕状玄武岩、沉积岩和岩床	深海
外部高地	玻屑熔岩流和火山碎屑岩	浅海
内部 SDR	溢流玄武岩	地表
向陆的熔岩流	溢流玄武岩	地表
熔岩三角洲	块状碎屑状玄武岩，火山碎屑岩	滨岸
内部熔岩流	块状碎屑状玄武岩，火山碎屑岩	水下

（据 Planke 等，2000）

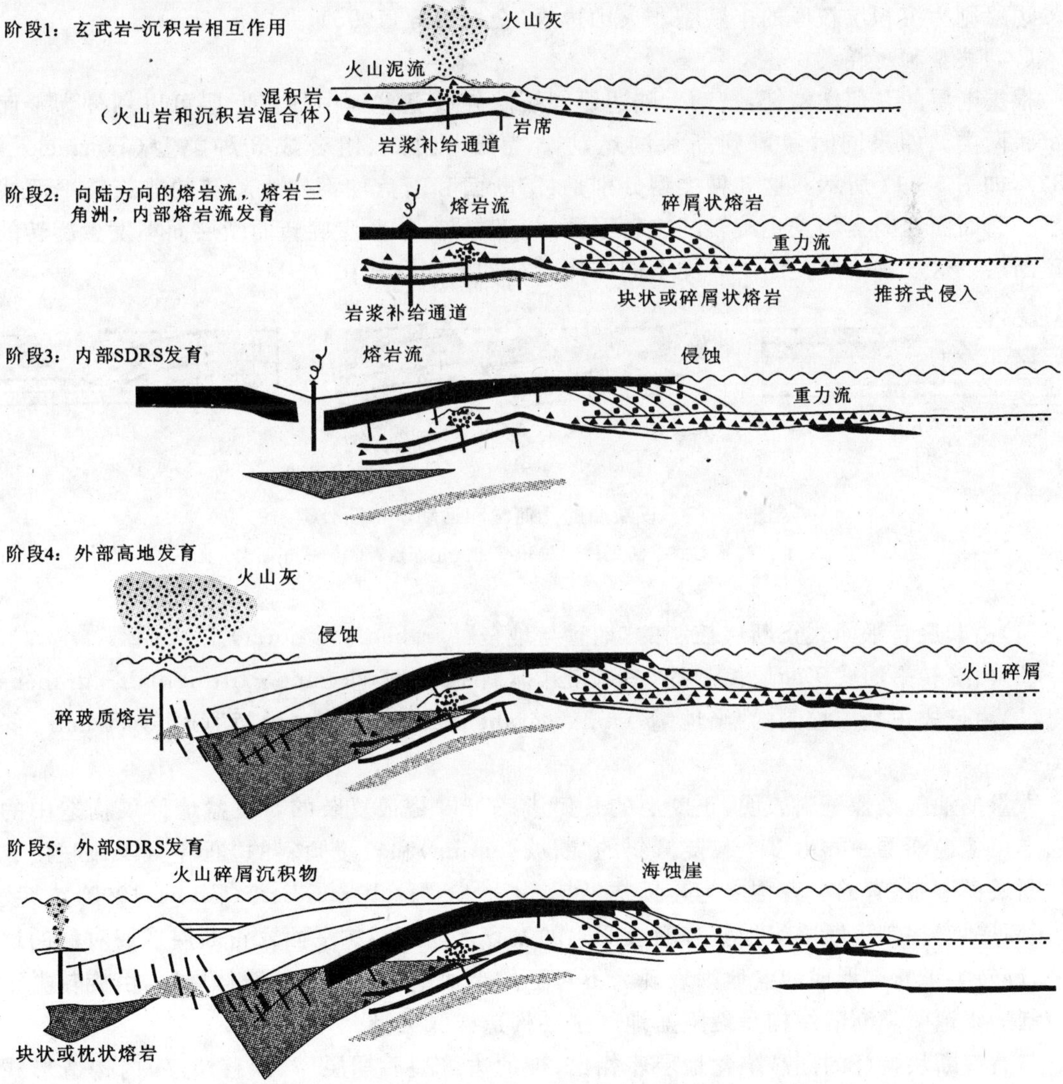

图 5-16　火山型边缘地震相单元形成模式

（据 Planke，2000）

二、非火山型被动边缘

（一）概念和基本特征

非火山型被动边缘（图 5－11B）的特点是，在一宽达 100～300km 的广阔地带出现脆性断裂和块断作用，以及下地壳-上地幔的塑性拉伸变形。岩浆活动一般仅限于岩石圈的深部，在地壳上部仅有小量火山活动。所以，非火山型被动边缘岩浆活动所起的作用是有限的，而岩石圈的拉伸占据主导地位。通过地幔去顶作用，地壳和岩石圈在数十至上百公里范围内发生强烈的拉张减薄作用。洋陆过渡带中广泛出现蛇纹岩化地幔橄榄岩。红海（属活动的张裂边缘）、伊比利亚半岛西缘、北比斯开湾边缘等为沉积层较薄的贫瘠型非火山边缘；美国东部沿乔治滩边缘则为沉积层较厚的丰腴型非火山边缘（金性春等，1995）。

（二）典型构造样式

根据断层的几何学特征，被动大陆边缘同裂陷伸展型盆地中的正断层可以划分为平面状和铲状两类。如果同时考虑到断块的运动学特征，则可以组合成 3 种类型（Wernicke 等，1982），如图 5－17 所示。这 3 种类型分别是：①断面和断盘均不发生旋转的非旋转平面式正断层。②断面和断盘均发生旋转的旋转平面式正断层。③断盘旋转而断层面不发生旋转的铲式正断层。这 3 种断层控制了 3 类不同结构特征的断陷盆地：

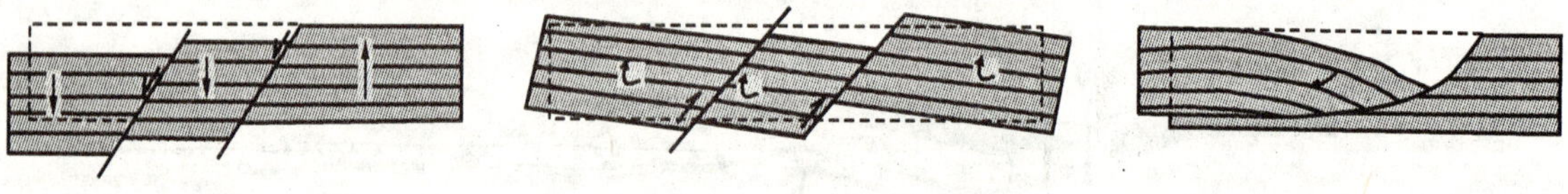

(A)　　(B)　　(C)

图 5－17　正断层的几何学和运动学特征分类

(A)非旋转平面式正断层；(B)旋转平面式正断层；(C)铲式正断层

(1)由非旋转平面式正断层控制的"地堑与地垒"(graben and horst)。

(2)由旋转平面式正断层控制的"多米诺式掀斜半地堑"(domino－tilting half－grabens)。

(3)由铲式正断层控制的"半地堑"(half－graben)或"滚动式半地堑"(rollover half－graben)。

大量的油气勘探资料表明，正断层的几何形态可以是很复杂的。在盆地伸展构造中的正断层亦可像逆断层一样由多个较陡倾斜的"断坡"(ramp)和较缓倾斜的"断坪"(flat)联接成台阶状断层面形态，有的学者称之为连锁式断层系(linked fault families)(Gibbs，1990)或"坡坪式"正断层，它控制了断陷半地堑和断坡凹陷的发育。非旋转的平面式正断层形成对称的地堑盆地，旋转类正断层形成的盆地则表现为不对称的半地堑。在大陆地壳伸展区，由旋转类正断层控制的半地堑类断陷结构是裂陷盆地的主要构造样式类型。

与具有断块特征的同裂陷盆地层序相比，被动边缘裂后期层序（漂移层序）内构造形式以重力驱动的同沉积滑动构造和盐构造为特征。其中滑脱正断层样式最常见，在美国墨西哥湾岸盆地等被动大陆边缘区均有典型发育。

构成滑脱正断层样式的基本类型是在塑性岩石中形成的向着盆地的断层，其位移历史与沉积作用密切有关，同生活动显著，断层下降盘一边向盆地滑脱，一边又有沉积物堆积在上面。

地层厚度在下降盘靠近断层面处急剧增加，断距在剖面上是向下递增。在地表，如沉积速度与滑脱速度接近一致时，断距可为零。

同沉积滑动正断层样式主要发育的部位是被动边缘型三角洲及大陆坡等开放性的沉积环境，这些地点往往形成巨厚的退覆层序。由于沉积速度快，半固结的沉积物可以自由地向盆地移动。断裂的形成除了靠蠕动作用外，还常常与盐岩的生长和泥岩构造有关。位移最大的断层是向盆地下掉的同向断层。向盆地上倾方向位移的"反向断层"为次级断层，一股终止在同向断层上，只有一些原生的反向断层有较大的位移(图 5－18)。

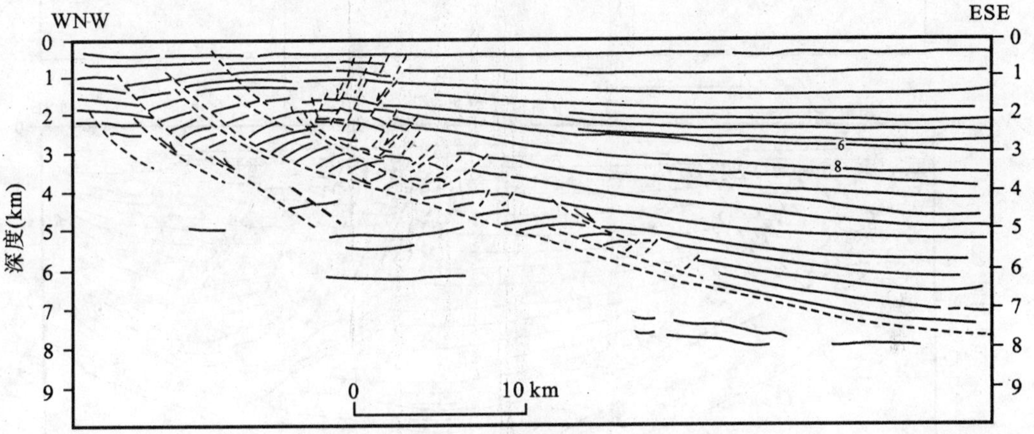

图 5－18 沉积滑脱构造

(据 Bally 等，1994)

在剖面上，许多同沉积断层沿着泥岩或盐岩与上覆沉积岩的接触带滑脱，所以断层倾层倾向与泥岩脊或盐底辟的翼近于平行。这些断层明显呈铲形，向下与层面平行合并(图 5－19)，或者消失在混杂的滑动流动带内。在旋转方向与盆底倾斜方向相反时，则在主断层的下降盘形成平行主断层的滑脱滚动背斜。此时，下降盘地层靠近断层的地方最厚，远离断层变薄。浅部宽阔的滚动背斜在深部一般变得比较复杂。

盐岩构造也是被动大陆边缘飘移层序中常见的一个独立的构造样式。裂谷初期形成的狭窄而局限的断槽为厚层蒸发盐岩的堆积提供了一个理想的环境，特别是高温干旱的低纬度地区。墨西哥湾沿岸平原以及向南到较低的陆棚区，盐岩构造推进次序为：从孤立的小盐栓，经过密集的大盐栓到几乎连续的盐脊和形态不规则的大盐块。墨西哥湾近岸处盐岩构造生长序列是：从初期的盐隆到较窄的盐脊或盐株，最后形成狭窄的盐柱或盐栓(图 5－20)。未受构造力影响的盐丘，其分布特征是不规则成群出现，如墨西哥湾沿岸盆地较低的陆棚区，在很大面积上都广泛、密集地分布溶盐块和盐脊，但多数看不出明显的走向。盐岩核部的垂直上升引起盖层的局部拉张、滑脱和顶部塌陷断裂，其断裂型式多为放射状或横向断裂，构造复杂。

被动大陆边缘的泥岩构造分布也非常广泛，泥岩构造与盐岩构造形态上很相似，地震剖面上均以反射中断而呈现其轮廓，实际上这两种构造往往是共生的，形成复合型穹隆背斜。因此，仅从剖面形态很难将两者区分开。根据声速资料可以将两种构造区分开来，因为泥岩体的声速只有盐岩的一半，此外，泥岩构造不发育边缘向斜，也可作为一个区分标志。

(三)断裂系极性

关于裂谷系中的断层型式，早期的观点是对称型的地垒与地堑相间分布(Liggett 和 Eh-

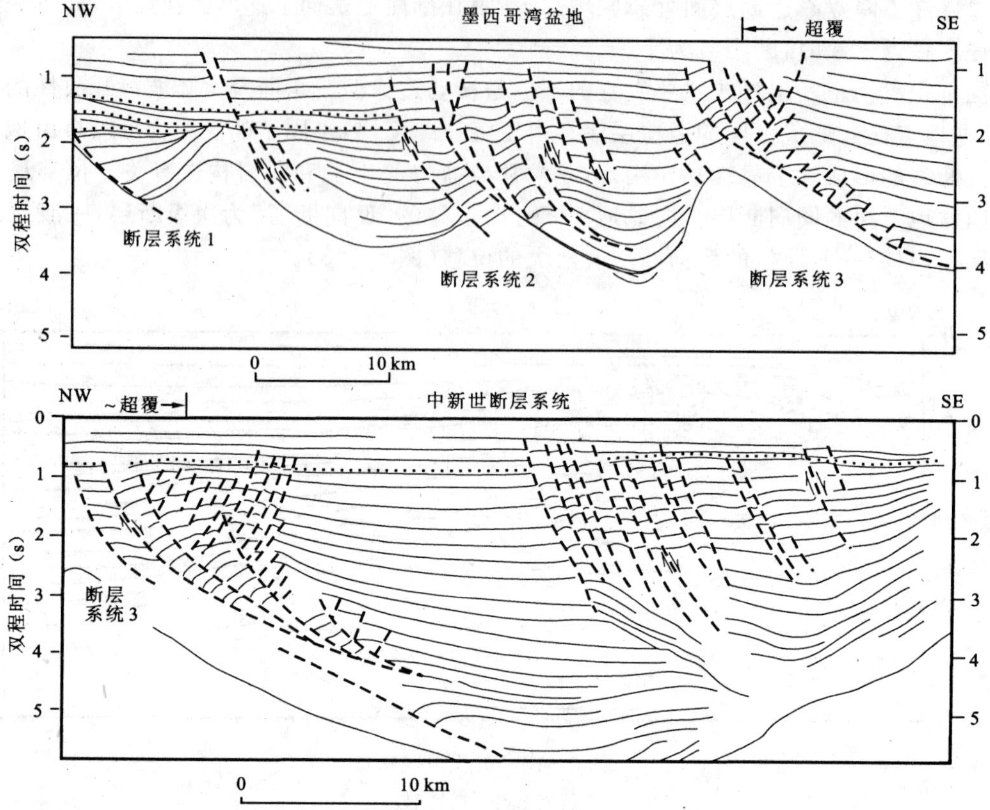

图 5-19 墨西哥湾盆地的盐构造和滑脱构造

(据 Bally 等,1994)

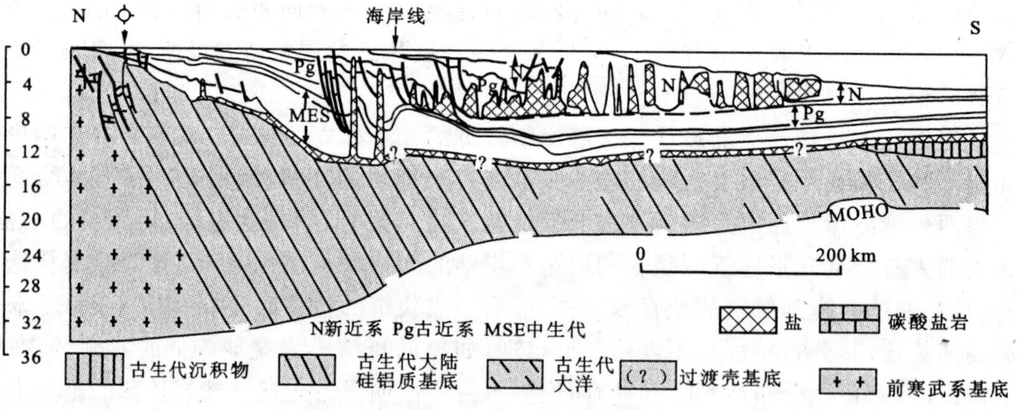

图 5-20 墨西哥湾大陆边缘剖面

(据 Bally,1981)

renspeck,1974;Liggett 和 Childs,1974),如图 5-21 所示。如果伸展带在板块边界长度范围内连续分布,就必然会被转换断层错断。

然而,大量的地震反射资料表明,只有极少数的对称裂谷系存在,广泛的半地堑型裂谷系在自然界占优势。图 5-22 表示了一个地堑区的理想的立体图,切断裂谷系的转换断层两侧的断层极性(或下落方向)相反。地堑系轴部可能在不同程度上被转换断层水平错断。沿转换断层的这种水平错断有极其重要的意义,因为它将发育史和伸展规模都很不相同的两个区段紧密地拼接在一起。因此,有些地段相比之下可能经历更大的沉降作用,例如,根据这种模型就可以解释沉积物巨厚的巴尔的摩峡谷区与北美大西洋边缘中乔治岸盆地的对比关系。

图 5-23 表示发育倾向于大洋的铲式断层系的被动边缘的发展,在几乎没有拉伸变薄和岩石圈变冷造成的沉降之处,保留了较高的台地(如乔治滩);而由于拉伸作用使地壳广泛衰减和随

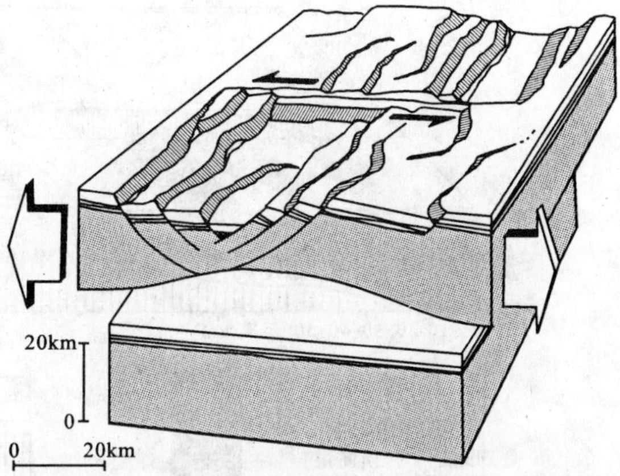

图 5-21　对称裂谷系铲式正断层调节地壳的伸展

(据 Allen,1995)

由于转换断层的作用,裂谷沿轴部发生水平错断

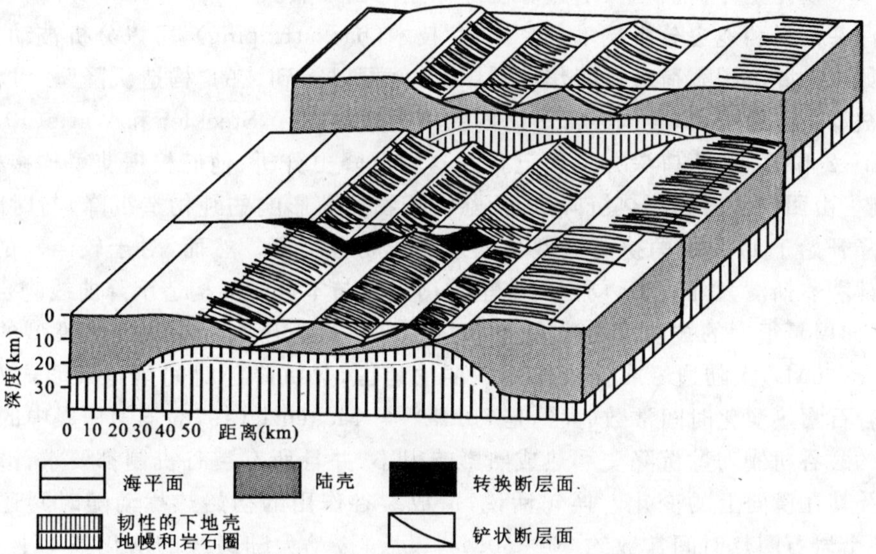

图 5-22　转换断层两侧张性断裂体系极性相反

(据 Bally,1984)

图中未标出充填于半地堑中的沉积物

之发生快速岩石圈冷却沉降之处将导致厚度大的沉积盆地的发育,如巴尔的摩峡谷。

转换断层的极性变化的原因还不十分清楚。伸展前基底的非均匀性质和现存构造软弱带的发育可能是一个主要的控制因素。

(四)沉降历史

有关被动大陆边缘大幅度沉降的原因,先后曾提出过不同的假说,如沉积物载荷、下地壳或地幔岩石圈中岩石相变(从辉长岩到榴辉岩)、韧性的下地壳向大洋方向蠕动以及岩石圈冷却变薄之后引起的沉降等。现在普遍的观点认为是,在被动大陆边缘的演化过程中,可能有多

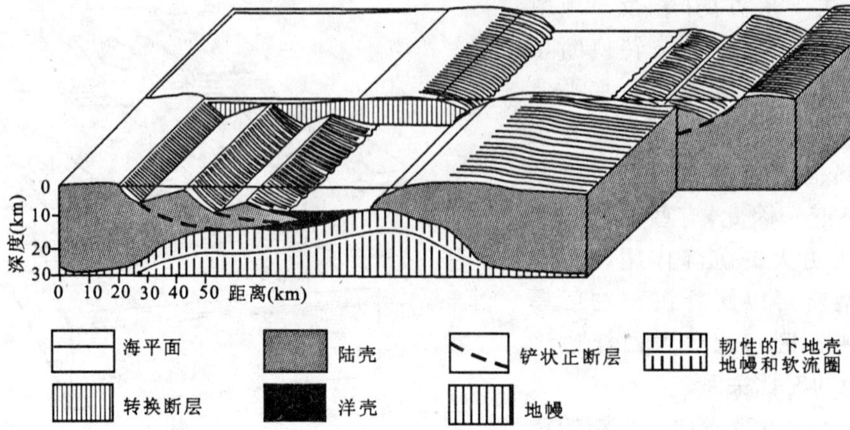

图 5-23 发育倾向大洋的铲式断层系的被动大陆边缘

(据 Bally 等,1994)

种机制在起作用,但是,对于各种机制来说,Mckenzie(1978)模式,即岩石圈伸展后随之又发生冷却这个基本模型是分析被动大陆边缘沉降作用的出发点。

通过深井资料和地史分析技术,即“回剥”技术(backstripping),可以分析被动大陆边缘的沉降史。如果排除沉积载荷对沉降作用的影响,就可以得到纯的“构造沉降”。对堆积有巨厚沉积物的被动大陆边缘,如美国东部沿海的巴尔的摩峡谷区,Steckler 和 Watts(1978,1981)利用 COSTB-2 和 B-3 两口深井资料已作过这种沉降史分析,他们根据艾里均衡模型和挠曲模型,绘制了由回剥法得到的热沉降(即消除沉积物负荷影响的纯构造沉降)与时间的关系曲线。热沉降开始于 170Ma 的挠曲模型与关系曲线吻合很好。然而,对于较年轻的(<24Ma)地中海西部利翁斯湾大陆边缘,局部的艾里均衡模型与本区实际构造沉降曲线吻合程度较好。因此,对于伸展量很大的被动大陆边缘,热沉降值非常接近于大洋中脊冷却模型的预测,而对于年轻的(<25Ma)大陆边缘或伸展作用减弱的地区,热沉降随时间呈指数形式变化即 $e^{-t/\tau}$,其中 τ 是岩石圈热演化时间常数(大约是 50Ma),与 Mckenzie(1978)均匀伸展中的 τ 值相同。

不同的裂谷机制对盆沉降史和热成熟影响很小,并且所有裂谷机制都要求计算地壳的伸展系数 β 及其在横向上的变化。换句话说,造成裂谷作用的初始热扰动随时间逐渐衰减,因此,经过一个岩石圈热时间常数约 50~60Ma,以后,被动大陆边缘的演化基本上不依赖于精确的裂谷机制而独立地进行了。

图 5-24 表示美国大陆边缘的主要构造特征。由陆地至海洋,海岸平原有向海洋方向增厚的沉积楔形体,过了枢纽带基底深度迅速增大。枢纽带代表相对未变形的大陆地壳与强烈减薄变热并受到裂谷作用改造的大陆地壳之间的过渡带。枢纽带向海洋一侧是巨厚沉积物堆积的场所,进一步向海洋方向远离枢纽带则有真正的洋壳发育。

通过回剥法由 COSTB-2 井获得的沉降曲线与理论曲线对比,可估算出伸展量。用简单均匀伸展模型,按艾里均衡理论,β 取值范围在 3~3.5 之间。若用挠曲均衡模型,则 β 值可达到 5(直到等于大洋中脊的伸展量)。艾里均衡模型与挠曲均衡模型得到的结果可能表示实际的伸展量大约为 $\beta=4$,这说明陆壳已减薄到几乎与大洋壳厚度相等的水平。通过地壳厚度的重力模拟可以证实这一点。

横穿美洲大陆边缘,构造沉降(及伸展)幅度呈有规律的变化:

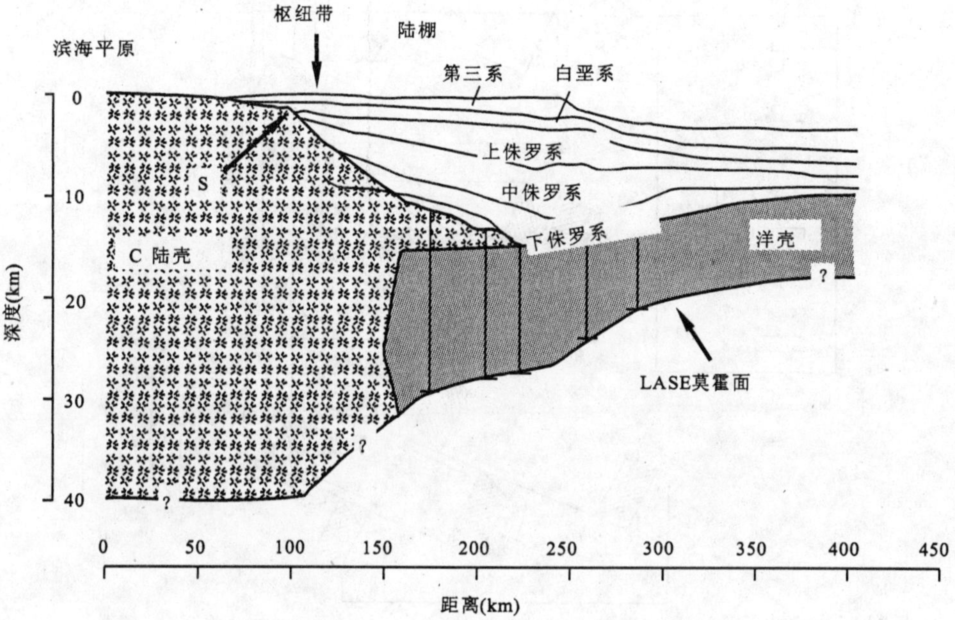

图 5-24 北美巴尔的摩峡谷陆缘深层地壳结构及上覆沉积棱柱体
(据 Watts,1988)

(1)枢纽带向海洋一侧的伸展量可高达 $\beta=4$。

(2)相对而言,枢纽带的伸展量要小得多($\beta=1.5\sim2.0$)。

(3)枢纽带向陆地一侧无裂谷期伸展作用,其裂谷期后的沉降作用是因挠曲变形造成的。

三、张裂-转换型被动边缘

张裂-转换型边缘[图 5-11(C)]以张裂形变中伴有较大的走滑剪切分量为特征,这类边缘是从陆内剪切错动(如圣安德烈斯断层系)至大洋转换断层带(如加利福尼亚湾)的演化过程中发育起来的(图 5-25)。如沿南大西洋与中大西洋之间的南美东北缘与相应的西非边缘,福克兰海台以及非洲南部与厄加勒斯断裂带有关的大陆边缘都属于张裂-转换型边缘。在这类边缘的剪切段落,裂陷作用和火山活动均较微弱或缺失,也无宽阔的地壳变薄作用,从而陆壳比较陡峭,陆隆发育较差,其上缺乏巨厚的沉积楔形体,整个大陆边缘的宽度较小。

第三节 被动大陆边缘的发育机制和演化

一、被动大陆边缘演化阶段

关于被动大陆边缘的演化总的可分成 3 个阶段:

1. 裂陷阶段

大陆岩石圈的拉伸导致异常地幔生成并上涌,使地温梯度变陡。深处的局部熔融进一步

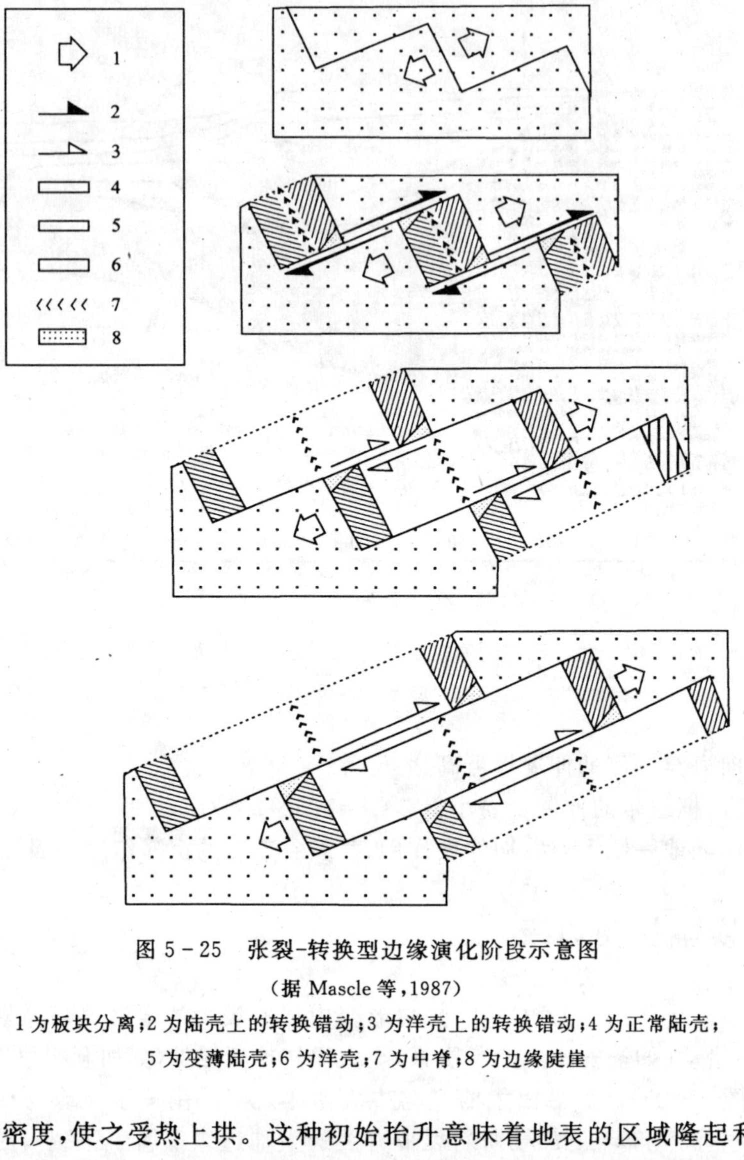

图 5-25 张裂-转换型边缘演化阶段示意图

(据 Mascle 等,1987)

1 为板块分离;2 为陆壳上的转换错动;3 为洋壳上的转换错动;4 为正常陆壳;
5 为变薄陆壳;6 为洋壳;7 为中脊;8 为边缘陡崖

降低了岩石圈的密度,使之受热上拱。这种初始抬升意味着地表的区域隆起和遭受侵蚀。变薄了的地壳通过铲状正断作用在地表形成复杂的地堑系,堆积了来自毗邻高地的扇砾岩、洪泛平原沉积和蒸发岩。裂谷阶段在有些情况下是十分短暂的,可能只包括一个裂谷事件;而在另一些情况下裂谷作用延续时间较长,可以包括几个裂谷阶段(例如,格陵兰的东海岸或澳大利亚西北)。

2. 漂移开始阶段

裂陷的最高峰,以洋中脊的出现为标志。来自地幔的熔岩沿裂隙上升,铺满新出现的海底,最终建造起正常厚度的大洋壳。大陆壳最终断开,并随着海底扩展作用而向两侧漂移。漂移开始的时间相当于毗邻大陆的最老大洋壳的年龄。在剖面上则由破裂不整合的年龄所代表。

3. 主漂移阶段

断开的大陆壳从扩展中心的外移意味着逐渐远离高热流中心而不断冷却沉陷,导致巨厚沉积在其上生成,这是被动大陆边缘沉陷的主要原因。这个阶段被动大陆边缘以大量下沉为主，下沉速率从漂移开始时代起呈指数下降。典型情况是沉积速率超过下沉的速率，这可导致巨厚的进积沉积层序发育。在超补偿状态下的浅海，甚至陆相褐煤堆积可以不断地向大洋方向推进，从海岸平原、大陆架、大陆坡一直推进到与大洋壳的交界处附近，迫使其前缘的珊瑚礁不断向外生长，并最终被碎屑堆积所埋藏。这些巨厚的沉积层序常常被不整合所分开，在层序地层学中，这些不整合构成了各级层序的边界。

在远离大陆和从大陆分离出来的地垒岩块上，常常没有被陆源沉积物所覆盖，而沉积物供应不足常导致非补偿边缘的形成。

从裂陷到漂移的转化可以很快，如大西洋；也可以经历很长时间，甚至夭折，如东非裂谷和莱茵地堑。红海是初始漂移阶段的现代实例，那里最近 24Ma 期间的扩展速度为 9m/ka。盆地南段的轴部已出现大洋壳，现正从南向北扩展。加利福尼亚湾在过去 4Ma 期间才出现轴向盆地，那里两个相距 10km 的深海钻孔，一个底部为花岗岩基底，代表变薄了的大陆壳；另一个则为大洋玄武岩，可见从大陆到大洋的过渡是急剧的。

二、非火山型被动大陆边缘的演化机制

（一）岩石圈伸展模式

当大陆裂陷作用发展到海底扩张开始、新生洋壳诞生时，被动大陆边缘随之形成。以往对于被动大陆边缘发育机制建立在纯剪切变形模式之上，其中，Mckenzie(1978)提出的模式较好地解释了岩石圈伸展区的地壳厚度、沉陷历史和重力型式等特征，因而被广泛接受，成为经典的岩石圈伸展、洋盆形成的模式。

20 世纪 80 年代以来，在伸展构造研究领域内，人们开始将岩石圈作为一个整体来探讨其在伸展作用下实际的构造变形机制。通过不同地区，特别是美国西部盆岭区的构造研究发现，纯剪切模式存在很多问题。

首先，在伸展构造区内的主体构造是低角度的正断层，即拆离断层或剥离断层。这种断层是在伸展应力作用下，由地壳或岩石圈的简单剪切变形作用而形成的。它可以发育在地壳内部中地壳层次上，也可以切穿整个岩石圈。第二，在被动大陆边缘和大型断陷盆地反射地震剖面上缺乏对称裂陷构造，盆地两侧构造几何学完全不同，被动大陆边缘普遍存在构造上的不对称性。第三，均匀纯剪切模式只预测了沉陷历史、热历史和地壳变薄作用之间的简单关系，而伸展区的隆升和沉陷历史非常复杂，与拆离断层的深度、断层上、下盘的伸展量(β和δ)、岩石圈的初始厚度和伸展作用时的地热梯度等因素有关。

图 5-26 表示了纯剪切和简单剪切变形体制下岩石圈的伸展。这两种模式的明显不同之处是：简单剪切变形产生强烈不对称构造，壳-幔明显拆离，以至上地壳伸展因子(β)明显不同于壳下伸展因子(δ)，而且壳幔变薄区位置明显分离。

大洋钻探计划第 103 航次在伊比利亚半岛西北的加利西亚边缘，第 149 航次在加利西亚边缘以南的伊比利亚边缘布置钻探，钻穿了几乎全部的同裂谷期和后裂谷期沉积物，确证了边缘下存在着一系列掀斜断块，并经历了快速的沉陷过程。这里火山活动极其微弱，是典型的非火山型边缘。最引人注目的发现是，强烈拉张所伴随的构造剥露作用使橄榄岩出露于被动边缘的麓部。103、149 航次在伊比利亚洋-陆过渡带沉积层以下发现橄榄岩露头约有数十公里宽。蚀变的橄榄岩构成延伸 100km 的海脊，将块断拉薄的陆壳与正常洋壳分开，标出了大致的陆-洋壳边界。在 130Ma 前伊比利亚与北美纽芬兰分裂时陆壳被强烈拉伸变薄，橄榄岩可

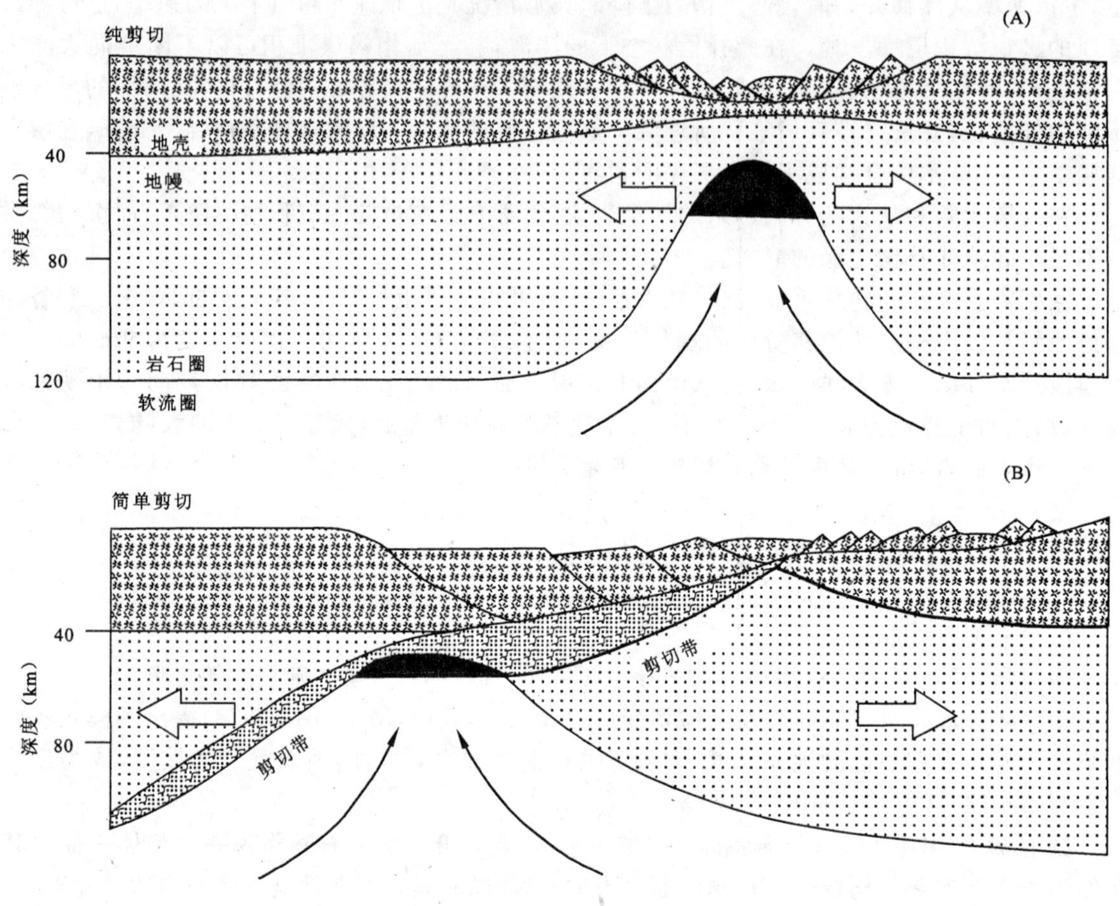

图 5-26 岩石圈伸展变形的纯剪切模式和简单剪切模式

(A)纯剪切模式;(B)简单剪切模式

能在海底广泛出露。这些钻探成果有利于不对称的简单剪切模式。

由此可见,简单剪切变形作用下形成的拆离断层在被动大陆边缘的形成和演化中占有重要的地位。目前许多研究者已经建立了以剥离断层为基础的被动大陆边缘构造模式,这些模式在世界典型被动大陆边缘(如大西洋边缘)的研究中得到了成功的应用。

Lister 等(1991)综合考虑了拆离断层几何学、缓倾斜韧性剪切带和拆离断层之下的地壳或上地幔的纯剪切变形,提出了 5 个岩石圈伸展的拆离断层模式(图 5-27)。

1. 岩石圈楔(Wernicke)模式

沿单一拆离带发生大规模运移而导致岩石圈伸展。当剥离断层下盘从上盘之下被拖拉到地表时,下盘发生上隆[图 5-27(A)]。

2. 分层拆离模式

垂直剖面上,由地表向下岩石圈的强度交替变化。强度最大部位位于中地壳层次和壳幔边界上。作为应力导层(stress guides)的高强度水平层系控制了穿越岩石圈的剥离断层。当拆离断层分别穿过软、硬层系时,将表现为类似于逆冲断层缓、陡交替的断坪、断坡几何形态。图 5-27(B)表示在中地壳应力导层之下拆离断层水平延伸相当大的距离后变陡向下穿越下地壳,延伸到壳幔边界层次时又呈水平状态产出。阶梯状拆离断层的断坡部位往往发育断坡

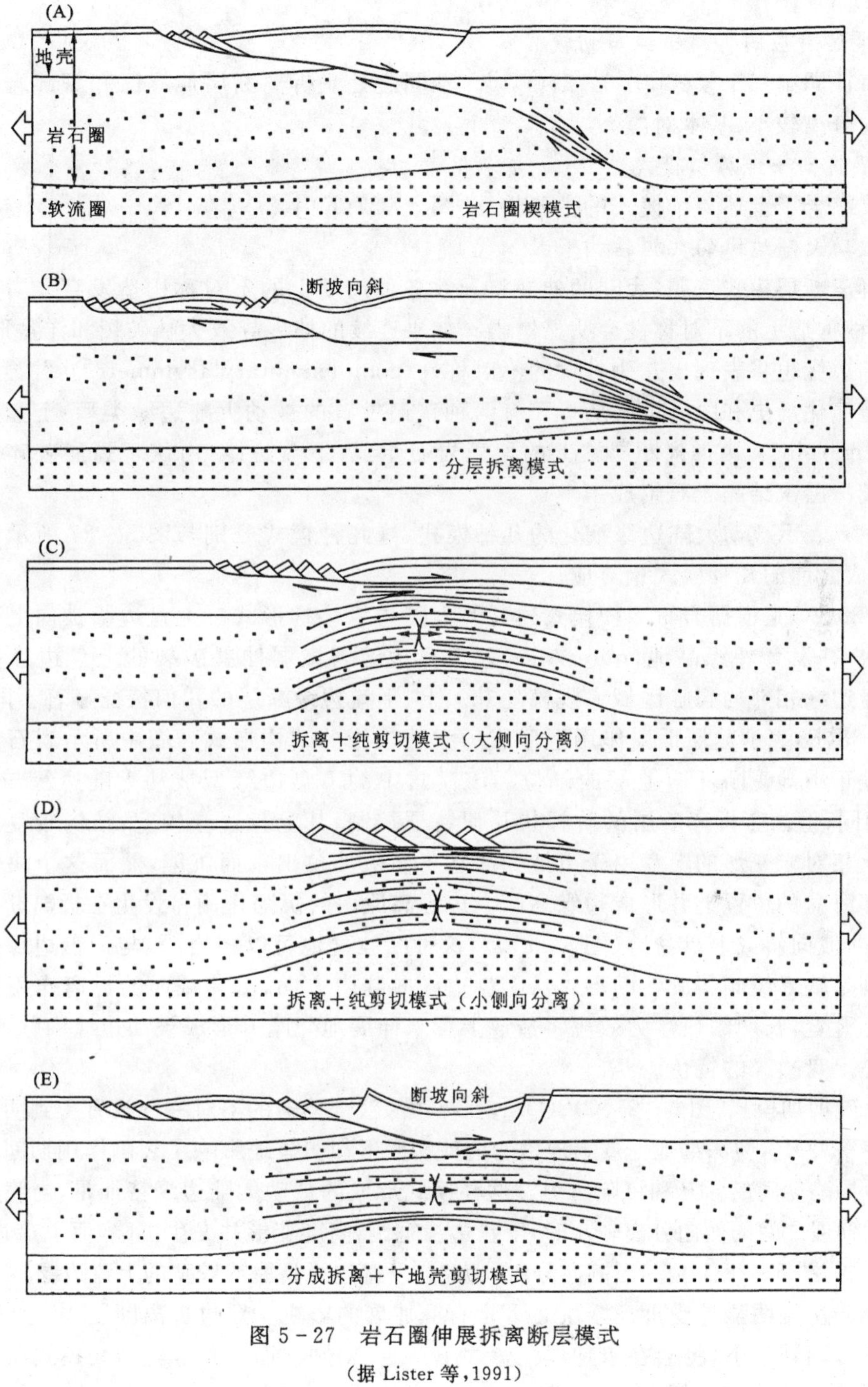

图 5－27　岩石圈伸展拆离断层模式

（据 Lister 等，1991）

向斜或断坡盆地。

3．伸展区分离的拆离＋纯剪切模式

这个模式的主要特征是在中地壳剪切带之下岩石圈发生了韧性伸展作用。拆离断层向下消失于韧性剪切带中。在拆离断层和韧性剪切带之下的地壳和上地幔遭受共轴伸展作用。在这个模式中，拆离断层上盘伸展区和对应的深部岩石圈伸展区之间有较大规模的水平侧向分离[图 5-27(C)]。

4. 伸展区对应的拆离＋纯剪切模式

基本特征同第三个模式[图 5-27(D)]。不同之处是拆离断层伸展区和深部岩石圈伸展区之间侧向分离较小，基本对应。

5. 分层拆离＋纯剪切模式

该模式综合了上述 4 个模式的主要特征[图 5-27(E)]。

(二)被动大陆边缘的共轭结构形式

上述拆离断层模式表明，大陆的伸展将导致各种尺度上的不对称构造发育。当大陆强烈伸展时，这种构造上的不对称性会明显增强。如果连续的伸展导致大陆破裂和洋盆形成，洋盆两侧的大陆边缘也将表现出互为补偿的不对称性(complementary asymmetry)，并显示出明显不同的构造演化历史和隆升沉陷历史。有两种普遍发育的被动大陆边缘类型：上盘边缘(upper-plate margins)，由拆离断层之上的地壳岩石组成；下盘边缘，由伏于强烈破碎的上盘残余之下的较深层次结晶岩石组成。

图 5-28 表示被动大陆边缘演化的几种模式，这几种模式分别与图 5-27 所示岩石圈伸展、洋盆形成之前的几种模式相对应。

图 5-28(A)是根据岩石圈楔模式建立的大陆边缘结构形式。上盘边缘被向上弯曲的拆离断层围限，并发育外缘高地(outer rise)。下盘边缘与微弱伸展破裂的上盘边缘呈互补关系。与上盘边缘相邻的腹陆区域大规模隆升。上、下盘边缘断层的几何特征显著不同。

图 5-28(B)表示分层拆离作用下形成的大陆边缘的结构形式。图中所示岩石圈破裂点位置正好处于中地壳断坪向上弯曲部位。该模式中的下盘边缘型被动大陆边缘与图 5-28(A)所示相同，但由于拆离断层的阶梯状几何特征控制，其上盘边缘较宽，结构较复杂。中地壳断坪之上相对未变形的上盘由于下地壳从它下面被抽拉出来而沉陷，然而这个块体仍然处于高于相邻海盆的位置上并形成边缘高原。边缘高原内的沉陷作用将发生在拆离断层的断坡之上，形成断坡向斜或上盘盆地(图 5-27)。这种断坡盆地可以相当深，与下盘边缘裂陷盆地的主要区别是缺乏缓倾斜旋转断层。从上盘边缘向陆内方向，沿莫霍面的拆离作用将使热的地幔与地壳叠置，长期的热浮力效应将造成上覆未伸展地壳隆升形成被动边缘山脉，这些大型地貌特征是上盘边缘的特色。

拆离＋纯剪切模式[图 5-27(C)、(D)]，互补边缘浅部构造的不对称性没有受到明显的影响[图 5-28(C)、(D)]，但深部地壳或上地幔的纯剪切变形却明显地影响了裂陷作用期间和被动大陆边缘最后坳陷期间的隆升和沉陷历史。这种模式形成的被动大陆边缘特征是，当脆性上地壳和深部韧性伸展之间的侧向分离较小时，下盘边缘宽阔，高度变形并发生沉陷，而上盘边缘狭窄，相对变形较弱[图 5-28(D)]。当侧向分离较大时，发育边缘高原或较宽的上盘边缘。

边缘隆陷历史明显地受拆离断层之下岩石圈伸展的影响。穿过拆离断层，其上、下盘发生大规模侧向分离情况下，将会在未伸展上盘之下产生热异常，而不是像纯剪切模式所预示的那样在对应裂陷构造的下方[图 5-28(C)]。

在下盘边缘沉陷相对小的部位发育"坡栖"裂陷盆地(perched rift basin)，在上盘边缘一侧发育一伸展后热沉陷开阔带。较小的侧向分离意味着高度伸展的(脆性的)上盘至少有一部分位于地幔伸展带上。那么岩石圈颈缩的热效应正好位于上盘边缘裂陷盆地之下，这将导致下盘边缘外侧产生相当大的裂陷后沉降[图 5-28(D)]。

图 5-28(E)表示最复杂的一种情形，拆离断层终止于壳下伸展带中的壳-幔边界上，由于

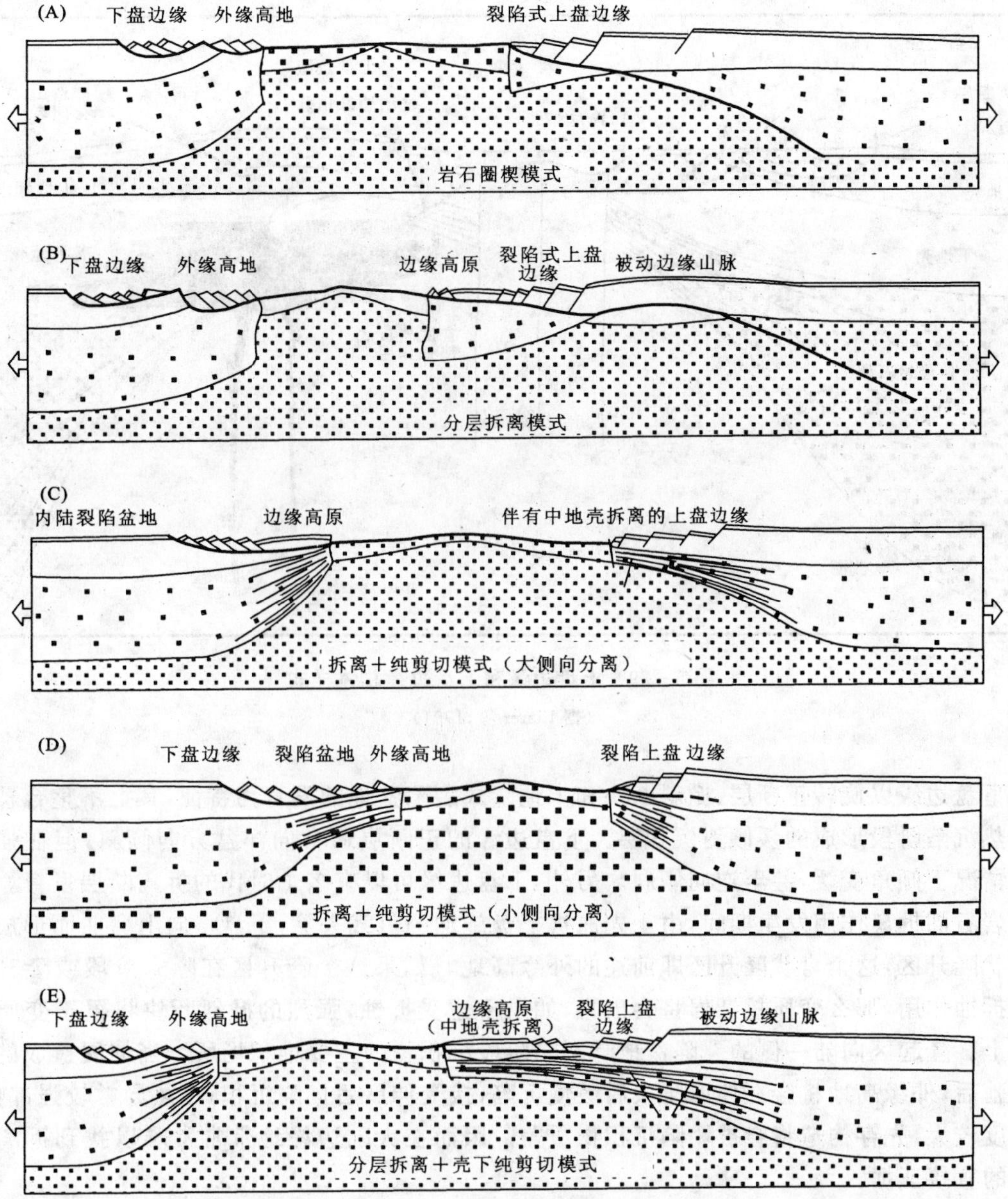

图 5－28　被动大陆边缘的 5 种结构形式
（据 Lister 等，1991）

拆离断层上、下盘伸展区相距较远，因而具有强烈不对称的隆陷历史。

（三）上盘边缘和下盘边缘构造特征

Falvey 和 Mutter（1981）已经注意到，大陆的破裂发生在向上弯曲上盘的穹状隆起内部或其附近，因为这里是地壳最薄部位。这一认识与传统的“岩石圈颈缩”模式所预测结果不同，大陆最终裂开点的位置与裂陷盆地本身并不一致，而是发生在这些裂陷盆地靠洋一侧的基底隆升区内。裂陷盆地代表上盘伸展部分，而向洋的基底块体代表地壳最薄的下盘隆升区内出露的地壳较深构造层次。在这一中心隆起点附近的开裂，把被动大陆边缘划分为上述上盘边缘型和下盘边缘型两种类型（图 5－29）。

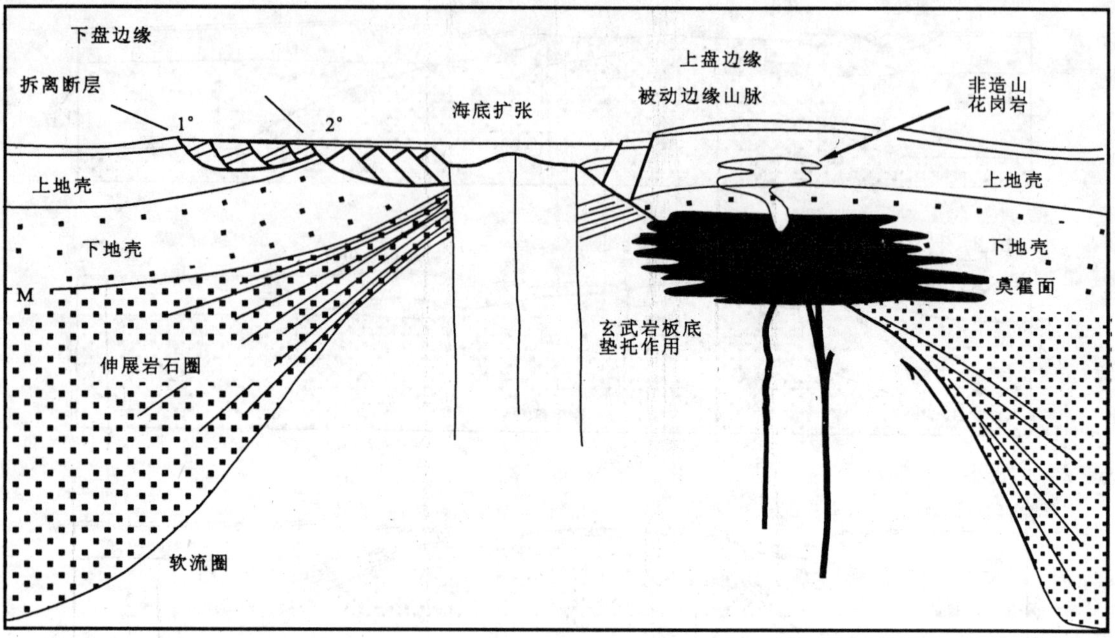

图 5-29 上盘边缘和下盘边缘总体样式

(据 Lister 等,1991)

下盘边缘以旋转正断层、掀斜断块和半地堑式裂陷盆地的发育为特征,其上不整合覆盖伸展后热沉陷阶段形成的缓倾斜沉积层。下盘边缘的正断层通常向洋盆方向倾斜,但在强烈伸展的情况下倾角变缓,甚至逆向倾斜。另外,下盘边缘可以有多个时代的拆离断层发育。

岩石圈拆离作用发生期间,由于先前被上盘施加的负载去除,下盘将向上弯曲而形成开阔的穹状隆升区,这个穹状隆升区即前述的外缘高地。如果这个隆升区在隆升阶段或隆升之后遭受拆蚀作用,那么变质核杂岩将会出露,如果不遭受拆蚀,强烈的掀斜断块将覆于变质核杂岩之上。隆起区向陆一侧的裂陷盆地是裂陷阶段沉积物的主要堆积场所。当伸展造成的热异常松弛后,外缘高地将会在伸展阶段后缓慢沉陷,接受伸展后拗陷沉积;在热异常较强部位,沉积幅度较大,先存构造将会被坳陷沉积物覆盖。因而在大陆边缘地带常常难以找到拆离断层存在的直接证据。

上盘边缘相对狭窄,构造比较简单,沉积物局限,其宽度和沉陷历史主要取决于拆离断层的几何特征和大陆最终裂开位置。高度伸展的上盘岩石残余物在上盘边缘非常少见。如果存在这种残余物时,其正断层倾向大陆边缘并与主断层方向一致。

在上盘边缘靠陆一侧,拆离断层穿入到上地幔部位达到其最深构造层次。沿着拆离断层的拆离作用导致冷的和高密度岩石圈向扩大洋盆方向水平运移,使较热的低密度的地壳基底出露和软流圈上升。由此将会导致与上盘边缘紧邻的大陆区隆升,形成被动边缘山脉。与此同时,上盘边缘受均衡作用所致的剪应力作用,将形成导致上隆区向海平面突然沉陷的正断层系。这些正断层系相对间隔较宽,产状陡倾,通常只调节少量的水平伸展,多发育在主伸展期的晚期阶段或主伸展期之后。它们以陡倾产状与主拆离断层相区别。这种类型的断层在地震剖面上反映比较清楚,它们可以有较大的垂直位移分量,使大陆基底呈台阶状向洋盆陡倾,这种上盘边缘两侧的大陆和洋盆呈突变式接触。

另外，关于上盘边缘发育的被动边缘山脉的成因，除了伸展作用期间岩石圈变薄的热浮效应之外，主要的原因是地幔释压熔融产生的岩浆板底垫托作用（Igneous underplating）的结果。

综上所述，上盘边缘变形相对较弱，而且可以由于板底垫托作用而隆升。相反下盘边缘上部变形强烈，高度断裂化，极度伸长（可达 100%～400%），并构成伸展之后坳陷盆地的基底，其上被缓倾斜裂陷后沉积覆盖，因而，被动大陆边缘两侧具有互补的不对称性。

需要强调指出，上述几种模式只代表被动大陆边缘的一般形式。对于某一具体地区可能有其独特的与这些模式不同的拆离断层的几何特征、运动演化历史和地壳深部的伸展变形场类型，这些特征多受先存构造、伸展前地壳和上地幔的厚度、成分和岩石圈流变学分层性等因素的影响。

三、火山型被动大陆边缘的成因机制

（一）成因模式

如前文所述，火山型边缘有两个明显的特征：一是火山型边缘的岩浆活动规模大，且集中于一个相当短暂的时期，通常在大陆破裂后的 1Ma 期间岩浆活动异常强烈，而在下一个 1Ma 即迅速衰减；第二是地壳的底部有很厚的火成岩体侵位，且底侵（underplating）的火成岩的数量远超过喷溢于地表的火山岩数量。另外，学者们注意到地球上一些大陆溢流玄武岩在空间上与火山型边缘相近，在时间上与大陆破裂同时发生，如北大西洋周围的第三纪火山区、南非的 Karoo，南美的 Parana 等溢流玄武岩（Larson 等，1994）。这种大规模岩浆活动席卷大陆相当大的范围，并沿其中的陆壳薄弱带发生大陆破裂形成火山型边缘（图 5－30）。

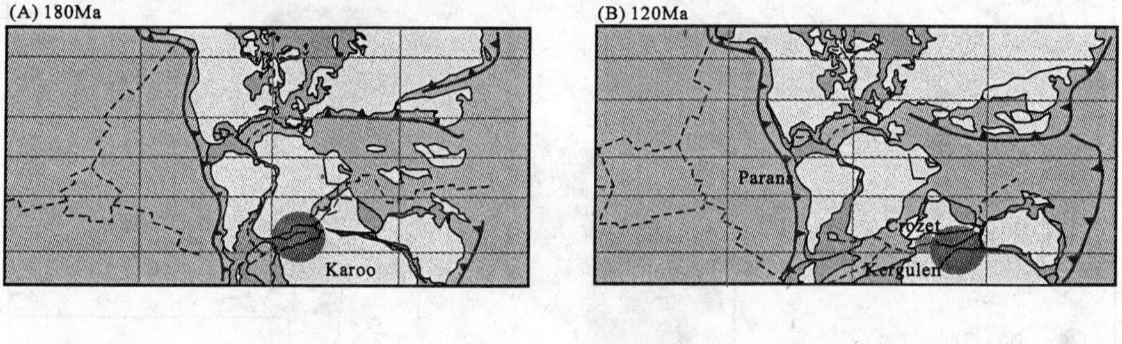

图 5－30　地幔柱活动与大陆裂开

实际上，火山型边缘与大陆溢流玄武岩及相关的侵入岩、玄武岩质洋底高原、海岭、海山群和洋盆溢流玄武岩等大规模镁铁质为主的火成岩堆积区构成了大型火成岩省（LIPs）的组成部分（Coffin，1994）。因此，一些学者将火山岩型被动大陆边缘的发育与地幔柱活动相联系。如图 5－31、图 5－32 所示，挪威与格陵兰在大约 57Ma 前分裂时曾处在一个活动热地幔柱上，随后二共轭边缘相互漂开并远离目前位于冰岛上的热地幔柱。与南大西洋南美东缘、非洲南部西缘的火山型边缘有关的热点现位于 Walvis 海岭西南端的 Tristan da Cunha 岛上。印度洋西海岸与塞舌尔海台分裂时热点随着印度北移，目前位于印度洋南部的 Reunion 岛上。由此可见，地幔柱的活动与这些典型的火山型边缘的形成有关。

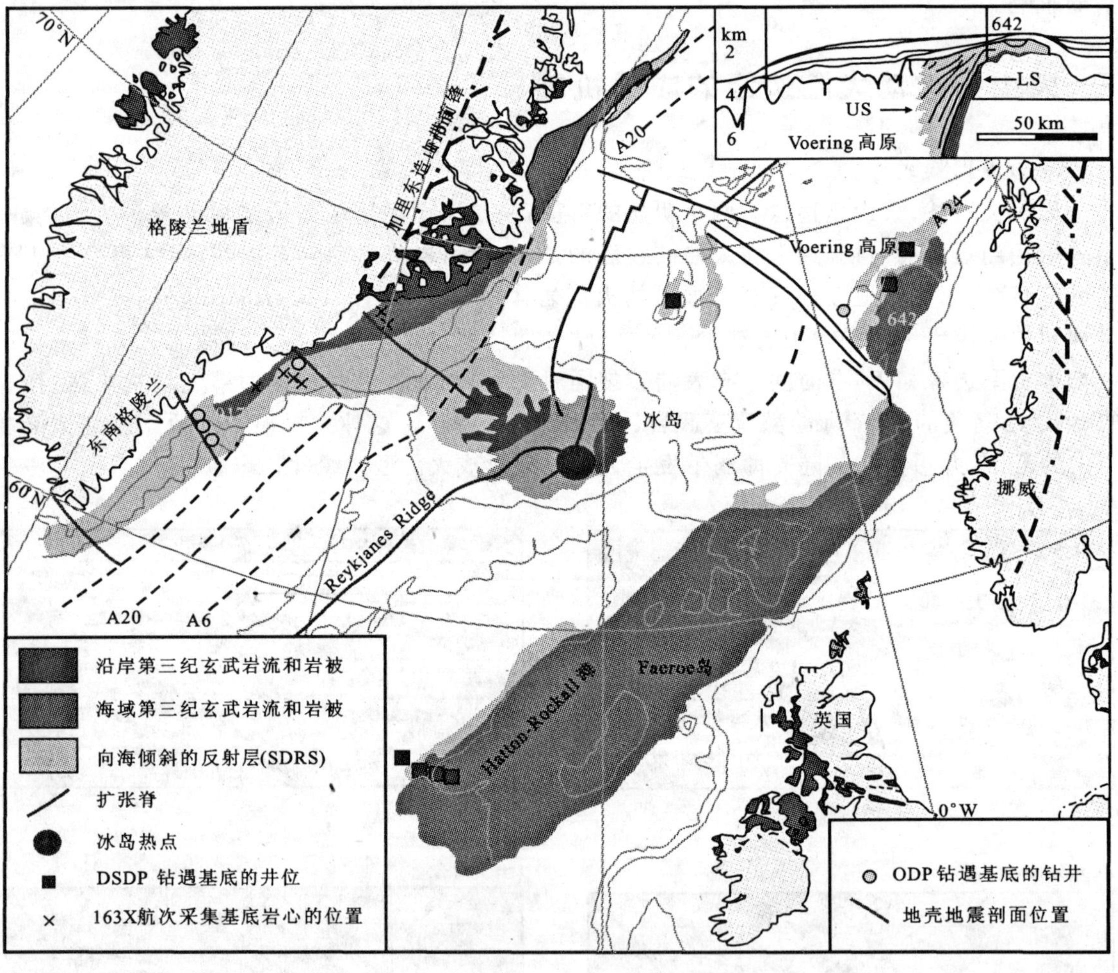

图 5－31 冰岛地幔柱与火山型边缘分布关系
（引自 ODP 资料，1999）

目前，有多种模式提出来解释火山型边缘的发育（图 5－33）（Griffiths，1990；Richards，1989；Coffin，1994）。图 5－33（A）为主动地幔柱模式，应力和应变从地幔柱传递到岩石圈板块。在该模式中，地幔柱从地幔底部的热边界层 D″上升，当其炽热的地幔柱头部撞击岩石圈底部时，岩石圈加热薄化发生熔融作用，还导致岩石圈穹形隆起并拉伸开来，最终使大陆岩石圈分裂开来。在这种模式中，首先是上隆，并伴有火山作用，裂谷作用发生在主要的溢流玄武岩活动事件之后。被动地幔柱模式［图 5－33（B）］是从火山型边缘构造和岩石学模型发展而

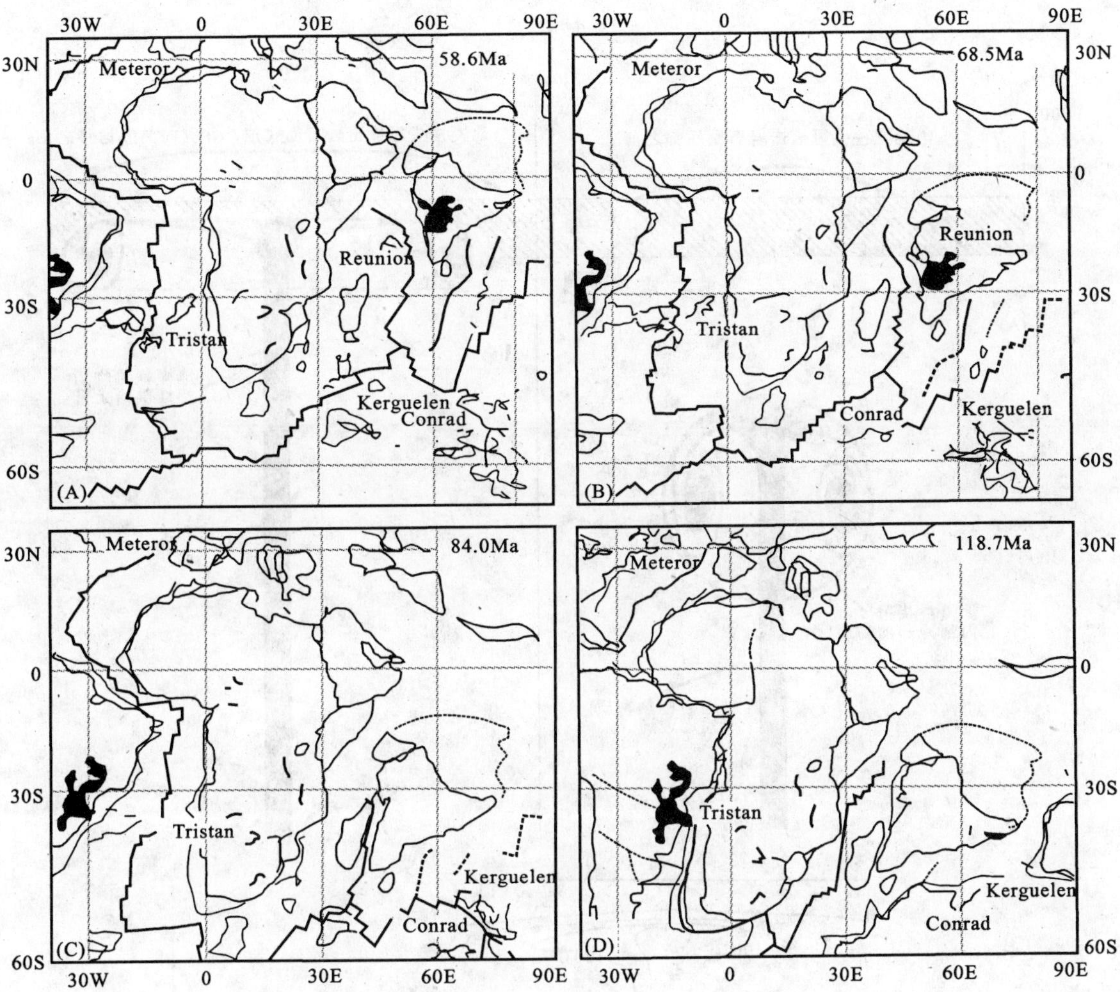

图 5-32　地幔柱活动与冈瓦纳大陆的破裂

(据 Muller et al.,1993)

来,由于岩石圈拉张作用,它诱使先存的稳态地幔柱绝热上涌,先压熔融,蘑菇状的地幔柱导致地表上隆,进而加速了伸展和更强的熔融作用,使岩石圈进一步拉张并分裂开来。最大的熔融发生在地壳裂开其间。在这种情况下,地幔柱的活动可能加速或触发了大陆的破裂。不管是主动或被动的地幔柱上涌都会使该处地幔温度升高,沿裂谷带上涌地幔物质减压熔融产生的岩浆数量将比正常温度地幔(无地幔柱上涌处)沿裂谷带产生的岩浆多得多。地幔柱蘑菇状的头部比其下的地幔柱半径更大,温度更高,它导致大规模的岩浆活动,在大陆破裂后形成异常厚的初始洋壳,随后让位于其下稳定的地幔柱活动。

Mutter 等(1988)提出第三种模式[图 5-33(C)],认为拉伸作用下,岩石圈深部陡而冷的边缘会引起短期地幔次生对流,上涌的地幔流会在海底扩张开始时造成一股强大的岩浆活动脉冲。这可以解释并未伴随地幔柱活动的火山型边缘的演化。

火山型和非火山型被动边缘有助于我们了解大陆破裂和沉积盆地形成过程。火山型边缘的岩石序列主要记录边缘的岩浆活动史,它给出的是地幔动力学和岩石圈被动作用的信息。火山型边缘的研究,使人们对岩浆活动在大陆分裂中所起的重要作用产生了全新的认识,对于重建板块运动和了解地球环境历史的变化具有重要的意义。

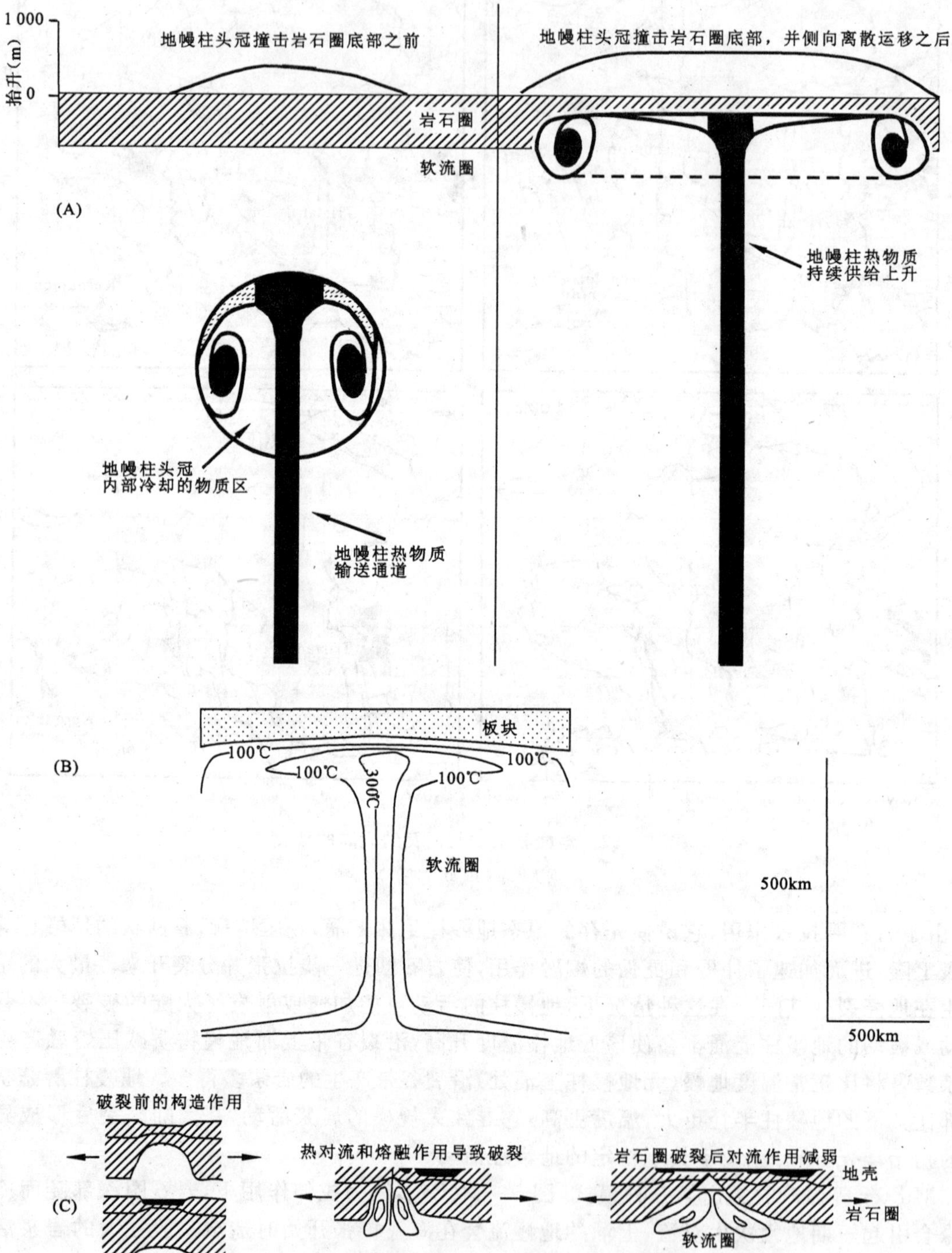

图 5-33 主动地幔柱(A)被动地幔柱(B)和地幔对流(C)模式

(据 Millard F Coffin 等,1994)

第六章 洋中脊构造系统

第一艘海洋学考察船,即英国"H. M. S. 挑战者"号在1872—1876年期间的环球考察发现了北大西洋中部有一条海底山系,在1925—1927年期间,经过德国"流星号"的回声测深工作,确定了整个大西洋纵列着一条长达17 000km的巨大山脉,即大洋中脊。长期大量的测深和震中调查使得人们最终确定整个世界大洋洋底横贯着一个大洋中脊体系(Ewing, Heezen, 1965)。

大洋中脊的发现,是近代地质学的一项重大成就。由此曾进一步导致了海底扩张说和20世纪60年代末板块构造学说的的建立。迄今为止,对洋中脊的研究取得了很大进展,如20世纪70年代末通过"阿尔文"深潜器发现东太平洋的黑烟囱(即热液喷发),以及随后的80年代发现快速扩张的太平洋中脊轴部岩浆房等。但关于洋中脊的很多认识仍是模糊和肤浅的,特别是关于洋中脊的动力学问题目前仍缺乏统一而明确的认识。随着"国际大洋中脊研究计划"(InterRidge)和"综合大洋钻探计划"(IODP)等国际性合作组织对大洋中脊的持续深入研究,人们对大洋中脊的认识必将越来越深入。

第一节 洋中脊构造系统的概念及洋中脊的地球物理特征

一、洋中脊构造系统的概念

大洋中脊(mid - oceanic ridge)也称中央海岭,得名于首先被发现的大西洋中脊纵贯整个大西洋中部。其他大洋中与大西洋中脊类似的构造并非一定位于各大洋中央部位,甚至这类构造在大洋中还出现分叉,如在太平洋中其偏离太平洋中央而位居其东(南)部,还出现几个分叉(图6 - 1),故现在大家普遍认为大洋中脊这一称谓不是十分贴切,改称洋脊(oceanic ridge)。不过由于习惯用法,大洋中脊在许多时候仍在沿用。在本章节中,洋中脊、洋脊、脊一般是通用的,均指有震海岭。

洋中脊带在构造上并非连续不断,它被一系列与轴线相垂直或斜交的大断裂带所切截。谢帕德(1979)把洋中脊定义成"与海底扩张轴有联系的山脊和隆起系统"。从宏观角度来说,洋中脊就是由横向断裂带(转换断层)分隔的一系列与海底扩张轴有成因联系的山脊和隆起系统。

在大西洋中脊上发育中央裂谷,中央裂谷也可称为脊谷或中脊谷。裂谷顺着中脊走向展布,两侧为裂谷山脊。从脊顶到脊谷底为倾向脊谷内的谷壁。一般把脊谷两侧谷壁顶之间的距离称做脊谷宽度,把谷壁顶与脊谷底的高差称为裂谷深度。在谷底和谷壁存在许多正断层,显示洋底地壳承受巨大的张力作用。在那里,与断裂伴生的来自地球内部的熔融岩流涌出,中小地震频发。1963年,由于北大西洋中的断裂作用使冰岛附近发生海底喷发,从而产生了和冰岛一样属于大西洋中脊的火山岛(苏尔特塞岛)。

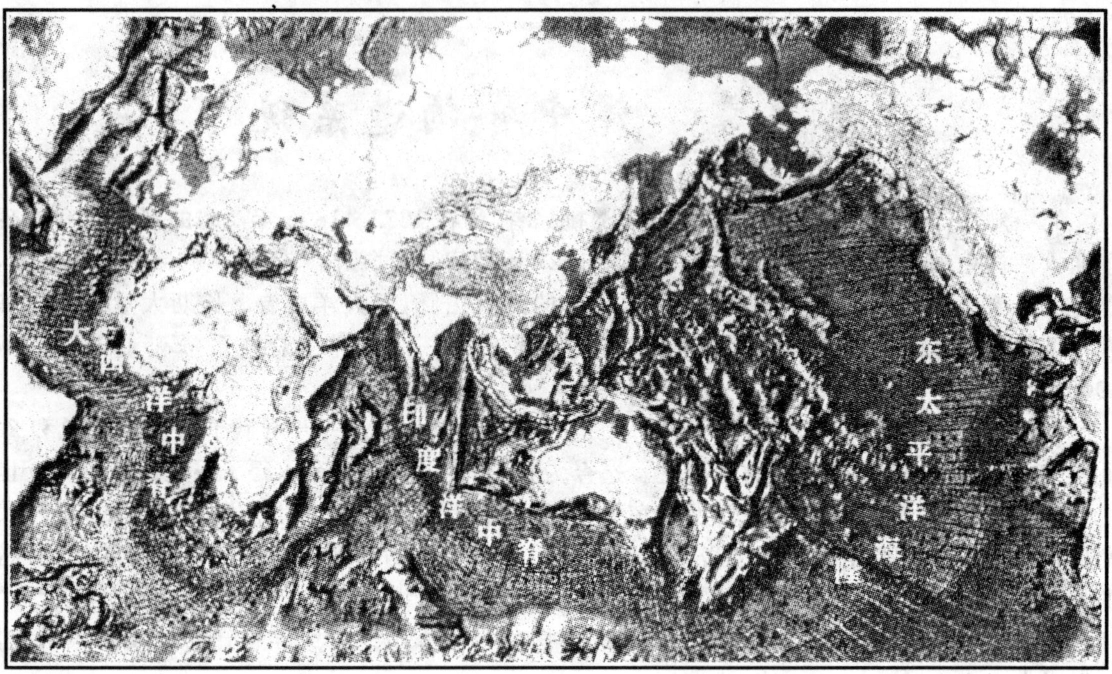

图 6-1 蜿蜒于全球洋底的大洋中脊构造系统

洋中脊不是彼此独立的，其在太平洋、大西洋、印度洋连续延伸，并展入北冰洋，相互连贯构成全球整体性的张裂及洋底增生系统，总长度约 80 000km，大洋中脊总面积约占洋底面积的 32.8%，即约占地球面积的 1/4。可见，大洋中脊是全球最宏大的构造单元之一，为一全球巨型构造系统(图 6-1)。

二、洋中脊的地球物理特征

在海底构造的研究中，地球物理勘查占有突出的地位。年轻的、正在活动的大洋中脊的构造特征更是在各种地球物理场上有十分明显的反映。1961—1968 年之间，海底扩张和板块构造学说的相继提出，其依据主要在海底磁异常条带、地震分布与震源机制、海底重力和热流等地球物理方面。

关于大洋中脊的重力、热流和磁异常的特征在第二章已经作了详细的阐述，这里主要补充说明大洋中脊的地震特征。

大洋中脊地震带与环太平洋地震带、阿尔卑斯-喜马拉雅地震带为全球三大地震带。洋中脊地震带震中沿中脊轴部以及中脊轴部之间的转换断层展布，十分明确地标出了板块边界的位置，它们分别是分离型板块边界和转换断层型板块边界(图 6-2)。

大洋中脊地震带十分狭窄，其宽度多不超过数十公里，特别是在洋中脊轴部常常不到 20km。这一地震带纵贯于太平洋、大西洋、印度洋、北冰洋之中，在各大洋之间首尾相连，成为统一连贯的大洋中脊地震带，且与环太平洋地震带、阿尔卑斯-喜马拉雅地震带相连接。全球各地震带相互交接、首尾相连，把岩石圈划分为若干内部地震活动较弱的巨大板块。地震带实际上就是岩石圈板块的边界。但洋中脊地震带所释放出的地震能量约占全球总量的比例远小于环太平洋地震带(80%)和阿尔卑斯-喜马拉雅地震带(>10%)，只有大约 5%(有的资料称

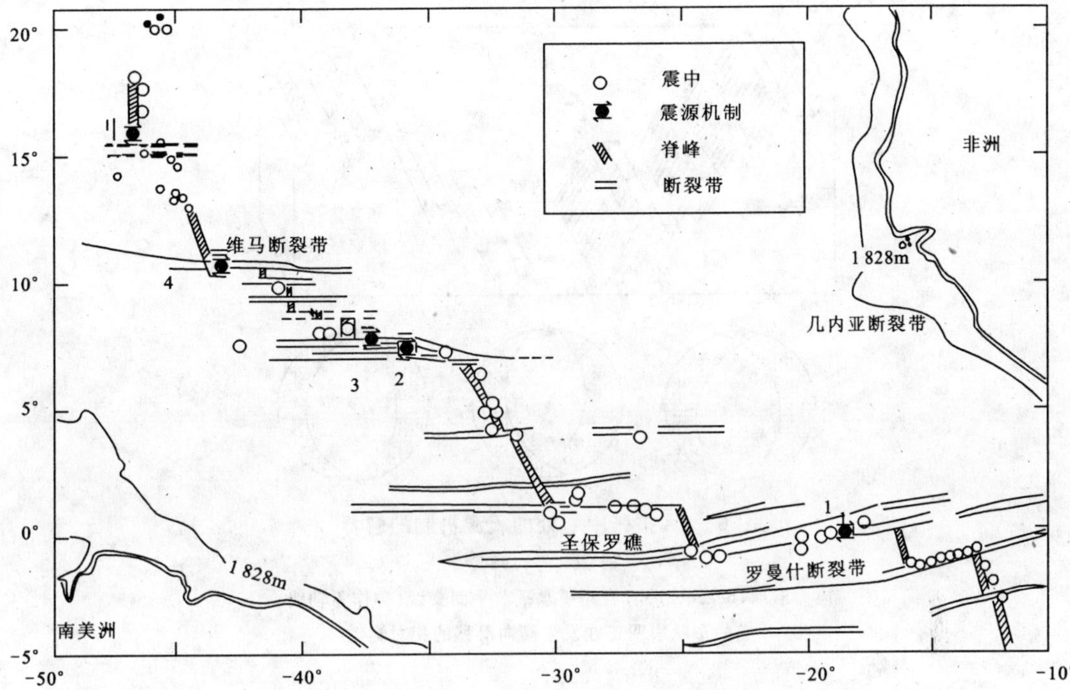

图 6-2 1955—1965 期间大西洋脊上的地震震源分布

（据 Sykes,1967）

仅占 1.8%）。

大洋中脊轴部的岩石圈板块厚度最小，而且大洋中脊轴部是地幔物质上涌的地方，热流值和地壳温度都较高，地壳的强度比其他板块边界显然要低。因而它是各类板块边界中地震活动性最弱者，最大震级不超过 7 级，地震能量比之俯冲边界小几十倍。快速扩张的太平洋中隆顶部，热地幔物质上涌更为强烈，岩石圈的强度更低，其地震很少有大于 5 级的。随着离开中脊轴部，在洋底断裂带（转换断层）处，板块厚度有所增大，其最大震级（常位于大陆转换断层，如圣安德烈斯断裂）可达 8.4 级（表 6-1）。

表 6-1 板块边界类型与地震特征

边界类型	应力状态	震源深度	地震带宽度	地震次数	最大震级
大洋中脊轴部	拉张	浅	窄	少	<7 级
转换断层	剪切	浅	较窄	稍多	8.4 级
板块碰撞边界	挤压	浅，中	极宽	较多	8.7 级
板块俯冲边界	挤压（海沟处还有拉张作用）	浅，中，深	宽	很多	8.9 级

洋脊裂谷和转换断层所发生的地震也有所不同。大洋脊裂谷带以浅源地震（$h \leqslant 70$km）为特征，震级较低，多为震群型地震序列，地震 b 值较高，有近代火山活动。地震初动研究表明，大洋中脊中的断层为倾向滑动和张性断层，张力轴为水平方向并且与中脊呈直交（图 6-3）。

转换断层带的地震也以浅源地震为主（$h \leqslant 50$km），地震一般发生在断层两盘呈相反错动

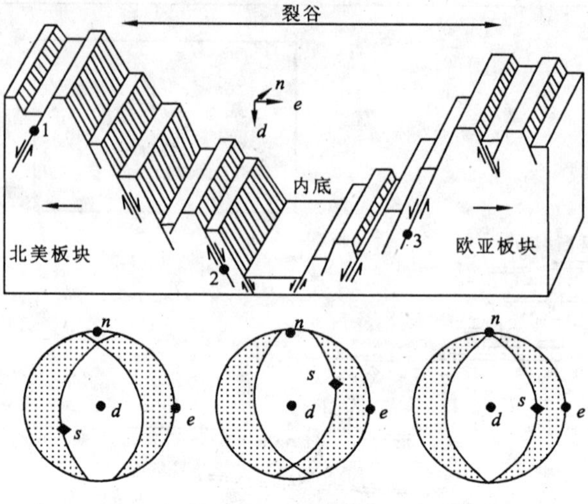

图 6-3 扩张中心处的震源机制的解释
(据 Cox 等,1986)
应力彩球(beachball)具有几乎水平节平面交线(称作零轴线),
它的形状表明正在发生倾向滑移的相对运动

方向的区段,转换断层的被动段无地震分布。与洋脊谷相比,转换断层型地震几乎没有震群型序列特征,地震 b 值也较小,除泄漏型转换断层外,沿断层一般无火山活动。震源机制解表明地震以走向滑动占优势,即平移型为主,其波的节平面(nodal plane)之一与断裂带方向一致,而且错动方向与断裂带切割中脊的视水平断错方向相反,可见这类地震活动是两条洋脊间的相对水平错动产生的(图 6-3)。但中脊轴部和转换断层处的应力作用未必分别纯属拉张、剪切。

第二节 全球洋中脊构造系统的分布

大洋中脊在太平洋、大西洋和印度洋中的分布各有特点。太平洋内,它的主体偏居大洋东南部,两坡平缓,相对高度较小,常称为东太平洋海隆(中隆)。大西洋内,其纵贯大洋中部,与大西洋两岸轮廓平行,呈 S 形弯曲,其两坡较陡,称为大西洋中脊。印度洋中脊也大体位于大洋中部,整个洋中脊形状分为三支,成倒置的 Y 形。

全球三大洋中脊的南端相互串连,北端则伸进岛屿或大陆,构成一个跨越几大洋的全球性构造体系。三大洋中脊主体的北段大致都沿着经向呈南北分布,东太平洋海隆向北伸进加利福尼亚湾,潜没于北美洲大陆西部之下。印度洋中脊北支展入亚丁湾、红海,并与东非大陆裂谷相接。大西洋中脊则向北穿过冰岛,延入北冰洋,并在勒拿河河口附近伸向西伯利亚。三大洋中脊主体的南段都在 30°~60°S 范围内分叉,之后形成所谓的环南极洋脊-印度洋中脊的东南支与太平洋中脊的西南支(澳大利亚-南极海岭)相连,构成围绕澳大利亚南侧的大弧形洋脊段,该段洋脊扩张速度很高,明显有别于印度洋中脊的东南支超低速的扩张;大西洋洋脊的东南支与印度洋洋脊的西南支相连,构成在南美洲和非洲南侧以剪切运动为主的洋脊段,该段的剪切运动要大于扩张运动。

一、大西洋(含北冰洋)中脊

大西洋中脊纵贯在大西洋中部，呈反“T”字形，它从冰岛至非洲以南的布维岛，全长约为17 000km(图6-4)，差不多在整个大西洋“S”字形盆地内，从大西洋中脊的轴线到大西洋东西两岸的距离都几乎相等。

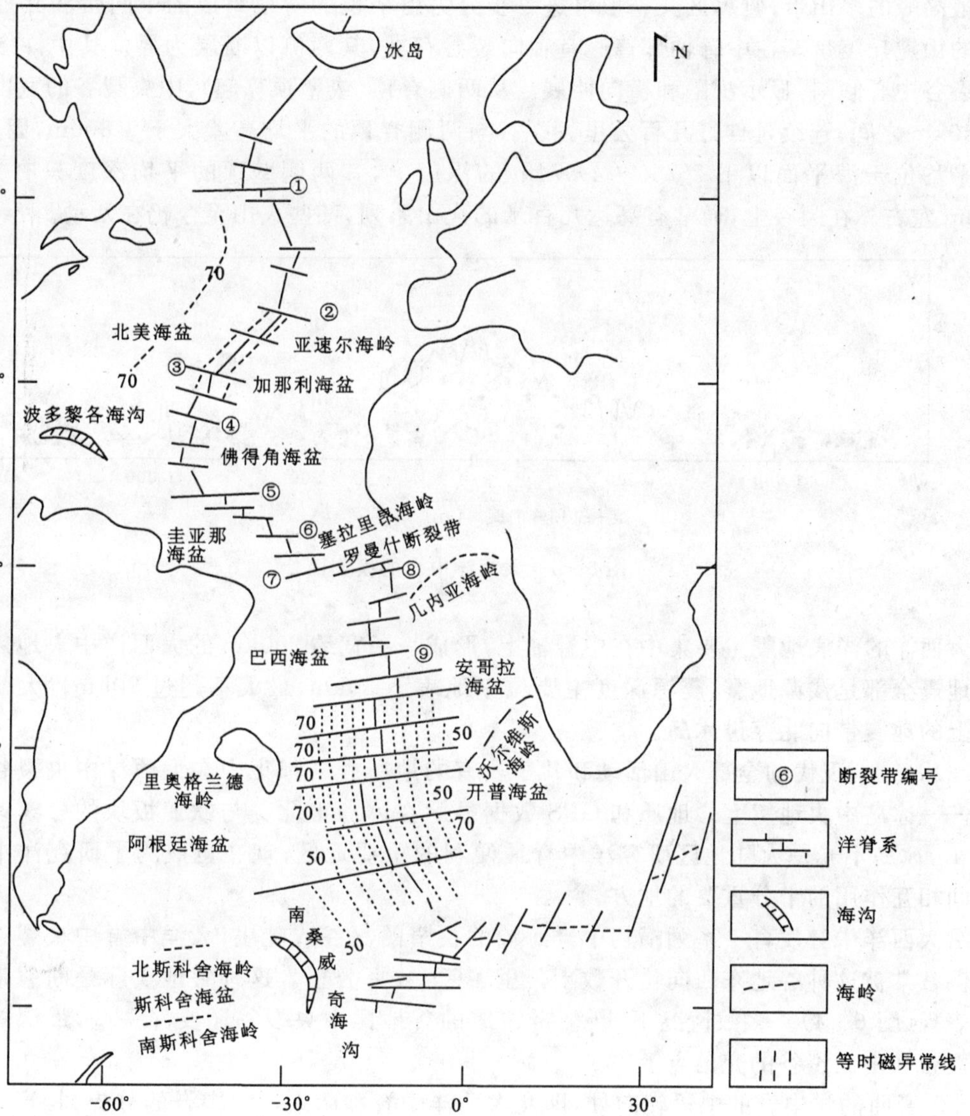

图6-4　大西洋的海底地形及洋中脊分布概略图

中脊平均宽度约1 000～1 300km，往往占到整个大洋宽度的1/3。在北纬30°和南纬30°附近分别是中脊最宽的地方，从北纬30°向北，南纬30°向南，以及北纬30°和南纬30°之间，洋中脊都渐趋缩窄。在最北端冰岛以南的雷克雅内斯洋脊，中脊宽度缩减至仅300km至600余公里。

这条洋中脊顶部的平均水深约为2 740m，它比两旁的大西洋底平均高出1 850m之多；在某些地方，它的脊顶一直耸立到洋面上，构成大西洋中的岛屿。如冰岛就是大西洋北部的雷克雅内斯脊北端露出海面的部分。

洋中脊沿走向呈波状起伏，高度变化的幅度为数百至数千余米，绝大部分以引人注目的隆起为特征。洋中脊横断面近于等腰三角形，顶部有中脊谷(在北纬55°以北的雷克雅内斯脊的这一段中脊除外)，其两侧为剧烈起伏的岭脊区(crest province)，宽150～300km；再在两侧数百公里称为侧翼区(flank province)，系呈阶梯状渐次变深的斜坡区(图6-5)。岭脊区是一个拥有最高峰的多山带；侧翼区又一般可进一步分为由平坦的阶地组成的中间带和其外侧比较崎岖的山麓丘陵带。在中脊轴部普遍有轴向裂谷存在，其两侧以断层为界。其中许多断层崖面向裂谷中心倾斜，显示沉陷和横向伸展。从两侧脊顶(或壁顶算起)，中央裂谷的宽度一般在25～50km之间，连续延伸好几百公里。裂谷与两侧脊顶的平均高差大于1 800m，因而，谷的底部平均位于海平面以下2 750～4 574m的深度上，其两侧壁顶的平均深度只有1 100～2 200m左右。在裂谷上，通常有高达几百米的火山系列，某些火山至今仍在活动。

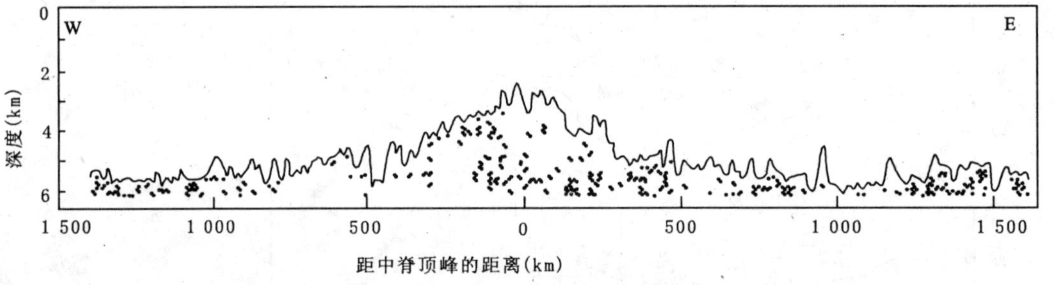

图6-5 大西洋中脊的横剖面

大西洋的洋底地震主要集中在中脊轴上，形成一条宽约200km的大西洋中央地震带。这里的地震全部是浅源地震，震源深度主要位于地表下30km，最大不超过70km。大西洋中脊和其上的地震带向北穿过冰岛。

在冰岛上，现代的全部火山活动和几乎所有的地震震中都集中在大西洋中央裂谷的延续部分——冰岛中央地堑上。地质和GPS数据显示在冰岛上北美与欧亚板块的分离速率约为2cm/a。冰岛不光是大陆地区研究洋中脊最便利的重要地区，现在也成为了研究洋中脊与热点之间相互作用的十分重要的地方。

沿大西洋中脊发育一系列横切中脊海岭的狭窄的深谷或陡崖，大洋中脊中央裂谷的北侧和南侧常常被这种谷地东西向错开数十公里、甚至数百公里。这种谷地实际是断裂带在地形上的表现(图6-4)。多数情况下，断裂带造成的谷地比中央裂谷还要深一些，最深的部位处在断裂带和中央裂谷的交汇点上。

S形弯曲的洋中脊的中段转向处，即北大西洋中脊和南大西洋中脊的分界，相当于南美洲和非洲间近赤道处东西方向上幅度较宽部位，这里发育了最大型的两条断裂带：维玛断裂带和其南的罗曼什断裂带。它们向东延入非洲大陆。这里的中脊被左行错开，错移的距离极大，其中罗曼什断裂带错距达1 000km。沿该断裂带形成著名的罗曼什海渊，宽20km，最深处达7 856m，壁坡坡度为10°～30°。

南大西洋中脊两侧存在着一系列向两岸延伸的、往往是对称分布的海岭，最引人注目的是沃尔维斯海岭(鲸鱼脊)和里奥格兰德海岭，这些海岭属于无震海岭。

大西洋北部和南部一开始是以各自的扩张轴进行独立的运动，后来两个扩张轴联系起来成为一个中央海岭。南大西洋的扩张稍晚于北大西洋，开始于晚侏罗世(约 150Ma)。Sclater 等(1973)按照从断裂带推断的旋转极，把南大西洋复原，并且利用板块年代与水深的关系，复原了南大西洋的古海底地貌，发现南大西洋，愈是向南，扩张量愈大，而愈靠近旋转极的赤道附近，扩张量愈小。根据不同学者的资料分析，赤道附近洋脊的扩展速率低于南大西洋的扩展速率(Fairhead,1991;Brozena,1990)。北大西洋大约 180Ma 开始扩张，也是从南到北扩张(图 6-6)。从图 6-4 的条带状地磁异常得知，南大西洋的扩张速度为 1.53～2.25cm/a。与深海钻探得到的南纬 30°附近的基底以上的沉积物年代与从洋中脊轴的距离推断的扩张速度(约为 2cm/a)一致。

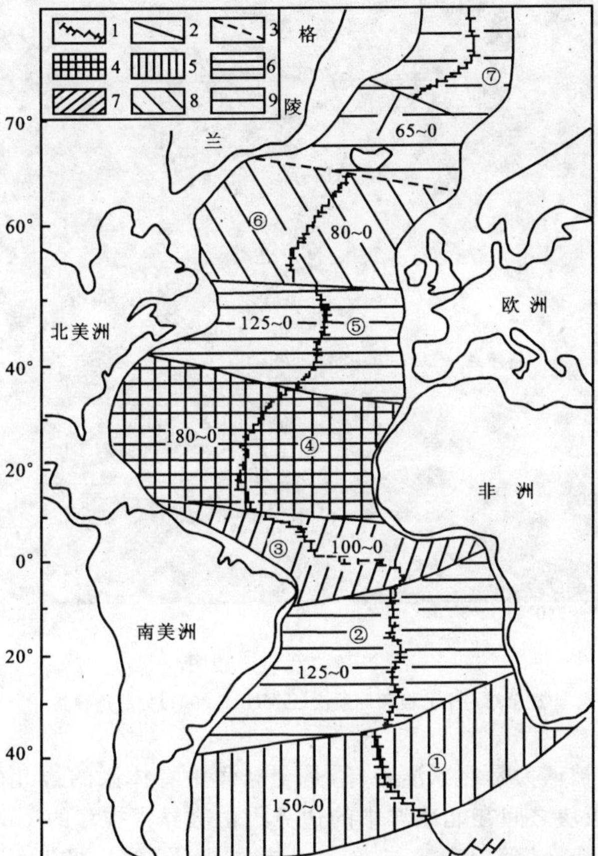

图 6-6　大西洋中脊宏观分段扩展图解

1 为洋脊与转换断层的切错关系；2 为作为分段边界的大型转换断层；3 为无大型转换断层的(推测)分段边界；4～9 为洋壳最老年龄值和洋脊裂开时间差异的洋脊分段。各段内数值表示洋壳存在的时间(Ma)。①～⑦表示洋脊分段编号

北冰洋的轮廓呈椭圆形，有一系列长形的海岭和盆地横越过椭圆形的长轴(图 6-7)。北冰洋被罗蒙诺索夫(Lomonosov)海岭分为东边的欧亚海盆和西边的美亚海盆。罗蒙诺索夫海岭隆起达 1 290m，其上既无地震，也没有火山活动。欧亚海盆被与罗蒙诺索夫海岭平行的加克(Gakkel)海岭分为 Nansen 海盆和 Amundsen 海盆。

加克(Gakkel)海岭，地震活动频繁，它残留着沿轴向可溯到 10Ma 左右的地磁异常，不过

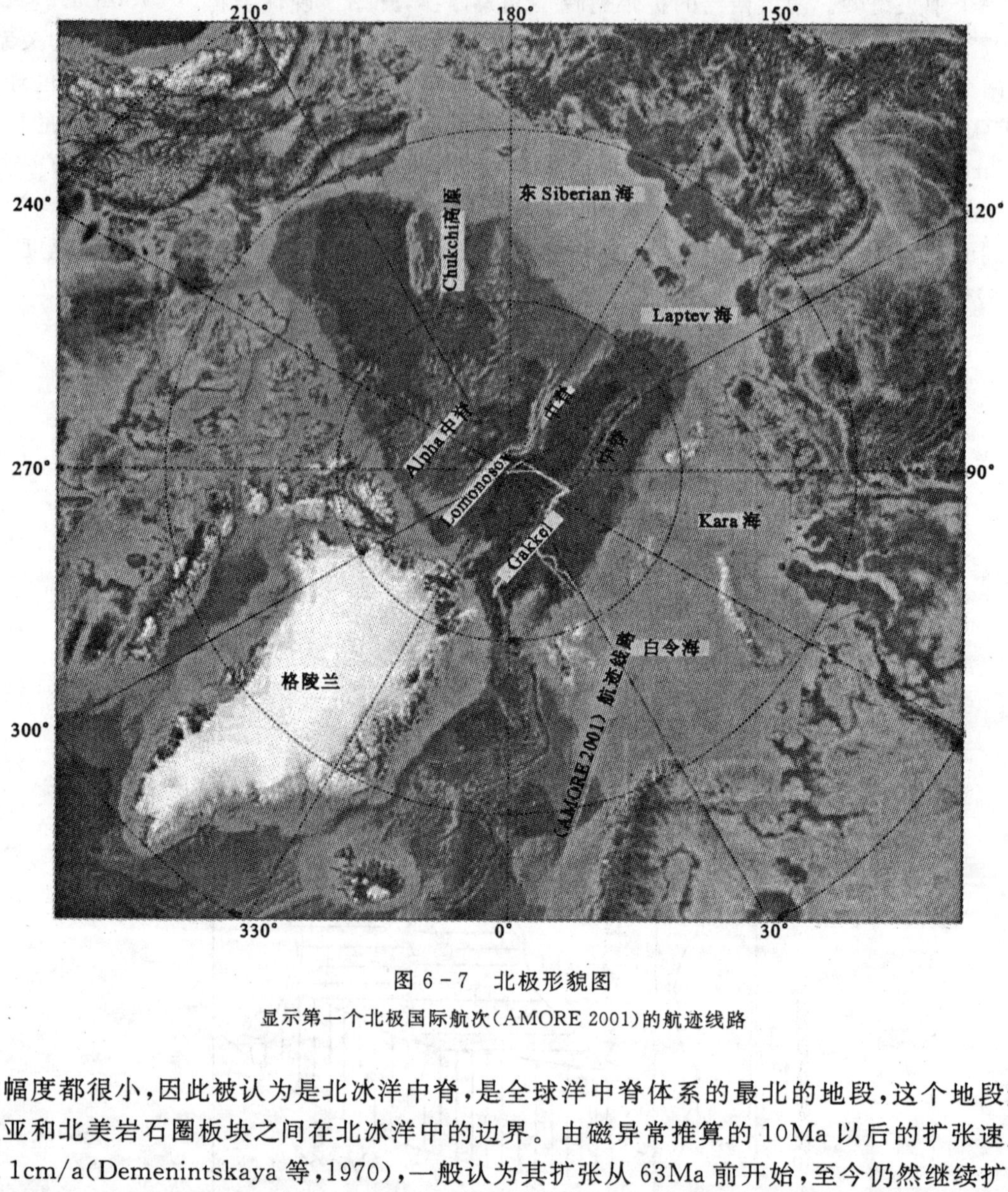

图 6-7　北极形貌图

显示第一个北极国际航次(AMORE 2001)的航迹线路

异常幅度都很小,因此被认为是北冰洋中脊,是全球洋中脊体系的最北的地段,这个地段形成了欧亚和北美岩石圈板块之间在北冰洋中的边界。由磁异常推算的 10Ma 以后的扩张速度约为 1.1cm/a(Demenintskaya 等,1970),一般认为其扩张从 63Ma 前开始,至今仍然继续扩张。

加克(Gakkel)被认为是全球洋中脊构造系统中现今扩张速度最低的(小于 1cm/a)海岭,中脊谷具有世界海洋裂谷最大深度,将近 6km 深。在其位于格陵兰附近的西部终端点处具有最大全扩张速率 1.3cm/a,而其位于 Laptev 海中的东部端点则具有最小的全扩张速率 0.6cm/a。极慢速扩张的洋中脊具有十分重要的地质意义,AMORE 2001 航次(国际大洋中脊协会于 2001 年安排的第一个北极国际航次)第一次发现了洋中脊可以在无岩浆或极少岩浆的条件下扩张,同时也找到了理论上提出的岩浆在超低速扩张脊中心会强烈聚集的直接证据。

二、印度洋(含亚丁湾)中脊

印度洋洋底中央山脉发现于 1933—1934 年间“约翰·默莱”号考察船对印度洋的调查,其最显著的特征是“人”字形的洋中脊把印度洋底分成东、西、南 3 个部分。“人”字形洋中脊的分叉点在南纬 30°附近的印度洋中央的罗德里格斯(Rodriguez)岛，它是非洲板块、南极洲板块和印度-澳大利亚板块的交接处。以此为界洋中脊分成北支、西南支、东南支。沿印度洋洋中脊的浅、中震源记录也“人”字形地分布震带，恰与洋中脊的轴线相重合(Gutenberg et al.，1954)。印度洋洋中脊的西南支绕过非洲南端，与大西洋中脊相连；东南支则绕过澳大利亚与南太平洋中隆相接；北支南段为南北延伸，北段转向西北，称卡尔斯贝格(Carlsberg)海岭，它往西延入亚丁湾，在那里和东非大裂谷和红海相连(图 6-8)。

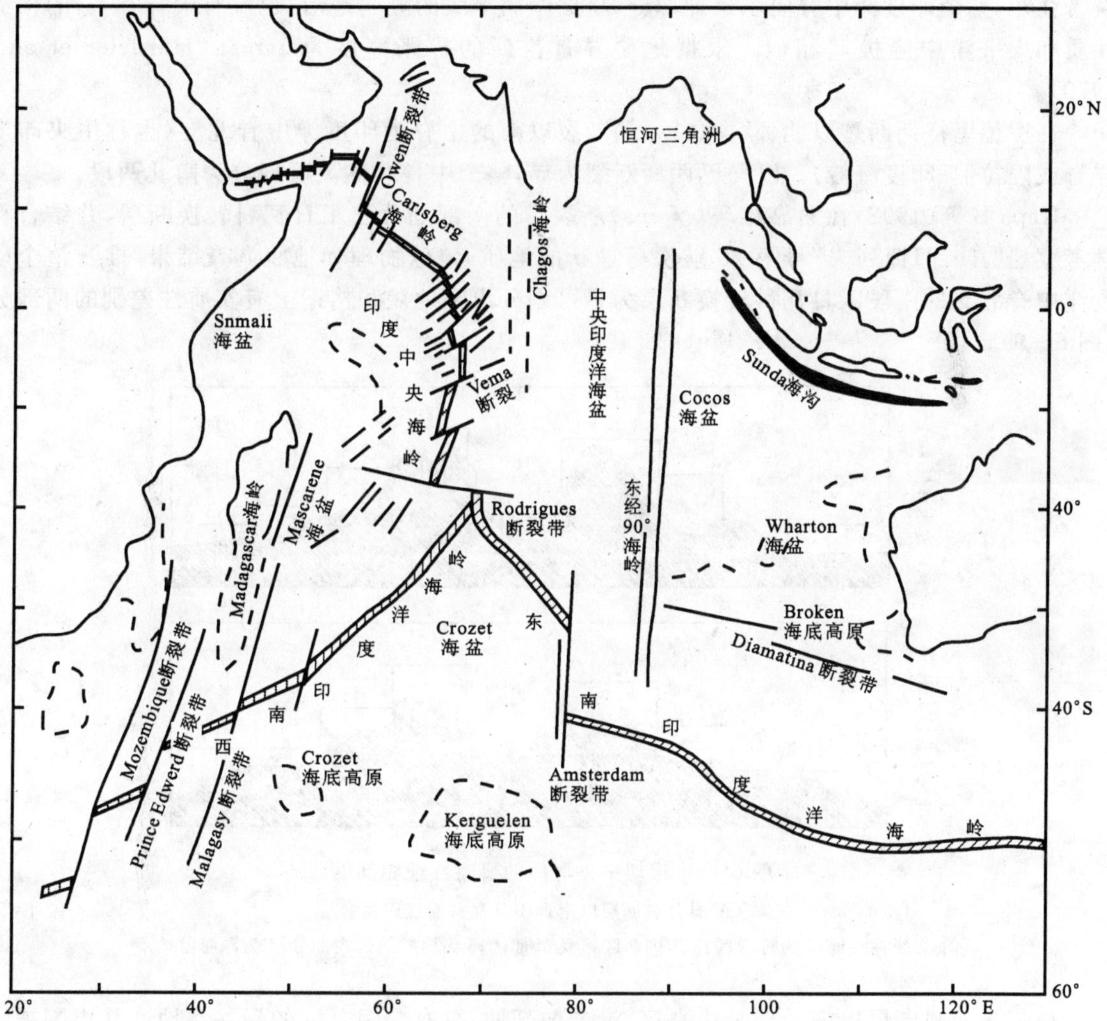

图 6-8 印度洋的构造及地形

除印度洋洋中脊之外，印度洋底还有不少海岭和海底高原，如有名的“东经 90°海岭”等，这些海岭都是无震型海岭，不属于印度洋洋中脊。

在近东西向延伸的罗德里格斯断裂以南，印度洋洋中脊分成两支，一支向西南延伸，即印度洋洋中脊西南支(也称西南印度洋脊)，中脊轴线可以观察到明显的中脊谷，但多数情况下，由于被近南北向断裂带所切断而不清晰，中脊两侧也未发现伴随着一般扩张脊的明显条带状分布的地磁异常。沿中脊存在浅源地震带和无沉积物的狭窄地带。印度洋中脊西南支上的断裂带多呈 NNE-SSW 向。在非洲南偏东方向上，分布着莫桑比克(Mozambique)等规模巨大的断裂带。最新的研究成果表明，其扩张速度为1.5cm/a，为超慢速(ultraslow)扩张脊，明显不同于慢速扩张脊，表现之一就是洋壳厚度显著下降(≤4km)。

印度洋中脊东南支(也称东南印度洋脊)，由于断裂带存在，使地形错综复杂，脊顶上存在强地磁异常，分布有新鲜的深海拉斑玄武岩。另外，在脊顶附近还有圣波尔火山(活火山)和阿姆斯特丹(Amsterdam)岛等火山岛，并有浅源地震带。印度洋中脊东南支上分布着一些SN向的断裂，其中以阿姆斯特丹断裂带规模最大，其SN错动延伸达1 100km。自阿姆斯特丹断裂带往东，整个印度洋中脊向东延伸部分，呈广阔而平缓的隆起地形，也没有中脊谷，它的构造性质和太平洋中隆极其相似。根据地磁异常推断的扩张速度为3cm/a(Heirtzler et al.，1970)。

在罗德里格斯断裂以北、欧文(Owen)断裂以南的中脊为印度洋中脊北支(也称中央印度洋脊或阿拉伯-印度海岭)。以马巴西斯断裂为界，整个中脊北支又可划分为南北两段。

Kapa B等(1992)在紧靠维玛(Vema)断裂带的南部划分出了日瓦科转换断层，并结合科学考察船"Д·门捷列夫"号第25航次等最新的地质-地球物理和地貌调查结果，推测整个印度洋中脊北支的南段以日瓦科转换断层为界可划分出在地貌和构造上有实质性差别的两部分(图6-9)。

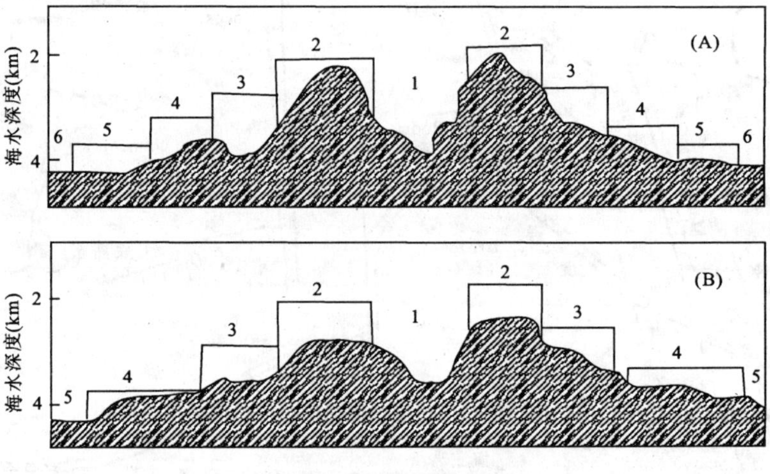

图6-9 横切中央海岭的概略性地貌剖面

(A)日瓦科断层以南；(B)日瓦科断层以北

1为裂谷谷地；2为岭脊区；3为内部区；4为外部区；5为海岭的远端部分；6为深海盆地

位于日瓦科断层以南的部分中脊区，沿走向延伸，具有表现良好的裂谷谷地。其周围被海脊带的海山环绕。海岭的裂谷谷地与岭脊区占据了不少于45%的海岭总面积。

位于日瓦科断层以北的部分中脊被密集的NE-SW向的断裂带所切割。在这些切割中脊的断裂中，以维玛(Vema)断裂带较大，深为6 402m的深海槽。故中脊表现为一系列位于这些断层之间、垂直于中脊总走向延伸的海山和隆起。发育裂谷谷地、中央等轴地块系和侧翼区等构造单元，但海岭的裂谷谷地与岭脊区所占面积不到其总面积的40%。该区的裂谷谷地已局部萎缩，实质是分隔中央部分等轴地块的鞍部之一。裂谷谷地连接了转换断层中部沉降最深的部分。

北支北段的中脊，也称卡尔斯贝格(Carlsberg)海岭，卡尔斯贝格海岭在整个印度洋中脊中相对较高，顶部水深约1 800m左右，高出两侧洋盆将近3 000m。它具有典型的大洋中脊性质,沿着中脊轴分布着地形复杂的中脊谷,中脊谷两侧谷壁坡度达 10°~40°,常出现好几个阶梯。沿着脊谷浅源地震集中,分布有强地磁异常,地热流值高。尽管整个中脊北支条带状地磁异常发育一般不很完整,但据此推断北支南段的中脊为 2.0cm/a(Heirtzler et al.,1968),卡尔斯贝格海岭的扩张速度为 2.4cm/a。

卡尔斯贝格海岭向北延伸,在欧文断裂以西,进入亚丁湾后,形成士巴(Sheba)海岭。根据在亚丁湾进行的地球物理调查,士巴海岭许多地段裂谷发育良好,沿士巴海岭地热流值很高,地震活动强烈,在士巴海岭两侧出现对称的地磁异常条带。人工地震还证实,在士巴海岭下面 9km 处还存在纵波速度为 7.8km/s 的低速区,说明士巴海岭属于大洋中脊性质。士巴海岭被一系列的 NE-SW 向断裂所切割,分成雁列式排列的断块。士巴海岭这些斜切海岭的断裂带不仅在海岭两侧的地磁异常条带上反映清晰,而且一直延伸到两侧海岸,并在海岸及岸坡地形上明显表现出来。其中以亚丁湾中部的 Alula-Fartak 断裂带规模最大,将士巴海岭分成东士巴海岭和西士巴海岭(图 6-10)。如果沿着断裂带的延续方向将海湾拼接时,则海湾两侧的地形吻合得很好。复原后中新世以前的陆上地质连续一致。按亚丁湾在中新世以后裂开,那么这个地区的一侧扩张速度可达 1cm/a 左右。

图 6-10 亚丁湾的海底地形及构造图

(据 Van Wijk J W 等,2005)

SSD 为 Shukra El-Sheik 间断;AFTF 为 Alula Fartak 转换断层;STF 为 Socotra 转换断层;OTF 为 Owen 转换断层

按照威尔逊旋回的观点,亚丁湾和红海是已经张开了的幼年海洋。红海大约是 200 多百万年开始张开的,红海具有中脊,而且中轴也有裂谷发育。而东非裂谷被认为是大洋发展的胚胎期。该裂谷宽数万米到 30 万米,两侧有高角度正断层,其内发育了一系列深陷谷地和狭长湖泊。裂谷内火山、温泉众多,地震频繁,热流值相当高,可与大洋中脊谷热流值相比。

三、太平洋海隆(中隆)

“信天翁”号海洋考察船在 1888—1920 期间在东太平洋发现“信天翁高原”,当时未认识到其为洋中脊太平洋中脊一段。后来对太平洋的多次详细考察证实,太平洋洋中脊系与大西洋和印度洋那样大致沿南北走向在大洋中部延伸不同,而是围绕太平洋盆地的东部和南部,呈弯月形分布,而且相比大西洋洋中脊,地势广阔而平缓;因此,习惯上称之为东太平洋中隆或海隆。

东太平洋海隆中央裂谷不发育,但浅源地震带连续分布。从地形、地壳结构和构造活动性等来看,它确实是统一的全球中脊体系的一个重要组成部分。东太平洋海隆向北进入北美大陆,向南绕过澳大利亚南部与印度洋洋中脊的东南支相接。按其特征,也有人把从澳大利亚南部到南纬55°附近 Eltanin 断裂带的洋中隆称为南太平洋中隆(或太平洋-南极海岭),而把从 Eltanin 断裂带直到加利福尼亚湾的部分仍称做东太平洋中隆(图 6-11)。

东太平洋中隆的北部延伸带在加利福尼亚湾俯冲于北美板块之下。其结果使两者直接接

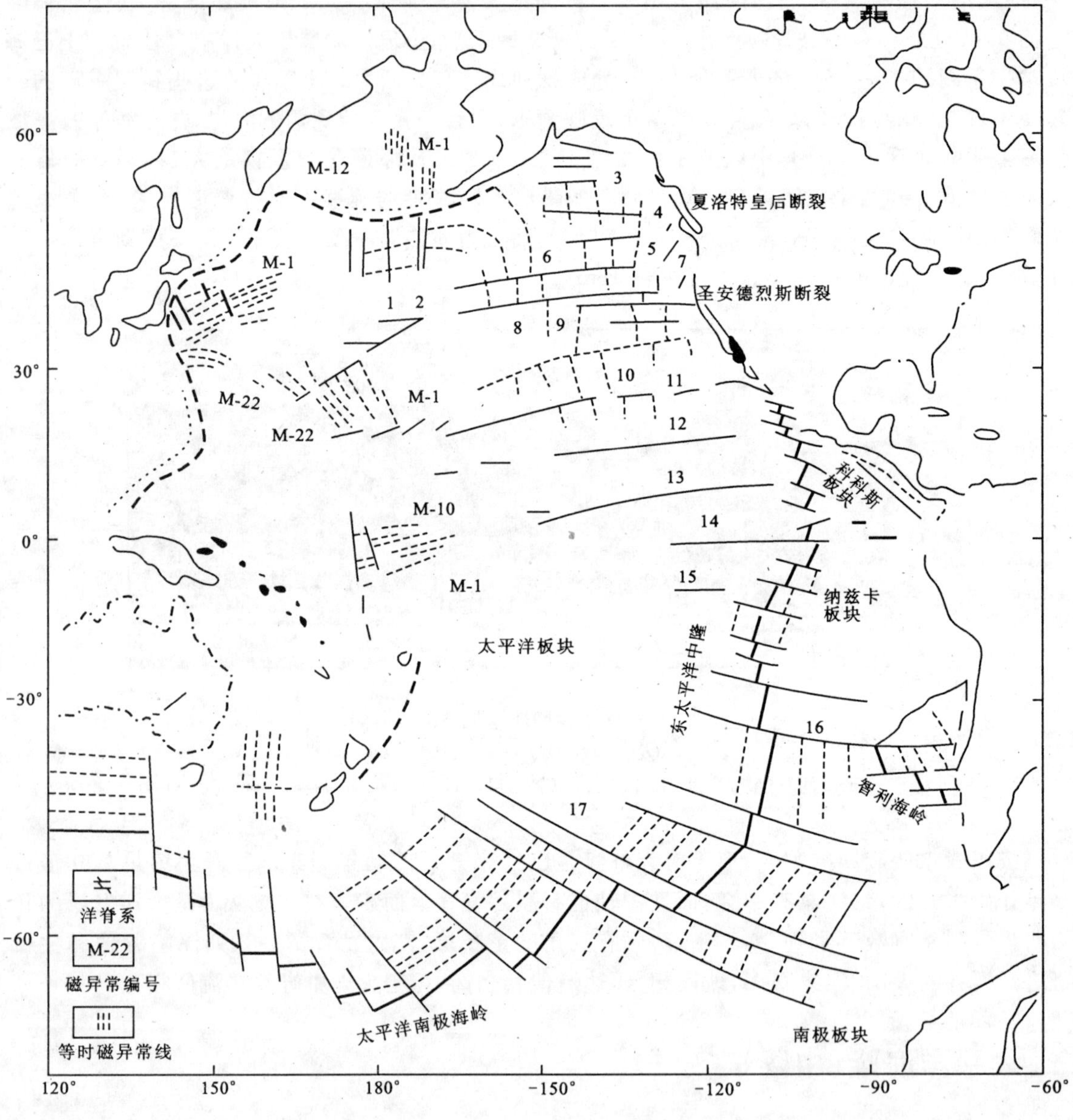

图 6-11 东太平洋中隆及断裂带

1 为 Adak 断裂带;2 为 Amlia 断裂带;3 为 Aja 断裂带;4 为 Sila 断裂带;5 为 Sedna 断裂带;6 为 Surveyor 断裂带;7 为 Blanco 断裂带;8 为 Mendocino 断裂带;9 为 Pioneer 断裂带;10 为 Murray 断裂带;11 为 Molokai 断裂带;12 为 Clarion 断裂带;13 为 Clipperton 断裂带;14 为 加拉帕戈斯断裂带;15 为 Marquesas 断裂带;16 为 Easter 断裂带;17 为 Eltanin 断裂带

触，相对运动形成圣安德烈斯断层的平推运动（右错 5cm/a），所以该断层附近是美国最重要的地震带。但在圣安德烈斯断裂以北的北美海岸外又出现 3 小段残留的洋脊（图 6-12）。其中，戈达脊和胡安德富卡脊被勃兰卡断裂带错开。在地形上，这两段中脊虽较低矮短小，却也具有脊槽相间的典型的洋中脊地形，在戈达脊还发现有类似于大西洋中脊顶部的裂谷。对称的磁异常条带、地震活动及重力等资料都表明戈达脊和胡安德富卡脊在构造上是两小段真正的大洋中脊。

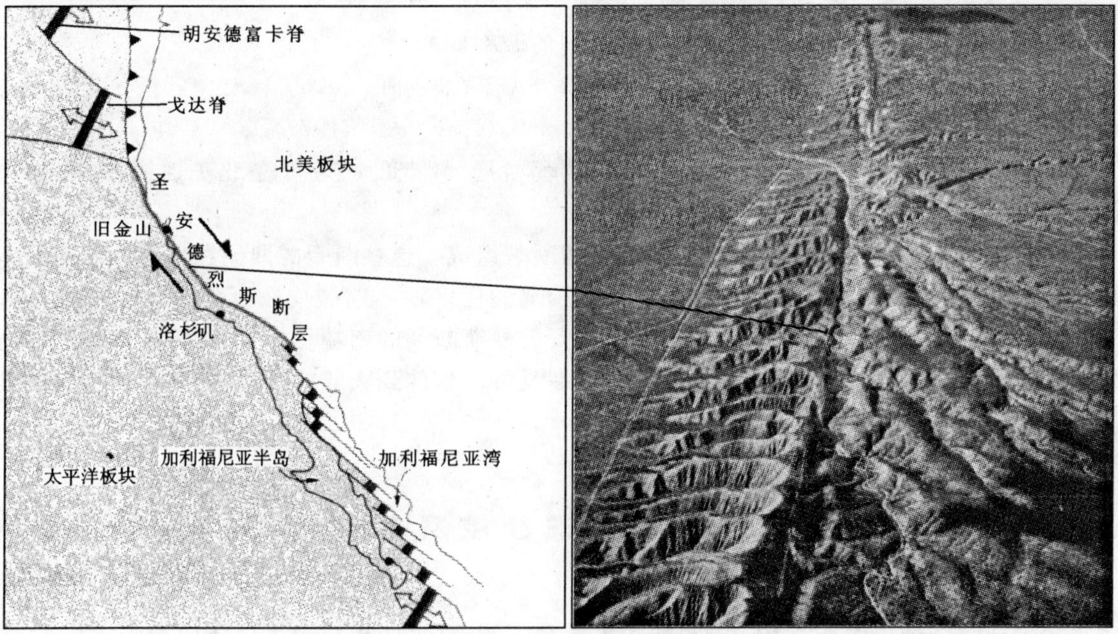

图 6-12　圣安德烈斯大断层是东太平洋海隆和戈达脊之间的右旋转换断层

东太平洋中隆以东，与南美洲西海岸之间，屡见斜向伸展的次一级海岭，由南而北有智利海岭、纳兹卡海岭、加拉帕戈斯海岭（及卡内基海岭）、科科斯海岭、特旺特佩克海岭等，把洋底分隔为若干深海盆地（如智利海盆、秘鲁海盆等）。从地震活动性和地磁条带分析，智利海岭和加拉帕戈斯海岭也是扩张中心。它们实际上是东太平洋中隆的侧向分支，从而在智利海岭与加拉帕戈斯海岭之间划出了纳兹卡板块，在加拉帕戈斯海岭以北划出了科科斯板块（有的称可可板块）。

东太平洋中隆多分布在 1 000～4 000m 的水深范围内，它的顶部比大洋盆地底部高出 1～3km，宽度可达 2 000～6 000km。中隆的侧翼比大西洋中脊的侧翼坡度和缓，坡度只有 1/1 000度～2/1 000 度，并逐渐过渡到相邻洋盆近乎平坦的洋底面。中隆顶部一般未出现如大西洋中脊那样显著裂谷；隆起侧翼常为断阶和被深断裂复杂化，以及耸立着若干年轻的（新生代）火山组合。在中隆顶部火山岩之上没有或有很少沉积物覆盖。东太平洋中隆两坡地形的切割幅度与大西洋洋中脊不同，侧翼中部起伏较大，在顶部和下部较小（图 6-13）。

太平洋-南极海岭上的震中密集在切割岭顶的断裂带上，这些地震的震源机制是属于平移型。沿着岭顶有 Easter 岛等火山，地壳热流值也高，通过较详细的地壳构造研究，了解到在脊部存在低速地幔层。

太平洋板块东部边缘的扩张速度很快，如它与南极板块之间为 2～3cm/a（Heirtzler et

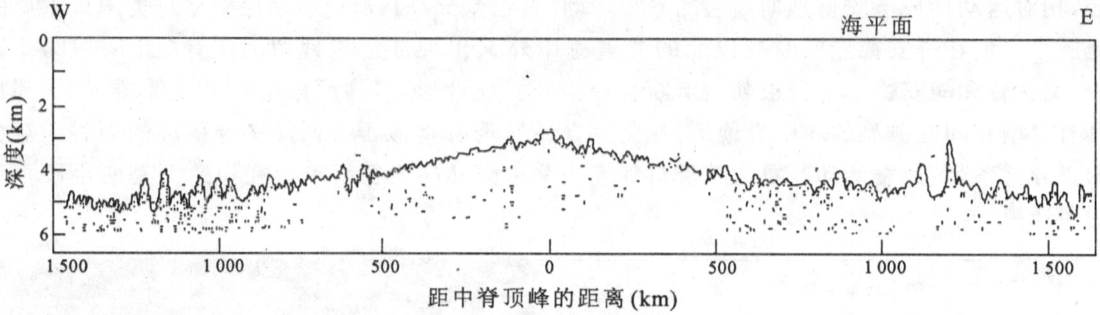

图 6-13 东太平洋海隆的横剖面

al.,1968),它与纳兹卡-科科斯板块之间为 7.1cm/a(Hey et al.,1977)。

研究表明,太平洋洋脊存在时代不同的两套格局,较老的一套就是北美西海岸,分布有 Menard 断裂组,新的一套部分与老的重叠。

Menard 断裂带,主要由数条规模巨大的横断裂组成。这些断裂的两侧在地形上有明显差异,表现为陡坎,陡坎深度可达 1 500m。其中较北的门多西诺断裂向东延伸与圣安德烈斯断裂的北端相连,南面的木里断裂向东延伸与圣安德烈斯断裂的南端相接。因此,圣安德烈斯断裂正好被限于两条横断裂之间,表明这些横断裂是可以延伸到大陆的,并造成陆地上相应的地质地貌特征。

第三节 洋脊三联点及其演化

洋脊三联点是 3 个不同方向的板块边界的交汇域,且这些板块边界以洋中脊(R)为主(图 6-14),也有大型转换断层(F)和少数深海沟(R)。它整体组合属性属于离散-伸展型的复杂板块边界构造。洋脊三联点是研究洋中脊扩展增生和板块构造运动的重要窗口,在全球构造研究中具有极其重要的意义。

一、全球主要洋脊三联点的分布及其基本特征

含 R 边界的三联点组合有 RRR、RRF、RFF、RFT、RRT、RTT 6 种类型。其中,前两类较普遍,且具代表意义,是后面论述的重点。图 6-14 表示了全球主要洋脊三联点的分布,其中图 6-14(A)所示的 Azores RRF 型三联点过去曾是典型的 RRR 型三联点,洋脊东侧的 Azores 转换断层位置过去曾是作为欧洲与非洲板块边界的扩张脊。图 6-14(B)所示的南大西洋 Bouvet 三联点在区域上属于 RRR 型,在交汇域则表现为以转换断层连接为主,故有的学者称其为 RFF 型,有的学者称其为不规则 RRR 型。

从宏观空间结构分析,大多数洋脊三联点的构造表现为 3 种轨迹的直接或间接交汇,其交汇域的变形相互干扰、协调,显示复杂的组合特征;而有些三联点的交汇域存在一个变形相对微弱的微板块(microplate),这个微板块边界调整 3 个大板块边界轨迹的几何形态、变形和运动过程[图 6-14(D)、(E)]。

从时间结构分析,大多数洋脊三联点构造表现为现今正在活动的板块边界组合,即洋脊正在扩展和运动;只有少数洋脊三联点现今不再活动,在其演化过程中逐渐死亡,属于废弃的洋

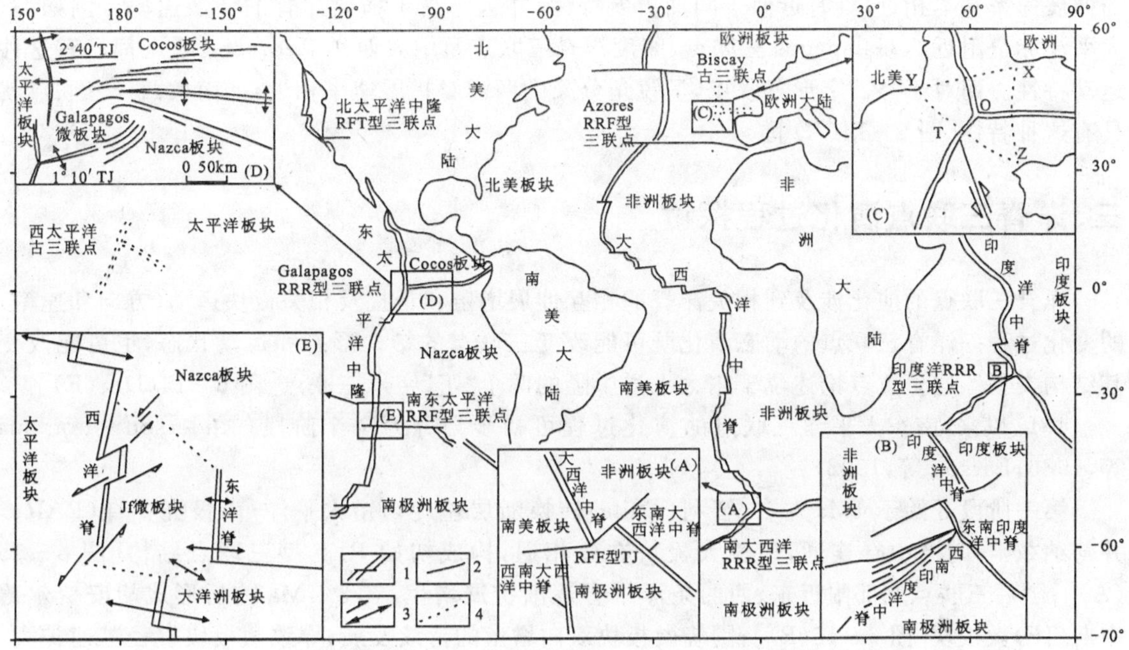

图 6-14 全球洋脊主要三联点展布图

(据吴树仁等,1999,略修改)

(A)南大西洋 RRF 型三联点结构图;(B)印度洋 RRR 型三联点结构图;(C)北大西洋古三联点结构图,其中 O 为 RRR 型三联点,X、Y、Z 分别为原来的 3 个节点,*T* 为 RRF 型三联点;(D)东太平洋中隆赤道附近 RRR 型三联点结构图;(E)南东太平洋中隆 RRF 型三联点结构图

1 为洋中脊和转换断层;2 为分段伸展断裂;3 为洋脊伸展方向和相对速率大小;4 为性质不明的板块边界

脊三联点,例如,西太平洋古三联点和北大西洋 Biscay 古三联点[图 6-14(C)]。从精细结构特征分析,不同类型的三联点,其构造轨迹组合结构不同,变形特征也有差异;同一类型的三联点,由于构造背景差异和板块运动及动力学的不同,其基本特性也有区别。

二、洋脊三联点的几何形态和运动学

洋脊三联点轨迹的组合形态以“丁”字形和“人”字形为主,具体展布形态与组合取决于 3 个板块边界的几何相容性和板块运动的相互补偿协调。

对于“人”字形三联点结构,三洋脊进入交汇域后,相互干扰导致其扩展方向和速率的重新分配和调整,使洋脊不同程度地改变其自身的原有方位,来达到三联点轨迹的几何相容。例如,南大西洋 Bouvet 三联点,“人”字形连接的三洋脊在相互干扰过程中形成转换断层来调整彼此的方位和接触方式及距离,并构成 3 个次级 RFF 型三联点[图 6-14(A)]。

对于“丁”字形三联点结构,横向洋脊在扩展接近交汇域时,受到域内原有洋脊几何结构和对称扩展作用的制约,将逐渐缩小自身洋脊的宽度和伸展速率,使洋脊形态变为三角形[图 6-14(B)]来达到三者的相容性;或是以转换断层进入交汇域[图 6-14(E)]来调整三联点的轨迹形态,补偿板块运动差异;或是以夹持微板块[图 6-14(D)]来调整交汇域的几何结构形态。其中,微板块的形态和边界特性在三大板块的运动过程中,不断发生变化。Munschy 等(1989)对比分析了全球主要“丁”字形三联点的板块运动速率,发现具有相似方向的两个洋脊的伸展速率基本相近，具有近似于同轴扩展特性，并远远高于横向洋脊的伸展速率。例如，东太平洋赤道附近的 Galapagos 三联点、印度洋脊三联点及中大西洋 Azores 三联点都具有这种运动特性。而对于"人"字形三联点，呈锐角分叉的两洋脊扩展速率相近，如南大西洋三联点就具有这种特性[图 6-14(A)]。

三、洋脊三联点演化过程探讨

洋脊三联点的演化涉及到相关洋脊的相互伸展增殖和干扰及相关板块运动(方向和速率)的变化过程。洋脊三联点的动态演化既可能改变三联点的结构形态和运动状态，也可能改变其结构类型。这里重点论述位于东太平洋中隆的两个"丁"字形三联点[图 6-14(D)、(E)]。

4Ma 以来，南东太平洋三联点的演化过程可初步划分为 3 个阶段(Anderson - Fontana 等，1986；Larson 等，1992)。

第一阶段开始于 4Ma 左右，智利(Chile)转换断层左旋切错太平洋-南极洲中脊(PAR)，并与纳兹卡-南极中脊连通，使三大板块在此相遇，构成初始 RFF 型三联点结构[图 6-15(A)]；随后三联点北部附近东、西两条洋中脊逐渐扩展增生，在 3.4Ma 前后形成胡安费尔德南斯(JF)微板块[图 6-15(B)]；围绕微板块双向增殖的持续发展，导致微板块直径迅速扩大，并伴随顺时针旋转；直到西部洋脊向南增生端点与 Chile 转换断层向西扩展的断裂相连，而东部洋脊东扩并迁移至太平洋-南极洲中脊联线附近[图 6-15(C)]，则微板块的增生速度明显降低，标志着第一阶段结束(大致在 2.47Ma)。

第二阶段的变形表现为以微板块的顺时针快速旋转来补偿微板块直径增大速度的逐渐降低，其旋转速率大致为 32°/Ma；随着微板块东部洋脊迁移到与太平洋-南极洲洋脊呈一线，而西部洋脊扩展归并了微板块西南边界的转换断层，使 JF 微板块西南边界洋脊与太平洋-南极洲洋脊近于连通[图 6-15(D)]，构成 RRF 型三联点结构雏型(大致在 1.75Ma)，这标志着第二阶段结束。

第三阶段的变形表现为微板块东部洋脊的伸展方向发生变化，其速率也逐渐降低；作为补偿，西部洋脊扩展速率则持续加快，逐步向南增殖呈弧形连通 Chile 转换断层，导致微板块南部边界性质发生变化，同时使东部洋脊缓慢向东迁移并伴随向北的分段伸展，逐步形成微板块与南极洲板块之间的新边界[图 6-15(E)]；此时控制微板块旋转的剪切力偶从东、西两洋脊转换为微板块北部和东南部边界，使其旋转速度降低到 9°/Ma 左右；在 0.7Ma 以后，西部洋脊持续快速扩展，使其连通微板块南、北的太平洋中隆，形成微板块西南部的弧形洋脊边界[图 6-15(F)]，RRF 型三联点结构定型，东部洋脊在持续向北西伸展过程中形成耗尽的深海谷，而微板块的北部边界形成以褶皱和挠曲为主的挤压性洋脊。

与此相类似，Lonsdale(1988)也以 Galapagos 微板块形成演化为主线，分析太平洋中隆赤道附近 Galapagos 三联点的演化过程，初步认为，早期 Galapagos 三联点为 RRF 型结构，转化为 RRR 型结构后，横向洋脊低速伸展，逐渐进入交汇域，受东太平洋中隆快速扩展的影响，横向洋脊一分为二，并逐步形成 Galapagos 微板块[图 6-16(A)、(B)、(C)]；微板块在增殖扩大过程中伴随有顺时针旋转，以补偿太平洋中隆与横向洋脊的伸展差异，进而导致次级三联点的形成[图 6-16(D)]；此后，微板块停止快速增殖扩大，三联点进入相对稳定的 RRR 型结构发展演化阶段；目前，微板块南北边界洋脊的伸展速度逐渐增加，特别是南部洋脊未来可能获得火山通道的充足岩浆源[图 6-16(D)]而快速增殖，如果未来南北两洋脊在微板块东部连通，

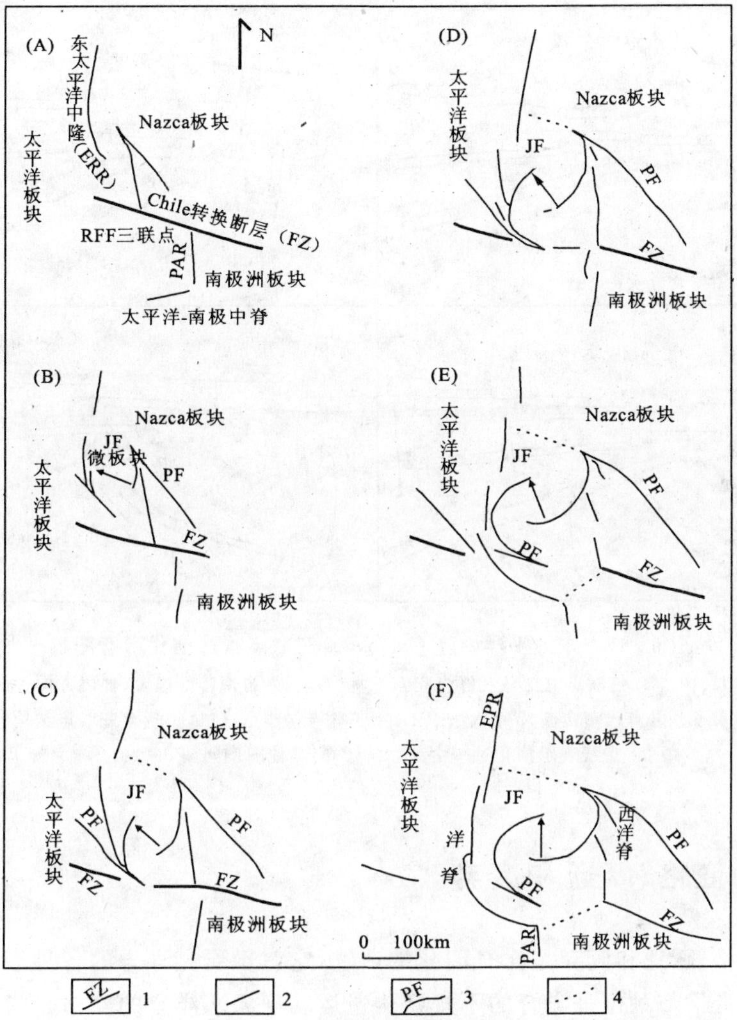

图 6-15　南东太平洋中隆三联点构造演化过程图解

(据 Larson et al.，1992)

(A)在 4Ma 前后的 RFF 型三联点结构；(B) 在 3.4Ma 前后微板块开始形成，黑箭头指示现今正北位于微板块旋转之前的阶段性方位；(C)在 2.4Ma 前后微板块基本定型；(D) 在 1.75Ma 前后微板块旋转速度加快，西部洋脊迅速向南增生；(E)在 0.95Ma 前后 RRF 型三联点基本定型；(F) 现今三联点结构

1 为转换断层；2 为洋脊；3 为与洋脊增生有关的假断层；4 为性质不明的微板块边界

则形成环绕 Galapagos 微板块的 3 个快速伸展洋脊，微板块又会快速增大，这种情况一旦出现，并持续发展，则 Galapagos 微板块可能发展成为一个大板块。

洋脊三联点的发展演化过程，整体上表现为从相对不稳定的 RFF 型至 RRF 型到相对较稳定的 RRR 型。其中，RRR 型三联点稳定性较好，能保持相对较长的演化时间段，最终可能随 3 洋脊伸展速率的逐步降低而消失，如在 100Ma 左右废弃死亡的西太平洋脊 Phoenix 三联点(Nakanishi 等，1998)；由于三洋脊伸展速率的明显差异而衍生微板块，并发展演变为更多的三联点。三联点的微板块，特别是 RRR 型结构的微板块，增殖扩大速度快，有可能成为未来新的大板块，对全球构造具有特殊重要的意义。

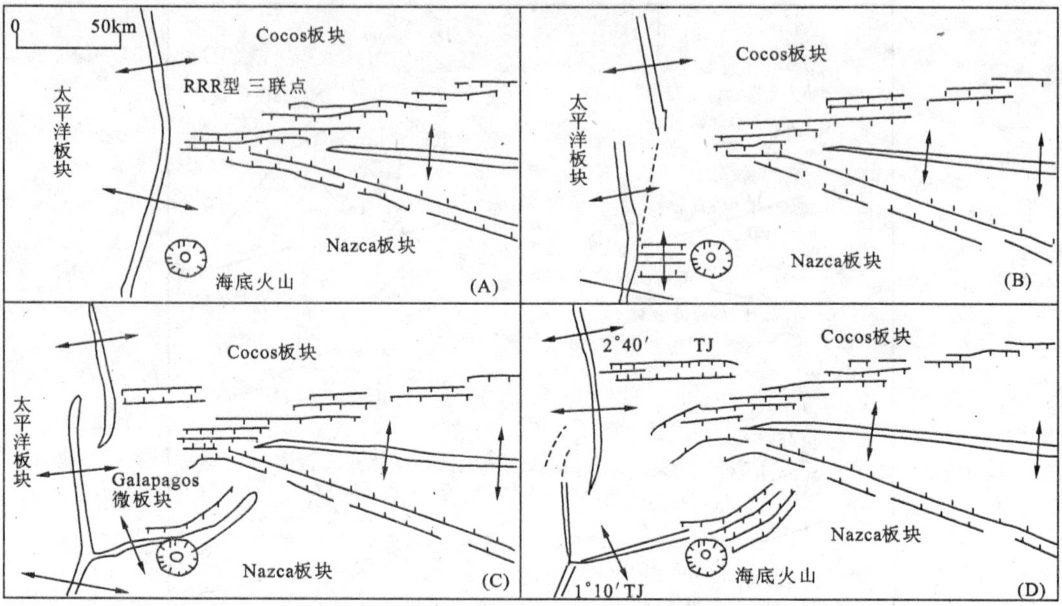

图 6-16 东太平洋中隆 Galapagos 三联点构造演化示意图解

(A)早期 RRR 型结构；(B) 三联点交汇域三洋脊相互干扰、影响，各自调整好位置、伸展方向，微板块开始形成；(C) 微板块快速增殖定型，2 个次级 RRR 型三联点初步形成；(D) 现今三联点结构痕迹

虚线表示演化过程中死亡的洋脊，其他图例同图 6-14

四、洋中脊的变格、跃迁和废弃

洋中脊的变格、跃迁和废弃是洋脊演化的产物，它对于研究洋脊的各种形态及演化具有重要意义。洋脊的变格与跳位是洋脊的不规则构造运动现象。洋脊的变格是指洋脊的伸展方向或构造型式的异常表现；洋脊的跳位则是指洋脊位置的突然变更。洋脊的废弃也叫洋脊的石化，指活动洋脊停止活动，变成不活动的化石洋脊(古洋脊)。

洋脊变格运动的一种形式，就是一段洋脊伸展方向突变，这种现象普遍存在。例如，在“入”字形的印度洋中脊东部东经 90°海岭东侧的 17 号、22 号、28 号、33 号磁条带位置代表了比较老的一块洋脊所遗留下来的东西，西侧的 22、28、33 号也代表了较老的一段洋脊。但是，老洋脊的转换断层的方向是南北向或近于南北向，新洋脊的转换断层却呈北东向。这说明从 17 号磁条带之后，洋底裂开的格局发生了巨大的变化，原来的裂开近于南北向，当裂开到一定时候突然转向。洋脊伸展方向突变“变格”运动的其他实例如：菲律宾海板块原来呈北东-南西向裂开，现在突然转为南北向裂开。

构造型式发生变更的变格运动，像洋脊与转换断层(或走滑断层)之间的转变。如东太平洋中隆呈“T”字形相交的三联点(中美洲附近)所连洋脊的情况，横洋脊的年代比较新，它是一条转换断层转变过来的，原来的转换断层两侧块体是顺走向运动，后来由于发生垂向水平拉开而形成一个新的洋脊(马宗晋等，2002)。而前面提及的 Azores RRF 型三联点的 Azores 转换断层演化则是正好相反的一个例子。现今洋脊东侧的 Azores 转换断层位置过去曾是作为欧洲与非洲板块边界的扩张脊，如今演化为转换断层。

洋脊跃迁在洋脊的演化过程中也非常普遍，洋脊跃迁最明显的例子是上述三联点东南纳兹卡板块内部及其西缘的洋脊位置的突变。从卫星影像图上，可以较清楚地看到纳兹卡板块内部有一条洋脊。在洋底地磁等时线图上，这条洋脊显示的磁条带号为5、6、7等；它突然停止运动，在大致平行的另一位置上，同时出现另一洋脊，新洋脊的磁条带号为2、3、4、5等（马宗晋等，2002）。洋脊位置的这种跳动，与洋脊被转换断层切割处的位置跳动明显不同。前者的跳动幅度远大于后者，更重要的是，前者跳动前后的老洋脊和新洋脊之间并无转换断层相衔接，以致老洋脊和新洋脊完全脱节（Brozena et al.，1990）。

活动的洋脊死亡有两种形式，一种随着大洋的关闭而死亡并消失，另一种就是停止扩张而变成一段化石洋脊。在后面的全球洋底增生构造图上可以看到许多这样的化石洋脊。最典型的例子，就是北冰洋中的罗蒙诺索夫海岭常被认为是废弃的洋中脊的残留地形。

对洋中脊的变格、跃迁和废弃等洋脊演化现象，现在也没有得到一致认可的解释。但是，总体上可以认为是岩石圈板块的受力状况变化导致其运动方式的改变、深部热状况和岩浆供应变化等相互作用的一个过程和结果。

第四节　洋中脊的基本构成及微构造

一、洋中脊的类型

大洋中脊的扩张速率在全球各个洋中脊都不相同，海底调查已经发现，对于不同扩张速率的洋中脊其中脊地形、构造和岩浆活动都表现出极大的不同。为此，人们根据扩张速率将大洋中脊划分为以下3种类型：

(1)慢速扩张脊：全扩张速率（两侧扩张速率之和）1～5cm/a，如大西洋中脊和印度洋中脊。

(2)中速扩张脊：全扩张速率5～9 cm/a，如科科斯-纳兹卡板块间扩张脊。

(3)快速扩张脊：全扩张速率9～18 cm/a，如东太平洋中隆。

对于全扩张速率低于1cm/a左右的大洋中脊称之为超慢速（ultraslow）扩张脊，如印度洋洋中脊的西南支。

东太平洋中隆这类快速扩张脊，地形宽缓；大西洋中脊这类慢速扩张脊则地形崎岖，两坡较陡（图6-17）。这可以用洋

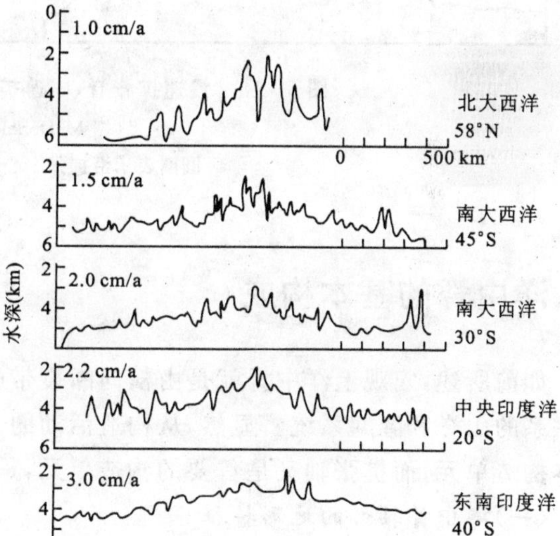

图6-17　大西洋洋中脊的地形剖面

左上方的数字表示的是由地磁异常求得的海底扩展速度，缓慢扩张的中脊斜坡的坡度陡而起伏剧烈，相反，快速扩张的中脊一般具有和缓的倾斜，起伏也较平缓

底-年龄关系作出合理的解释：与快速扩张脊相比，慢速扩张脊在扩张至同样的水平距离处所需时间较长，从而可以冷却下沉至更大的深度。大西洋中脊和印度洋中脊属于慢速扩张脊，有1.5～3km深、10～30km宽的中央裂谷；科科斯-纳兹卡板块间扩张脊为中速扩张脊，有50～400m深、7～20km宽的中央裂谷；而作为快速扩张脊典型的东太平洋中隆，无中央裂谷，相反出现200～400m高、5～15km宽的轴部高地(McDonald，1982)。慢速、中速、快速扩张脊的分布如图6-18所示。

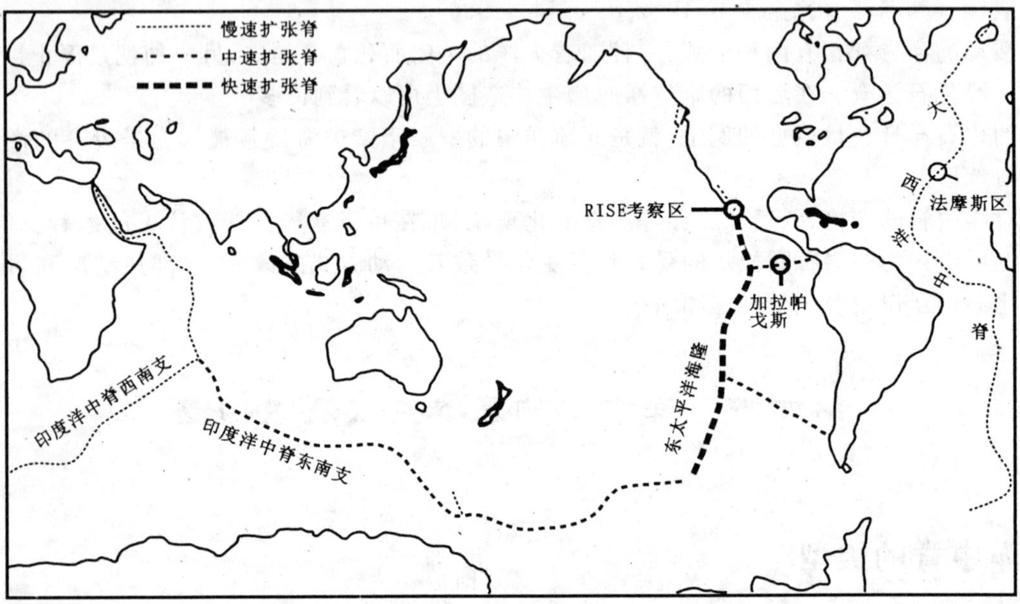

图6-18 慢速扩张脊、中速扩张脊和快速扩张脊的分布
(据McDonald，1982)
圆圈表示沿扩张中心的潜水考察地点

二、洋中脊的基本构成

如前所述，宏观上洋中脊就是由横向断裂带(转换断层)分隔的一系列与海底扩张轴有成因联系的山脊和隆起系统。显然，从构造活动的角度来看，扩张轴与转换断层是洋中脊的两个基本构造单元，而扩张轴又是首要的构造单元，是发生海底扩张、产生新洋壳的场所。

(一)洋中脊轴部的地形特征

1973年，法国和美国的地质学家，实施了一项大洋中脊海底研究计划。对大西洋北段亚速尔群岛西南的中脊轴部，用载人深潜器对海底进行直接观测(图6-19)。调查区位于两个断裂带(地形图上断裂带A和断裂带B)之间。

利用深潜器查明中脊谷RV 2长约40km、宽约30km，而其内底盘仅为1～3km宽的狭长地带。RV 2的内底盘在其中央附近深达2.6km，在靠近A、B断裂带附近时，深度加深，宽度也变大。在RV 2以南的中脊谷RV 3的内底盘却宽8～13km。中脊谷的地形剖面如图6-20(A)所示，可以区分为内底盘、内壁、阶地、外壁以及山脊等。中脊谷RV 2的东西两侧对中脊轴部呈明显的不对称性，反映了中脊谷两侧扩张的不对称性[图6-20(A)](Heirtzler和Bry-

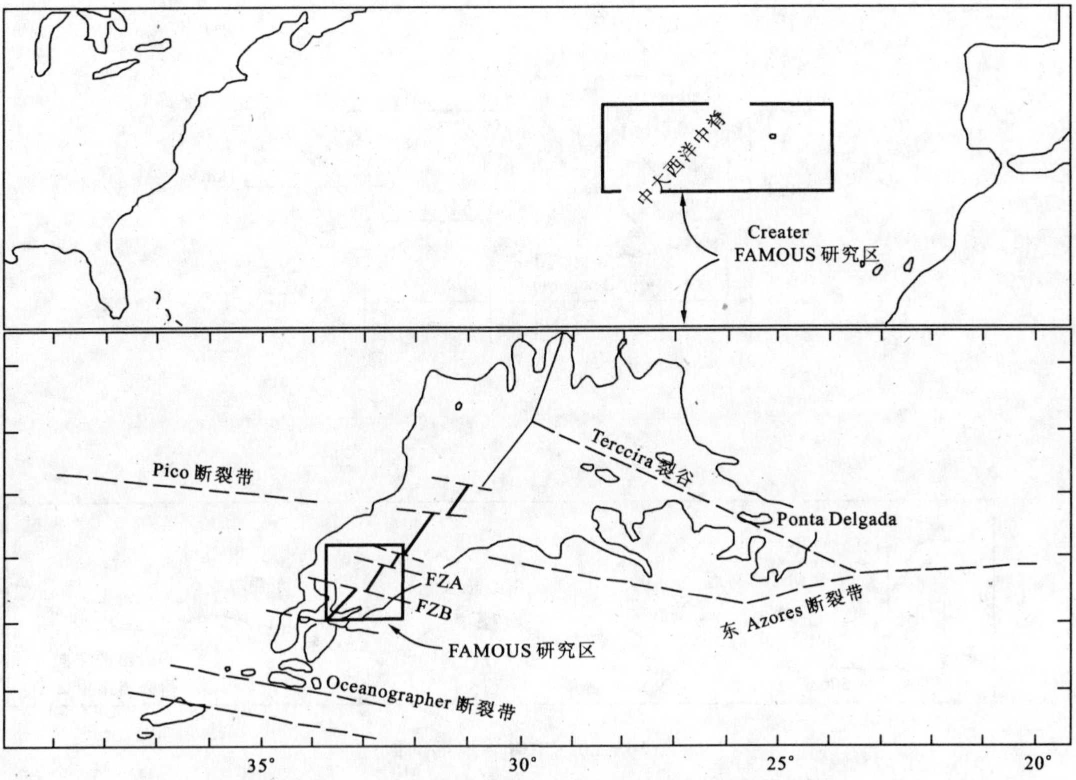

图 6-19　法美大洋中部海底研究计划调查区域及其地形图

（据 Helrtzler 和 Bryan，1975 补充）

an，1979）。

在 RV 2的内底盘大致中央处呈南北细长延伸的丘状高地［图 6-20(B)］，如 Venus 山等。从这顶部可能喷溢过最新的熔岩。在熔岩喷溢口附近是高 5～7m、宽 10～15m 的像火山丘（火山锥）那样的高地，但未见大陆火山那种破火山口地形。在中心高地两侧见到许多正断层形成的小海槽（图 6-21）。在其外侧也有类似中心高地那样的高地。

在调查期间，虽然没有直接观察到熔岩流和热水喷出，也未见到地震引起的崩塌现象，但所观察的火山熔岩地形、平行内底盘的断崖及每天记录到 50～200 次的微震，说明调查区内中脊谷目前正处于扩张活动期。

（二）洋脊-洋脊型转换断层的特征

洋中脊带在构造上并非连续不断，它被一系列与轴线相垂直或斜交的大断裂带所切截，这些断裂即是第二章讲到的转换断层。断裂带在地形上往往表现为一侧是狭长的海脊，另一侧是深陷的槽谷，由脊至槽为陡峭的崖壁；或者有一系列脊槽沿断裂带呈雁行状排列（图 6-18）。沿断裂带发育的槽谷颇深，经常超过毗邻裂谷的深度，例如赤道大西洋罗曼什断裂带上的罗曼什深渊，深 7 856m，是大西洋中除波多黎各海沟和南桑德韦奇海沟外的最深点。东北太平洋门多西诺断裂带以北的海底台阶平均深度约 4 500m；门多西诺断裂带以南和木里断裂带之间的台阶为 5 400m；木里和克拉里断裂带之间的台阶则为 5 000m。这种横向断裂带把洋中脊平错开来，错移幅度可达数十到数百公里。在南太平洋中脊的西分支和赤道大西洋的洋中脊上，这种平错最为显著，幅度大者可达 1 000km 以上。

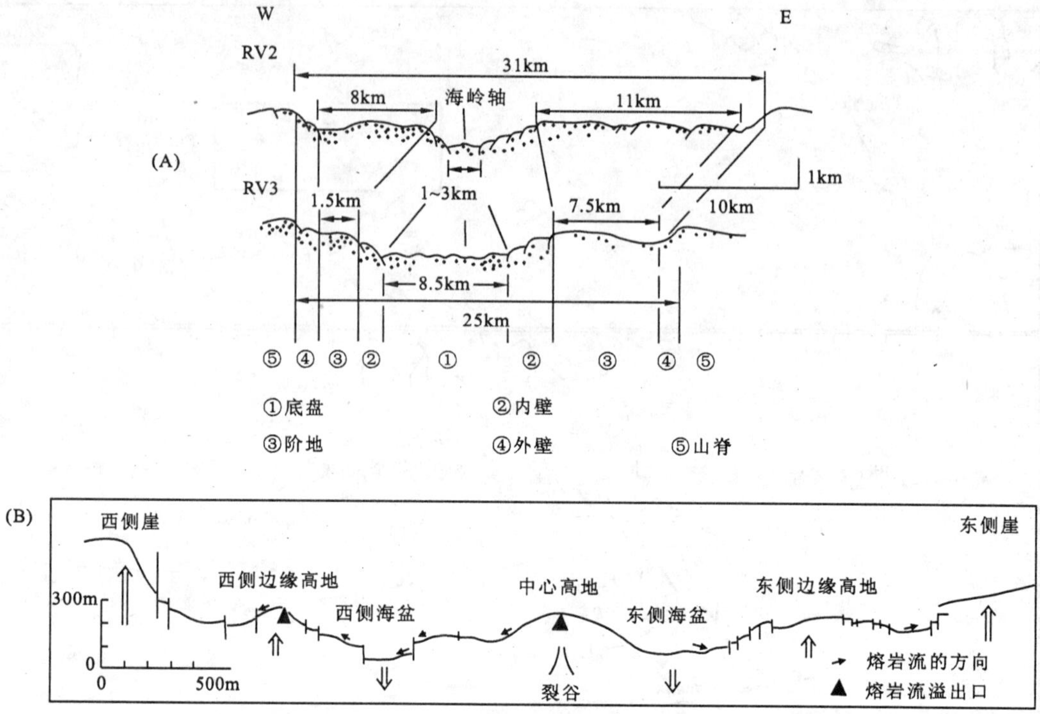

图 6-20　中脊谷地形剖面

(A)法美大洋中部海底研究计划区域中两个中央海岭 RV2 和 RV3 的理想剖面图(据 Ramberg 和 Van Andel,1977),这个区域的中脊谷是由两个大的断层崖(内壁和外壁)组成;(B)RV2 的内壁内侧的理想地形剖面图(据 Ballard 和 Van Andel,1977),潜水艇的调查主要是在内底盘中进行的,综合其成果拟编了剖面图,垂线表示正断层

洋底岩石圈自中脊轴部向两侧扩张的过程中,伴随着冷缩和沉陷作用,洋脊两翼的坡度随着远离脊顶而减小,从而断裂带两侧洋底的高差以及沿断层发育的崖壁的高度亦随着远离脊顶而减小。洋底岩石圈在向两侧扩张过程中还发生水平方向的收缩,因而,沿转换断层发育的槽谷随着远离脊顶而拓宽。

按照严格的转换断层定义,大洋底应是对称裂开的,但实际并非如此。洋底本身实际上被切割得非常强烈,分段性很明显,各段之间的垂直运动是不同步的,造成了相对的高差。水平运动也是不同速的,所以存在着水平的相对运动。因此,严格的转换断层只是一种理想的模式。洋脊的绝大部分转换断层都具有走滑性质,即实际存在的转换断层含有一定的走滑成分。

转换断层所发生的运动除平移剪切外,有的还兼有拉张或挤压性质,据此,转换断层可被划分为张性转换断层和压性转换断层。压性转换断层的构造变形十分强烈。沿着张性转换断层,往往有软流圈物质上涌,出现火山活动,变成了地壳增生的场所。这种转换断层又称为泄漏性转换断层。从威尔逊(1965)的定义出发,可知转换断层板块边界应是以相邻板块之间相对运动的欧拉极点为中心的一些小圆,而沿转换断层的位移则应是纯粹的走向滑动,从而使交界地区不致发生变形。

虽然威尔逊(1965)的运动模型是个极好的一级近似模型,但实际的大洋转换断层却常常不同于该理想化的图式,这是因为它们的构造受到下列因素的控制:①转换断层本身是泄漏型;②它们的内部构造反映了走向滑动构造活动的方向;③相邻洋脊的扩展在转换断层区内引

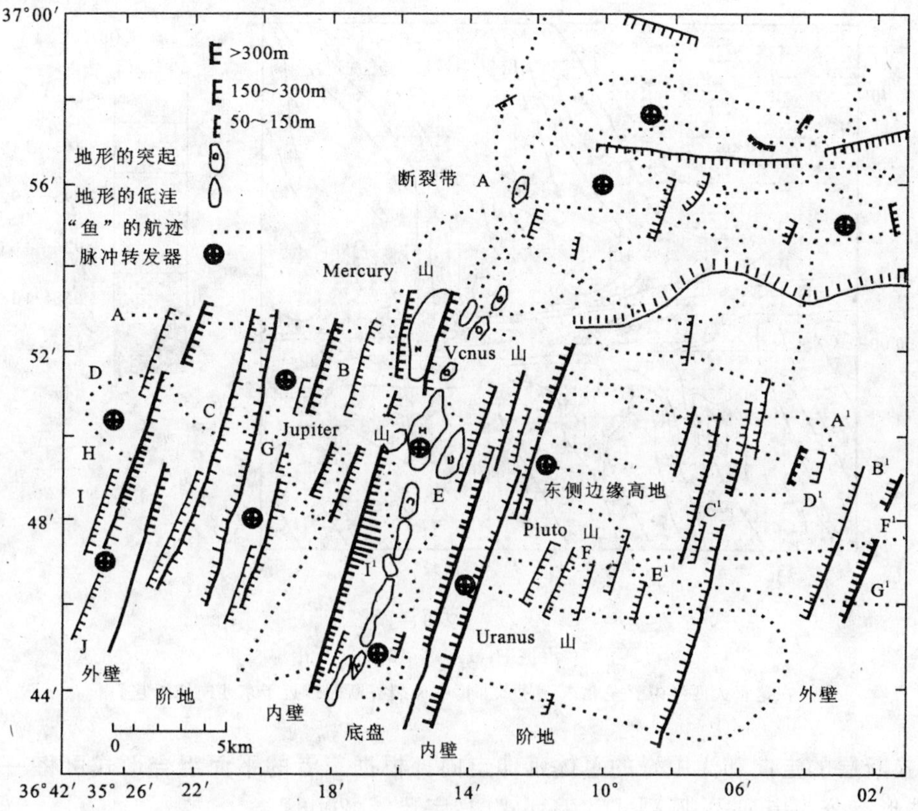

图 6-21　RV2 的构造图

(据 MacDonald & Luyendyk,1977)

图中表示了装有侧视声波定位仪的深海曳航式探测器“鱼”的航迹(点线)及当时设置的定位用的脉冲转发器的位置

起了重新调整。

Garfunkel(1986)提出:泄漏性是大多数洋脊-洋脊型转换断层的一种固有特征,他还根据水平错距和滑动速率对转换断层进行了分类:

(1)缓慢滑动的小水平错距转换断层,错距小于 30km,常见于大西洋脊沿线和印度洋的一些地区。它们与邻近的脊段和板块运动的方向往往并不垂直,而呈斜交,如北美-非洲板块边界的 Kurchatov 断裂带。

(2)缓慢滑动的大水平错距转换断层,错距大于 50km,深度起伏较大,常达几公里,一般都较直,与邻近的脊段和磁异常几趋垂直,如中大西洋的 Kane 断裂带和海洋学家断裂带。它们与以任何合理极点为中心的小圆均不吻合,反映了泄漏特性。地震折射研究也表明,这两个转换断层中部存在着一种非均质的异常地壳。

(3)中至快速滑动的大水平错距转换断层,快速扩张洋脊(如东太平洋中隆)沿线的转换断层属此类。Quebrada 断裂带是一很好的例子,其水平错距为 120km,滑动速率大约为 15cm/a,转换断层区宽 30～35km,是泄漏型的。

(三)洋中脊与转换断层相互错动分布的特征

1. 洋中脊的基本构造形态

描述由数个洋中脊段落构成的一长段洋中脊的总体构造形态的 3 个基本要素是扩张轴的

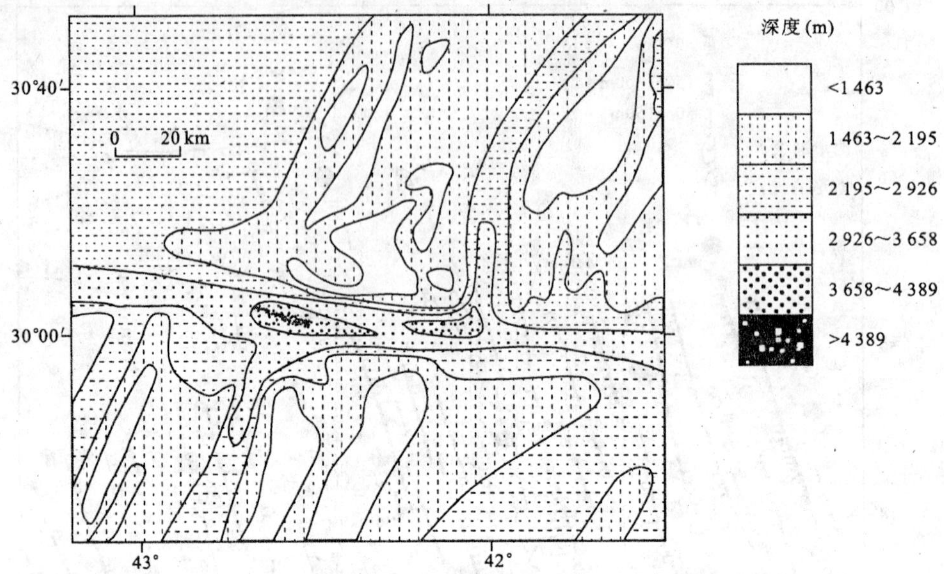

图 6-22 大西洋断裂带

(据 Heezen 等,1964)

在这里大西洋中脊呈北东-南西走向,中央裂谷断裂带近于东西向切断它们

走向、转换断层的走向和洋中脊的总体延伸走向。根据三者的平面组合形式可将一长段洋中脊的构造形态分为串列式、雁列式和羽列式(马宗晋等,2003)。

洋中脊的总体延伸走向与扩张轴的走向平行,与转换断层的走向垂直的组合形式称作串列式,其典型代表是南大西洋中脊的近南北走向的主体部分[图 6-23(A)]。串列式洋中脊构造的运动学关系可以最好地说明洋中脊对流模型的构想。

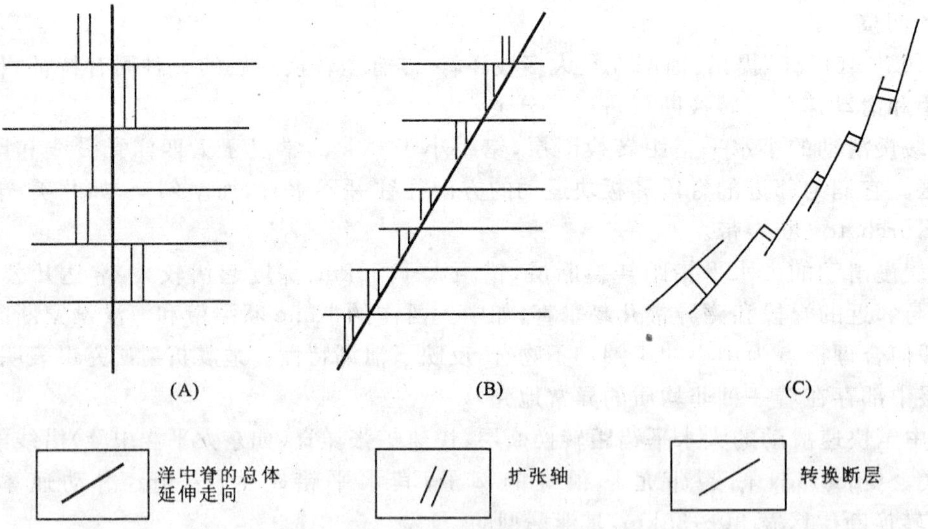

图 6-23 洋脊的构造分类

(据马宗晋等,2003)

洋中脊的总体延伸走向与转换断层的走向呈大角度斜交，使转换断层系列呈雁行状排列，称作雁列式[图 6－23(B)]。最典型的代表是大西洋中脊近赤道部分的一段，洋中脊的大体延伸走向为 NW－SE 向，而转换断层均为近东西向。

洋中脊的总体延伸走向与转换断层走向呈小角度斜交，使转换断层系列呈羽毛和羽轴式的羽列关系，称作羽列式。印度洋中脊北支马巴西斯断裂以南的一段中脊就是典型的羽列式[图 6－23(C)左支]。羽列式和雁列式可并称为斜列式。

洋中脊构造系就是由这 3 种基本样式复合合成。在这 3 种基本类型中，假定串列式是较为简单的相对拉开，那么雁列式和羽列式除了垂直于洋脊方向的扩张作用之外，同时还应具有平行于洋脊的剪切运动。洋脊构造复合运动型式无疑给简单的热对流运动模式带来困难，而且斜列式洋脊构造的长度占全球洋脊的 1/3 以上，这是很值得研究的。

2. 洋中脊(段落)与转换断层相互错动分布的定量特征

由于大量转换断层的平错而使大洋中脊具有复杂的构造形态，但洋中脊(段落)与转换断层相互错动分布也呈现出一定规律性。某一处板块分离边界的几何形状是由相邻转换断层之间的距离 L(这是一种近似表示方法，假设转换断层相互平行的情况下，相邻转换断层之间的距离其实应为图 6－24 中的 $L/\mathrm{tg}\alpha$)、转换断层活动段的长度 l、扩张轴(裂谷带)走向和转换断层法线之间的夹角 α 来确定的，夹角 α 表明断层走向与板块扩张轴正交方向的偏差(图 6－24)。

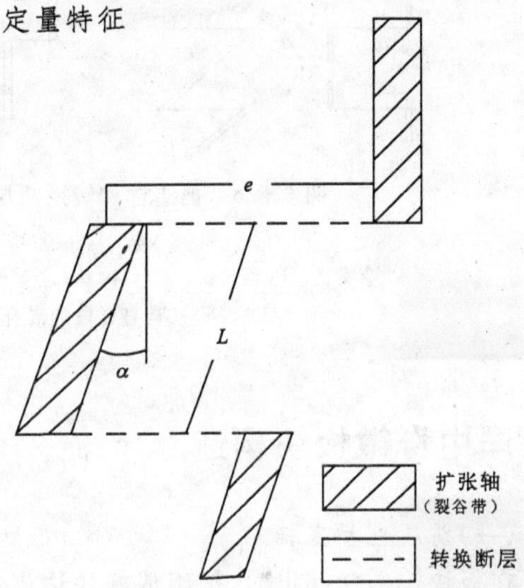

图 6－24　大洋板块分离轴几何形状及其定量特征

(据 Boyapoba 等，1986)

(1)相邻转换断层之间的距离(L)。相邻转换断层之间的距离间隔也与扩张速率有关，扩张速率最慢处小于 200km，中-快速扩张脊为 600～1 000km，扩张速率大于 14cm/a 的脊段上未发现转换断层。大西洋和印度洋每 550km 中的转换断层数平均比澳大利亚-南极洲隆起、南太平洋隆起和东太平洋隆起的数值多 1～2 倍。转换断层间距随扩张速率而增加。

(2)转换断层活动段长度(l)。大西洋和印度洋西北部，在全部被划分出来的转换断层中 60％是活动的、长度为 10～40km 的小断层；在太平洋，活动断裂长度为 10～40km 的小断层不到 30％。

(3)断裂带与转换断层之间的夹角(α)。大西洋北部，从冰岛到 Kane 断层间的断层通常不与板块分离轴垂直，某些断层的夹角达 40°。在大西洋南部，α 很小，转换断层几乎与洋中脊正交。在中速扩张的印度洋西北部，30％的夹角 α 超过 10°。在高速扩张的东太平洋中隆，α 角一般不超过 10°～15°，仅在极少数情况下达 40°。从几何学的角度来观察板块运动，板块的相对运动未必与脊轴呈直角，但是在相对运动方向突然改变的情况下，脊轴的方向就有变为直交于板块运动的趋势(Menard 和 Ater，1968，1969)。

3. 洋中脊(段落)与转换断层之间的连接形式

在世界洋脊系统的全部断层中，48％是左旋的，52％是右旋的。北冰洋和大西洋洋中脊个别地段，发生了断层类型的更换。在整个东太平洋中隆 66％是左旋断层。关于洋中脊(段落)

与转换断层之间的连接，Menard(1984)设想了可能出现的不同连接形式。以恒定的速率向右(R)和向左(L)伸长的转换断层，可能出现的连接形式有 RR、LL、RL 和 LR(图 6-25)。前两种连接叫作“直接连接”，后两种连接叫作“交叉连接”。交叉连接中第一个字母习惯上指连接线的最北端。除这 4 种基本连接形式相连外，还可能出现如 LL-RL-RR-LR-LL 这样的混合连接。不过，在有直接连接与交叉连接交替出现的混合连接中，相邻的交叉连接线的方向必定相反，相邻的直接连接线则必定位于相反的两侧，因而不可能出现如 LL-RL-RR-RL 这样的连接方式。

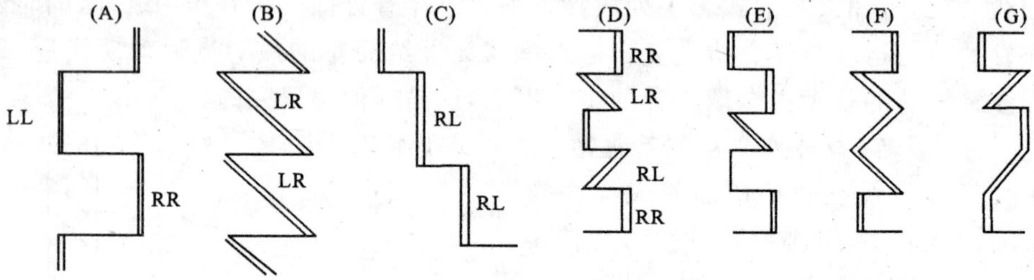

图 6-25 把洋脊和转换断层看作连接线时可能出现的连接形式

(据 Menard,1984；引自马宗晋等,2003)

(A)雉堞状；(B)锯齿状；(C)台阶状(这 3 种都是可无限反复连接的简单的直接和交叉连接)；(D)、(E)只有直脊段的混合连接；(F)、(G)具弯曲脊的混合连接

三、洋中脊微板块构造

(一)前展性扩张轴

在板块构造学问世时，把组成板块边界的洋脊和转换断层作为简单的海底扩张构造。在 20 世纪 70 年代后期至 80 年代前期，由于发现了对海底扩张构造有重要意义的前展型或增长型(propagating)扩张轴和叠复(over lapping)扩张轴现象，才逐渐使其真实的发展史得到阐明(Tamaki,1988)。

前展性扩张是通过全球磁异常的详细调查，将加拉帕戈斯脊与胡安德富卡脊作对比研究时发现的(Hey,1977,1980)。洋底前展性扩张是指转换断层一侧的扩张轴，是由另一侧的扩张轴生成的地壳中分离延展而形成，现在已得到多道地震、超大型旁侧扫描声纳和深海拖曳探测仪等最新测量仪器所获资料的证实。

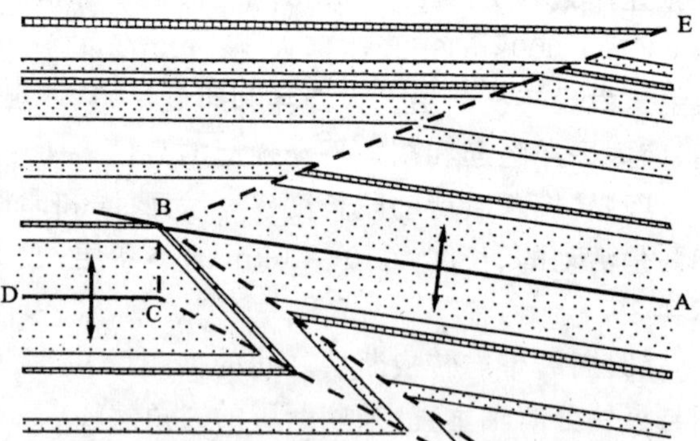

图 6-26 前展性裂谷示意图

(据 Hey,1982；引自金性春等,1995)

图示加拉帕戈斯海岭西经 95°30′附近情况，带点区示正磁异常条带，AB 为前展性裂谷，BCF 为剪切变形带

图 6-26 为东太平洋加拉帕戈斯脊在西经 95°30′处的前展性扩张模式。图中扩张轴 AB 和 CD 被转换断层 BC 切割。与一般模式不同处是，转换断层延伸线上的断层 BE 和 BF 呈“V”字形倾斜状大幅度延伸。

图示中扩张轴AB就是由另一侧的扩张轴CD生成的地壳中分离延展而形成。这种侵入另一侧、其长度随时间增加的扩张轴AB就称为扩展性扩张轴(也称前展性裂谷)。因新生成的岩石圈保持刚性的特点,另一条扩张轴CD的长度逐渐缩短而向后退缩,扩张轴CD称为衰退性扩张轴。CF就是衰退性扩张轴后退的迹线(也称夭折裂谷)。图6-26中的假断层BE和BF及剪切变形带BCF,就是由扩展型扩张派生出来的。

前展性扩张轴在衰退性扩张轴生成的地壳中不断侵入延伸,在这一过程中,前展性扩张轴和衰退性扩张轴之间转换断层的长度逐渐增大(图6-27)。前展性扩张轴仍保持板块的刚体性质。通常前展性扩张轴的走向与板块扩张方向垂直,而衰退性扩张轴则与板块扩张方向斜交(图6-26)。当发生增长型扩张时,增长型扩张轴的扩张方向起支配作用,衰退型扩张轴与之靠近,从而改变扩张轴的走向。

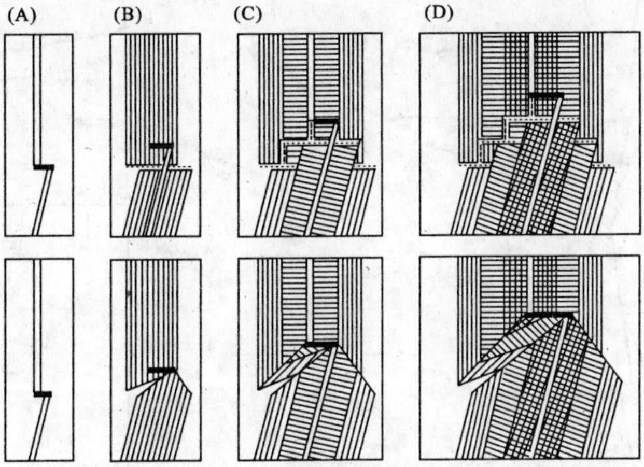

图6-27 前展性扩张轴及其特有磁异常形式的形成

(据Hey,1982;引自金性春等,1995)

从(A)到(D)为初始状态到最终状态,上图中扩张轴向前延伸示阶段性发生的,下图中为连续发生

一般认为,前展性扩张是适应扩张轴两侧板块之间相对运动方向的结果。如果板块运动方向发生变化,就可能通过适应板块运动方向的新的扩张轴向前伸展的方式,来调整整个扩张轴的走向。频繁发生前展性扩张的胡安德富卡脊就是其实例。胡安德富卡脊位于太干洋东北部,其东侧是胡安德富卡板块。该板块正在向北美大陆之下俯冲,所以胡安德富卡脊已逐步贴近北美大陆。俯冲板块以其本身质量可以对整个板块产生拉张作用,随着胡安德富卡脊向大陆靠近,因俯冲带长度发生变化,由板块自重产生的拉张作用的影响也发生相应变化,结果导致板块运动方向发生频繁变化。故太平洋板块与胡安德富卡板块的相对运动亦频繁发生变化,与此相应,胡安德富卡脊亦被迫修正其方向。前展性扩张轴便能起到这种修正方向的作用,于是便导致了产生复杂假断层的前展性扩张。

ODP147航次在东太平洋赫斯海渊布钻。赫斯海渊位于科科斯-纳兹卡板块间的前展性扩张轴的前端(图6-28)。向西前展的扩张轴延伸侵入原先由东太平洋中隆扩张形成的洋壳。

147航次894号井钻遇下地壳的辉长岩,895号井钻遇下地壳-上地幔过渡带的辉长岩、纯橄榄岩和方辉橄榄岩。这些岩石或暴露于海底,或产于极薄沉积层下。看来,扩张脊前展端楔入先成的洋壳,引起了强烈的构造拉张。赫斯海渊可能有低角度的拆离断层发育,强烈的拉张使断层下盘的地壳深部和地幔岩石出露于海底(图6-29)。科科斯-纳兹卡板块间的扩张脊

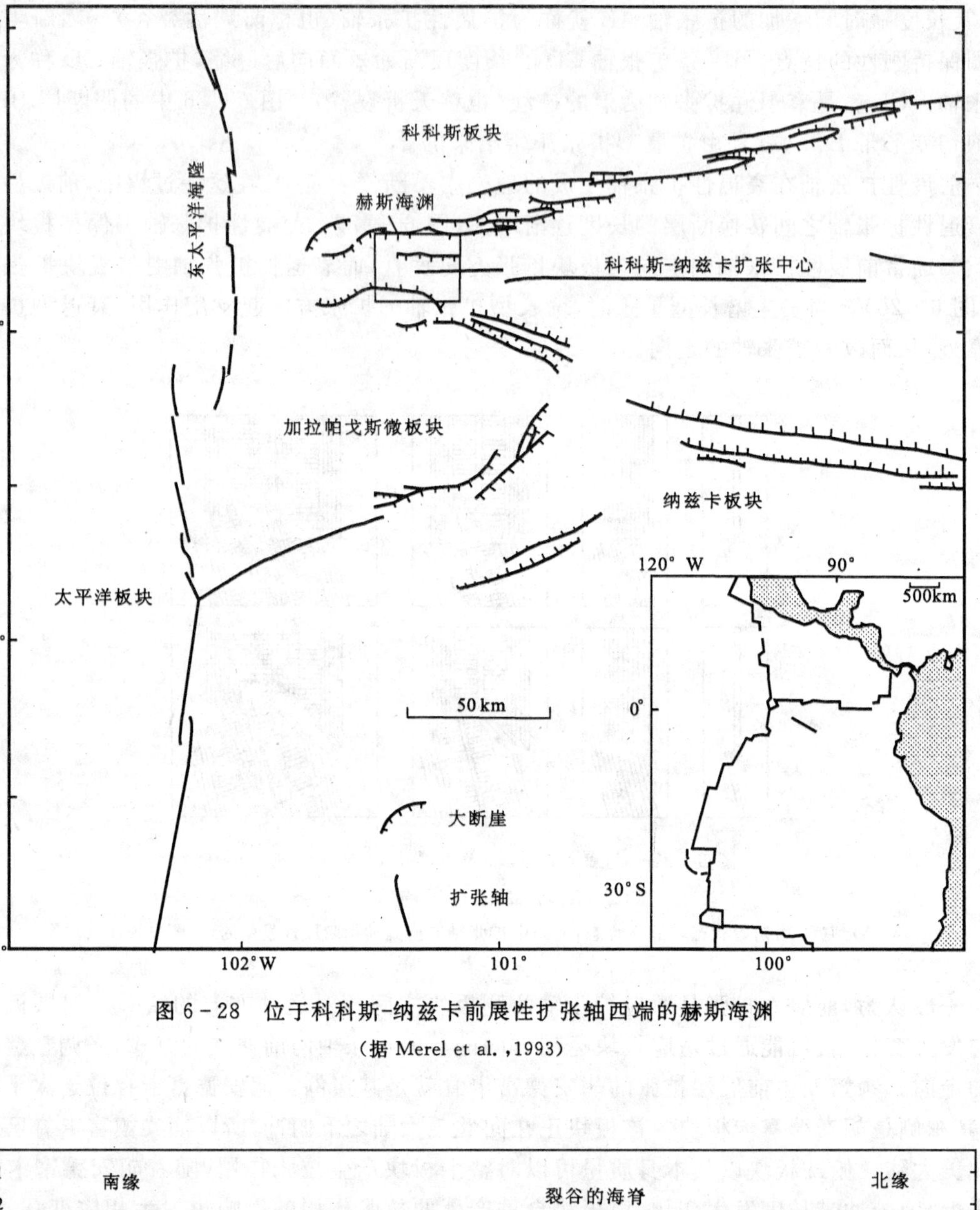

图 6-28 位于科科斯-纳兹卡前展性扩张轴西端的赫斯海渊

(据 Merel et al. ,1993)

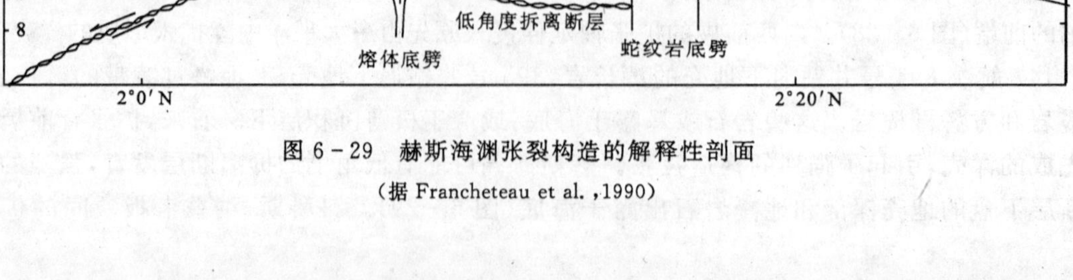

图 6-29 赫斯海渊张裂构造的解释性剖面

(据 Francheteau et al. ,1990)

属中速扩张中心，但其前展端显示出类似贫岩浆供应的慢速扩张脊的特点。

一些情况下，前展性扩张是从热点处成对向外扩散，而在冷点处成对收敛，显示前展性扩张很可能与地球内部的对流运动有着密切的联系。例如，在加拉帕戈斯脊 85°W 附近发现的前展性扩张轴向东扩展，与前述 95°30′W 处向西扩展的前展性扩张轴呈相距不远的一对[图 6－30(A)]。加拉帕戈斯热点位于两者之间。热点处地形较高，显示两前展性相背离开热点，向地形低处前展延伸。在澳大利亚-南极中脊发现的成对前属性扩张却与上述加拉帕戈斯的不同，它们朝相互接近的方向发育[图 6－30(B)]。根据对这一带地形的研究，推测这一对出现的前展扩张轴间的地下可能是冷点(地幔比其周围低)，而不是热点。用地震法调查该处地幔三维速度结构的分布时，亦证实该处地下存在冷地幔。

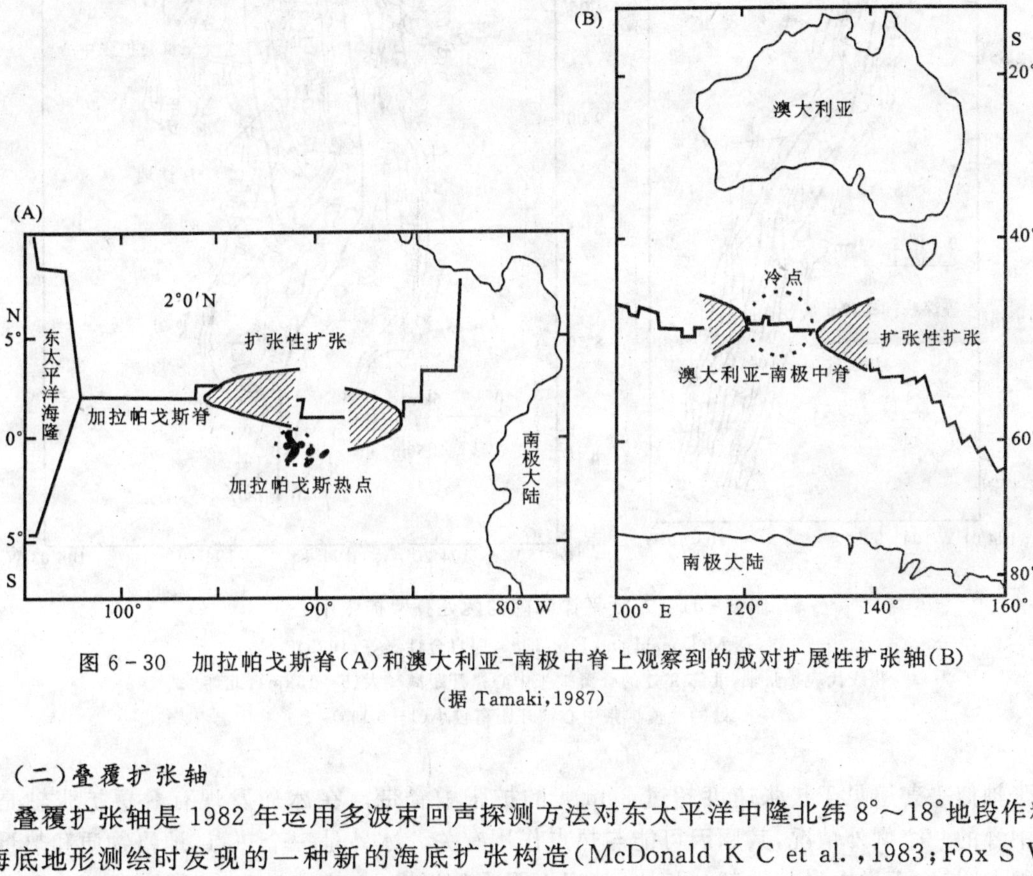

图 6－30　加拉帕戈斯脊(A)和澳大利亚-南极中脊上观察到的成对扩展性扩张轴(B)
(据 Tamaki，1987)

(二)叠覆扩张轴

叠覆扩张轴是 1982 年运用多波束回声探测方法对东太平洋中隆北纬 8°～18°地段作精密的海底地形测绘时发现的一种新的海底扩张构造(McDonald K C et al.，1983；Fox S W et al.，1983)，是指两段中脊轴带的端部相互错开，其间没有转换断层连接，两脊轴的自由端相向弯曲，并列在一起，就像两个人伸出手臂准备要握手一样(图 6－31)。一般认为，两个板块之间的扩张轴只有一条，但是叠覆扩张轴则有所不同，由此促使了洋中脊微构造研究的发展。

两条扩张轴重叠的部分之间的距离(即叠覆扩张轴的宽度)通常为 1～15km，重叠部分的长度(即叠覆扩张轴的长度)为 3～35km。叠覆扩张轴的长、宽比大致固定，一般为 3∶1。在叠覆扩张轴的两扩张轴之间有叫作“深孔”或“深洼地”的深渊。

迄今的调查表明，叠覆扩张轴广泛分布于东太平洋中隆、加拉帕戈斯脊和胡安德富卡脊的全部区域内(图 6－32)。但在大西洋中脊所作的非常详细的多道扫描测深调查，却没有发现叠覆扩张轴。不过，在大西洋中脊的冰岛附近脊段，发现存在规模巨大的扩张轴的叠覆现象。众所周知，大西洋中脊与东太平洋中隆的最大区别是其扩张速度具差异性。实际资料表明，叠

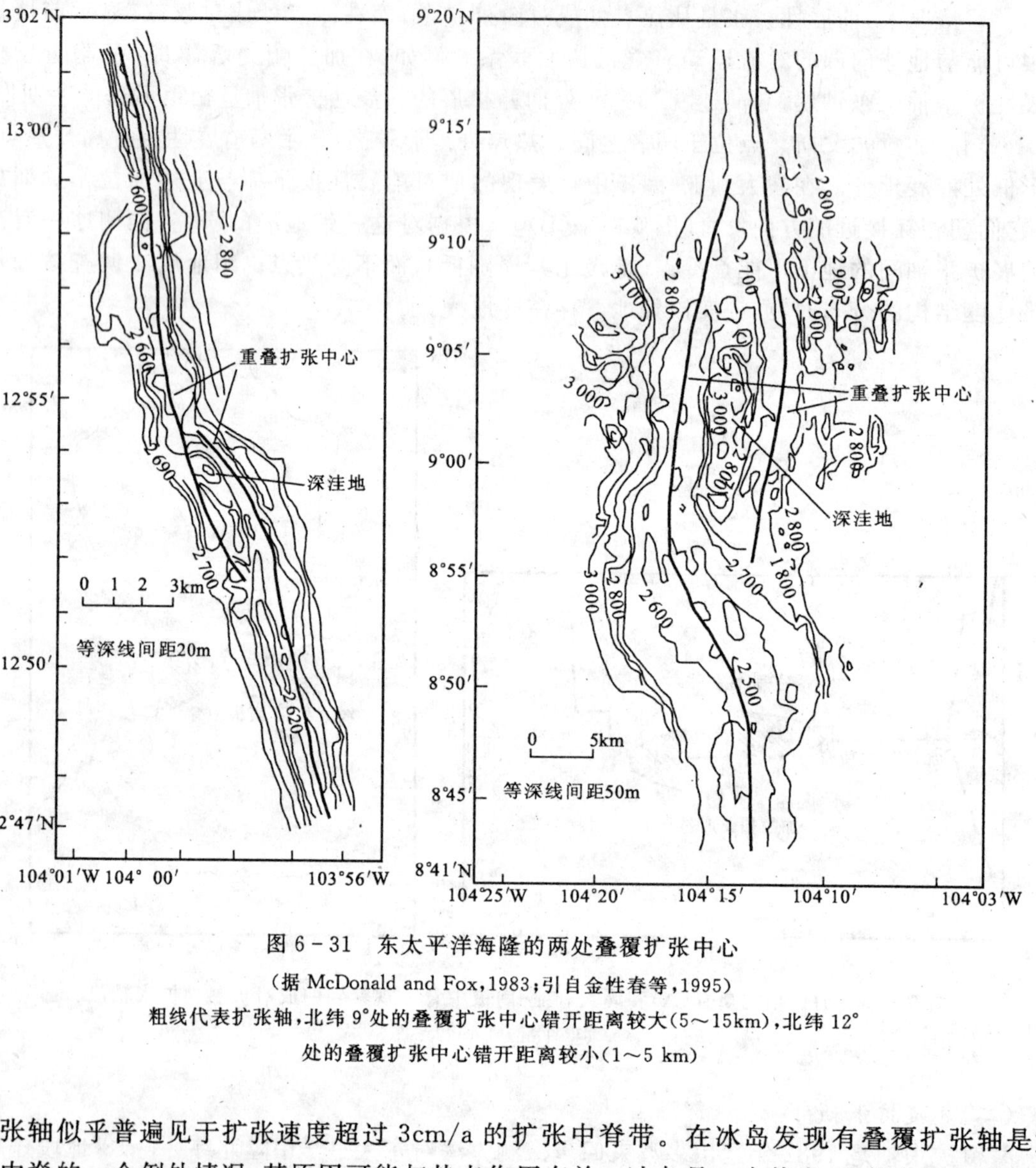

图 6-31 东太平洋海隆的两处叠覆扩张中心

(据 McDonald and Fox,1983;引自金性春等,1995)

粗线代表扩张轴,北纬 9°处的叠覆扩张中心错开距离较大(5～15km),北纬 12°处的叠覆扩张中心错开距离较小(1～5 km)

覆扩张轴似乎普遍见于扩张速度超过 3cm/a 的扩张中脊带。在冰岛发现有叠覆扩张轴是大西洋中脊的一个例外情况,其原因可能与热点作用有关。冰岛是一个热点,地幔物质和热量供应都很大,与大西洋中脊其他部分相比,其岩石圈冷却得慢,与快速扩张脊的情况类似,所以在冰岛等有热点的脊段亦可产生叠覆扩张轴。

(三)扩张轴上的微板块

与前展性扩张和叠覆扩张轴一起受到关注的另一重要现象是常常出现在扩张轴上的微板块。在大洋中脊上,以两条并列的扩张轴为界可构成微板块。目前在东太平洋海隆上发现了两个微板块:复活节微板块和胡安费尔南德斯微板块(图 6-32),其范围为方圆 300km 左右。最新的研究认为,作为这类微板块边界的扩张脊,是有利于发生前展性扩张的场所。复活节微板块的边界就经历了多期的前展幕。在这里两条并列的扩张轴相距达 300km,而且双方均在活动,因此不一定是所谓的加拉帕戈斯型的扩展性扩张轴。不过,它们原来很可能是发育于加拉帕戈斯型的扩展性扩张。

在太平洋板块中发现了中生代微板块（麦哲伦微板块）的残余（Larson R L 等，1985）。研究结果表明，麦哲伦微板块在 10Ma 内伴随扩展现象而成长。在此期间，其范围从方圆 200km 成长为方圆 700km，之后突然停止成长。成长停止的原因尚不清楚。不过，由于扩张轴扩展，微板块由小发展到大的现象具有重要意义。

20 世纪 80 年代 Handschu Macher 等重新鉴定了太平洋侏罗纪的线性磁异常，据此认为，在 165Ma 前太平洋板块方圆只不过 1 200km 左右。由麦哲伦微板块的发展史进行类推，则南太平洋板块完全可能是从微板块发育而成的（朱而勤等，1991）。

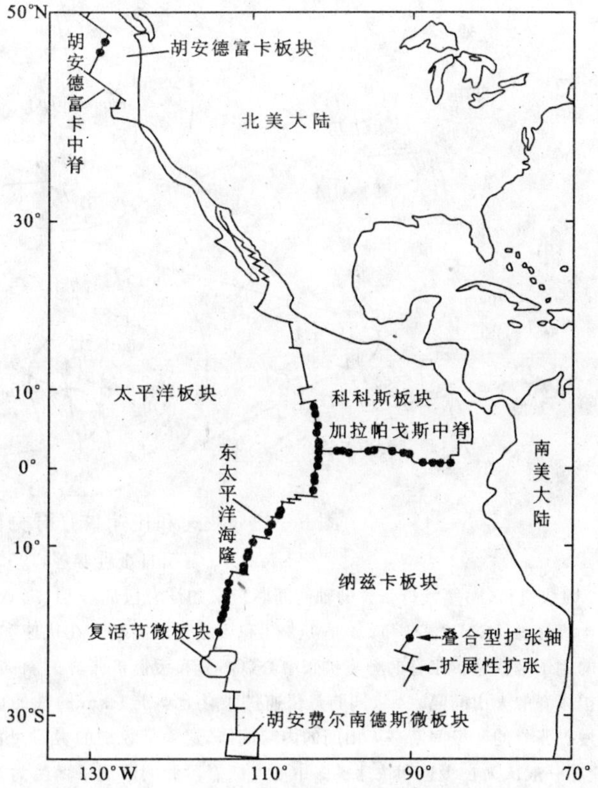

图 6-32 东太平洋的叠覆扩张轴和扩展性扩张

（据 Tamaki，1987）

（四）洋中脊的分段性

洋中脊被无数不连续面分割、错开，被分割形成的一段段洋中脊称为脊段或洋中脊段落，分割洋中脊的不连续面就称间断。McDonald（1991）在综合分析快速扩张洋中脊（东太平洋）和慢速扩张洋中脊（大西洋和印度洋）分段现象的基础上，依据洋中脊走向上的不同规模和不同样式的间断，将洋中脊分段（结构）层次初步划分为 4 级（图 6-33）。其中，1 级间断是转换断层，洋中脊错位距离大于 30km，1 级脊段的长度可达 1 000km 左右，存在寿命可达 10Ma；2～4 级间断出现在转换断层之间，使洋中脊错位的距离逐渐减少，分别表现为叠覆扩展中心、斜向剪切带、火山间隔和横向断错等（图 6-33）；2～4 级脊段的长度愈来愈小，存在的寿命也愈来愈短，例如 4 级脊段的长度一般小于 10km，存在寿命为 $10^2 \sim 10^4$a（表 6-2）。相对较长的脊段通过相邻较短脊段的不断耗损而逐渐增长，这使得长段的长度和寿命不断增长，而短段则在一定时间范围内耗损完。横向上，大多数洋脊分段主要涉及到洋脊内部谷地，特别是熔岩集中喷发的轴向火山脊；纵向上，各段洋脊的中部裂谷表现为中间宽（膨胀区）、两端渐窄；中部岩浆热和地热梯度比两端和边缘高。目前，洋脊构造的这种 4 级分段层次不断得到证实，尤其是 1、2 级分段已得到不同学者的普遍认同。

叠覆扩张轴与转换断层相比，属于次级不连续构造（间断），它把大洋中脊分成一系列脊段。各脊段长约数万米到 300km，脊段中心部位水深较浅，火山活动和热液活动比较强烈；向两端随着接近叠覆扩张轴，水深变大，火山活动和热液活动逐渐减弱以至消失。叠覆扩张轴中心的水深约比分段中的最浅部分深 100～300m。至于转换断层处，脊顶水深更大。两条转换断层之间的中脊分段沿着走向呈现为中心浅、两端较深的平缓的穹丘地形。这种以转换断层为界的大型穹丘上，又叠置着被叠覆扩张轴分隔开的一系列次级小穹丘。

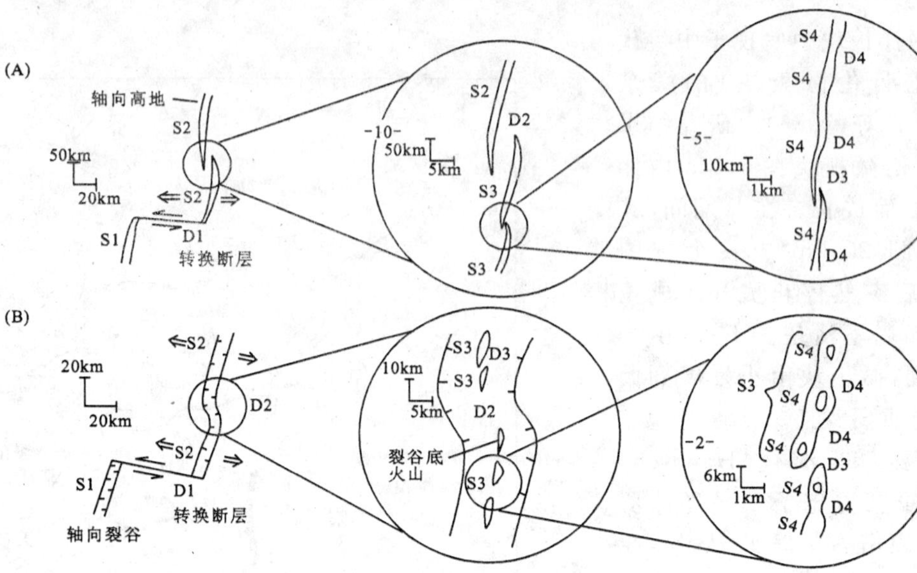

图 6-33 快速和慢速扩张脊分段的可能层次图

(引自金性春等,1995)

由(A)快速和(B)缓慢扩张脊的轴间间断定义的洋脊段的级别(据 MaCdonald et al.,1991)S1、S2、S3 和 S4 是 1、2、3 和 4 级脊段;D1、D2、D3 和 D4 是 1、2、3 和 4 级脊轴间断。在快速和缓慢扩张中心处,1 级间断是转换断层。2 级间断的例子是快速扩张脊的叠覆扩张中心(OSC)和缓慢扩张脊的斜向剪切带。3 级间断是快速扩张脊的小 OSC 和缓慢扩张脊的火山间隔。4 级间断是快速扩张脊上小于 1 km 的轴的横向断错或由轻微弯曲造成的与轴线性的偏离;缓慢扩张脊的 4 级间断是火山间的内部间隔,这 4 个级别的脊段可能代表了一个洋中脊分段的连续系列。例如,现在一般认为在慢速和快速扩张中心 4 级脊段和间断能够增生为具有 3 级、2 级,甚至 1 级脊段和间断,反之亦然

表 6-2 不同级别的脊段特征

级别	1 级	2 级	3 级	4 级
脊段长度(km)	600±300 (400±200)	140±90(50±30)	20±10(15±10?)	7±5(?)
脊段寿命(a)	$>5\times10^6$	$0.5\times10^6\sim5\times10^6$ $(0.5\times10^6\sim30\times10^6)$	$\approx10^4\sim5\times10^5<$(?)	$<10^3$(?)
脊段增长率(mm/a) (长期迁移)	0~50	0~100	不确定,无离轴形迹	不确定,无离轴形迹
脊段增长率(mm/a) (短期增长)	0~100	0~500	不确定,无离轴形迹	不确定,无离轴形迹
间断类型	转换断层带 增长型裂谷	间断,叠覆扩张中心 (斜向剪切带,裂谷接合点)	叠覆扩张中心 (火山间的间隔)	轴向山顶破火山口的断错 (火山内的降格)
断距(km)	>30	2~30	0.5~2	<0.2
断错年龄(a)	$>0.5\times10^6$ $(<2\times10^6)$	$>0.5\times10^6$ (2×10^6)	≈0	≈0
深度异常(m)	300~600 (500~2 000)	100~300 (300~1 000)	30~100(50~300)	0~50(0~100?)
离轴形迹		V形不整合	微弱或无	无
是否为高振幅磁化?	是	是	很少(?)	无(?)
轴岩浆房是否破裂?	总是	是,除叠覆扩张中心 连接期间外(不适用)	是,除叠覆扩张中心连接 期间外(不适用)	很少
轴低速带是否破裂?	是(不适用)	否,但体积缩小 (不适用)	体积略有缩小 (不适用)	体积略有缩小? (不适用)
是否有地球化学异常?	是	是	通常是	50%
高温通道是否破裂	是	是	是(不适用)	经常是(不适用)

(据 McDonald et al.,2001)

Severinghaus 等(1988)和 Tucholke 等(1994)重点研究了大洋中脊 1、2 级脊段及其间断的地貌、地质构造特征,阐明了洋脊 1、2 级间断面附近,沿间断面走向两错位洋脊之间的内侧和外侧在地貌、地壳建造和构造样式等方面存在明显的差异。内侧属于构造、岩浆活动相对强烈的区段,而外侧则是相对不活动区段,大多数地震均集中于间断面的内侧区段;内侧地壳比外侧地壳薄,其建造以下地壳和地幔质的深成岩、超铁镁质岩石为主,而外侧则以玄武岩为主。因此,内侧岩石圈的地壳物质密度比外侧大;内侧区的次级断裂多表现为不规则弧形延伸、尖灭消失和旋转组合等,而外侧区的次级断裂表现为平行洋脊的线性延伸(图 6-34)。

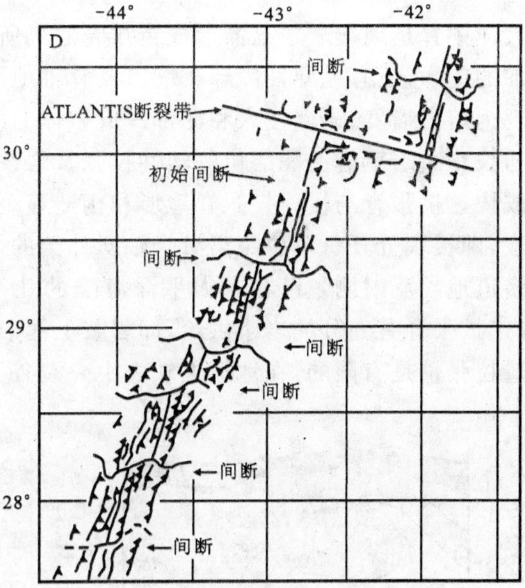

图 6-34 北大西洋中脊 Atlamtis 断裂带附近的分段现象及断裂展布

(据 Tucholke et al.,1994)

第五节 洋中脊动力学研究

前已提及,扩张速率不同的洋中脊的脊轴地形是不尽相同的。慢速扩张脊(如大西洋中脊)脊轴处,存在中央凹槽或"U"形裂谷,而快速扩张脊(如东太平洋中隆)脊轴处地形则稍有上拱,而中速扩张脊展示出选择性的快速和慢速扩张脊的行为,可能为轴部高地,也可能是轴部裂谷(图 6-35)。

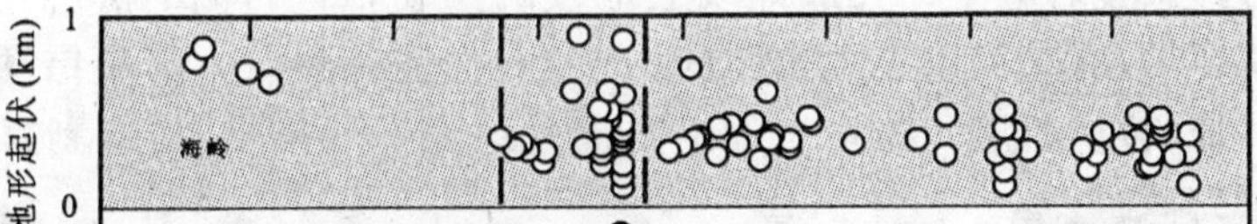

图 6-35 洋中脊轴部地形与扩张速率之间的关系

白色的圆圈表示轴部高地;黑色的圆圈表示轴部裂谷;小三角表示新的 Gakkel 脊和西南印度洋脊 9°～16° E 的数据;灰色的三角表示非岩浆增生段;黑色的三角表示岩浆增生段。非岩浆增生段有更低的轴部地形,中速扩张脊展示出选择性的快速和慢速扩张脊的行为大洋中脊是地幔岩浆上涌形成新洋壳的场所。岩石圈底部受到地幔对流和熔体析离过程所施加的应力，还有差异性冷却收缩以及脊轴地形等所产生的应力。沿大洋中脊，岩浆建造过程表现为熔岩喷发、岩墙侵入和深部深成岩体的冷凝结晶；机械拉张作用表现为近地表的断层以及与拉张断层耦合的深层位的塑性拉张。岩浆活动和拉张作用这两方面的对比关系，可能是造成快速扩张脊与慢速扩张脊地形和构造显著差异的根源。岩浆收支平衡是一项重要的控制因素，即板块分开每单位距离沿脊轴所补给的岩浆和释出热量的多少。

多道地震反射测量已在东太平洋海隆的几个分段处发现了轴部岩浆房（图 6-36）。所以，快速扩张脊有充分的岩浆供给，即岩浆上涌形成新洋壳跟得上板块分离的速度。快速扩张脊构造拉张量是有限的，在地形上缺失中央裂谷。

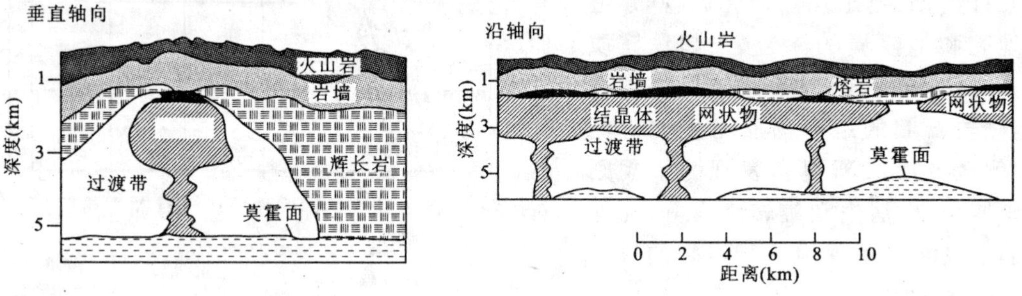

图 6-36 地震波层析法得到的太平洋快速扩张海岭下的岩浆房形状

（据 Detriok，1992）

慢速扩张脊的情况恰好相反，由于低的岩浆供应率，没有稳定状态的岩浆透镜体（岩浆房）存在（图 6-37）。岩浆主要存在于一个大的晶粥带内，岩浆不稳定地供给并喷发。ODP 第 109 航次在百慕大东南的大西洋中脊轴带布置钻探。670 号井位于中央裂谷西壁下部，距中央活火山轴（扩张中轴）仅 6km。钻井在数米沉积物和破碎岩石之下钻遇蛇纹岩，30m 以下为蛇纹石化方辉橄榄岩。橄榄岩应是洋壳底部或上地幔的产物，目前却出露于洋壳表层。沿横切大洋中脊的洋底断裂带，有时可以见到出露的橄榄岩，这是沿横向大断裂错动的结果。但 670 号井远离横向断裂带（转换断层），橄榄岩的出露应是地壳强烈拉张、构造剥露的产物。由此看

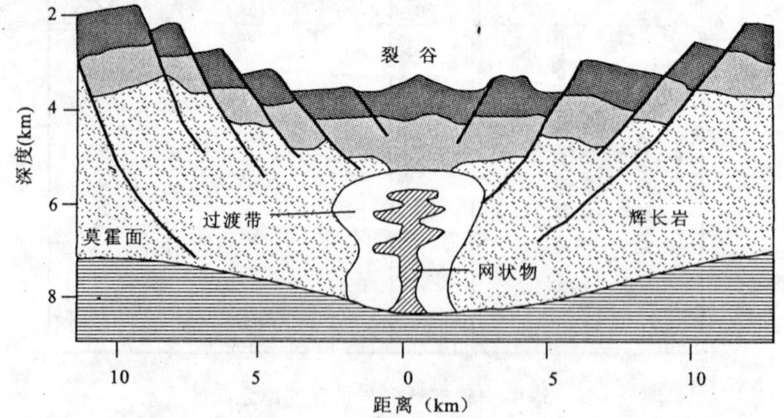

图 6-37 快速和慢速扩张脊下熔融体、晶粥和岩石分布的解释性框架图

（据 Sinton 等，1992）

由地震波层析法得到的慢速扩张海岭下的岩浆房形状，其下没有确认到熔融体的存在

来，多数慢速扩张脊机械拉张比岩浆作用更占优势，其岩浆供给明显不足，脊轴下即使有岩浆房，可能也是短暂、不稳定的。显著的拉张导致慢速扩张脊出现突出的断块构造和裂谷地形。

118 航次在西南印度洋中脊裂谷与横向断裂带交汇处的钻探，揭示了岩浆侵入与构造变形之间复杂的相互关系。许多慢速扩张脊的形态和构造风格，与大陆裂谷和非火山型被动边缘颇相似，而与岩浆供给充足的快速扩张脊大不相同。冰岛以南的雷克雅内斯海岭（北大西洋中脊北段）虽也属慢速扩张脊，由于受邻近冰岛地幔柱的影响（该海岭的火成岩化学分析表明有地幔柱岩浆加入，向南逐渐减小消失），其岩浆供给比较充分，从而缺失中央裂谷，代之以轴部高地，且横向转换断层间距较大，地形变得不甚崎岖，这与岩浆供应充分的东太平洋海隆的特点十分相似，而与高度断裂的、低岩浆供给的中脊段（如 15°20′N 断裂带附近大西洋中脊）的崎岖地形成明显的对照。

图 6－38 是 Buck 等(1998)在研究快速扩张的东太平洋海隆的基础上提出的一个岩浆供

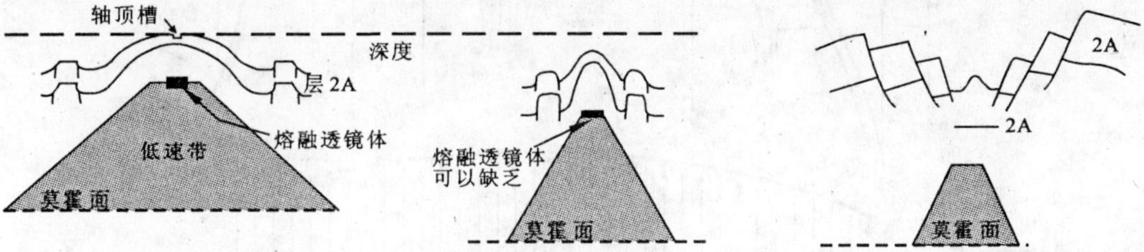

(A) 高的岩浆供给	(B) 中到低的岩浆供给	(C) 很低的岩浆供给
脊顶浅的水深	脊顶更深的水深	脊轴处为深的裂谷底
广阔的横截面	小的横截面	宽的裂谷底
宽的低速带（高MgO、高温度和低密度）	窄的低速带（低MgO、低温度和高密度）	窄的低速带
熔透镜融体普遍存在（沿着深度和横向发生变化）	熔透镜融体不普遍，沿着深度急剧变化，横向上多被叠覆扩张中心中断	熔透镜融体非常少
薄的地壳（熔岩流往下远离地幔上涌区）	厚的地壳，但变化较大	地壳厚度变化较大
存在脊顶槽	脊顶槽较少	
热液对流广泛	热液对流较少	热液对流较少，断层控制
较少的地壳裂缝	较多的地壳裂缝	伸展的裂缝
平均熔岩年龄较年轻	平均熔岩年龄较老	变化较大，通常为较老的熔岩年龄，大部分为枕状熔岩
低的壳磁化	高的壳磁化	
较小的翼部断崖的落差	较大的翼部断崖的落差	大的断崖
沿轴层2A最薄	沿轴层2A最薄	在脊轴火山脊之下沿轴2A厚

图 6－38　洋中脊岩浆供应模型

（据 Buck 等，1998）

(A)代表充沛的岩浆供应的脊段，通常在快速扩张脊远离间断的地方或者热点支配的有轴部隆起的中脊；(B)代表中等岩浆供应的脊段，通常在快速扩张脊靠近间断的地方或者无中央裂谷的中速扩张脊；(C)代表零星的或减小的岩浆供应，通常为有裂谷的中速到低速扩张中心应模型，试图来解释在一、二、三级脊段内构造、地球化学和地球物理的联系。岩浆供应模型的基本概念也可用于以轴部裂谷为标志的低速扩张脊。

图 6-39 是 McDonald 等(1991)提出的地幔岩浆周期性脉动上涌导致洋脊分段的岩浆供应模型。在洋脊下部有一个来自上地幔的轴向熔岩库，受围岩性质、构造环境和温压条件的不均匀性影响，熔岩库顶面上涌的高度和速度有差异，使离地壳表面越浅的区段，岩浆供应充足，成为一段洋脊的膨胀域或发源地，而向两端岩浆逐渐耗尽。主体岩浆囊在上升途中，受到不同导热性质围岩的吸热、分解和隔挡，逐步分化为不同等级的熔岩流中心，每个不同规模熔岩流中心对应于一个分段级别的洋脊发源地。

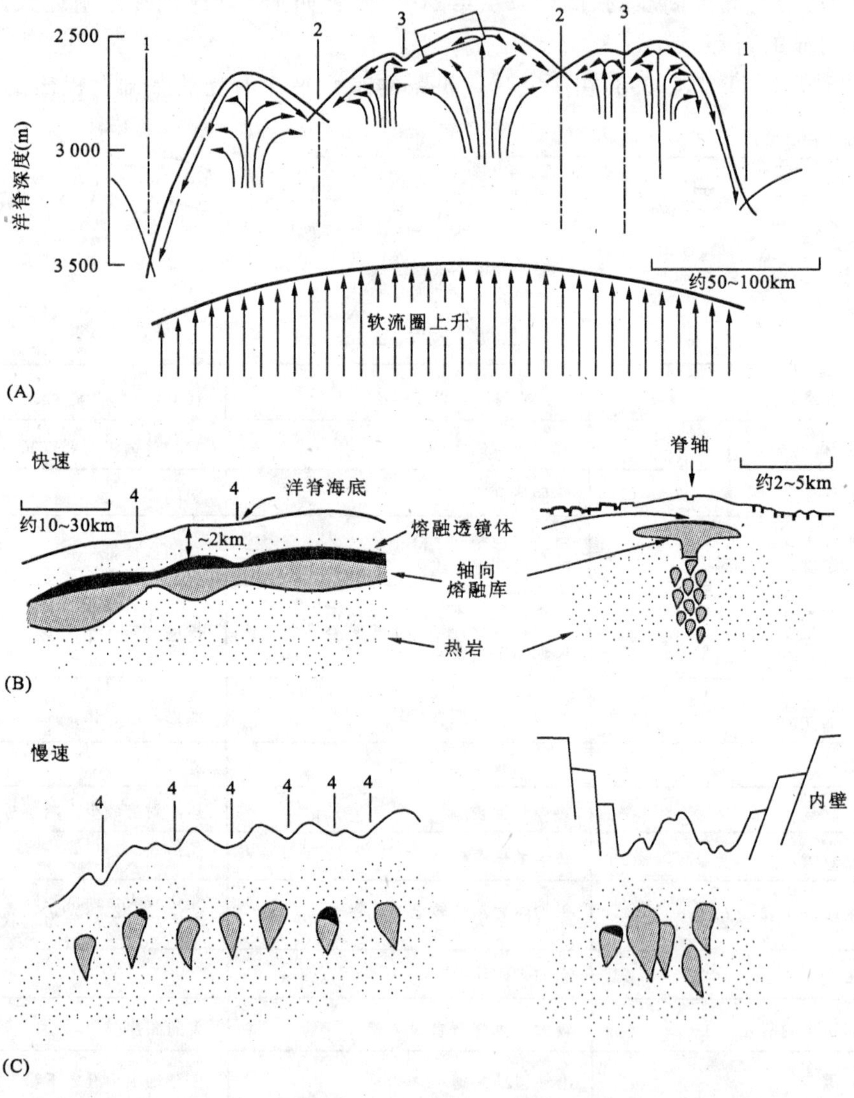

图 6-39 岩浆上涌与洋中脊破裂关系图(A)和岩浆供给分布图[(B)、(C)]

(据 Macdonald,1991)

主要参考文献

贝利A W(美)等．被动大陆边缘地质学．刘和甫等译．北京:石油工业出版社,1990

何将启,周祖翼,李家彪等．南海北部大陆边缘研究:现状及展望．见:高抒、李家彪主编,“中国边缘海形成演化系列研究”丛书,中国边缘海的演化．北京:海洋出版社,2002,1:65～73

霍布斯 B E(澳),明斯 W D(美),威廉斯 P E(荷). 构造地质学纲要．刘和甫等译．北京:石油工业出版社,1982

金性春,周祖翼,汪品先．大洋钻探与中国地球科学．上海:同济大学出版社,1995

金性春．板块构造学基础．上海:上海科学技术出版社,1984

刘肇昌．板块构造学．四川:四川科技出版社,1983

马文濮．区域构造解析——方法理论和中国板块构造．北京:地质出版社,1992

马宗晋,杜品仁,洪汉净．地球构造与动力学．广州:广东科技出版社,2003

任建业,李思田．西太平洋边缘海盆地的扩张过程和动力学背景．地学前缘,2000,7(3):203～213

任建业．大陆伸展、剥离断层和被动大陆边缘的演化．地质科技情报,1992,11(2):11～17

沈锡昌,郭步英．海洋地质学．武汉:中国地质大学出版社,1993

孙枢．大洋钻探与中国地球科学．地球科学进展,1995,10(3):213～214

同济大学海洋地质教研室．海洋地质学．北京:地质出版社,1982

汪品先．大洋钻探与青藏高原．地球科学进展,1995,10(3):254～257

王登红．地幔柱及其成矿作用．北京:地震出版社,1998

吴时国,喻普之．海底构造学导论．北京:科学出版社,2006

谢帕得 F P(美). 海底地质学．梁元博等译．北京:科学出版社,1979

翟世奎,干晓群．Study on the basalt samples from the hydrothermal field of the Okinawa Trough. 海洋与湖沼学报，1995，26(2):115～123

翟世奎,秦蕴珊．大洋钻探与大洋地壳研究．地球科学进展,1995,10(3):215～222

张恺,陆克政,沈修志．石油构造地质学．北京:石油工业出版社,1989

周祖翼,廖宗廷,金性春等．冲绳海槽——弧后背景下大陆张裂的最高阶段．海洋地质与第四纪地质,2001,21(1): 51～56

朱而勤．近代海洋地质学．青岛:青岛海洋大学出版社,1991

Allen P, Allen J R. Basin analysis:principle and applications (second edition). Blackuell Publishing,2005

Alyn C Duxbury, Alison B Duxbury. An introduction to the world's oceans. Dubuque: Wm. C. Brown Publishers, 1997

Briais A, Patriat P, Tapponniter P. Updated interpretation of magnetic anomalies and seafloor spreading stages in the South China Sea: implications for the tertiary tectonics of southeast Asia. J. Geophys. Res., 1993, 98: 6 299～6 328

Campbell I H, Griffiths R W. Implications of mantle plume structure for the evolution of flood basalts. Earth and Planetary Science Letters, 1990, 99: 79～93

Coffin M F,Eldholum O. Exploring large subsea igneous provinces. Oceanus, 1994a ,36(4): 75～78

Coffin M F, Eldholm O. Large igneous provinces: crustal structure, dimensions and external consequences. Reviews of Geophysics, 1994, 32 (1): 1～36

COSOD II. Report of the second conference on scientific ocean drilling (COSOD II), Strasbourg, France, 6～8. July 1987, ESF and JOIDES, 1987, 142

Davies G F. Ocean bathymetry and mantle convection, large - scale flow and hotspots, J. Geophys. Res., 1988, 93:10 467～10 480

Davis G H (美). 区域和岩石构造地质学. 张樵英等译. 北京:地质出版社,1988

Dietmar R Muller, Jean - Yves Royer, Lawrence A Lawver. Revised plate motions relative to the hotspots from combined Atlantic and Indian Ocean hotspot tracks. Geology, 1993, 21:275～278

Eldholm O, Skogseid J, Planke S, Gladczenko T. Volcanic margin concepts. In: Banda E, et al., eds. Rifted ocean - continent boundaries. Kluwer Acaclemic Publishers, Nenerland, 1995, 1～16

Hey R N, et al. Propagating rifts of midcoean ridges. J. Geophys. Res., 1980, 85: 3 647～3 658

Jean - Yves Royer, Peirce J W, Jeffrey K Weissel. Tectonic Constraints on the hot spot formation of Ninetyease Ridge. Proceedings of the Ocean Drilling Program, Scientific Reasults, 1991, 121:763～776

Jolivet L, Tamaki K. Neogene kinematics in the Japan Sea region and the volcanic activity of the northeast Japan arc. Proc. Ocean Drill. Program Sci. Results. 1992, 127～128:1 311～1 331

Jolivet L. Japan Sea, opening history and mechanism: a synthesis. J. Geophys. Res., 1994, 99:22 237～22 259

Karig D E. Origin and development of marginal basins in the western Pacific. J. Geophy. Res,. 1971, 76: 2 542～2 561

Kelemen P B, Holbrook W S. Origin of thick high - velocity igneous crust along the U. S. east coast margin. Journal of Geophysical Research, 1995, 100:10 077～10 094

Larson R L. Geological Consequences of superplumes. Geology, 1991, 19(10):963～966

McDonald K C, Fox P J. Overlapping spreading centers: new accretion geometry on the East Pacific Rise. Nature, 1983, 320: 55～57

McDonald K C. Mid - ocean ridges: fine scale tectonic volcanic and hytrothermal processes within the plate boundary zone. Ann - Rev. Earth Planet. Sci., 1982, 10: 155～190

Scalter J G, Detrick R. Elevation of midocean ridges and the basement age of JOIDES deep sea drilling sites. Geol. Soc. Am. Bull., 1973, 84: 1 547～1 554

Sever P, Philip A Symonds, Eivind A, Jakob S. Seismic volcanostratigraphy of large - volume basaltic extrusive complexes on rifted margins. Journal of Geophysical Research, 2000, 105(8):19 335～19 351

Stenphen M. Essentials of geology: an introduction to planet earth. New York W. W. Norton and Company, 2003

Tamaki K, Honza E. Global tectonics and formation of marginal basin: role of the western Pacific. Episodes, 1991, 14: 224～230

Tamaki K, Suyehiro K, Allan J, Ingle J C, Pisciotto K. Tectonic synthesis and implications of Japan Sea ODP drilling, Proc. Ocean Drill. Program Sci. Results, 1992, 127～128:1 333～1 350

Tamaki K, Kobayashi K. Geomagnetic anomaly lineation in the Japan Sea (in Japanese). Marine Sci. Monthly, 1998, 20: 705～710

Taylor B, Hayes D E. Origin and history of the South China Sea basin, in the tectonic and geologic evolution of Southeast Asian Seas and Islands, Part 2, edited by Hayes D E. Geophs. Monogr., 1983, 27: 23～56

Taylor B. Backarc basins tectonics and magmatism. Plenum Press. New York and London, 1992

Taylor B. Rifting and the volcanic - tetonic evolution of the Izu - Bonin - Mariana arc. Proc. Ocean drill. Program Sci. Res., 1992, 126: 627～651

Vine F J, Matthews D H. Magnetic anomalies over ocean ridges. Nature, 1963, 199: 947～949

White R S, Mekenzie D. Mantle plumes and flood basalts. Journal of Geophysical Research, 1995, 100: 17 543～17 586

Wilson J T. Evidence from islands on the spreading of the oceanfloor. Nature, 1963, 197: 536～538